教育部财政部首批特色专业建设项目资助

热带园艺专业特色教材系列

热带园艺植物研究法

周开兵
李新国　主　编
李绍鹏　主　审

U0254278

中国建筑工业出版社

图书在版编目（CIP）数据

热带园艺植物研究法/周开兵，李新国主编. —北京：
中国建筑工业出版社，2013.3
ISBN 978-7-112-15083-0

Ⅰ. 热…　Ⅱ.①周…②李…　Ⅲ.①热带作物-园林
植物-研究方法　Ⅳ.①S68-3

中国版本图书馆 CIP 数据核字（2013）第 016579 号

　　本书以热带园艺植物为对象，阐述其研究方法和研究性思维。全书包括绪论、正文（共十三章）和附录。绪论概述了热带园艺植物科学研究的意义与任务、发展过程、现状与趋势以及课程性质、内容特点与教学要求；正文第一章至第三章阐述热带园艺植物学科研项目的申报、试验设计、数据处理和科研总结等业务技能，并配套技能实训练习题，第四章至第十三章主要阐述热带园艺植物生物学特性、栽培生理等理论和生产技术创新研究方法，并配套以师生互动探究为教学方式的案例分析内容；附录设置了四个实训案例。本书由海南大学、中国热带农业科学院、华侨大学、西南科技大学、广东海洋大学和广东省农业科学院等单位的专家共同编写，内容翔实，理论联系实际，综合国内外先进成果，对热带园艺学教学和科研具有指导意义。每章后有习题和参考文献，可供读者学习时参考。本书不仅可作为我国热带、南亚热带地区高等农林院校园艺类专业教学用书，也可作为其他地区高校园艺类专业学生学习参考书和广大园艺学科科研工作者的参考工具书。

责任编辑：郑淮兵　杜一鸣
责任设计：董建平
责任校对：陈晶晶　刘　钰

教育部财政部首批特色专业建设项目资助
热带园艺专业特色教材系列
热带园艺植物研究法
周开兵
李新国　主　编
李绍鹏　主　审

*

中国建筑工业出版社出版、发行（北京西郊百万庄）
各地新华书店、建筑书店经销
北京科地亚盟排版公司制版
北京富生印刷厂印刷

*

开本：787×1092 毫米　1/16　印张：19½　字数：473 千字
2013 年 4 月第一版　2013 年 4 月第一次印刷
定价：**42.00** 元
ISBN 978-7-112-15083-0
（23126）

编委会成员名单

主编：周开兵（海南大学）

李新国（海南大学）

编委：成善汉（海南大学）

从心黎（海南大学）

董　涛（广东省农业科学院）

贾文君（海南大学）

黄仁华（西南科技大学）

李茂富（海南大学）

李　雯（海南大学）

李映志（广东海洋大学）

乔　飞（中国热带农业科学院）

宋希强（海南大学）

王　健（海南大学）

王明元（华侨大学）

主审：李绍鹏（海南大学）

前　言

我国热带地区包括海南全省、广东省雷州半岛、云南省西双版纳州和红河州南部、台湾省南部等，占国土面积的0.91%；南亚热带地区包括云南、广西、广东、福建等省区南部和台湾省北部，还包括云南省北部干热河谷地区和四川、贵州两省南部地区，占国土面积的3.80%；热带、南亚热带地区共占国土总面积的4.71%。在我国热带、南亚热带地区生长的园艺植物，统称为热带园艺植物。尽管热带园艺植物种植面积小、总产量相比较我国其他园艺植物也低得多，但其特色和优势明显，是我国园艺产品中的稀有、优良类型，是市场需要的重要补充，是重要的出口园艺产品，也是热区农村经济收入支柱。热带园艺植物种类繁多，遗传多样性丰富，经济价值极高和开发利用潜力巨大。热带水果具有重要的食用营养和医疗保健价值，热带冬季反季节蔬菜是我国广大地区冬季新鲜蔬菜来源，热带观赏植物具有极强的"异域情调"，其中的一些具有神秘的药用价值（南药），因而，近年来引起政府、学者、业主和广大消费者的重视。

随着热带园艺产业的发展，越来越多的热带园艺植物被开发利用，同时大量引进世界其他热带地区的园艺植物种质资源，使得我国热带园艺植物产业迅猛发展。伴随热带园艺产业的发展，新课题层出不穷，必须开展攻关研究。因此，我们在热带园艺专业本科人才培养中，必须加强学生的科研能力培养，需要一部与时俱进，适应当今科技和产业发展形势的教材，本书正是针对这一社会迫切需要而组织编写的。

在1998年以前，园艺专业常细分为果树、蔬菜、观赏植物和茶学等专业，随着高等教育和高校人才培养模式改革，以培养"大专业、宽口径"为目标，人才培养方案、课程和教材调整是必然的。园艺专业课在调整初期主要是在原细分的专业课基础上拼凑，随着改革过程中的不断摸索，人们开始探讨园艺专业课程应包含哪些核心理论与核心技能，科学合理的专业课教材应以核心理论和核心技能为主线，兼顾科研、产业和文化发展动态，有助于培养高素质、创新能力强、适应性强、专业技能过硬的热带园艺本科人才。因此，本书的编写以强调坚持探索和尽量体现热带园艺专业核心理论与核心技能为编写宗旨，要求教材内容体现园艺文化和实现产科教统一。经过本书编写组努力，终于完成我国第一部热带园艺学科的研究方法和研究性思维特色教材《热带园艺植物研究法》。

本书的编写得到教育部和财政部"2007年度第一批第二类高等学校特色专业建设点"（园艺专业，TS2343）建设项目和国家自然科学基金项目（31160383，31260462）的资助。感谢中国建筑工业出版社给予本书出版发行机会！感谢郑淮兵主任在本书编写定稿过程中给予我们的指导！

由于水平所限，加之时间仓促，书中不尽完美之处多多，请广大读者和各界同仁批评指正！

编者

2011年10月5日

目　　录

绪　　论

广义的热带园艺植物是指在我国热带和南亚热带地区能够正常生长发育的园艺植物。包括分布于我国其他气候带地区而能在热带、南亚热带地区正常生长发育的植物如柑橘和瓜类蔬菜等，尽管这类植物不是热带、南亚热带地区特有的，但是，在热带、南亚热带地区生长发育上具有不同于在其他气候带地区的表现，如柑橘在热带地区栽培常在着色前就具备优良的风味；瓜类蔬菜在热带地区可冬季高效生产而具有市场调节优势。

狭义的热带园艺植物指只能在我国热带、南亚热带地区正常生长发育的园艺植物。如香蕉、荔枝、龙眼、四棱豆、酸豆、花烛和热带兰等，这些植物北移后在自然条件下常因为低温、干燥等而无法正常生长发育。

研究热带园艺植物生长发育规律和栽培、育种技术的应用学科，就是热带园艺植物学。我国热带园艺植物种质资源丰富，遗传多样性复杂，不同热带园艺植物的生物学特性和生命规律均需不断研究，才能合理开发利用热带园艺植物资源。我国热带地区光照充足、热量资源丰富，降水量大，水、热资源却又分布不均；存在热带风暴和台风危害；土壤类型多样化；病虫害易发生。我国南亚热带地区种植热带园艺植物存在热量资源不足和寒害的隐患。如何发挥这种环境条件的优势，避免其不足引起热带园艺植物减产和品质变劣，均是值得研究的问题。因此，在建设创新型国家中，只有学会热带园艺科学的研究方法和研究性思维，才能更好地为热带农业生产和经济建设服务。

第一节　热带园艺植物科学研究的意义与任务

热带园艺事业近年来发展飞快，以我国最大的热区海南省为例，表 0-1 的数据可以说明热带园艺事业在热带地区和我国农业中的作用与地位日趋突出。

海南省 2006～2008 年果菜生产概况（万 t）　　　　　表 0-1

	2006 年		2007 年		2008 年	
	绝对产量	比上一年增长%	绝对产量	比上一年增长%	绝对产量	比上一年增长%
瓜菜	400.39	10.2	414.65	4.4	456.54	5.6
全部水果	187.85	15.6	221.76	18.1	247.87	6.2
香蕉	108.63	19.0	134.25	23.6	151.62	6.6
芒果	26.24	17.8	28.91	10.2	30.55	5
菠萝	21.14	4.3	22.29	5.5	28.11	20.3
荔枝	8.85	25.9	10.33	16.7	9.08	−13.1
龙眼	2.03	29.4	2.57	26.6	2.97	11.5
柑橘橙	2.66	34.9	3.12	17.3	3.94	30.7
石榴	5.94	−5.6	6.63	11.6	7.02	5.2

注：各种果树不同年度产量数据摘自《海南省热带作物统计年鉴》。

海南热带果菜近三年的产量在总体上表现平稳增长趋势，少数种类的果树产量不稳定，出现负增长，但其他果树表现为大幅增长，导致整个果业总产量呈增长态势，实质是资源在果业内部接受市场调整。这说明热带果树和蔬菜在农村经济和农业产业中的重要性日趋突出。

从海南热带花卉角度看，花卉业是正在兴起的产业，被海南省政府确定为解决海南三农问题的新途径之一。海南省统计局的 2009 年统计数据显示，本年度上半年全省花卉种植面积达 1866.7hm²，比上一年度同期增长 7.9%，同比增速提高了 7.19 个百分点；全省上一年度秋冬种植花卉面积 593.3hm²，同比增长 12.81%；本年度夏种花卉面积 593.3hm²，同比增长 21.25%。海南花卉种植主要以兰花、金钱树为主。金钱树主要销往北京、上海、广州、香港、澳门、日本、新加坡、韩国、马来西亚等国内外市场，兰花主要销往新加坡、北京、上海、深圳、成都等花市。花卉种植主要集中在三亚、乐东、五指山、东方等市县，其中乐东等三市县为国家级贫困地区。

可见，我国热带园艺事业在发展和兴起当中。科技是第一生产力，在产业发展中应发挥科技的推动和保障作用。因此，必须加强热带园艺植物的研究，必须通过学习本门课程来促使大量的专业人才掌握科研技能。

我国园艺科学研究相对于发达国家起步晚，热带园艺科研则起步更晚，因此，与发达国家相比，在科研水平上有一定差距。由于地处热带地区的国家均属欠发达国家，随着我国科技事业的突飞猛进，我国热带园艺科研水平在东南亚等热带地区颇具优势。因此，我们应发挥区位优势，迎头赶超发达国家，促进我国热带园艺事业的发展，在国际科技和市场竞争中大获全胜。

第二节 热带园艺植物科学发展过程、现状与趋势

热带园艺植物科学是从园艺植物学中分离出来的分支学科，前者遵从后者的一般原理和基本技术，结合热带园艺植物及其生长环境的特殊性，而逐渐形成为独立的学科分支。独立的过程实质上就是热带园艺事业的兴起和发展过程。

在我国园艺学建立之初，热带果树中主要是香蕉、荔枝、龙眼、芒果和番木瓜等少数种类果树开展研究并产业化。随着对热带植物资源的调查、研究和开发利用，同时从国外引进大量的热带果树种类，越来越多的热带果树进入人们的视野，热带果树的共性和相对于其他果树的特殊性逐渐被揭示出来，形成热带果树学。

热带独特的蔬菜资源很少，基本上与我国其他地区蔬菜资源一致，由于热带地区长夏无冬，蔬菜普遍耐热性较差，而使得热带地区冬季瓜菜独树一帜，热带地区冬季的特殊性决定了蔬菜栽培技术及其原理相对于传统蔬菜栽培技术需要变革，成为研究的热点，并且寻找耐热蔬菜种质资源、选育耐热蔬菜品种和热带蔬菜设施栽培专用品种、热区蔬菜栽培技术等课题研究也提上议事日程。

随着热带植物资源的普查，找到许多具有观赏价值的独特热带观赏植物资源，对其开发利用是研究的新课题；热带兰深受全球人们的喜爱，热带兰的生物学基础问题和观赏利用、观赏植物品种选育等必须加强研究。当前，海南将热带兰和金钱树进行产业化栽培，产品在东亚、东南亚和国内具有很高的市场占有率。热带观赏植物学也应运而生。

由于 1998 年高等教育改革，以培养"大专业、宽口径"人才为目标，必须对园艺学课程进行整合。在整合过程中，由简单拼凑发展到今天的探索园艺专业核心专业理论和核心技能，促进了科学的园艺专业课的不断更新和形成。《普通园艺学》和《园艺植物遗传育种学》等骨干专业课教材不断调整更新，形成了当前园艺专业最新的专业课教材。

基于农业田间试验设计、生物统计学等学科的发展，形成了果树研究法、蔬菜研究法和观赏植物研究法等园艺学课程。园艺植物研究法也是在上述背景下的园艺专业必修课，多家兄弟院校编写这类教材。这些教材具有相似的基本骨架脉络，虽然其具体细节差异明显，但不同程度地显示出拼凑老教材的痕迹，并不能满足高素质本科人才培养的需要。立足于热带园艺专业的特殊性，我们也有必要开设热带园艺植物研究法课程，需要编写相应的教材。本书就是在这样的背景下产生的，并且成为第一部热带园艺植物研究法专业课的教材。

尽管在本书的编写过程中以探索科学合理的热带园艺植物研究法核心理论和核心技能为先导，但某些内容还是存在拼凑老教材相关内容的现象，随着热带园艺核心理论和核心技能不断地总结出来，本书须不断地作针对性的修订和完善。本书当为以后修订的蓝本，应有抛砖引玉的作用。

第三节　本课程性质、内容特点与教学要求

热带园艺植物科学研究的一般过程是：选题、查阅文献、提出假说、制订试验方案、试验实施与数据采集、统计分析、对假说定性和结果总结。本课程教学内容基本按此流程和逻辑关系顺序编排，符合热带园艺植物科研工作程序，脉络分明、条理清晰。对于学生科研思想的形成、科研思维方式的建立和科研方法的掌握，都会有事半功倍的效果。

本课程教学内容以应用为主，而且竭力避免与其他专业课重复，又致力于与其他专业课建立联系，发挥工具课程的纽带作用，减轻学生的学习压力和培养学生的学习兴趣，帮助学生建立系统化的专业理论与技术的知识体系。

本课程在教学上应做到理论联系实际，在强调本课程对培养学生科研和创新能力具有重要作用的同时，又不可以片面夸大本课程在能力培养上的作用。应诱导学生自觉创新和思考，带领学生参加科研活动设计、实施与结果总结等完整的科研活动。作为任课教师，还应与时俱进，时刻关注学科的进展和发展动态，在教材内容的基础上，不断充实、更新教学内容，使学生科研能力的培养紧跟科学技术发展的快节奏。

（编者：周开兵）

第一章　科研课题申报

科研课题一般是指获得有关机构资金资助的科学研究项目，其为科研工作者开展科学研究的基础。在市场经济体制下，科研工作者应立足于时代与科技的前沿，在专业某一研究领域内，不断提出新课题，积极申报并获得资助，才能保证科研工作的顺利进行。

第一节　热带园艺植物科学研究特点和基本方法

一、热带园艺植物科学研究的特点

园艺是农业的重要组成部分，是科学与艺术的结晶。园艺不仅为人类提供丰富的营养食品，而且为社会提供大量的精神产品。因此，园艺的经济效益、社会效益和生态效益一直受到政府和全社会的重视。随着当今科学技术日新月异的发展，很多新知识、新技术在园艺生产中得到应用，给园艺科学的发展带来机遇和挑战。园艺科学研究应根据现代科学的发展、社会的需求以及学科的自身特点和优势，始终瞄准国际科学前沿，大力加强种质资源、栽培技术和采后处理等各方面的研究，为园艺产区提供大量的良种资源及智力支撑。

热带园艺产业属于园艺产业的重要组成部分。热带园艺植物科学研究的对象是热带园艺植物，具有鲜明的区域性分布特色。由于热带地区在气候、土壤自然条件和园艺植物遗传资源上的特殊性，也由于热带地域、热带园艺植物资源和热带园艺产品的不可替代性，决定了本学科具有明显的行业特色和重要地位。

根据热带园艺植物的生物学习性和栽培学特性，热带园艺植物科学试验的特点主要是植物种类繁多，包括草本、木本以及藤本植物；生长周期长短不同，包括一年生、二年生和多年生植物；经济产品类型差异很大，包括园艺植物的经济器官各种各样，有叶片、根、枝、花、果实等；试验设计的方法很多，既有一般的大田试验设计，又有针对木本植物的特殊的试验设计；研究层次复杂多样，既有微观上分子生物学的方法，又有宏观上栽培管理的方法，还有宏观上生态学的方法等。

一年生热带园艺植物与大田作物在研究方法上类似。但多年生木本热带园艺植物试验研究跟大田作物相比具有特殊性，主要的特点表现在：

1. 生命周期长，试验具有复杂性和长期性

多年生热带园艺植物具有生命周期和年周期两个发育周期，在不同的年龄时期和不同物候期的生长发育状态不同，进行试验研究时比较复杂，在试验的观察记载和分析时，要把这两个周期联系起来，才能真正了解多年生园艺植物的生长发育规律和试验的真正效应。

由于多年生热带园艺植物生长发育既受当年的环境条件的影响，又受上一年甚至上几年的影响，导致了技术处理的效应具有一定的延续性。即当年的生长发育表现及对某一技

术措施的反应，往往与往年的环境条件、生长结果和技术措施有关。而当年的技术措施的效应，又具有持续性，会影响到以后数年。因此，研究需要连续进行多年，在试验设计和统计分析时，可用多年的裂区设计和协方差分析，用上一、二年（或处理前）的产量校正当年的产量，以减少试验误差，使试验结果真正反映客观实际。

2. 树大根深，利用土地营养的面积大

多年生热带园艺植物长期生长在一个地方，由于树体大，根系深，占地面积广，而且利用到心土，受土壤和环境条件的影响大，从而导致试验小区面积较大，造成同一区组内土壤差异大，局部控制的效应差，试验误差较大。在试验设计时，在保证记录观测所需株数足够的前提下尽量减少小区内的株数，以便增加重复次数。此外，应多考虑采用不完全区组的设计方法。单株的差异大，不易得到一致的试验材料，单株产量的变异系数，一般超过40%，有的年份大于70%，因此试验设计时，对材料要进行严格的选择，尽量控制误差。由于试验地差异大和不可避免，要求选择试验地时，不仅要考虑到地形和表土结构，而且要注意心土层、地下水以及隔水层的情况。

3. 繁殖方法多

多年生木本热带园艺植物的繁殖方式主要包括有性（种子）繁殖和无性繁殖。无性繁殖技术包括分株、压条、扦插、嫁接等营养繁殖和组织培养快速繁殖（胚培养除外）及植物的无融合生殖等繁殖方法。营养繁殖园艺植物在进行试验设计时要注意扦插、压条、分株繁殖的植物要选择生长结果表现一致的母株作为繁殖材料。嫁接繁殖的植物还要同时注意接穗品种和砧木的选择，接穗品种和砧木遗传性一致，分别选用生长结果一致的母株采接穗或采种。有些树种可利用其无性系砧木，如利用组织培养苗会得到遗传性一致的试验材料。不同嫁接方法对生长发育亦有影响，试验树应采用同一嫁接方法。

4. 栽培方式多

许多果树以及观赏的木本植物零星栽植或者种植在山地，地形对土壤和植物生长发育造成影响，加大了试验误差。在随机区组的设计中，特别注意同一区组内条件尽可能一致，一般同一区组安排在同一等高线上。地形复杂或零星栽植的园艺植物可采用对比法随机排列，用处理树与相邻的对照树之间的差数进行方差分析。有些山地零星栽培的果树，树冠大小差异太大，不易找到相近大小的试验树，可以采用以单株为区组，以大枝为小区。在计算施肥量、产量时，不以株或666.7m² 为计算单位，而以树冠的体积或投影面积为单位，比较单位树冠体积或投影面积的产量。我国热带园艺植物种植区是在北纬18°10′～26°10′，东经97°39′～118°08′，而热带地区气候高温、多雨、土地易遭受冲刷和破坏，热带园艺植物已形成独特的栽培模式。

5. 树体自身连续记载了其生长发育的变化规律

植物是不能移动的，当外界条件有变化时，树体就有反应。多年生植物本身就年复一年地、持续地记录着它对外界条件的反应，根据有机体与环境统一性的原则，就可依照植物的生态表现，了解到前几年的情况。例如，利用果树枝上环痕和果台节间的长短、芽的大小、不同类型枝条发生的比例，测知前几年的生长结果情况。充分利用生物学调查法和性状相关分析能简化试验方法，缩短试验年限，也能得到可靠的资料。

另外，在研究热带园艺植物时，要注意热带园艺产品季节性强、易腐性强，且地区性强。热带园艺产品的生产、收获都具有一定的季节性。各产品采前后的成熟度、采收期与商品的品质、食用价值及经济效益的关系密切。热带园艺产品采收时处于高温高湿的环境，尤其是新鲜果蔬，含水量高，营养物质丰富，汁多肉嫩，皮薄易破损，易感病原菌而腐烂变质。热带园艺植物生产受生态环境影响极大，优质产品都有其适宜产区。产品种类、品种繁多，原产地各异，生物学特性不同，要求不同的环境条件，生产受地区限制。即使同类产品由于栽培地区不同，其生长期、成熟期、品质优劣和商品价值都有差异。在研究热带园艺产品质量的问题时，应综合考虑其生长环境和栽培技术措施等因素的差异。

二、热带园艺植物科学研究的基本方法

由于热带园艺科学的上述特点，反映出此学科研究的复杂性。因此，如何恰当运用一系列科学、合理、高效、准确、经济的研究途径和方法来探索热带园艺植物生长发育规律及其影响因素，发现及创造新的种质资源，提高热带园艺植物的产量和品质及抗逆性尤为重要。所谓研究方法，就是科学认识主体从实践或理论上把握科学认识的客体（如果树、蔬菜和花卉）而采取的一般思维手段和操作步骤之总和。在园艺植物中，常用的科学方法包括观察与调查方法、田间试验研究方法、实验室试验法、数学方法、逻辑思维方法等。

1. 调查研究法（Investigation research）

调查研究法一般是指在不改变自然和栽培条件的前提下，进行有计划的、系统的观察、调查、测定和记载，通过分析，总结出植物生长发育规律和先进栽培技术经验，发现新的种质资源，了解某些树种、品种、砧木在当地的适应性和变异性。调查研究法简便易行，适用面广。为科学工作者和生产工作者所广泛采用。

调查研究的主要内容包括生物学特性调查、资源调查和生产经验总结等。

1）生物学特性调查观察（Observation on biological characteristics）

生长发育规律是在系统发育中对一定生态条件适应的结果，而且它同时受环境条件和栽培技术措施的影响，生物学特性调查就是调查研究植物生长发育规律及其与外界环境条件的关系，也就是研究园艺植物在生命周期及年周期中生长发育的动态，分析各器官之间的相互联系、相互制约的关系。生物学特性调查是各种其他试验研究方法的基础。

园艺植物在不同年龄时期、不同物候期中所表现的一切特性，均是这一树种、品种的遗传性与环境条件、栽培条件综合反应的结果，经常地对其生长、开花和结果情况进行观察记载，可以掌握其变化的规律，确定品种的特性，总结其对栽培技术的反应特点，指导制订合理的栽培技术措施。

2）资源调查（Resources investigation）

对某一地区园艺植物的种类、品种分布、生长结果的情况、当地的生态条件、植物分布群落等进行调查和分析，最终目的是摸清当地种质资源的现状和变化趋势，直接或间接用于生产。

种质资源直接的利用方式之一是加工利用，有些地区分布有大量可利用的野生果树，通过调查其分布的范围和数量，可以建立加工厂酿造果酒及其他加工品。有些野生园艺植物则经驯化后进行人工栽培，有些则用作砧木，有些可利用其某些特性，作为培育新品种选育的原始材料。

资源调查的间接意义是通过当地园艺生产有利和不利的自然条件和各植物种类、品种表现的调查，可以了解某些品种的适应性，作为当地园艺生长发展规划、品种区域化和制订栽培技术的依据。通过调查，可以探寻园艺植物的起源、传播、栽培历史和演化。把资

源调查的结果进行整理，可以为编写当地植物志（例如果树志）提供素材。有些种类和品种，还需搜集整理，建立原始材料圃或品种园，以便进一步观察和保存这些资源，便于长期研究和使用。

3）生产经验总结（Experience summary）

对各地出现的高产、稳产、优质、低耗和高效的果园或菜地进行系统的调查总结，可以得到单项或整套的栽培技术经验，推广到生产中去。就目前生产上应用的一些栽培技术而言，有一些推广的技术措施是来自生产上的调查研究的结果，并认为行之有效而推广的。生产实践应用的施肥量，由于影响因素很多，因此一般仍参考丰产园的施肥量，也就是经验施肥量，结合具体条件而确定当地的施肥量。

以上各项调查研究，一般是在田间或生产现场，通过调查访问进行的，但有一些调查的内容，则是以室内分析为基础的，或者与室内分析相配合进行的，如土壤分析、营养诊断、年周期内树体和果实的水分和营养成分的变化、运转和分布等。

2. 田间试验法（Experimental research）

试验研究是以单项对比法为基础，在人工控制的条件下，排除次要因素，突出所要研究的有关内容，观测比较不同处理的反应和效果。试验研究可以在田间进行，也可以在室内进行，有时采用田间与室内相结合进行。

在推广一项新技术、新农药、新生长调节剂或新品种时，都需要进行田间试验。由于园艺植物的生长发育受到外界环境的影响，某些技术措施是在一定的外界条件下研究或总结出的成果，而且在推广成果时，也需要在当地先进行田间试验。田间试验是基本的试验，广泛地应用于各项科学研究中。

田间试验的程序主要包括预备试验、小区试验和生产性试验。

1）预备试验（Preliminary test）

在对试验的处理效应尚无十分把握，不能估测可能的最佳水平时，首先进行的一种探索性试验。在预备试验的设计上，处理可以多一些，每一小区的株数和重复次数可以少一些。在影响因素很多的试验中，一时决定不了哪个是主要因素，可以采用正交设计，排除次要因素，决定主要因素以后，再进行正式小区试验。

园艺植物特别是果树以及观赏木本植物的株间差异比较大，因而田间试验的误差也比较大，果树对于不同处理的反应，不仅是当年的处理效应，而且也受前几年的生长和产量以及大小年的影响。因此，在正式试验前，可以对供试树进行观察，单株记载，以此作为选择试验树的依据，这也是预备试验的一种。

2）小区试验（Plot test）

在田间进行的以小区为基本试验单位的正式试验。特点是在人为控制的试验条件下进行，由于面积比较小，代表性较差，为了提高精确度，应根据生物统计的原理进行设计。试验设计时应注意：小区大小要适当，要有足够的重复，并设有保护行，控制边际影响，力求在设计上减少可能出现的误差，而且配合适当的统计方法，以估计试验误差，进行显著性测验。

3）生产性试验（Production test）

在接近生产的条件下，检验小区试验取得的结果，同时这种试验也具有示范意义。特点：试验面积比较大，试验材料要求多，而处理和重复次数宜少。

在生产性试验中要注意问题是由于不同栽培技术之间存在着相互影响，因此生产性试验常常进行复因素的综合试验。为了品种区域化和了解某一技术措施适应的地域范围，可以同时在几个地点进行同一设计的多点试验。新培育或新引入的品种，新技术措施的应用都应通过区域试验的验证才能在生产上大面积推广。一般生产试验要连续进行多年，对于果树，则必须在结果后观察 3～5 年，才能作出结论。

3. 室内试验和盆栽试验法（Laboratory test and pot experiment）

在人工控制的环境条件下（人工气候室）进行的一些试验（以单因素试验为主）或是在室内进行的化学分析、解剖观察及生态、生理试验等均为室内试验。室内试验也可以作为田间试验或调查研究的辅助试验，提高研究的深度。

盆栽试验法是盆栽（水培或沙培）试验，由于土壤肥力、供给的水分和养分以及环境条件都可以控制，误差比较小，在设计上比田间试验简单，但在选择试材和控制环境条件上必须严格，要注意取样的代表性和取样技术。这类试验是一类广泛应用的研究方法。

4. 数学方法（Mathematics method）

数学是一门研究客观世界数量关系和空间形式的科学，也是其他一切科学进行定量研究时不可缺少的工具和手段。数学方法是指运用数学工具进行科学研究的方法，也就是运用数学所提供的概念、符号、技巧和规则，对研究对象进行量和结构的分析推演，从而找出一种以数学形式表示事物的特征和规律的方法。早在古希腊时期，数学就被当做一种重要的思维手段运用。随着人类的生产实践和科学试验的发展，随着新观念的不断出现、研究对象和应用范围的不断扩展，数学方法的内容也在日新月异地发展，构成了丰富多彩、渗透到各科技领域的现代数学。

一般来说，数学方法在园艺科学中主要应用有以下两种情况：

1）定量分析与数值运算（Quantitative analysis and digital computation）

对园艺学中的实际问题进行定量分析就是运用数学方法去研究揭示园艺科学问题中各基本因素的数量依赖关系。定量分析的一般过程是：第一，通过观测、试验获取在定性分析中确定下来的各基本因素的准确数据；第二，依据已知的科学理论或假说处理这些数据，并应用数学语言加以抽象和表述，使该问题成为一个可以求解的数学问题；第三，根据数学问题的性质、特点，建立起一个合适的数学模型；第四，对数学模型进行求解与检验；第五，对数学解作出解释和评价。

数学源于计量，数值运算可以说是数学还处于萌芽时代就具有的基本性能。园艺科研中日益广泛地运用数值运算处理很多实际问题，数值运算的作用愈加重要。随着现代科学技术的迅速发展，特别是电子计算机的出现，实现了计算工具大变革，现在数值运算基本上由电子计算机来进行。

2）数学模型方法（Mathematical model method）

数学模型是指用简化的形式语言，对一个系统的本质特征或基本过程进行数量方面描述的一种抽象结构。它主要是根据研究对象所观察到的现象及经验材料，提炼为数学问题，即科学抽象为一套反映对象的定量关系和运动规律的数学公式。数学模型一般是由组成因素、变量、参数和函数关系四项构成。

建立数学模型是应用数学方法的前提，是把数学语言引入具体科学，把具体科学中待研究的问题抽象为数学问题的过程。数学模型必须具备以下条件：第一，能反映研究对象的本质特征或关系；第二，是这些本质特征或关系的理想化和合理化了的数学表达结构或系统；第三，能在这些结构或系统上对研究对象进行逻辑推导或定量分析与计算；第四，通过推导、定量分析与计算能得出明确的结构或数学解；第五，结论和数学能回到研究对象中获得科学意义，转化为对实际问题的说明。以上五个条件不具备或不完全具备，数学模型就失去自身存在的价值和意义。

建立数学模型的过程，首先是根据已有的知识对研究对象进行分析，找出反映它的基本特征的基本量，如园艺生长发育相关的指标中的重量、纵横径、果形指数等，用数学语言加以表达。其次是分析各基本量的情况，弄清常量与变量、已知量和未知量；分析它们之间的联系，弄清固定与变化、主要与次要的区别，从而找出从已知求出未知数的基本方法。最后，抓住主要矛盾，略去可忽略不计的因素，化繁为简，用最简捷的关系式把问题表达清楚，如园艺植物半致死温度的计算。

5. 逻辑思维方法

1) 比较、分类和类比（Compare，classification and analogy）

比较是在确定不同事物间异、同点的基础上，推出一定结论的逻辑方法。科学研究中，对事物的认识总是从把事物分开来开始的。要区分事物，就要进行比较，找出其相异和相同。事物之间在空间和时间上客观存在着的差异性和同一性，是进行逻辑比较的客观基础。比较方法可以分为空间上的比较、时间上的比较和时空综合比较三种类型，也可以分为现象上的比较和本质上的比较。比较方法在园艺科学技术研究中具有重要作用，如选育的新品种与原品种之间的比较，不同施肥水平对园艺植物生长发育的比较等。运用比较方法可以对研究对象进行定性的鉴别和定量的分析；可以探索事物发展的历史源头和确定事物发展的历史顺序；可以给人们提供一个动态观念，揭示出不易直接觉察的动态过程；还可以判明理论研究的结果同观察、试验事实之间的符合程度。

分类是根据事物的共同点和差异点，把事物划分为不同种类的逻辑方法。也就是说，在比较的基础上，找到事物的异同点，按照共同点将事物归为较大的类；按照差异点将事物划分为较小的类，从而将研究对象区分有一定从属关系的，分为不同层次、等级的系统、网络的过程，就叫分类。如按照农业生物学特性把蔬菜分为直根类、白菜类、茄果类、瓜类、豆类、葱蒜类、绿叶菜类、薯芋类、水生蔬菜类、多年生蔬菜类、食用菌类、芽菜类和野生蔬菜类等13类，这就是分类。分类有现象分类和本质分类之别。这是分类本身不断深入和精确的表现，也是人们认识事物深刻程度的标志。应用分类法，把观察、试验、调查中获得的量大质杂的事实材料理出线索，使其系统化、条理化，可为进一步的研究创造一个好的基础和条件。反映事物本质和规律的自然分类，具有科学预见性，为人们认识新的具体事物提供线索。

类比方法，是根据两个或两类事物之间在某些属性上的相同或相似，推出它们在其他属性方面也可能相同或相似的逻辑方法。这是立足于已知向未知的探索。在进行类比时，要抓住事物的本质联系，找出足够多的相同或相似之处，才会得到较为可靠的类比结论。类比结论到底正确与否，最终尚须实践的验证。根据事物相同或相似属性之间的关系，类比有并存关系类比、因果关系类比、对称关系类比和协变关系类比等类型。类比方法在园艺科学技术研究中起着重要的作用。首先，类比方法在科学研究中，具有启发思路、提供线索、举一反三、触类旁通的作用。其次，类比是提出科学假说的重要途径；也是设计试验，尤其是模拟试验的逻辑基础；也是在学术著作中阐明科学见解的有效手段。再次，根据类比提供的线索，有时可以作出重要的科学发现或技术发明。

2）归纳和演绎（Induction and deduction）

归纳是通过对个别事物的研究考察，认识这一类事物的普遍规律和一般原理的方法。如从 S 类事物的某些个体 S_1，S_2，…，S_n 具有 P 属性，推论出 S 类事物皆有 P 属性的普遍规律，就是归纳法的运用。归纳法的前提是关于若干已知的个别事物的判断和陈述；其结论却是关于这一类事物的普遍性的判断和陈述。这就决定了归纳法的特点是：它的推理方向是从个别到一般的过程；结论是未验证的，具有或然性。归纳方法在园艺科学研究中的主要作用在于：从科学事实概括出一般规律，是提出假说和形成理论的有效方法；为科学观察和试验的设计，提供逻辑依据，便于用简明、合理的方式揭示事物的因果性和规律性；它通过对有限数量的事物的考察，得出关于无限事物的规律性的认识，这就给科学认识增添了新内容，为发现和发展真理提供了可能性。

演绎是由某类事物的普遍规律，推论出关于其中个别事物的规律的方法，和归纳的思维方法相反。所有 S 皆有 P，S_x 是 S 类中的一个事物，从这两个前提出发，推断出 S_x 必有 P 的结论，就是演绎法的应用。演绎的基本形式是三段论式，它包括：①大前提，是已知的一般原理或一般性假设；②小前提，是关于所研究的特殊场合或个别事实的判断，小前提应与大前提有关；③结论，是从一般已知的原理（或假设）推出的，对于特殊场合或个别事实作出的新判断。只要我们选择确实可靠的命题作为前提，经过正确的、严格遵守逻辑规则的推理过程，结论就是可信的。如大前提"所有的热带果树的习性喜高温，不耐寒"，小前提"芒果是热带果树"，可推断出结论："芒果的习性喜高温，不耐寒"。演绎在园艺科学研究中的主要作用是获得新知识的主要手段，也是论证的有力工具，还是提出科学预见的重要手段和检验理论的辅助手段。

归纳和演绎是相互联系、相互渗透的。尽管它们在思维方向上相反，但演绎要以归纳为基础，演绎所依据的一般性原理都是由归纳获得的。归纳要以演绎为指导，在为归纳而搜集个别事实时，是以一定的一般原理、原则为指导。从科学认识的某一阶段看，归纳和演绎是相互独立的思维方法；但从科学认识的全过程、总秩序上看，二者又是相互联结、相互转化的。在以归纳的结论来指导推演、认识个别时，归纳就转化为演绎；在以多个演绎的具体结论为前提，推演出更一般的结论时，演绎又转化为归纳。所以，在科学研究中，要建立归纳和演绎相统一的思维模式。

3）分析和综合（Analysis and synthesis）

分析是在思维中或实际上把认识对象分解为各个组成要素（对象的各部分，或是特征、性质、关系等），并把被分解出来的各要素作为对象整体的一部分，单独进行研究的方法。分析的基本作用，就是深入事物的内部，从各个不同的侧面，研究各个细节。为从总体上认识事物积累材料，便于把握事物的本质。因此，能够帮助科研人员，对量大、质杂、纷繁错综、有时还可能是相互矛盾的事实材料，进行创造性的分析，把复杂事物分解成简单要素，从而分清主次，鉴别真伪，使认识深入到更深的层次。

综合是把分析过程中被分割的事物的各个要素，按其固有的规律结合起来，确立各个部分的联系，把事物作为统一的整体加以认识的思维方法。综合的基本作用是克服了分析可能造成的局限性，能够揭示事物在分割状态下不曾显现的特性；能够从整体上全面把握事物的本质。要求科研人员能够驾驭材料，统观全局，清楚头绪，理出线索，通过科学的综合，作出科学结论，乃至作出有价值的发现和发明。

分析和综合是相互依存、相辅相成的。分析是综合的前提与基础，综合是分析的发展和提高。科学认识总是从分析到综合，又在综合之上进行新的分析，再到新的综合。在现实的科学认识中，它们既有独立性，又互相渗透、互相联系；在一定条件下还可以互相转化。应该建立分析与综合相统一的思维模式。

第二节　热带园艺植物的科研选题

一、科研选题的基本概念和意义

科学是发现、理解和解释客观世界本质和规律的活动以及解释、反映客观世界本质和规律的知识体系。科学研究是人类认识自然和改造自然的活动，认识自然是为了更好地改造自然，改造自然的目的是为了更好地满足人类的需要。科学研究的基本过程分六步，首先是选题，其次是决定课题研究内容和具体的研究方法，第三步是试验结果的分析，第四步是研究论文的整理与发表，第五步是科学技术成果的鉴定，最后就是成果推广阶段。

一般来说，科研选题主要包括两个方面的内容：研究方向的确立和研究课题的选择。前者决定了研究集体和研究者个人在较长时间内进行科学研究主攻的方向和目标，而后者则是在研究方向确立后选定突破口，即制订较为具体的计划。科研选题就是形成、选择和确定所要研究和解决的课题，是整个科研工作的第一步，也是一项制约科研全局的工作。科研选题在整个科学工作中处于战略地位，具有战略意义。首先，它关系到科学研究的主攻方向、目标和内容的确定。其次，它在一定程度上决定了科研工作的途径和方法。选择基础研究、应用研究和应用基础研究等不同研究类型的课题，不仅规定了不同的研究目标和内容，而且随之而来的研究途径和方法也有差别。再次，它直接关系到科研工作的速度、价值、成败和发展前途。因为，课题的难易、价值不一样，选择的正误、连锁反应的可能性不同；同时，它涉及人力、物力、财力的有效使用等问题。课题如果选择恰当，就可以捷足先登，取得事半功倍的效果；相反，选题失当，则可能劳神费时，久攻不克，或事倍功半，得不偿失，造成人力、财力、物力和时间上的浪费。正因如此，科学家们都十分重视科研选题。英国科学学奠基人贝尔纳强调："课题的形成和选择，无论作为外部的经济要求，或作为科学本身的要求，都是研究工作中最复杂的一个阶段，一般来说，提出课题比解决课题更困难，所以评价和选择课题，便成了研究战略的起点。"爱因斯坦也曾指出："提出一个问题往往比解决一个问题更重要。因为解决问题也许仅是一个数学上或实验上的技能而已，而提出新问题、新的可能性，从新的角度去看旧的问题却需要有创造性的想象力，而且标志着科学的真正进步"。

二、科研选题的原则和步骤

科研选题是一项严肃的研究工作，也是一种灵活的研究艺术。一般来说，科研选题没有固定的模式，但是任何一个科研活动，除依靠科研人员的学识和经验外，还需遵循以下几项选题的原则。

1. 科学性原则（Scientific principle）

科研工作的任务在于揭示客观世界发展的规律，它正确反映人们认识与改造世界的水平。科学性原则主要是指所选课题必须符合最基本的科学原理，遵循客观规律，具有科学性。因此，科学性原则是衡量科研工作的首要标准，体现了科学研究必须实事求是的基本精神。科学性原则主要有三个方面的含义：其一，要求选题必须有依据，其中包括前人的经验总结和个人研究工作的实践，这是选题的理论基础；其二，科研选题要符合客观规律，力戒选题的主观随意性、盲目性和虚假性；其三，科研设计必须科学，符合逻辑性。科研设计包括专业设计和统计学设计两个方面。前者主要保证研究结果的先进性和实用性；后者主要保证研究结果的科学性和可重复性。科学性原则要求科研工作者既要尊重已有的正确的理论指导，尊重客观事实；又要不拘泥于现有的事实和已有的学说，要敢于突破传统观念的束缚，大胆依据新的实践、发现新的事实、创立新的学说。

2. 创新性原则（Innovational principle）

创新性原则，又称为"第一流"原则，即所选课题应该是前人没有解决或没有完全解决，并预期能够获得一定的学术价值或社会价值的新发展、新成果的问题。创新性是科学研究的灵魂，也是科研选题的一条根本性原则，它首先反映在所选的课题是否具有先进性、新颖性、独创性和突破性。选题一经解决，将能在科学理论上或技术上引起突破，或者能填补科学技术的空白，或者能够开拓新的科研领域，或者能补充、丰富原有的理论学说乃至创立新的理论、学说。没有创新的科研课题是没有价值的，也称不上科学研究。

要遵循创新性原则，科研人员必须努力做到：

1）要有创新意识。创造需要有强烈的好奇心、旺盛的求知欲、迫切的进取心，需要有攀登险峰、独辟蹊径的勇气。创新的意识越强烈，创造积累越大，创造性想象越丰富，越有可能选择出创造性的课题。

2）要善于学习和进行比较。对所要选择的课题进行横向和纵向比较，熟悉并学习别人已进行过的工作，明确前人或他人尚未弄清或尚未涉及的课题所蕴涵的实质内容，以避免重复他人的劳动。

3）加强情报工作，掌握科技动态。

4）选好学科领域。要到最有希望、最需要创造性而且最能激发和砥砺创造力的地方去选题，如不同学派激烈争论的领域，科学技术的空白区域，学科前沿，学科交叉领域等。

3. 应用性原则（Application principle）

应用性原则，也称为"需要性原则"。广义上讲，凡是具有科学性的课题都具有应用性。基本理论的研究成果固然反映一个国家的科学水平，但终究要推广应用到社会生产实践中去，才能实现生产率的提高，这需要一个转化的过程，也需要一定的时间。根据经济发展水平及国情，在不同时期有所侧重。比较落后的发展中国家，一般都把侧重点放在与经济建设有重大效益关系的技术课题领域，以尽快地增强国力。例如，第二次世界大战后，日本针对当时科技理论水平不如美国，而把科研工作的重点转向开发、推广和应用研究上，短短的几十年时间就发展成为世界经济大国。因此，我国科研工作者应从我国国情出发，顺应社会实践潮流和科学本身的发展，选择那些国家或社会亟待解决的课题从事研究，其研究的动力就会增大，研究的价值就会增高，研究的成果就会容易得到社会的承认和人们的欢迎。

4. 可行性原则（Feasibility principle）

可行性原则，也称可能性原则，体现了条件性原则。如果选题不具备可以完成的主客观条件，再好的选题也只能是一种愿望。美国贝尔研究所科学家莫顿就说过："选择题目不能草率，如果根本没有实现的可能，选题就等于零。"因此，可行性原则是决定选题能否成功的关键。选题中，应当充分分析、估计以下条件：

1）现实的主观条件。主要是指科研人员的基础知识、专业知识、技术水平、研究能力，如观察能力、实验能力、设计能力、阅读能力、思维能力、表达能力等，兴趣爱好、献身精神和在此基础上培育形成的科学素养等。

2）现实的客观条件。主要是指文献资料、资金设备、协作条件、所限时间、相关学科的发展程度等。对应用性课题，还应考虑到成果的开发、推广条件，用户采用的接受条件等。

3）发挥主观能动性，积极创造条件。所谓条件除已具备的条件外，对那些暂不具备的条件，可以通过努力创造出来。如知识不足可以补充；设备经费不足，有的也可以艰苦奋斗克服一些困难；情况不明，可以先进行调查研究等。选题时应根据已具备的或通过努力可以获得的条件，扬长避短，利用有利条件，克服不利条件，选择基本符合自己情况的研究课题。

因此，贯彻这一原则，在选题的过程中要依据实际具备的，或通过努力可以获得的主、客观条件来选择自己的研究课题。在分析主、客观条件的可行性时，要做到"知己知彼"，即不但要弄清自己的长处在哪里、短处在哪里，还要分析客观条件和环境，确定哪些对自己有利、哪些不利，要搞清楚社会需要科研人员干什么、允许干什么。只有这样，科研人员才能扬长避短，利用现有条件，选择基本符合自己情况的研究课题。

5. 效益性原则（Efficiency principle）

效益是指经济效益、社会效益和生态效益等。

经济效益原则的基本要求是完成课题所需的人力、物力、财力必须经济合算，应该尽可能做到以最小的人力、物力和财力，获得最理想的科研成果；其次，课题必须有利于发展社会生产力，提高劳动生产率，有利于科学技术的发展，给社会和人类带来良好的效益。

社会效益原则指要考虑本课题完成后可能带来的社会影响，如某项科技活动给社会解决一定数量的劳动力就业问题，给社会增加额外的收入，培养高素质农业人才的数量与质量等。

生态效益是从生态平衡的角度来衡量效益，指自然界生物系统对人类的生存条件、生活环境和生产活动所产生的有益效应。例如，人们生存、劳动和休憩必需呼吸清洁的空气、摄入营养物质，需要宁静的环境等。生态效益与经济效益之间是相互制约、互为因果的关系。在某项科技实践中所产生的生态效益和经济效益可以是正值，也可以是负值。最常见的情况是，为了更多地获取经济效益，给生态环境带来不利的影响。此时经济效益是正值，而生态效益却是负值。生态效益的好坏，涉及全局和长期的经济效益。在人类的生产、生活中，如果生态效益受到损害，整体的和长远的经济效益也难得到保障。因此，在人类改造自然的过程中，要求在获取最佳经济效益的同时，也最大限度地保持生态平衡和充分发挥生态效益，即取得最大的生态经济效益。

坚持选题的效益性原则，科研工作者既要选择那些"短、平、快"的课题，又要重视具有长远意义和经济、社会、生态效益的课题。

上述选题原则是相互联系、相互制约的五条原则。科学性原则体现了科学研究的依据，创新性原则反映了科学的本质特征，应用性原则规定了科研的方向，可行性原则体现了科研的求实精神，效益性原则体现了科研的社会功利性。这些原则中的任何一项都是正确选题所必须遵循的，同时满足这些基本原则的选题，才是最佳的、最有希望获得成功和最富有创造性、最有价值的课题。

三、科研选题的步骤

科研选题一般分为以下四个阶段，如图1-1所示。

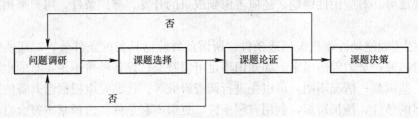

图 1-1　科研选题的步骤

1. 问题调研

这是选题的准备阶段。研究者在根据社会需要及个人的学识专长选定研究方向后，首先应明确自己的研究领域及研究范围的层次。然后尽可能多地对这一学科领域国内外的情况进行全面的调查研究，大量发现和搜集这一领域若干备选科学问题的历史、现状及发展趋势。要掌握前人对有关课题已做了哪些工作，已经得出什么结论，还存在什么尚未解决的问题，问题的关键在哪里，有什么经验和教训，这样才能掌握科研新动向，保证科研的高起点。

2. 课题选择

这是提出问题和确定课题阶段。根据问题调研和实际考察的结果，初选出诸个科学问题，认真分析其在科技发展中的地位、作用、社会经济效益以及制约科研能否顺利进行的其他因素等。运用前面所述科学性、创新性、应用性、可行性和效益性等五个选题原则，从诸个问题中优选出备选课题，然后进一步研究如何进行课题研究工作，拟出初步的研究计划和几种可行的研究方案，提出开题报告。开题报告一般包含以下内容：课题的名称、课题的来源和立题依据、课题的目的和意义、国内外现状和发展趋势；主要研究内容和研究方法；完成课题的主客观条件；研究周期和所需的经费；需要有关部门解决的问题等。开题报告是有关部门组织同行专家对课题进行可行性研究和审批课题的重要依据。

课题初步选定后，还要举行开题报告会，由专家进行评议和论证，以确定课题是否完善。

3. 课题论证

论证是指对课题进行全面的评审，看其是否符合选题的基本原则，并分别对课题研究的目的性、根据性、创造性和可行性进行论证，以确定选题的正确性。课题论证一般采取同行专家研究评议与管理决策部门相结合的方式进行。评议内容包括：课题研究目的和预期的成果是否符合社会实践和科技发展的需要；开题报告对国内外现状和发展趋势的分析是否正确，开题执行的论据是否充分、可靠；课题的科学技术意义和经济价值如何；课题所采用的初步研究计划和技术路线是否先进、合理、可行；课题的最后成果是否会给社会造成诸如污染环境、破坏生态平衡等不良后果；课题负责人和课题组人员能否胜任课题的研究任务；提供该课题所需条件的必要性和实现的可能性等。

4. 课题决策

经过课题论证之后，该课题若通过，即课题确定。科研课题经过确定和验证之后，就要拟订实施规划和研究工作方案。"凡事预则立，不预则废"。科研规划是对科学事宜的安排。如研究者应根据自己获得的直接和间接资料，接受别人的建议和教训，找出课题突破口，进行科研设计，要用最科学、最简便、最清晰的思路设计科研步骤，以最佳的组合、最少的成本、最短的时间，得到最理想的科研效果。根据科研的特点，研究方案不宜过细，要有灵活性，应随工作的进展而变化，根据研究中出现的新问题和意外情况，修改计划方案，将计划性和灵活性结合起来，以保证研究课题获得满意效果。若没通过，该课题则被淘汰，需再按照选题的程序和原则，另行选定其他课题。

科研选题是一个不断反馈调整的过程，常常需要反复调研和多次论证。另外，科研选题的模式也是多种多样的，并非只存一种单一的模式。

第三节　热带园艺植物科研课题及其申请书写作

一、科研课题的来源

热带园艺科学研究的课题主要有以下来源。

1. 反思和归纳生产实践存在的问题

通过调查研究，总结经验，发现问题，找出热带园艺生产发展中存在的主要问题，作为选择课题的依据之一。如品种改良，改善品种结构，发掘和研究野生资源，以及加强原生质体融合技术和花药培养在园艺育种中的应用。园艺栽培技术研究主要围绕园艺的发展、早产、高产、稳产、优质、高效等方面研究，诸如优质、丰产、高效益的标准化栽培技术；低产园改造的关键技术；矮化密植、早期丰产和密闭园的改造技术；改良盐碱地、海涂和红黄壤，丘陵山地果园水土保持；土壤培肥，以叶分析为主，结合土壤分析的营养诊断，制订配方施肥方案，研制专用复（混）合肥料；经济用水和保水技术；调节控制花量、果量，植物生长调节剂及复配物的应用，克服多年生园艺植物大小年，提高果实品质；冷害、热害、涝害、旱害等防护技术；无病毒苗的鉴定与繁殖；园艺病虫害的化学防治与农药残留问题、生物防治及综合防治；园地管理机械化；园艺产品的分级包装、贮藏保鲜及加工技术；小水果和名、特、稀、新水果的研究等。不同的区域和树种各有特点和重点。上述大多属于应用研究，少数属于应用基础研究。

2. 引进和推广国内外先进科研成果，也可作为科研课题

积极参与国际、国内农业科学技术的合作和交流，学习、吸收国内外一切先进成果，是快速发展我国和当地科技事业的重要途径。有的先进成果，如果树优良新品种、新砧木和先进新技术往往有其特定的地区性，在某一地区表现好或行之有效，引用到另一地区不一定表现好或行之有效；优良新品种和新砧木的推广还需经过区域适栽性试验；先进新技术有个地方化问题和不同果树种类、品种反应不同的问题。因此，优良的新品种、新砧木

和先进新技术的引用、鉴定、改进和推广，也可作为一类科研课题。

3. 收集资料，阅读文献，掌握园艺植物科学进展情况，找出本学科中的主要问题作为科研课题

在广泛收集国内外资料的基础上，经阅读并综合分析这些资料，深入了解前人研究了哪些问题，还没有研究过哪些问题，解决了哪些问题，还有哪些问题尚未得到肯定的结果？有何分歧？哪些问题需要进一步探索？我们应该选择前人没有研究过，或者尚未得到肯定的结果，以及需要进一步探索的问题，作为研究课题。避免重复前人已经做过并得到肯定结论的问题。

4. 从不同学派、观点的学术争论中选题

科学研究是一种探索性的创造性思维，对同一观点、理论常会发生分歧和争论，存在不同的观点，特别是有较大争议的问题，本身就能给科研工作者提供一个相互冲突的对立面，扩展研究视角和视野，探讨和研究许多有关的问题。因此，关注学术之争，在争议之处或前人研究的基础上得到启迪、顿悟或灵感，发现一些还没有研究者涉足的"地带"，在这些无人问津的地带进行挖掘，是发现问题、选择研究课题的一条重要途径。当然这是独创性很高的一项艰难工作，对研究者的要求也较高。

5. 从学科渗透、交叉中选题

学科渗透、交叉是科学在广度、深度上发展的一种必然趋势。事物都在普遍联系之中，各门学科也在普遍联系中，以往人们注意从学科的相对独立性上进行研究，现代科学注意了学科相互渗透、交叉的研究，在学科渗透、交叉"地带"存在着大量的新课题供选择，提供了一个广阔的空间。比如园艺植物科学研究是以生命科学为基础，以园艺植物与环境系统为研究对象，以高产、优质为目的的应用基础科学。它与生物学、地学、数学、物理学、化学以及信息科学等学科有着广泛交叉，要不断吸取、引用。移植其他学科的成果到园艺生产科学研究中，解决园艺生产科学中的某一课题。研究者应该充分认识并利用这一空间的各种资源，借用或移植邻近学科的研究成果进行园艺生产科学研究的选题，突出研究课题的新颖性和创造性。又如园艺学与哲学、社会科学以及其他自然科学等领域交叉中，进行综合而产生的诸如园艺商品学、园艺仿生学、园艺植物化学成分分析等新学科研究领域，以园艺生产作为共同的研究对象，运用多学科的理论和方法，使园艺生产研究得到了有效的深化。

6. 直接从课题指南中选题

科教兴国，作为科学研究"龙头"的选题，必然引起各级园艺生产行政部门、园艺生产科研机构、学术团体以及园艺生产期刊的高度重视。为了更好地指导园艺生产科学研究工作，提高园艺生产科学研究水平及其成效，国家、省市及各种学术团体往往定期或不定期地制订一定的园艺生产科研课题指南。这些课题一般都是理论意义、现实意义比较重要的课题，应当是科研工作者选题的重要来源。在科研选题时，首先要从宏观上了解国家或地区科技发展的重点支持领域，经济建设的优先发展目标，科技政策的优先支持范围，尽可能瞄准国家或地区的优先领域、重点问题进行选题。其次，要了解、掌握国家或地区下发的《课题指南》，并对其进行认真的分析研究，适时调整研究方向。同时，要善于从《课题指南》中了解园艺学科一定时期的发展趋势，积极进行知识的积累和研究探索，站在学科的前沿地带进行选题。第三，要从微观角度分析国家或地区在某一学科的科技政

策、研究水平、理论与实践价值，判断分析国家或地区科技政策对其研究方向支持力度的大小，根据需求进行研究方向的调整，只有这样，科研选题才能符合国家或地方科技与经济发展的需要，从政策上得到立项部门的支持，形成有利的学科和技术优势。

国家和有关部委下达的园艺科学类研究主要项目见表1-1。当地省市级政府部门也会发布一些园艺有关研究的课题指南，如海南省科学技术厅（网址：www. dost. hainan. gov. cn）主管的"海南省自然科学基金项目"和"海南省重点科技计划项目"等，海口市科学技术和信息产业局（网址：www. hksti. gov. cn）主管的"海口市重点科技计划项目"等，这些都是选题的重要来源。

园艺科学类项目常见的申报重要渠道信息

表 1-1

序 号	名 称	来 源	类 别	定 位	网 址
1	国家重点基础研究发展计划973	科技部发展计划司	基础/应用基础	为实施"科教兴国"和"可持续发展战略"，加强基础研究，面向科学前沿，开展重大关键科学问题的研究	www. 973. gov. cn
2	国家自然科学基金	国家自然科学基金委	基础/应用基础	资助自然科学基础研究和部分应用研究，发现和培养科技人才	www. nsfc. gov. cn
3	教育部科学技术研究重大（重点）项目	教育部科学技术司	基础/应用基础	根据高等学校高层次人才培养的特点、学科布局及发展的需要	www. dost. moe. edu. cn
4	国家高技术研究发展计划（863计划）	科技部863计划办公室	科技攻关/推广	解决事关国家长远发展和国家安全的战略性、前沿性和前瞻性高技术问题，发展具有自主知识产权的高技术，培育高技术产业生长点	www. 863. gov. cn
5	国家科技支撑计划	科技部发展计划司	科技攻关/推广	解决国民经济建设和社会发展中重大科技问题的科技发展计划；主攻方向为促进产业技术升级解决社会公益性重大技术问题；坚持自主开发、创新与引进、消化吸收并重	kjzc. jhgl. org
6	星火计划	科技部星火办	产业化	以全面促进农村经济持续健康发展为目标，加强农村先进适用技术的推广，加速科技成果转化，大力普及科学知识	www. cnsp. org. cn
7	火炬计划	科技部火炬高技术产业开发中心	产业化	高新技术成果商品化、产业化和国际化的一项指导性开发计划	www. chinatorch. gov. cn
8	国家新产品计划	科技部发展计划司	产业化	旨在引导、推动企业和科研机构的科技进步和提高技术创新能力，实现产业结构的优化和产品结构的调整，通过国内自主开发与引进国外先进技术的消化吸收等方式，加速经济竞争力强、市场份额大的高新技术产品的开发和产业化	www. chinanp. gov. cn

序号	名称	来源	类别	定位	网址
9	国家科技成果重点推广计划项目	科技部科技成果管理办公室	产业化	采取国家政策引导和争取有关银行贷款支持的措施，重点支持对提升传统产业和发展高新技术产业有重大影响的共性技术、经济效益、社会效益和生态效益显著的社会公益技术，有计划、有组织、有重点地推广，以实现规模效益	www.nast.org.cn
10	国家重大产业技术开发专项	发改委高技术产业司	产业化	解决产业发展中的重大关键技术问题，促进产业结构调整和增长方式转变	www.gjss.ndrc.gov.cn
11	农业机构调整重大技术研究专项	农业部科技教育司	产业化	解决优化农业和农村经济结构、改善农村生态环境等方面存在的重大技术问题	www.agri.gov.cn
12	农业科技跨越计划	农业部科技教育司	产业化	以实现"三高一优"农业和提高农产品总量供给为目标，有效解决我国农业科技成果转化率低、技术普及薄弱的问题	www.stee.agri.gov.cn
13	引进国际先进农业科学技术项目（948项目）	农业部科技教育司	产业化	引进国际上先进的农业科学技术，在国内进行消化、吸收、创新、示范和推广，促进农业和农村经济发展，提高我国农业科技的整体水平	www.stee.agri.gov.cn
14	优质专用农作物新品种选育及繁育技术研究项目	农业部科技教育司	产业化	加快农作物品种创新，建立我国种业科技创新与应用体系，不断提高农业综合生产能力，推动我国农业生产向优质化、专用化方向发展	www.stee.agri.gov.cn

7. 自选课题

根据特定需要设置科研课题。为了学科发展的需要，对园艺植物生物学特性的基础理论，从遗传、形态解剖、生态、生理、生化等方面进行研究；尤其对园艺植物的代谢、营养、发育、抗性等从生理方面进行研究；并应用现代科学仪器设备和新技术进行研究，从而揭示园艺植物的生长发育规律，为园艺植物的栽培管理提供理论基础。为了提高园艺植物的经济效益，对园艺植物经济学和组织管理进行研究，如对园艺植物栽培的专业化、集中化、机械化、园地规划、劳动组织、计划管理、投资效果（投入与产出比等）、成本核算，以及产品的生产、贮运、销售等经济活动进行研究，为确立合理的经营管理体制、制订有关政策和发展园艺植物生产的宏观决策提供科学依据。为了提高科学研究的质量、效率和水平，对园艺植物的研究方法和科研的试验手段等方面进行研究。

还有属于横向联系的课题，受有关部门或单位的委托，订好协议书，充分发挥本课题组较好的研究条件和研究力量，以及个人专长、技术优势，完成特定的科研任务。

二、科研课题的类型

科研课题类型依据不同分类标准分为不同种类，主要有以下四个划分标准。

1. 按科研选题的目的划分

科研选题的类型可以划分为基础研究、应用研究和技术开发研究、应用基础性研究三种类型。

1）基础研究课题

基础研究课题主要是为了获得关于现象和可观察事实的基本原理的新知识，而进行的试验性或理论性研究活动，它不以任何专门的或具体的应用或使用为目的。基础研究本身的性质决定了课题方向主要应以科学发展为导向，即从学科理论发展的自身需要出发，达到认识自然现象、探索自然规律的目的。尽管有些基础研究也是根据社会发展或经济发展的需要提出来的（如果树学上的病理研究等），但是这些问题更多的是由学科理论发展的自身需要决定的，它们并没有专门的或具体的应用目的。

2）应用研究和技术开发研究课题

应用研究课题主要是为了获得新的知识并服务于应用目的而进行的创造性的研究活动，它主要是针对某一具体的实际目的或目标。但是衡量应用目的是否合理和有效，主要应当以市场需要为尺度。

技术开发研究课题是运用基础研究、应用研究成果和实践知识，研究建立或改进生产新材料、产品和装置的新工艺或系统。

3）基础性应用研究课题

基础性应用研究课题是应用研究课题的一部分，但是这部分与其他的应用研究相比，前提性较强，主要是为了获取新知识、新原理、新方法的研究，与科学理论体系的关系更为密切。而其他应用研究的研究对象常常是以技术为主体。园艺科学是一门实践性强的应用科学，而狭义的研究指的是基础研究，园艺科学研究大多属于基础性应用研究课题。

2. 按课题的来源划分

根据课题的不同来源，可分为纵向课题、横向课题和自选课题。纵向课题指的是国家、部、省、市下达的指定性研究项目，如863计划、国家自然科学基金等。横向课题指的是受生产部门的委托或联合进行研究的课题。自选课题指的是那些根据科学技术发展的动向，从学科发展的需要自行提出的课题等。

3. 按课题的活动规模划分

这可分为大中小几级项目，分别称为一、二、三……级课题。低级课题也叫子课题。一般说来，大项目所牵涉的面较广，需要较多的协作单位，并要动员较多的科研人员参加科研工作。一级课题通常可分解为若干个二级、三级或更低级的子课题。总课题是子课题存在的基础，它规定子课题的方向和内容，子课题应紧紧围绕总课题进行研究，子课题对总课题起支撑作用。每一子课题都有自己研究的侧重点，各子课题之间既相互联系，又彼此独立。子课题的研究结果无论在理论还是在实践上都是总课题的研究成果的一部分。因此，承担各子课题的有关单位分头开展研究，在统一组织领导下，通力合作来完成总课题的任务。

4. 按所需时间划分

这可分为长远项目和短期项目。一般说来，长远项目的目标较高，所需时间较长，有时可长达十年以上，所需的人力也较多。长远项目通常可划分为若干个阶段项目，逐步开展，依次完成，最后得出总成果。长远项目往往同时也是大项目。

三、科研申请书的基本内容、规范写作和注意事项

科研经费拨款制度改革以后，国家、有关部门和单位都列入竞争的体制，推行课题招标合同制，故《科研项目课题基金申请书》，也称为标书（bid sheets，research protocol）。在进行招标时，都要确定重点研究的课题，园艺植物科技人员，根据招标部门所规定的范围、内容和要求，结合自己科研工作的优势，选择课题（可以是分解的子课题），书写标书，进行投标。

科研申请书是表达申请者思想及科研水平的主要形式。申请者必须通过标书将自己的工作设想、学术思路及工作能力充分地表达出来，使同行专家和主管部门认可，才有可能得到资助。科研项目申请书一般为固定文本格式，项目下达部门当年下达项目计划时往往将《项目指南》与申请书同时下达，申请者登陆部门官方网站即可下载到最新版本的申请书。不同的下达部位、不同的年份，科研申请书的格式和写法存在差异，但科研申请书的基本内容差别不是很大。项目申请书主要由封面、数据表（基本信息表）、报告正文（课题论证报告）、签字盖章页四部分组成。下面以国家自然科学基金书为例，阐述项目申请书的基本内容和规范写作。

1. 封面

封面主要包含以下内容：课题（项目）名称、申请者及其联系方式（电子邮件和电话）、项目依托单位及相关信息。

1）课题名称应简明、具体、新颖、醒目，并能确切反映课题的研究因素、研究对象、研究内容、研究范围及它们之间的联系。课题名称所反映的内容必须与申报内容相符。课题名称要体现课题的三要素，即处理因素、实验对象和预期目标三部分。预期目标越具体，实验对象越清楚，测定方法和指标之间的联系越明确，预期结果也就越可信，这样的课题名称也就越有吸引力。课题名称一般以 15～20 个汉字为宜，字数太少，难以清楚表达研究的主题；字数过多，有累赘之感，而且会重复表达主题意义。在题目中应尽量不用缩写、化学分子式等。如"利用同源序列法克隆香蕉的抗病基因类似物"、"双氧水介导的油菜素内酯诱导甜瓜植株广谱抗性的生理与分子机制"和"霸王岭国家级自然保护区的苔藓植物资源与区系研究"就是比较好的课题名称。

2）申请者，也就是课题负责人，一般应具有中级以上职称。国家自然科学基金项目要求申请者具备高级职称，不具备者则必须有两名同行高级职称专家推荐方可申报。申请者的个人信息如电话和电子邮箱一定要填写正确并且有效，以保证信息畅通无阻。

3）项目依托单位名称指申请者的工作单位，要填写与单位公章一致的全称，不得简称。

2. 数据表

数据表，又叫简表或基本信息表，需申请者认真逐项填写。数据表主要包含以下 8 个栏目。

1）资助类别指面上项目、重点项目、重大研究计划项目、青年科学基金项目、地区科学基金项目等，申请者应参照当年的《项目指南》和《项目管理办法》并根据实际情况填写。

2）研究属性可选择下列类别填写：基础研究、应用基础研究、应用研究、开发研究等。

3）报审学科指申请项目所属的学科，如涉及多学科可填写 2 个，并先填为主的学科。学科分类和代码表按国家技术监督局 1992 年颁布的《中华人民共和国国家标准学科分类与代码表》（GB/T 13745—92）填写。

4）申请资助金额用阿拉伯数字表示，一般以万元为单位。

5）起止年月一般从申请次年的 1 月至完成年度的 12 月。

6）参加单位数指项目组成员所在单位数，包括主持和合作单位。一般而言，面上项目合作单位数为 1～2 个，重大项目的合作单位为 5 个左右。

7）项目组主要成员指在项目组内，对学术思想、技术路线的制订、理论分析及对项目的完成起主要作用的人员。需要特别指出的是，项目组成员的专业应包括项目所涉及的主要学科，既要有较高水平的学科带头人，又要有掌握实验技术、从事具体研究和操作的人员。要充分依靠和发挥中青年专家和科技人员的作用。成员数量按职称高低一般呈塔状分布，以 5～8 人为佳，注意各成员分工及年龄职称专业搭配的合理性。课题组成员项目分工要填写具体，不宜笼统地用"研究"、"分析"之类的词语，如果用"资料收集"、"样品采集"、"分析测试"之类的词汇就显得分工明确、清楚；课题组成员安排的每年工作时间要充裕，一般填写 6～10 个月较真实可信。

8）研究内容摘要及关键词。摘要应能概括整个申请书的主要内容，包括使用的主要方法、研究内容、预期结果、理论意义及应用前景（或预期的经济效益）等内容。它是用有限的文字表达一个项目研究计划的精髓，使评审者能通过百余字的内容认识到项目所蕴涵的价值。所以不仅要条理清晰，句句衔接，直入主题，更要将研究内容的深度与广宽融为一体，做到科学性与可行性间的良好衔接。关键词的选取应恰当，能反映主要研究内容，一般 3～5 个。

3. 报告正文（课题论证报告）

报告正文是项目申请书的主体部分，这部分内容是说明：第一，为什么要做（why to do），即立项依据是什么；第二，要做什么（what to do），即研究目标、研究内容以及拟解决的关键问题是什么；第三，怎么做（how to do），即采用何种研究方法、技术路线、实验手段和关键技术等；第四，凭什么做，即有怎样的研究基础、工作条件以及项目组成员、预算经费等。

1）立项依据

立项依据是指确定项目的科学依据，是该项目的灵魂部分。它包括项目的研究意义、国内外发展动态以及相应的主要参考文献。明确地告诉同行专家你想做什么，为什么要这么做，使专家认识到资助该课题的必要性和可行性。

研究意义是要明确该问题的解决对推动相关学科有什么样的科学价值，要从学术价值和应用前景的层面上来阐述。其中，是否具有创新意义是关键，应进行充分阐述。此外，要表述对科技、经济、社会发展的重要意义或应用前景。

申请者对申请项目所涉及研究领域的国内外研究状况应有充分了解，在申请时要清楚、客观、全面地阐述国内外研究现状、学术前沿、进展程度、发展趋势、同行研究的新动向等问题，要特别指出目前本课题研究领域中需要解决的问题及其没有解决的原因，提出对此问题的解决办法及要达到的目的等。基础研究项目重在结合国际上的发展动态，科学意义及创新的学术思想；应用基础研究项目重在结合学科发展的同时，围绕我国国民经济和社会发展中重要的科技问题，论述其潜在的应用前景。写作时要注意的是在文献综述中，不是对文献的简单罗列，而是经过你综合分析的结果，要对国内外该领域的专家有恰当的评价，评价时言辞要委婉客观，自我评价要谦逊，尽量避免"首次发现"、"首次研究"等用语。交代问题的字数多少由问题的复杂性和是否已经说明清楚相关问题来定，有些可以说得详细，有的可以相对简单，但必须表达清楚。另外，如果你在这一领域有自己相关的工作，也应列入文献中加以说明。

参考文献的著录是完整说明立项依据的有力辅证。因此参考文献的引用一定要得当，应尽可能是最新的（经典文献可略有涉及）、权威性、时效性，最好引用国内外同行最权威人士的资料。国外文献应占相当比重，时间以近3年内的为主。参考文献数量一般控制在15~25篇为宜。

2) 研究目标、研究内容以及拟解决的关键问题

研究目标说明本项研究最终期望要达到什么目的，是总体的表述与概括。目标设计应翔实、具体、明确，避免大而空，应确保所有目标与研究者要检验的研究假设直接关联。

研究内容是申请书的重中之重，是研究目标的具体体现与分解，是研究题目的细化与解释，阐明了本项目到底要研究什么具体科学问题。研究内容的撰写必须层次清晰、详略得当，体现有限目标、抓住关键、重点突破、力求创新的要求。①有限目标即研究内容要适度，研究任何新的科学问题都是在前人工作基础上的开拓，且科学研究是无止境的，不可能设想在一个项目或一次研究中将所有或众多的问题都解决，更何况科学基金的有限资助额度需要在有限时间内解决众多问题是不现实也是不可能的。②抓住关键即阐明本研究拟解决的关键科学问题是什么。所谓关键科学问题应理解为研究内容中所涉及科学问题的关键点，也可理解为就是问题的核心。拟解决的关键点的数量上最好不超过3个，多了就不能突出"关键"了；阐述时应说明关键问题中可能出现的潜在技术难题，并提出解决的办法。要仔细分析，说明这个问题不解决，将影响整个课题的完成。这个问题是相对难以解决的，需要作艰苦的探索，是真正的难题所在。因此创新的闪光点往往蕴藏在这些关键问题之中，抓住了关键，也就抓住了创新。③重点突破即不是要求一项研究面面俱到，所有的关键问题都能有突破，而是要求在一个研究项目中，在有限目标的基础上，能真正抓住并解决一个或几个关键的科学问题。真正有一点突破，才能取得期望的进展和成果。当然，一定是有创新性的结果才可称为成果。④力求创新。有限目标、抓住关键、重点突破，其最终目的是力求有创新性的研究成果。研究内容应该与选题、立论依据中学术上的创新相一致，在前人（也包括自己）工作基础上有所发现、有所发明、有所创造、有所前进，提出或完善新理论、新学说、新方法，解决没有解决的问题。

3) 研究方案、技术路线及可行性分析

确定科研课题的主题思想、研究目的之后，制订正确的研究方法和技术路线是科研工作前期的重要内容。研究方法和技术路线是为完成研究内容而设计的研究方案和技术措施，它包括研究目标的方法、技术、实验手段和关键技术等一整套计划安排。关键技术和创新技术要描述详细、清晰、明确、具体，必要时以公式、流程图等直观说明。技术路线指具体实验及观测的程序和操作步骤，可采用流程图或示意图。要求可信、可行、写出本课题的技术关键及其解决的思路，技术路线适宜用图表示，直观、明确、一目了然。研究指标要新，应有内在的联系和一定的深度。

可行性分析是自我对研究项目实施过程的评价，虽然包括对单位主管部门在人、财、物方面对项目研究的支撑，但重点应突出从学术角度对方案、思路可行性的分析。应重点论述该项目在理论上是否可行、试验设计是否合理、实验室技术是否能完成研究内容，研究方法和技术路线是否科学和正确、是否具有可操作性、能否保证该研究的正常进行和顺利完成等。对于科研力量等方面比较薄弱的单位，有意识地寻找一些知名高校、科研院所，或有实力的企业作为合作单位联合申报项目，不仅会增加项目获批的几率，而且在研究中取长补短、互相学习，有利于增强研究实力、提高科研水平。

4）项目的特色与创新之处

项目特色和创新点是申报书的精华和关键。所谓特色与创新就是本项目研究领域中申请人独有的、与国内外同行所不同的地方。应从项目的立项依据、研究内容、研究方法、技术路线及实验方案等方面进行概括、提炼并集中反映出来，具有必要性和可行性，撰写时用词恰如其分，应避免盲目地用"国内首创"、"国内领先"、"填补空白"、"国际水平"等字眼。创新点不可过多，一般 2～4 条。

5）预期研究进展和研究成果

预期研究进展应是各研究阶段的研究方案、阶段成果与时间进度的综合表述。

预期研究成果应现实并突出创新性，包括成果内容、成果形式、成果数量三要素。成果内容指回答在什么问题上或哪几个问题上将取得进展并获得成果；成果形式是说明以什么样的载体来反映取得的研究结果，一般包括期刊论文、论文集、学术专著、研究报告、政策性建议，以及计算机软件甚至系统设计等；成果数量指说明涉及的成果形式的基本数量。

6）研究基础与工作条件

研究基础与工作条件是申请获得立项的一个重要的内容。一般基金都会优先支持那些有过前期研究的项目以及有相关研究的项目。办公实验条件、资料设备、项目组成员以及有助于申请者完成项目的多方面扶持政策均可作为研究基础和工作条件来填写。办公实验条件的完备、资料的完整是项目得以实施的必要条件，申请者及主要参加者所做的与本项目有关的既往研究基础、工作成绩则是项目完成的有力保障，申请者应尽可能提炼并如实反映，这些都是项目评审的重要依据。其他扶持性政策包括国家的、省部的甚至项目依托单位具备的支撑条件和资源配置。

7）年度研究计划及预期研究结果

年度研究计划要合理安排，一般根据自己的研究工作的需要来安排，对研究工作作阶段性的安排，如以 3～6 个月为一个工作单元安排计划，应具体、可行，并有明确、具体、客观的进度考核指标，各工作单元之间应具有连续性。

预期成果取得要合理，不要虚高。基础研究的成果主要是理论上的论文和专著，基础研究或应用基础研究可以是拟发表文章若干篇或获什么专利、成果，预期解决什么问题，得到什么技术成果或学术论点等。应用性研究课题，侧重推广应用前景及其间接的经济效益和社会效益预测。

8）经费预算

经费是进行科研工作必不可少的条件。填写经费预算的基本依据是各类项目的《项目经费管理办法》。经费预算要合理、具体、可信，额度要适中，可参考项目的类型和历年本项目类型的平均资助额度，并在此基础上略作上调。经费预算部分包括六个方面。①研究经费，实验材料费。②仪器设备费。③实验室改装费和协作费等。④项目经费，国际合作与交流经费。⑤劳务费。⑥管理费。注意经费预算中规定的一些固定比例不可变动，如国家自然科学基金面上（重点）项目国际合作交流经费不得超过总资助经费的15%，重点项目、重大项目国际合作与交流经费不得超过总资助经费的10%，面上项目劳务费不得超过总资助经费的15%，备注栏填写"'参与项目研究的研究生、博士后人员劳务费'，不得用于支付'临工和其他人员'费用，也不得用于支付学费等"；管理费占总资助经费的5%，备注栏填写"项目依托单位管理费"；仪器设备费用于购买进行学术研究的一些非常规专用仪器设备；购置5万元以上固定资产及设备时，需逐项说明与项目研究的直接相关性及必要性。

跟其他单位合作时还存在协作费和合作费。协作费是指外单位（不包括合作单位）协作承担自然科学基金项目部分研究试验工作的费用。协作费在使用时由项目依托单位依据协作合同转拨。合作费是指由两个或两个以上单位合作，共同承担自然科学基金项目研究工作的费用。在编制项目经费预算时，合作费首先由各合作单位按照用途分别列入各支出预算科目中，再由牵头单位汇总。

经费预算数目过大，项目过于简单或不全面，经费安排不当，设备费用占总经费比例过大等会被视为经费预算不合理。

4. 签字盖章页

这是完成申请书的最后部分，包括申请人签字，项目组成员签字，合作单位盖章，项目依托单位的科研管理部门意见、单位公章、领导签章（包括日期）。以申请国家自然科学基金项目为例，项目申请单位的公章必须是注册法人公章；合作单位的公章：属于注册单位的需要注册公章（二级单位公章不行），非注册单位的要求是法人公章。此外，应注意申请书中有外单位人员即视为有合作单位，须加盖合作单位公章（合作单位为境外的不必盖章，但须有参加者本人的签字或同意函）；在职研究生（包括具有高级职称的研究生）作为申请人时必须附上导师同意函。

另外，有些申请书需要一些附件，主要内容有查新检索证明，获奖成果、论文的复印件，推荐信等相关材料。科技查新（简称查新），是指具有查新业务资质的查新机构根据查新委托人提供的需要查证其新颖性的科学技术内容，按照《科技查新规范》（国科发计字［2000］544号）进行操作，并作出结论（查新报告）。查新有较严格的年限、范围和程序规定，有查全、查准的严格要求，要求给出明确的结论，查新结论具有客观性和鉴证性，为科研立项提供客观依据，防止重复研究开发而造成人力、物力、财力浪费和损失。这也是评审专家证实本项课题的新颖性或创新性的重要依据。某些项目对项目资助对象有一定的限制，如国家自然科学基金就不资助没有中级职称的人员申请项目，也不让没有得到导师推荐的在职博士研究生申请项目，只有了解这些资助项目的限制条件，才能使自己的申请书进入到有效的视线内。如果是中级职称的科技人员申报标书，还应由两位副高级以上职称者写推荐书。在职研究生（包括具有高级职称的研究生）作为申请人时必须附上导师同意函。这部分内容是项目申请书进入评审的关口，不可轻视，一定要完备齐全，若因形式审查不过关而被初筛掉就非常令人惋惜了。

写好项目申报书是项目研究的思路与蓝图，是项目研究的良好开端，做好项目研究还需要大量的、艰辛的创造性劳动。科研工作需要严谨、务实的科学态度。评审专家在与申请者互不相识、不曾谋面的前提下，只能通过阅读项目申请书来获取信息，对申请书进行评价。因此，申请者要本着对自己负责的态度认真翔实地撰写申请书，充分展示自己的科研水平和能力，争取课题获准立项，为日后更好地开展科研工作打好基础。

习题

1. 热带园艺植物科学研究的特点有哪些？
2. 热带园艺植物科学研究的基本方法是什么？
3. 选读一篇文献资料，分析此文章选题的依据、选题的原则和选题的方法是什么？
4. 以大学生科技创新基金（Students research foundation）为模板，撰写一份科研申请书。

参考文献

[1] 廖明安主编. 园艺植物研究法 [M]. 北京：中国农业出版社，2005.
[2] 骆建霞，孙建设主编. 园艺植物研究导论 [M]. 北京：中国农业出版社，2002.
[3] 王小曼，闵锦忠，倪东鸿. 科研项目申请书撰写的探讨 [J]. 气象教育与科技，2007，30（4）：30-34.
[4] 张东烜. 科研课题申报书中应注意的问题 [J]. 中华医学图书情报杂志，2004，13（1）：8-10.
[5] 张培林，王学彦，张雅春，王崇宪主编. 自然辩证法概论 [M]. 北京：科学出版社，2005.
[6] 章文才主编. 果树研究 [M]. 第3版. 北京：中国农业出版社. 1996.

（编者：李新国）

第二章 试验设计与数据统计分析方法要点

热带园艺植物的研究内容十分丰富，研究课题涉及面广泛。但是任何课题开展研究首先必须制订合理的试验方案，而试验方案的核心是合理的试验设计。因此，试验设计是科研的关键环节。试验设计方法多种多样，同一问题采用不同的试验设计方法，可以得到一些相同的结论，但是，不同的设计方法所反映出的科研信息量是不一样的。合理的试验设计方法应保证试验能得到可靠、有力的结论和降低试验研究的人、财、物等成本。本章将介绍热带园艺植物研究中常见的试验设计方法要点。

在试验实施过程中会取得大量的数据，只有对数据展开科学的统计分析，才能得到可靠和正确的结论。不同试验设计方法下得到的数据，在统计分析时，因为数据误差的来源因素和试验因素效应不一样，所采用的科学统计分析方法也是不一样的。因此，必须围绕试验设计方法探讨其对应的数据统计分析方法。

第一节 试验设计的基本概念与原则

合理的试验设计就是要保证不同试验处理水平的观测值在一定的试验条件下具有可比性，并且能尽量减小误差，即必须满足唯一差异原则。试验设计中，试验条件的一致性是通过合理的试验设计方法实现的。

一、基本概念

在试验中，设计为变动并包含有待比较的一组处理的因素即为试验因素（Factor）；设计为尽可能一致的因素或条件为试验条件。如研究植物生长调节剂赤霉素920适宜的荔枝保果浓度，在试验设计中设置赤霉素920一系列浓度梯度溶液喷布树冠，而其他栽培管理措施如病虫防治、除草、施肥和灌溉等在所有试验材料上均一致，这样赤霉素920不同浓度梯度溶液处理即为试验因素，而其他一致的栽培管理措施则为试验条件。在试验条件保持一致的情况下来比较单一试验因素变化引起的差异，即"唯一差异原则"。可见"唯一差异"指试验因素可变，而试验条件固定。

试验因素变动的不同数量水平或不同质的状态，即为处理水平（Level），简称为"水平"。如上述赤霉素920一系列浓度梯度即为一系列水平，任何一个浓度即为一个水平，在唯一差异原则下，可以比较不同赤霉素920浓度溶液的保果效果，从而确定一个适宜的赤霉素920浓度，本例为数量水平。再如品种比较试验中，不同新品种与对照品种比较，这些新品种和对照品种均是品种不同质的状态，这个试验中不同品种即为试验因素，任何一个供试品种即为一个水平，属于质量水平。

试验中衡量试验效果的指标性状为试验指标（Experimental indicator）。一个试验可以含有多个指标，指标的确定依赖于研究目的的要求，如上述赤霉素920适宜荔枝保果浓度的确定中，以产量、果实含糖量、果实含酸量和果实糖酸比等为试验指标来筛选出适宜的赤霉素 920 保果浓度。指标选择必须合理，指标过少不能达到研究的目的，指标过多引起工作量和投入加大，对研究问题关系不紧密的指标不必观测。如上述荔枝保果的赤霉素 920 浓度确定中，重点观察产量和果实品质等经济性状，而不必测定果肉丙二醛含量等其他关系不是很紧密的指标。

试验因素引起试验指标的增减，称为试验效应（Experimental effect）。试验因素两处理水平间的差异，为简单效应（Simple effect）。处理水平中，用作其他各水平比较的共同标准，该水平为对照（Check）。某处理水平与对照的效应大于零则为正效应（Positive effect），否则为负效应（Negative effect），为零则无效应（Without effect）。如果试验中包含多个处理因素，则除每因素简单效应外，还有不同因素间的交互效应（Interaction effect），交互效应简称互作。而此时的简单效应又称为主效应（Main effect）。交互效应即两个因素简单效应间的平均差异，其反映一个因素的各水平在另一个因素不同水平中反应不一致的现象。互作为零，称为无互作，即因素组合差异等于两因素主效应的和。互作小于零，为负互作，即两因素组合差异小于两因素主效应的和；反之为正互作。两个因素间的互作称为一级互作，三个因素间的互作称为二级互作，其余类推。在实际工作中，作传统试验设计时，应不超过三个因素，否则交互效应因难以理解而无实际意义；在需要作三个以上因素的多因素试验设计时，可以采用正交试验设计。

试验中某指标的测定值，为观测值（Observation）。试验中不明原因引起的观测指标变异，统称为误差（Error）。某观测值的误差常用该观测值与平均值（Average）的差的绝对值估算。样本平均值用于估算样本所在总体的数学期望，所以样本观测值的误差可用于估计总体误差。观测值误差分为系统误差（Systematic error）和偶然误差（Spontaneous error）。系统误差是由于仪器设备和实验方法等造成，具有趋向性，可以矫正；偶然误差又称为随机误差（Random error），是由于意外和无法预知因素造成的，但服从正态分布，可以通过多次观测，求均值而尽可能消除。在试验条件一致的情况下，不同处理水平产生的误差是同质的，因此，在比较两处理水平效应时，误差抵消，所得差值能准确反映处理效应差异。即：

$$y_A = \mu_A + e; y_B = \mu_B + e$$
$$y_A - y_B = (\mu_A + e) - (\mu_B + e) = \mu_A - \mu_B$$

实际上，试验误差不可能明确区分出系统误差和偶然误差，实际应用中，通过统计分析来估计误差对试验结果的影响程度及其相对重要性。

观测值的正确性包含准确性（Veracity）和精确性（Accuracy）。准确性即观测值偏离真值的程度，偏离越小，则准确性越好，一般系统误差影响准确性。精确性即多次观测同一指标时，相互间的集中程度，观测值相互间的差异即偏差，偏差越小，则精确性越好，一般偶然误差影响精确性。图 2-1 为打靶类比示意说明，其中 a 结果是最理想化的；b 结果是有应用价值的，即如上计算效应时抵消误差后，较能准确地反映差异；c 和 d 结果是不可靠的。

控制误差的基本途径有两种。一种是合理的试验设计，力争试验条件一致；另一种是采用合理的统计分析方法，在数据分析中控制和消除误差。合理的试验设计必须遵从下述两个（实验室或人为控制设施下的试验）或三个（田间试验）基本原则。

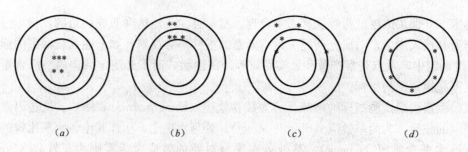

图 2-1　用打靶图示意试验结果的准确性和精确性

(a) 精而准；(b) 精而不准；(c) 不精不准；(d) 准而不精

二、试验设计基本原则

试验设计实际上主要是试验小区（Plot）的重复和排列设计。试验小区即用于安排一个处理水平的试验单位，即田间试验中地块、若干单株等和人为环境下如实验室中处理水平的单位。田间试验设计的基本原则为重复（Replicate）、随机排列（Random assortment）和局部控制（Local control）。人为环境下的试验设计与田间试验相比则一般不强调局部控制。这些原则内容均与小区有关。

试验设计中的三基本原则相互关系和作用如图 2-2。

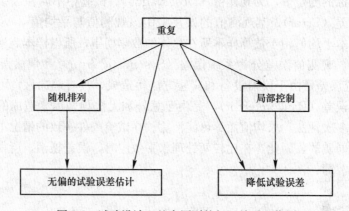

图 2-2　试验设计三基本原则的相互关系和作用

重复即相同处理水平的小区数，即同名小区数，有多少个同名小区则含有多少个重复。设计重复是必须的，这样才可能估计试验误差对试验结果的影响情况，还可以消除试验的偶然误差，以及消除人为主观偏见导致的取样和小区排列等误差，增强试验结果的正确性，从而实现无偏地估计试验误差。一般而言，重复越多则试验误差越小，结果越可靠，误差减小。统计学结果证明，试验误差与重复次数的算术平方根成反比。实际应用中，在保证实施可行性的前提下不增加工作量，一般以重复 3～6 次为宜。

随机排列是指一组处理水平中的任何一水平在某试验小区上出现的几率相等。因此，实际工作中确定处理小区可采用抽签法、随机数字表法和电脑输出随机数字的方法进行小区安置，从而无偏地安置小区，避免人为主观偏见对试验结果产生影响。

局部控制指田间试验设计中常将试验环境按照一定的标准划分成若干条件相对均匀的小环境，再在这些小环境中安置试验小区，使不同处理各小区在整体上具有一致的试验条件，从而使处理水平间具有可比性。如蔬菜品种比较试验中，常将试验田按照土壤肥力划分成若干土壤肥力较均匀的不同地块，各品种在每一个地块中安排数量相等的小区，这样，不同品种在整体上处于相同的试验条件下，从而可以评价品种优劣。可见，局部控制就是减小试验误差和保证唯一差异原则的手段。

第二节　常用试验设计方法

狭义的试验方案即处理因素和各因素一组处理水平的确定。因此，试验设计中，常先确定试验因素与各因素处理水平；又由于大多数试验是互斥性试验，因此，需要设置合理的对照。对于人为环境下的试验，小区不过是一个试验单位，本身不存在条件上的差异；但是，田间试验中由于土壤肥力和气象条件常不一致，因此，小区设计必须遵循合理的设计方法。在不同的试验条件下，通过合理的试验小区的排列，可以控制试验误差。

一、试验种类

依据试验因素多少，将试验分为单因素试验（Single-factor experiment）、多因素试验（Multiple-factor experiment）和综合性试验（Comprehensive experiment）。

单因素试验是指整个试验中只变更、比较一个试验因素的不同水平，其他作为试验条件的因素均严格控制一致的试验。这是一种最简单、最基本和园艺学中最常用的试验方案。如上述确定 920 最宜荔枝保果浓度的例子就是只有 920 浓度一个变化因素，并设置一系列浓度梯度水平，这就是一种单因素试验设计方案。

多因素试验是指试验中有两个及以上的可变因素，且每个因素各有若干处理水平，其余因素作为试验条件要求均匀一致。常采用垂直正交设计方法得到不同因素的处理水平组合（Treatment combination），然后对处理组合作完全随机排列或随机区组排列等。也可以采用分枝式多因素试验设计，对各处理水平作完全随机排列。在处理因素和水平较多时，可采用正交试验设计来完成多因素试验研究任务。多因素试验可以探究几个因素的主效应和交互效应，其工作效率常高于单因素试验。注意在未采用正交试验设计时，园艺植物研究试验最多设计三因素试验，而以双因素试验设计最宜。

综合性试验也是一种多因素试验，但是其不以研究某处理因素主效应和互作为目的，而是研究多因素处理的综合效应，并且多因素各水平常不构成平衡的处理组合。这种试验是基于单因素和多因素试验基础上，在主导因素主效应和互作已经明晰的情况下，开展的优良水平组合的多因素试验。在园艺植物研究中，常见于技术体系效果比较，因此，在新技术推广试验研究中常用。

二、田间试验小区设计技术

对于田间试验，合理设计小区可以减小土壤肥力和气象条件差异，从而降低试验误差，增强试验结果的可靠性。田间试验小区设计主要包括面积、形状和保护行设计。另外，试验中要注意合理对照小区的设计。

小区面积越小，则越难做到土壤肥力均匀，因此，总的原则是试验小区面积宜大。但是，试验小区面积大，则导致在一定面积的试验田里，试验的重复数减少，而试验的重复数减少可扩大试验误差。因此，需要权衡小区面积增大减小误差和重复数减少增加误差而带来的有利与不利。一般而言，以保证必要的重复次数（3～6次）优先，在此基础上再尽量扩大小区面积。小区面积还取决于试验田的实际大小条件、试验种类、试验阶段、试验材料营养生长特点、试验田的土壤差异程度和取样需要等。

小区形状在面积相同时正方形周长小于长方形，从克服边际效应角度，小区形状以正方形为宜。但是，考虑到管理和观测记录的便利，常设计为长方形。在土壤肥力呈趋向性变异时，常将区组长边与土壤肥力差异梯度方向垂直，而小区长边与土壤肥力梯度平行。一般长宽比为（3～10）∶1，当然，依据实际条件可以调整，长宽比可高达20∶1。

有些试验小区需要保护行（Guard line），如园艺植物病虫害研究的试验小区，则每个小区需要保护行。一般试验区组外围设置保护行。保护行的作用为消除边际效应，保护试验材料免遭病虫危害和花粉污染等，当然，也可以用于防风和防止人畜危害。保护行原则上与小区一样，但依据研究材料差异，保护行宽度可以为试验小区的1/3～1/2。

互斥性试验中，对照是必不可少的，合理对照才能保证研究的意义。对照区用作处理的比较标准和校正试验误差。通常情况下，一个试验就一个对照，但特殊情况下可以出现双对照。

三、常用的随机排列试验设计方法

试验设计方法很多，诸如完全随机试验设计、随机区组试验设计、裂区试验设计、条区试验设计、拉丁方试验设计和正交试验设计等。本书重点介绍热带园艺植物研究中常用的完全随机试验设计和随机区组试验设计方法，另外简单介绍拉丁方试验设计方法。

1. 完全随机试验设计（Completely random experiment design）

完全随机试验设计将各处理随机分配到各试验单元或小区中，同一试验单元每一处理的重复数相等或不等，适用于单因素和多因素试验，试验单元安排灵活，设计简便，但是这种试验设计必须满足试验环境非常均匀。因此，完全随机设计在如实验室、温室等人为环境模拟试验中应用较多。

例题 2-1 以台农一号为接穗，研究芒果4种砧木A、B、C、D对台农一号的生长发育的影响，假定4次重复，单盆小区，每盆定植1株，开展避雨栽培的盆栽试验。

解： 本例总计16盆（小区）。

先对16盆编号1～16，并制备抽签，签上标明1～16，然后，针对试验单位依次抽签，按签上的号码对应安置小区，完成完全随机试验小区排列。

小区排列如图2-3所示。

B	D	D	A	D	A	C	B
A	C	B	C	C	B	A	D

图 2-3 4种砧木对台农一号芒果生长发育影响研究完全随机试验的小区排列图

2. 随机区组试验设计（Random blocks experiment design）

随机区组试验设计，又称完全随机区组试验设计（Random complete block experiment design)。其基本思想为：区组数与试验重复数相等；依据局部控制原则划分区组时，区组间环境条件可以有显著差异，但同一区组内的环境条件确保相对均匀；同一区组内各处理小区只出现 1 次，不允许出现同名小区，并且不同处理水平小区在区组内完全随机排列。

随机区组试验设计的优点：简便灵活；应用范围广，单因素、多因素和综合性试验均可采用；试验精度较高，能无偏估计试验误差，还能降低误差；对试验环境要求相对不严，可以经局部控制划分条件不同的区组。其缺点是处理水平数不得超过 20 个，否则，扩大区组而导致局部控制作用消失。

例题 2-2　在等高栽植的 10 年生荔枝园南坡取样树 20 株，分布在 4 个等高梯地，各梯地 5 株树。假定以树冠喷布清水为 CK，以树冠喷布 1、4、7、10mg/kg 920 水溶液为 4 个处理水平，并分别用 A、B、C、D 表示，重复 4 次，研究 920 保果的适宜浓度。试合理地设计本试验。

本例不同等高梯地，在土壤肥力和气象条件上是有差异的，因而不宜采用完全随机试验设计。一般同一梯地的立地条件是一致的，因此，4 个梯地设置 4 个区组，正好 4 次重复。同一梯地内的 5 株树，随机排列对照和 4 个处理小区。于是，完成完全随机排列。小区排列如图 2-4 所示。

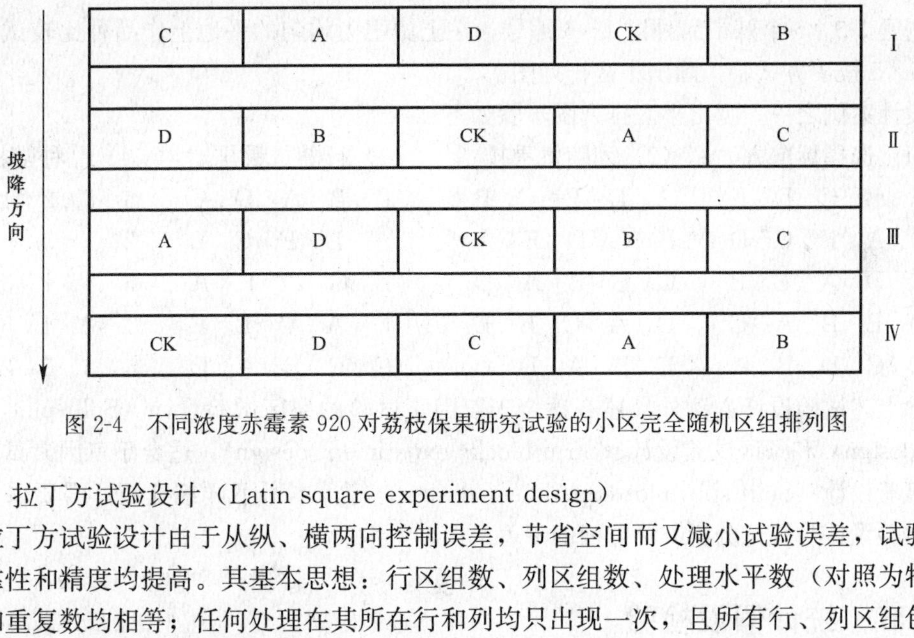

图 2-4　不同浓度赤霉素 920 对荔枝保果研究试验的小区完全随机区组排列图

3. 拉丁方试验设计（Latin square experiment design）

拉丁方试验设计由于从纵、横两向控制误差，节省空间而又减小试验误差，试验结果的可靠性和精度均提高。其基本思想：行区组数、列区组数、处理水平数（对照为特殊处理）和重复数均相等；任何处理在其所在行和列均只出现一次，且所有行、列区组包含所有处理水平。前提条件是试验场所在纵、横两向的试验条件均匀。由于行列相等，小区排列图呈方形，而处理水平采用英文字母表示，于是产生拉丁字母构成的方形图，故名拉丁方试验设计，常以 k×k 表示。

拉丁方试验设计的小区排列基于标准方（表 2-1），经标准方的行、列分别整体随机化重排，从而形成随机化的拉丁方。将处理小区和对照进行引文字母随机化命名，最终完成拉丁方试验设计的小区排列。

4×4

1				2				3				4			
A	B	C	D	A	B	C	D	A	B	C	D	A	B	C	D
B	A	D	C	B	C	D	A	B	D	A	C	B	A	D	C
C	D	B	A	C	D	A	B	C	A	D	B	C	D	A	B
D	C	A	B	D	A	B	C	D	C	B	A	D	C	B	A

5×5

A	B	C	D	E
B	A	E	C	D
C	D	A	E	B
D	E	B	A	C
E	C	D	B	A

6×6

A	B	C	D	E	F
B	F	D	C	A	E
C	D	E	F	B	A
D	A	F	E	C	B
E	C	A	B	F	D
F	E	B	A	D	C

7×7

A	B	C	D	E	F	G
B	C	D	E	F	G	A
C	D	E	F	G	A	B
D	E	F	G	A	B	C
E	F	G	A	B	C	D
F	G	A	B	C	D	E
G	A	B	C	D	E	F

8×8

A	B	C	D	E	F	G	H
B	C	D	E	F	G	H	A
C	D	E	F	G	H	A	B
D	E	F	G	H	A	B	C
E	F	G	H	A	B	C	D
F	G	H	A	B	C	D	E
G	H	A	B	C	D	E	F
H	A	B	C	D	E	F	G

　　例题 2-3　5 个辣椒品种以 1～5 编号，在土壤肥力均匀的平地上作品种比较试验，拟设计 5×5 拉丁方试验，画出小区排列图。

　　设计案例之一，画出小区排列图步骤如下：

　　（1）选择标准方　　（2）列随机重排　　（3）行随机重排　　（4）品种随机命名

A B C D E	A D E C B	E B A D C	3 5 2 1 4
B A E C D	B C D E A	A D E C B	2 1 3 4 5
C D A E B	C E B A D	B C D E A	5 4 1 3 2
D E B A C	D A C B E	D A C B E	1 2 4 5 3
E C D B A	E B A D C	C E B A D	4 3 5 2 1

　　除上述试验设计方法外，还有适合于双因素试验的裂区试验设计（Split-plot experiment design）和条区试验设计（Strip blocks experiment design），适合于三因素试验的再裂区试验设计（Split-split-plot experiment design）等，本书不详细介绍，需要采用时可参考试验设计与统计分析方法方面的专著。

第三节　统计假设检验

　　科学试验研究常以总体为研究对象，然而，总体要么十分庞大，要么无限大，从而导致不可能考察总体中的每一个元素。实际科研工作中，必须对特定总体合理取样研究。在试验中，从这些样本得到许多试验观测值，我们只能从这些来源于样本的观测值上推断样本所在总体的本质与特征，而推断的科学基础就是合理的统计分析。

　　统计分析的基本方法就是先就研究的问题提出有关总体的假设，在假定这个假设成立的基础上，计算其成立的概率。依据事先假定接受或抛弃概率，来决定"假设是成立的"

这一命题是否接受。

一、统计假设测验的基本原理

园艺植物科学研究试验也像其他农业科学试验一样，常设计为互斥性试验，即各处理水平与对照比较。即使没有对照，也存在不同处理水平间的比较。在抽样研究时，不同处理水平和对照的观测值一般表现为不相同，这种差异称为表面效应（Surface effect）。表面效应的来源不外乎处理效应和误差效应，我们要弄清楚表面效应主要是由不同处理水平还是由误差引起的。这需要分析科研数据中的误差及其对表面效应的相对重要性，从而立足于样本数据，根据抽样分布理论来推断总体，这个过程即统计推断。从统计学角度看，统计推断的核心是统计计算，即统计假设检验（Test of statistical hypothesis）。

统计假设（Statistical hypothesis）就是假定不同处理水平与对照或不同处理水平间无差异，或者有差异的假设，该假设是统计计算的基础，在假定其成立的基础上，计算其成立的概率大小。如荔枝果实成熟过程中，研究果皮叶绿素含量随着果实发育而变化的情况，那么，以不同发育时期为处理水平，比较不同发育时期果皮叶绿素含量的高低差异。在研究这个问题的时候，可以先假定：随着发育时期的延续，果皮叶绿素含量不变；也可以假定：随着果实发育时期的延续，果皮叶绿素含量下降；等等。然后，选取其中的一条假设，作统计计算，求该假设成立的概率。

一般地，在统计计算中，常采用无效假设（Null hypothesis）。"无效"即指处理无效，也就是不同处理水平与对照、不同处理水平之间无差异，常用 H_0 表示。如上述荔枝果皮叶绿素含量随着发育时期延续而保持不变，即为无效假设。无效假设也可以表述为：不同处理水平与对照观测值相同、不同处理水平对某指标无影响、表面效应由误差引起等，其本质含义是一样的。在无效假设被否定时，我们必须接受无效假设的对立面，即对应假设或备择假设（Alternative hypothesis），常用 H_A 表示。如上述荔枝果皮叶绿素含量随着发育时期延续而逐渐下降，即为对应假设。当然，若无效假设被接受，那么对应假设就自动否定。无效假设和对应假设统称为统计假设。

统计假设测验的步骤如下：

1）对样本所属总体提出统计假设，即无效假设和对应假设。

2）规定测验的显著水平（Significance level）α 值，一般为 0.05 或 0.01。

3）在 H_0 为正确的假定下，计算其概率（实际概率）或确定接受区（Acceptance region）和否定区（Rejection region）。

4）将实际概率与规定的显著水平比较，若小则否定 H_0，称之为差异显著；否则反之。或者观察无效假说是否位于接受区内，若在则差异不显著，接受 H_0；否则反之。

统计假设测验的计算步骤反映出统计计算原理，还包含概率论原理，如"小概率事件在一次试验中几乎是不可能事件"的小概率原理。在计算这个实际概率或接受区时，必须借助统计学的一系列公式。在不同的试验设计和不同的科研问题上，统计计算方法和公式常不一样，但同一类试验设计或问题，计算公式又基本是一样的，因此，本书下文中的例题计算步骤和公式在同类试验设计和问题的实际应用中可参考套用。

统计假设测验中，在确定 H_0 是否接受的问题上，应注意研究问题本身的特点，提出合理的假设，然后依此确定两尾测验（Two-tailed test）或一尾测验（One-tailed test）。H_0 如"表面效应由误差引起"、"不同处理对某指标无影响"、"不同处理与对照的某指标值相等"等，则为两尾测验，因为对应假设为不同处理水平与对照、不同处理水平间不等，则存在大于或小于两种情况，对应于左尾与右尾两种情况。相应地，若 H_0 为处理不大于对照或反之，则为一尾测验，因为对应假设只对应于另一尾。在以 u 分布和 t 分布为统计计算的概率论基础时，这些对称分布在计算一尾和两尾概率时，要注意一尾概率比两尾概率的临界值要小，因此，一尾测验更易得到差异显著性；一尾概率的临界值在两尾概率表中对应的概率值应缩小一半，依据一尾概率值应用两尾概率表查临界值则需将一尾概率值扩大一倍。相关工具表参见《常用数理统计表》或数理统计学著作。

了解统计假设测验的原理，我们必须了解统计假设测验的两类错误。统计假设测验基于"小概率事件在一次实验中是不可能事件"的概率论原理，决定统计推断的结论不是绝对可靠，存在犯错误的概率。表 2-2 集中了两类错误问题的要点。

假设测验的两类错误

表 2-2

	第一类错误	第二类错误
含义	H_0 正确，但被否定	H_0 错误，但被接受
别称	弃真错误、α 错误	纳伪错误、β 错误
概率	与显著性概率 α 相同	与第一类错误概率负相关
避免措施	提高显著性水平	降低显著性水平

可见，第一类错误（Type I error）和第二类错误（Type II error）难以同时避免，犯错误的概率表现为此消彼长。实际应用中，不能同时强调减小犯两类错误的概率，一般依据实际情况只强调其中的一种。在绝大多数情况下，人们约定俗成地强调减小犯第一类错误的概率，因而，一般情况下强调显著性水平。尽管两类错误不能同时避免，但还是应该注意：采用较低的显著性水平如 $\alpha=0.05$；增加样本容量、减小总体方差和二者兼备；改进试验设计技术，尤其应尽可能注意试验条件的一致性。

二、平均数假设测验

样本所属总体方差已知，或者样本为大样本（$n \geq 30$），则对单个、两个样本平均数假设测验采用 u 测验。样本所属总体方差未知，而样本为小样本（$n < 30$），则对单个、两个样本平均数假设测验采用 t 测验。而对于二项分布小样本的平均数假设测验，还要作连续性矫正的 t 测验；二项分布大样本的平均数假设测验则作 u 测验。

1. u 测验

例题 2-4 已知南岛无核荔枝在海南省海口市永兴镇率先实行商业化栽培，经多年统计，该品种果实含糖量 19.0%，标准差 0.60。现调查该镇某果园里的南岛无核荔枝果实的含糖量，观测值为 18.9%，那么，这个果园的荔枝果实能否代表本镇的南岛无核荔枝果实？

分析： 由于总体数学期望和标准差均已知，因此，应作单样本平均值的 u 测验。

解： H_0：该业主的南岛无核荔枝果实含糖量与总体含糖量相同。

H_A：该业主南岛无核荔枝果实不具代表性。

$\alpha=0.05$，$u_{0.05}=1.96$。

$$\bar{y}=18.85，u=\frac{|\bar{y}-\mu|}{\sigma}=\frac{|18.9-19.0|}{0.60}=0.17$$

$u < u_{0.05}$

所以，差异不显著，接受 H_0，即该业主的南岛无核荔枝果实能代表本镇果实。

例题 2-5 据多年统计，已知海南本地黄灯笼辣椒株产 $\sigma^2 = 0.4 kg^2$。现在该品种的一块地上采用 A、B 两法取样，A 法取 12 株，得株产 $y_1 = 1.2 kg$；B 法取 8 株，得株产 $y_2 = 1.4 kg$。比较 A、B 两法的株产是否有显著差异。

分析：由于总体方差已知，因此两个样本的平均数假设测验采用 u 测验。

解：H_0：A、B 两法测得株产相同，即 A、B 两法株产差异由误差引起。

H_A：A、B 两法测得株产不同。

$\alpha = 0.05$，$u_{0.05} = 1.96$。

$$\sigma_{\overline{y_1} - \overline{y_2}} = \sqrt{\frac{\sigma_1}{n_1} + \frac{\sigma_1}{n_1}} = \sqrt{\frac{0.4}{12} + \frac{0.4_1}{8}} = 0.2887;$$

$$u = \frac{|y_1 - y_2|}{\sigma} = \frac{|1.2 - 1.4|}{0.2887} = 0.69$$

$u < u_{0.05}$

所以，差异不显著，接受 H_0，即 A、B 两法测得株产无显著差异。

例题 2-6 以紫花和白花大豆品种杂交，在 F_2 代共得到 289 株，其中紫花 208 株，白花 81 株。若花色受一对基因控制，则 F_2 代分离比应为 3∶1，问该试验结果是否与此相符？

分析：总体花色频率期望值已知，需要验证样本观测值是否与总体相符，属于单个样本平均值测验。由于样本容量较大，适合 u 测验。解决这类问题时注意理解和套用本例中的公式。

解：H_0：假设大豆花色遗传符合分离规律。

H_A：大豆花色遗传不符合分离规律。

$\alpha = 0.05$，$u_{0.05} = 1.96$。

$$p = 0.75, \quad q = 0.25, \quad \sigma = \sqrt{\frac{pq}{n}} = \sqrt{\frac{0.75 \times 0.25}{289}} = 0.0255$$

$$\hat{p} = \frac{208}{289} = 0.7197, \quad u = \frac{\hat{p} - p}{\sigma} = \frac{0.7197 - 0.75}{0.0255} = -1.19$$

$|u| < u_{0.05}$

所以，差异不显著，接受 H_0，即试验结果与分离规律相符。

例题 2-7 原杀虫剂 A 可杀死 1000 头虫子中的 657 头，新杀虫剂 B 可杀死 1000 头虫子中的 728 头，问新杀虫剂 B 的杀虫率是否高于原杀虫剂 A？

分析：这类问题是通过两样本观测值来推断其所在总体的差异，一般这类问题中假定两总体的方差相等，需要用两样本百分数加权平均值估算平均值差的标准差。由于样本较大，应用 u 测验。解决这类问题时注意理解和套用本例中的有关公式。

解：H_0：杀虫剂 B 的杀虫率不高于 A 的；H_A：杀虫剂 B 的杀虫率高于 A 的。

$\alpha = 0.01$，$u_{0.01} = 2.326$（一尾概率）。

$p_1 = 0.657, \quad p_2 = 0.728$

$$\overline{p} = \frac{p_1 + p_2}{n_1 + n_2} = \frac{657 + 728}{1000 + 1000} = 0.6925, \quad \overline{q} = 1 - \overline{p} = 0.3075$$

$$\sigma_{p_1-p_2}=\sqrt{\bar{p}\bar{q}\left(\frac{1}{n_1}+\frac{1}{n_2}\right)}=\sqrt{0.6925\times0.3075\times\left(\frac{1}{1000}+\frac{1}{1000}\right)}=0.02063$$

$$u=\frac{p_1-p_2}{\sigma_{p_1-p_2}}=\frac{0.657-0.728}{0.02063}=-3.44$$

$$|u|>u_{0.05}$$

所以，否定 H_0 而接受 H_A，即新杀虫剂 B 的杀虫率高于原杀虫剂 A 的。

2. t 测验

例题 2-8 南岛无核荔枝果实含糖量 $\mu_0=19.0\%$，现在澄迈引种栽培，调查当地 8 个果园的荔枝果实含糖量，得其观测值分别为：17.8%、18.6%、19.3%、20.5%、18.8%、19.7%、18.8%、20.4%。问澄迈栽培南岛无核荔枝是否引起果实含糖量变化？

分析：总体数学期望已知，但方差未知，并且是小样本研究，因此，本例单个平均数测验采用 t 测验。

解：H_0：澄迈引种栽培未引起果实含糖量下降。

H_A：澄迈引种栽培引起果实含糖量改变。

$\alpha=0.05$，$t_{0.05,7}=2.365$。

$$\bar{y}=\frac{\sum_{i=1}^{n}x_i}{n}=19.2,s^2=\frac{\sum_{i=1}^{n}(y_i-\bar{y})}{n-1}=0.000086$$

$$s_{\bar{y}}=\sqrt{\frac{s^2}{n}}=\sqrt{\frac{0.000086}{8}}=0.3\%$$

$$t=\frac{\bar{y}-\mu_0}{s_{\bar{y}}}=\frac{19.2\%-19.0\%}{0.3\%}=0.67$$

$$t<t_{0.05,7}$$

差异不显著，接受 H_0，即将南岛无核荔枝引种到澄迈栽培不会引起果实含糖量变化。

例题 2-9 在果实膨大期至采收期间对三月红荔枝树冠喷布 0.2%磷酸二氢钾溶液，以喷清水为对照，果实采收作低温自发气调包装贮藏，在贮藏处理的第 10 天取样，测定果实含糖量，结果如表 2-3 所示。试分析果实生长期喷磷酸二氢钾对果实贮藏期含糖量的影响。

贮藏第 10 天的果实含糖量测定　　　　　　　单位：%　表 2-3

重　复	处　理	对　照
1	14.2	13.1
2	13.5	13.4
3	13.3	12.9
4	14.0	13.5

分析：总体方差未知，且样本容量小；又由于试验条件一致，可以假定两样本所在总体方差相等。因此，适合采用 t 测验。解决这类问题注意理解和套用本例中的有关公式。

解：H_0：生长期喷磷酸二氢钾对贮藏期第 15 天的果实含糖量无影响。

H_A：生长期喷磷酸二氢钾对贮藏期第 15 天的果实含糖量有影响。

$\alpha = 0.05$，$t_{0.05,6} = 2.447$

$$\bar{y} = \frac{\sum y_i}{n_1} = 13.8 ; \bar{x} = \frac{\sum x_i}{n_2} = 13.3$$

$$SS_1 = \sum (y_i - \bar{y})^2 = 0.56 ; SS_2 = \sum (x_i - \bar{x})^2 = 0.25$$

$$Se^2 = \frac{SS_1 + SS_2}{n_1 + n_2 - 2} = 0.135$$

$$s_{\bar{y} - \bar{x}} = \sqrt{Se^2 \left(\frac{1}{n_1} + \frac{1}{n_2} \right)} = 0.25$$

$$t = \frac{|\bar{y} - \bar{x}|}{s_{\bar{y} - \bar{x}}} = 2.00$$

$t < t_{0.05,6}$，接受 H_0，即处理与对照差异不显著。

值得说明的是，在这类问题中，有时两组样本容量不一致，那么，在套用公式计算差的标准差时，分别用样本容量倒数求和计算，自由度为两样本自由度之和，其余与本例相同。即：

$$s_{\bar{y_1} - \bar{y_2}} = \sqrt{s_e^2 \left(\frac{1}{n_1} + \frac{1}{n_2} \right)}, \nu = n_1 + n_2 - 2$$

例题 2-10 选生长期、发育进度、植株大小和其他各方面皆比较一致的两株番茄构成一组，共得 7 组，每组中 1 株接种 A 病毒，另一株接种 B 病毒，以研究不同处理方法的钝化病毒效果。表 2-4 显示病毒在番茄上的病痕数目，试测验两种处理方法的差异显著性。

A、B 两法处理的病毒在番茄上产生的病痕数　　　　表 2-4

组　别	y_1（A 病毒）	y_2（B 病毒）	d（A 与 B 之间的差值）
1	10	25	−15
2	13	12	1
3	8	14	−6
4	3	15	−12
5	5	12	−7
6	20	27	−7
7	6	18	−12

分析：总体方差未知，样本容量小；同组比较的两组成员具有相同的试验条件，因此可以假定两样本所在总体方差相等，宜用 t 测验。当两组在整体上很难做到试验条件一致时，应设计成两组元素分别成对比较，成对的一组处于相同试验条件下，那么两组在整体上具有相同的环境影响，不影响两组比较的可靠性和精度；这种设计很灵活，在实际应用中注意采用，并且套用本例计算公式和方法步骤。

解：H_0：两种处理病毒的方法具有相同的钝化病毒效果，即 $\mu_d = 0$。

H_A：两种处理病毒的方法具有不同的钝化病毒效果，即 $\mu_d \neq 0$。

$\alpha = 0.01$，$t_{0.01,6} = 3.707$。

$$\bar{y} = \frac{\sum\limits_{i=1}^{n} d_i}{n} = -8.3, s^2 = \frac{\sum\limits_{i=1}^{n} (d_i - \bar{d})}{n-1} = 27.91$$

$$s_{\bar{d}} = \sqrt{\frac{s^2}{n}} = \sqrt{\frac{27.91}{7}} = 1.997$$

$$t = \frac{\bar{d} - \mu_0}{s_{\bar{d}}} = \frac{-8.3}{1.997} = -4.16$$

$$|t| > t_{0.01,6}$$

所以，差异极显著，否定 H_0，接受 H_A。即两种方法处理病毒具有不同的钝化病毒效果。

例题 2-11 缺裂叶番茄与薯叶番茄品种杂交的子代 F_1 自交，在 F_2 代中取 20 株调查，缺裂叶有 16 株，薯叶有 4 株。若番茄性状为 1 对完全显性的等位基因控制，试问此结果是否与理论值相符？

分析：总体方差未知，样本较小，因此，宜用 t 测验。本分布为离散型二项分布，因此，作 t 测验需作连续性矫正。解决这类问题务必注意套用和理解本例公式，不要忽略连续性矫正。

解：H_0：假设番茄叶片的缺裂叶和薯叶比符合理论值。

H_A：假设番茄叶片的缺裂叶和薯叶比不符合理论值。

$\alpha = 0.05$，$t_{0.05,19} = 2.093$。

$$\hat{p} = \frac{16}{20} = 0.8, \quad \hat{q} = 1 - \hat{p} = 0.2, \quad s_{n\hat{p}} = \sqrt{n\hat{p}\hat{q}} = 1.79$$

$$t_C = \frac{|\hat{p} - p| - 0.5}{s_{n\hat{p}}} = \frac{|16 - 15| - 0.5}{1.79} = 0.27$$

$$|t_c| < t_{0.05,19}$$

试验观测值与理论值无显著差异，即实际与理论相符。

例题 2-12 用新配方农药处理 25 头龙眼蟒蟓，结果死亡 15 头，存活 10 头。而用乐果处理 24 头，结果死亡 9 头，存活 15 头。问两种杀虫效果是否有显著差异？

分析：在相同环境条件下使用不同农药杀虫，可以假定两农药杀虫效果方差相同；样本容量小，总体方差未知；因此，宜用 t 测验。又由于本试验数据服从二项分布，因此作 t 测验应矫正连续性。在解决这类问题时，注意套用本例的解题步骤和有关公式。

解：H_0：两种杀虫剂具有相同的杀虫效果。

H_A：两种杀虫剂具有不同杀虫效果。

$\alpha = 0.05$，$t_{0.05,47} = 2.014$。

$$\bar{p} = \frac{p_1 + p_2}{n_1 + n_2} = 0.49, \quad \bar{q} = 1 - \bar{p} = 0.51$$

$$\sigma_{p_1 - p_2} = \sqrt{\bar{p}\bar{q}\left(\frac{1}{n_1} + \frac{1}{n_2}\right)} = \sqrt{0.49 \times 0.51 \times \left(\frac{1}{24} + \frac{1}{25}\right)} = 0.143$$

$$t_C = \frac{\dfrac{y_1 - 0.5}{n_1} - \dfrac{y_2 + 0.5}{n_2}}{s_{p_1 - \hat{p}_2}} = 1.29$$

$$|t_c| < t_{0.05,47}$$

所以，接受 H_0，即两种药剂的杀虫效果相同。

3. 区间估计

在同一个总体中抽取不同的随机样本，其平均值不全相等，然而，其具有共同的数学期望，那么，哪一个样本最能代表总体呢？这个问题难于准确地回答，但是，某些极端样本因为背离随机性而不能代表总体，这就意味着，样本平均值在一定范围内均能代表总体。这个范围，就是在一定代表总体的概率保证下的样本平均值范围，即置信区间（Confidential interval）。其中的保证概率即置信度或置信系数（Confidential coefficient），其值为 $1-\alpha$；置信区间的上、下限为置信限（Confidential limit）。

前述平均数假设测验，实质是统计参数的点估计。这里的采用置信区间推断统计假设的实质是统计参数的区间估计。上述各种统计假设测验对应的置信限计算公式如表 2-5 所示。

各种统计假设测验中的置信限计算公式　　　　　　　　　　　　表 2-5

类　别	公　式	备　注
总体数学期望 μ	$y-u_\alpha\sigma_y \leqslant \mu \leqslant y+u_\alpha\sigma_y$	总体方差已知
	$y-t_\alpha\sigma_y \leqslant \mu \leqslant y+t_\alpha\sigma_y$	总体方差未知
两总体数学期望差	$(y_1-y_2)-u_\alpha\sigma_{y1-y2} \leqslant \mu_1-\mu_2 \leqslant (y_1-y_2)+u_\alpha\sigma_{y1-y2}$	两总体方差已知或大样本
	$(y_1-y_2)-t_\alpha\sigma_{y1-y2} \leqslant \mu_1-\mu_2 \leqslant (y_1-y_2)+t_\alpha\sigma_{y1-y2}$	两总体方差未知且小样本
	$d-t_\alpha\sigma_d \leqslant \mu_d \leqslant d+t_\alpha\sigma_d$	成对数据
二项总体百分数	$p-u_\alpha\sigma_p \leqslant \mu \leqslant p+u_\alpha\sigma_p$	—
两二项总体百分数差	$(p_1-p_2)-u_\alpha\sigma_{p1-p2} \leqslant \mu_{p1}-\mu_{p2} \leqslant (p_1-p_2)+u_\alpha\sigma_{p1-p2}$	两个百分数有显著差异时才有意义

注：公式中 y、d、p 均为样本平均值。

在实际应用中，先计算样本的平均值和标准差，查表查出 u 或 t 值，代入公式中即可求出置信限，从而确定置信区间。

采用区间估计来作统计假设测验，依据以下规则判别差异显著性。

（1）对于 H_0：$\mu_1=\mu_2$，若两个置信限同为正号或负号，则否定 H_0，接受 H_A。

（2）对于 H_0：$\mu_1=\mu_2$，若两个置信限异号，则接受 H_0，否定 H_A。

（3）对于 H_0：$\mu_1 \neq \mu_2$，若两个置信限同为正号，则接受一个参数大于另一个参数的假设。

（4）对于 H_0：$\mu_1 \neq \mu_2$，若两个置信限同为负号，则接受一个参数小于另一个参数的假设。

第四节　方差分析

单个或两个样本的统计假设测验采用 u 或 t 测验就可以完成差异显著性测验，如果是三个及以上个样本的统计假设测验必须采用方差分析（Analysis of variance/ANOVA）才能完成差异显著性测验。方差分析就是将表面效应变异划分为各个变异来源的对应部分，将各部分变异来源与误差变异求 F 值，从而判别各变异来源与误差变异的相对重要性。核心是误差变异的无偏估计，一般措施是在总变异中扣除各种已知变异来源的变异。方差分析是科学试验设计和分析中的重要工具。

方差分析的一般步骤：

1）数据初步整理，即计算一级统计量如总和、平均值等。
2）提出统计假设。
3）确定显著性水平。
4）总平方和、总自由度的剖分和各部分平方和计算
5）列方差分析表，计算 F 值，判别差异显著性。
6）若处理差异显著，则对不同处理水平作多重比较。

一、常见试验设计方法数据的统计分析线性模型

方差分析的关键是对总变异和自由度作正确的剖分，而总变异和总自由度剖分是基于统计分析线性模型而展开的。常见园艺植物研究试验设计方法数据统计分析线性模型（就样本而言）如表 2-6 所示。

园艺植物研究常见试验设计方法数据统计分析线性模型　　　　　表 2-6

试验设计方法	线性模型	备 注
完全随机试验	$y_{ij} = y + t_i + e_{ij}$	单、多因素试验均可
组内无重复双因素试验	$y_{ij} = y + t_i + b_j + e_{ij}$	适用完全随机区组试验
组内有重复双因素试验	$y_{ijk} = y + t_i + b_j + (tb)_{ij} + e_{ijk}$	双因素完全随机试验
拉丁方试验	$Y_{ij(t)} = y + b_i + k_j + t_t + e_{ij(t)}$	—

统计分析线性模型的实质是对小区观测值组成部分进行线性分解，观测值包含处理效应和其他各种变异来源。

单因素完全随机试验中，总变异和总自由度剖分为处理和误差两部分；完全随机区组试验中，总变异和总自由度剖分为处理、区组和误差三部分；双因素完全随机试验中，总变异和总自由度剖分为处理因素 1、处理因素 2、交互作用和误差四部分；拉丁方试验中，总变异和总自由度剖分为处理、行、列和误差四部分。

二、F 分布与 F 测验

在 $N(\mu, \sigma^2)$ 中，随机抽取两个独立样本，分别求其均方 $s_1{}^2$ 和 $s_2{}^2$，将两样本方差的比值定义为 F 值（F-value）。在同一总体中，随机抽取两样本并求其 F 值，这些 F 值构成的概率分布为 F 分布（F-distribution）。F 分布为偏态分布，F 值不小于零。可用于：

1. 两样本方差同质性测验，必须以两样本中方差较大者作分子。
2. 用于方差分析，检测某项变异因素是否真实存在，以被检测项方差作分子。

F 测验条件：变数 y 服从 $N(\mu, \sigma^2)$；两样本方差彼此独立。

F 值通过工具表查询，查询时需要第一自由度（分子方差自由度）、第二自由度（分母方差自由度）和概率显著水平。一般 $F > 10$，则差异肯定显著；$F < 1$，则差异一定不显著；其余情况下需要查表，将实际 F 值与临界值比较，大则差异显著，否则不显著。

三、多重比较

在前述统计假设测验中，t 分布直接比较两个样本的差异显著性。在三个以上处理水平间的比较为多重比较（Multiple comparison）。多重比较不可以拆分为多个两两比较，否则若干比较中至少有一个错误的概率很高。因此，需要作 F 测验保护下的多重比较。其

原因：一是误差估计由多个处理内的变异合并而成，自由度增加了，增加了其精确度；二是先作 F 测验，证实处理间差异显著之后再作平均数两两比较，降低将偶然误差误作为处理差异的概率。

多重比较的方法很多，但是常用的有三种，即最小显著差异法（Least significant difference/LSD）、Q法（SNK）和邓肯法（Duncan）。三种方法各有优缺点（表2-7）。

表 2-7

三种多重比较方法特点

多重比较方法	特　点	后　果
最小显著差异法	未考虑极差，显著差异值偏小，夸大差异	犯第一类错误概率大，犯第二类错误概率小
Q法	考虑极差，显著差异值偏大，缩小差异	犯第一类错误概率小，犯第二类错误概率大
邓肯法	考虑极差，显著差异值居中，反映差异较准确	犯两类错误概率均居中

多重比较方法的选用问题，目前尚无定论。有的学者认为在 F 测验保护下，任何多重比较方法均可；有的学者认为，在强调少犯第一类错误时宜用Q法，少犯第二类错误时宜用最小显著差异法，一般情况下应用邓肯法；还有学者认为，在有对照的试验中，可以采用最小显著差异法作多重比较。

下面介绍三种多重比较方法的主要计算公式，关于应用将在后面例题中加以理解。

1. 最小显著差异法

$$LSD_\alpha = t_{\alpha,\nu} s_{\overline{y_i} - \overline{y_j}} = t_{\alpha,\nu} \sqrt{\frac{2MSe}{n}}$$

2. Q法

$$LSR_\alpha = q_{\alpha,\nu,p} SE = q_{\alpha,\nu,p} \sqrt{\frac{MSe}{n}} \quad (2 \leqslant p \leqslant k)$$

3. 邓肯法

$$LSR_\alpha = SSR_{\alpha,p} SE = SSR_{\alpha,p} \sqrt{\frac{MSe}{n}} \quad (2 \leqslant p \leqslant k)$$

四、统计分析实例

例题 2-13 今测定枇杷品种1、2、3、4的单叶面积，数据如表2-8所示，请分析不同品种的单叶面积差异。

注意：本例为单因素完全随机试验设计，注意解题步骤和解决这类问题所涉及的有关公式，学会套用本解题步骤和运用有关公式。

解：H_0：假设不同品种单叶面积大小一致。

H_A：假设不同品种单叶面积有差异。

$\alpha = 0.05$ 或 0.01

对观测记录数据作初步整理，如表2-8所示，计算各处理水平和和总和、各处理水平平均值（表2-9、表2-10）。

品 种	各重复单叶面积（cm²）								T_i	平均值
1	55.5	67.9	47.9	47.3	62.5	38.5	96.6	70.9	487.1	60.9
2	168.4	265.7	233.6	154.2	189.2	171.7	201.3	189.4	1513.3	196.7
3	49.7	70.7	84.6	50.4	30.6	45.5	32.7	23.5	387.9	48.5
4	65.4	44.6	60.0	37.5	36.6	30.7	36.0	46.7	357.5	44.7
—				—					$T=2805.8$	

$$C = \frac{T^2}{nk} = 246016.0513$$

$$SS_T = \sum_1^k \sum_1^n x_{ij}^2 - C = 143751.96$$

$$df_T = nk - 1 = 31$$

$$SS_t = \frac{1}{n} \sum_1^k T_i^2 - C = 127894.72$$

$$df_t = k - 1 = 3$$

$$SS_e = SS_T - SS_t = 15857.24$$

$$df_e = k(n-1) = 28$$

四个枇杷品种单叶面积方差分析表 表 2-9

变异来源	自由度	平方和	均 方	F	$F_{0.05}$	$F_{0.01}$
品种间	3	127894.72	42631.57	75.28**	2.95	4.57
品种内	28	15857.24	566.33	—	—	—
总和	31	143751.96	—	—	—	—

试验资料的 LSR 值 表 2-10

k	2	3	4
$SSR_{0.05}$	2.92	3.07	3.16
$SSR_{0.01}$	3.96	4.13	4.24
$LSR_{0.05}$	24.65	25.82	26.58
$LSR_{0.01}$	33.30	34.73	35.66

可见，品种间单叶面积差异极显著，需要进一步作多重比较分析，以邓肯法为例。

$$MSe = 566.33, \quad SE = \sqrt{\frac{MSe}{n}} = 8.41$$

依此，不同品种单叶面积差异显著性为：品种 1、3、4 相互间差异不显著，而都显著小于品种 2。

例题 2-14 研究 4 块不同苗床和 3 种不同管理措施对果树实生苗生长的影响，一年后于每一小区内测量苗木，得其株高尺寸如表 2-11 所示，试作方差分析。

不同苗床各管理措施的苗高（单位：cm） 表 2-11

	B_1	B_2	B_3	B_4	T_i	X_1
A_1	58	57	54	63	232	58.0
A_2	53	47	47	50	197	49.2
A_3	48	41	42	52	183	45.8
T_j	159	145	143	165	$T=612$	
x_j	53.0	48.3	47.7	55.0		$x_{ij}=51.0$

注意：本例属于处理组合无重复的双因素试验数据，无法分析双因素交互效应显著性，只能分析双因素主效应。本例分析方法适用于完全随机区组试验，只不过此时把区组看做一个试验因素。值得强调的是，一般情况下，我们不关心区组之间的差异显著性和多重比较结果，此时，只针对试验处理因素作方差分析，在平方和和自由度分解上则与处理组合无重复的双因素试验数据分析完全一样。务必注意解题步骤和有关公式。

解：H_0：不同苗床和不同管理措施均不会影响果树苗高。

H_A：不同苗床和不同管理措施使果树苗高产生差异。

对数据作初步整理如表 2-12 所示。

$$C = \frac{T^2}{ab} = 31212.0$$

$$SS_T = \sum_1^a \sum_1^b x_{ij}^2 - C = 466.0$$

$$df_T = ab - 1 = 11$$

$$SS_A = \sum_1^a \frac{T_j^2}{b} - C = 318.5$$

$$df_A = a - 1 = 2$$

$$SS_B = \sum_1^b \frac{T_i^2}{a} - C = 114.7$$

$$df_B = b - 1 = 3$$

$$SSe = SS_T - SS_A - SS_B = 32.8$$

$$df_e = df_T - df_A - df_B = 6$$

方差分析表 表 2-12

变异来源	自由度	平方和	均 方	F	$F_{0.05}$	$F_{0.01}$
因素 A	2	318.5	159.25	29.11**	5.14	10.92
因素 B	3	114.7	38.2	6.99*	4.76	9.78
误差	6	32.8	5.47			
总和	11	466.0				

采用最小显著差异法作多重比较，根据 $LSD = t_{a,df} \sqrt{\frac{2MSe}{n}}$，计算因素 A、B 的 LSD 值得：$LSD_A = 4.0475$（$n=b$）和 $LSD_B = 4.6736$（$n=a$），将因素 A、B 不同水平平均值差与 LSD 比较，可知：A_2 和 A_3 差异不显著，均显著低于 A_1；B_1、B_4、B_2 和 B_3 差异不显著，前二者显著高于后二者。（多重比较也可以采用另两种方法）。

例题 2-15 研究南岛无核和蟾蜍红荔枝在不同灌溉方法下果肉可溶性固形物含量差

异，其观测值如表 2-13 所示。试作方差分析。

荔枝果肉可溶性固形物含量观测值（%）（周开兵等，2009）　　　　　表 2-13

	南岛无核					蟾蜍红					$T_{i..}$	$x_{i..}$
	1	2	3	$T_{ij.}$	$x_{..r}$	1	2	3	$T_{ij.}$	$x_{..r}$		
不灌溉	15.0	12.4	15.8	43.2	14.4	12.6	14.8	13.0	40.4	13.5	83.6	13.9
1/4 灌溉量	11.2	13.6	12.8	37.6	12.5	10.0	10.6	10.6	31.2	10.4	69.0	11.5
1/2 灌溉量	15.8	15.0	16.2	47.0	15.7	17.0	13.8	13.0	43.8	14.6	90.8	15.1
3/4 灌溉量	15.2	15.4	15.6	46.2	15.4	16.2	16.0	12.6	44.8	14.9	91.0	15.2
正常灌溉	16.2	17.0	16.8	50.0	16.7	12.8	11.2	11.8	35.8	11.9	85.8	14.3
$T_{.j.}$	—	—	—	224.0	—	—	—	—	196.0	—	420	14.0
$x_{.j.}$	—	—	—	—	14.9	—	—	—	—	13.1		

注意：本例是组合内有重复的双因素试验设计，可以测验双因素交互效应显著性。实际应用中，这类试验设计问题的统计分析可以参照本例的统计计算方法进行。一旦交互效应存在，那么最优组合不一定是主效最优的组合，而应以组合多重比较结果为准。

解： H_0：果肉可溶性固形物含量与品种和灌溉量差异分别无关。

H_A：果肉可溶性固形物含量受不同品种或灌溉量影响。

$$C = \frac{T^2}{abr} = 5880$$

$$SS_T = \sum_1^a \sum_1^b \sum_1^r x_{ijk}^2 - C = 130.64$$

$$df_T = abr - 1 = 29$$

$$SS_A = \sum_1^a \frac{T_{i..}^2}{br} - C = 54.95$$

$$df_A = a - 1 = 4$$

$$SS_B = \sum_1^b \frac{T_{.j.}^2}{ar} - C = 26.13$$

$$df_B = b - 1 = 1$$

$$SS_{A \times B} = \sum_1^a \sum_1^b \frac{T_{ij.}^2}{r} - C - SS_A - SS_B = 17.64$$

$$df_{A \times B} = (a-1)(b-1) = 4$$

$$SSe = SS_T - SS_A - SS_B - SS_{A \times B} = 31.92$$

$$df_e = ab(r-1) = 20$$

方差分析表如表 2-14 所示。

方差分析表　　　　　表 2-14

变异来源	自由度	平方和	均方	F	$F_{0.05}$	$F_{0.01}$
灌溉量	4	54.95	13.74	8.61**	2.87	4.43
品种	1	26.13	26.13	16.37**	4.35	8.10
灌溉量×品种	4	17.64	2.76	2.76	2.87	4.43
误差	20	31.92	1.60	—	—	—
总和	29	130.64	—	—	—	—

可见，否定 H_0 而接受 H_A。交互效应不显著。需要对双因素的不同水平作多重比较。依据：

$$SE = \sqrt{\frac{MSe}{ar}} \text{ 或} -\sqrt{\frac{MSe}{br}}; \quad s_{x_1-x_2} = \sqrt{\frac{2MSe}{ar}} \text{ 或} \sqrt{\frac{2MSe}{br}}$$

再求 LSR 或 LSD，采用邓肯法或最小显著差异法完成多重比较分析，结果如表 2-15 所示。

本例多重比较结果（最小显著差异法） 表 2-15

	可溶性固形物含量（%）		
	南岛无核	蟾蜍红	干旱处理均值
不灌溉	14.4abc	13.5bcd	13.9a
1/4 灌溉量	12.5cde	10.4e	11.5b
1/2 灌溉量	15.7ab	14.6abc	15.1a
3/4 灌溉量	15.4ab	14.9ab	15.2a
正常灌溉量	16.7a	11.9de	14.3a
品种均值	14.9a	13.1b	—

说明：表示多重比较结果的方法有多种，但是，当前学术论文普遍流行的表示方法如本表所示，因此，在以后的实际应用中，建议采用本例格式表示。

例题 2-16 7 个参试芒果品种采用 7×7 拉丁方试验设计，产量观测值如表 2-16 所示。试作方差分析。

本试验拉丁方小区排列与观测值 表 2-16

行区组	裂区组							行和 T_A
	I	II	III	IV	V	VI	VII	
I	D75	A120	F128	G117	B94	C191	E6	731
II	G146	F139	E31	D136	A141	B102	C217	912
III	C197	B159	G145	F72	D96	E33	A64	766
IV	A189	C256	B99	E66	F102	D58	G122	892
V	F154	E13	C251	B112	G172	A130	D107	939
VI	E57	G161	D117	A161	C229	F116	B88	929
VII	B211	D115	A155	C205	E8	G62	F81	837
列和 T_B	1029	963	926	869	842	692	685	$T=6006$
处理	A	B	C	D	E	F	G	—
T_t	960	865	1546	704	214	792	925	—
x_t	137	124	221	100	30	113	132	—

注意：本例显示拉丁方试验数据分析方法，注意计算步骤和有关公式。在拉丁方试验中，主要解决处理之间差异及多重比较问题，而忽略行、列区组差异和多重比较。一般地，行、列区组间分别无显著差异。

解： H_0：假设不同芒果品种产量相同。

H_A：假设不同品种的芒果产量不相同。

对数据作初步整理，如表 2-16 所示，应整理行、列和和总和，另列表整理处理和和平均值。

$$C = \frac{T^2}{k^2} = 736164 \qquad SS_t = \sum_1^k \frac{T_t^2}{k} = 133013.4$$

$$SS_T = \sum_1^k \sum_1^k x^2 - C = 179570 \qquad df_A = df_B = df_t = k-1 = 6$$

$$df_T = k^2 - 1 = 48 \qquad SSe = SS_T - SS_A - SS_B - SS_t = 26062.3$$

$$SS_A = \sum_1^k \frac{T_A^2}{k} = 5815.4 \qquad df_e = df_T - df_A - df_B - df_t = 30$$

$$SS_B = \sum_1^k \frac{T_B^2}{k} = 14678.8$$

列方差分析表，见表 2-17。

方差分析表 表 2-17

变异来源	自由度	平方和	均　方	F	$F_{0.05}$	$F_{0.01}$
行	6	5815.4	969.2	—	—	—
列	6	14678.9	2446.5	—	—	—
芒果品种	6	133013.4	22168.9	25.52	2.42	3.47
误差	30	26062.3	868.7	—	—	—
总和	48	179570.0	—	—	—	—

可见，不同品种产量具有极显著差异，接受 H_A，否定 H_0。需要对品种作多重比较。

依据：$SE = \sqrt{\dfrac{MSe}{K}} = 11.14$，那么，求出多重比较的 LSR 值如表 2-18 所示。

多重比较的 *LSR* 表 2-18

K	2	3	4	5	6	7
$SSR_{0.05}$	2.89	3.04	3.12	3.20	3.25	3.29
$SSR_{0.01}$	3.89	4.06	4.13	4.22	4.32	4.36
$LSR_{0.05}$	32.19	33.87	34.76	35.65	36.21	36.65
$LSR_{0.01}$	43.33	45.23	46.01	47.01	48.12	48.57

依此，不同品种的差异为：在 0.01 显著性水平上，品种 A、B、D、F、G 产量差异不显著，它们极显著地低于品种 C 的，而极显著地高于品种 E 的。在 0.05 显著性水平上，品种 G、B、F 与品种 A、D 的产量差异不显著，但品种 A 显著高于品种 D，品种 C 的产量显著高于其他所有品种，品种 E 的产量显著低于其他所有品种。

第五节　线性回归与相关分析

在园艺植物研究中，常遇到需要探讨两个变量之间的相互关系，如嫁接高度与株高的关系，这种关系涉及两个或其中之一有误差的变量，称其为统计关系。在统计关系中，两个变量可能存在因果关系，也可能无因果关系而具有相关关系，如上述嫁接高度与株高关系为因果关系，再如果实重量与果实体积则无因果关系而具有相关关系。在这种类型的数据分析中，我们需要定量研究其相关程度，作线性相关分析（Analysis of linar correlation）；我们有时还需要建立两个变量在量上的互变关系，需要作线性回归分析（Analysis of linar regression），建立回归方程（Linar regression equation of y on x）。

在实际问题研究中，判别两个变量之间是否存在线性回归和线性相关关系，可以作关于两个变量的直角坐标系散点图（Scatter diagram），观察点的分布特点来确定。更重要的是，建立的回归方程或求出的线性相关系数应能从专业角度加以合理解释，才有意义。

决定是否有必要作线性回归与相关分析，应立足于散点图和专业意义。散点图能给出以下重要信息：两变量是否有线性相关或回归关系；两变量若有相关或回归关系，那么是何种性质的线性相关或回归分析，即正、负相关性；初步确定两变量线性相关与回归的精确性。

本书下文在无特殊说明时，线性回归与线性相关将简称为回归关系和相关关系。

一、线性回归分析

一元线性回归方程一般形式：$y=a+bx$。b 为回归斜率或回归系数（Regression coefficient），a 为回归截距或回归常数（Regression intercept）。回归直线必过变量 x 和变量 y 观测值平均值决定的点。统计分析时，先计算出 a、b 值，确定回归方程；再分析回归关系的显著性，包括 a、b 的显著性。回归关系的统计分析核心是：所有可能回归的方程中，以离回归变异平方和最小的那个方程为最优的，该方程就是我们要建立的方程。下文将通过实例来说明线性回归分析，在实际工作中，可参照本例解题步骤和公式进行，注意灵活套用。

例题 **2-17** 海南岛某果园土壤有机质含量（x）和全氮含量（y）的观测值如表 2-19 所示，试作土壤有机质含量与全氮含量的线性回归分析。

解： H_0：回归系数 $\beta=0$。

H_A：回归系数 $\beta\neq0$。

$\alpha=0.01$

对数据作初步整理，整理情况如表 2-19 所示。

$$L_{xx} = \sum x_i^2 - \frac{1}{n}\left(\sum x_i\right)^2 = 0.8971$$

$$L_{yy} = \sum y_i^2 - \frac{1}{n}\left(\sum y_i\right)^2 = 0.0042$$

$$L_{xy} = \sum x_i y_i - \frac{1}{n}\left(\sum x_i\right)\left(\sum y_i\right) = 0.0558$$

$$\bar{x} = \frac{\sum x_i}{n} = 0.8956; \bar{y} = \frac{\sum y_i}{n} = 0.0657$$

$$b = \frac{L_{xy}}{L_{xx}} = 0.0622$$

$$a = \bar{y} - b\bar{x} = 0.0099$$

回归方程：$y = 0.0099 + 0.0622x$

$$L_{yy} = U + Q; U = bL_{xy} = 0.0035$$
$$Q = L_{yy} - U = 0.0007$$
$$df_T = n - 1 = 29; df_U = 1; df_e = df_T - df_U = n - 2 = 28$$

土壤有机质含量和全氮含量观测值　　　　　　　　　　表 2-19

土样号	x（%）	y（%）	$x2$	$y2$	xy
1	1.27	0.086	1.6129	0.0074	0.1092
2	1.23	0.092	1.5129	0.0035	0.1132
3	1.09	0.084	1.1881	0.0071	0.0916
4	1.08	0.072	1.1664	0.0052	0.0886
5	1.02	0.082	1.0609	0.0067	0.0845
6	1.02	0.072	1.0404	0.0052	0.0734
7	1.01	0.084	1.0201	0.0071	0.0848
8	1.01	0.072	1.0201	0.0052	0.0727
9	0.99	0.065	0.9801	0.0042	0.0644
10	0.95	0.050	0.9025	0.0085	0.0560
11	0.95	0.065	0.9025	0.0042	0.0617
12	0.94	0.068	0.8836	0.0046	0.0639
13	0.94	0.068	0.8836	0.0046	0.0639
14	0.93	0.068	0.8640	0.0046	0.0632
15	0.93	0.072	0.8649	0.0052	0.0669
16	0.93	0.066	0.8649	0.0044	0.0614
17	0.91	0.061	0.8281	0.0037	0.0555
18	0.90	0.062	0.8100	0.0038	0.0552
19	0.88	0.069	0.7744	0.0048	0.0607
20	0.87	0.057	0.7569	0.0032	0.0496
21	0.83	0.068	0.6889	0.0046	0.0564
22	0.81	0.054	0.6561	0.0029	0.0437
23	0.81	0.064	0.6561	0.0041	0.0518
24	0.75	0.054	0.5625	0.0029	0.0405
25	0.74	0.059	0.5476	0.0035	0.0437
26	0.72	0.055	0.5184	0.0030	0.0396
27	0.66	0.059	0.4356	0.0035	0.0389
28	0.61	0.049	0.3721	0.0024	0.0299
29	0.59	0.050	0.3481	0.0025	0.0295
30	0.49	0.036	0.2401	0.0013	0.0176
Σ	26.87	1.972	24.9637	0.1339	1.8221

列方差分析表如表 2-20 所示。可见，回归关系极显著，接受 H_A 而否定 H_0。

回归分析还可以作 t 测验，主要公式：

$$S_b = \sqrt{\frac{L_{yy} - U}{(n-2)L_{xx}}}; \quad t = \frac{|b|}{s_b}$$

将实际 t 值与临界值（$df = n - 2$）比较，判别显著性（表 2-20）。

回归分析方差分析表 表 2-20

变异来源	df	SS	M_S	F	$F_{0.01}$
回归	1	0.0035	0.0035	140.0**	7.64
剩余	28	0.0007	0.000025	—	—
总和	29	0.0043	—	—	—

二、线性相关分析

过去学者认为：两个变量均有误差时，不宜作回归分析，而应作相关分析，量化相关程度；一个变量无误差或相对另一个变量误差极小，可以作回归分析。现在学者们认为，相关分析和回归分析在显著性上是等价的，两个变量的回归分析和相关分析均可作。事实上，在强调两个变量量上的互变关系时，宜回归分析，但若仅仅强调相关性，则可作相关分析。

相关性强弱可由相关系数（Correlation coefficient）的绝对值大小确定，越大则说明相关性越强；相关性性质可由相关系数符号确定。相关系数并不直接反映回归方差在总方差中的相对比率，因而存在夸大相关性强弱的问题。现在采用决定系数（Determination coefficient）来说明相关性强弱，决定系数越大则相关性越强，但决定系数不能反映相关性性质。一般将回归方程和决定系数同时写出，则能够说明变量间量的互变关系和相关性强弱、性质。

$$r = \frac{\sum (x_i - \bar{x})(y_i - \bar{y})}{\sqrt{\sum (x_i - \bar{x}) \sum (y_i - \bar{y})}}$$

$-1 \leqslant r \leqslant 1$；$r = 0$ 表示无线性相关性，$r < 0$ 表示负相关，反之正相关。

以下例题求解相关系数，注意解题步骤和有关公式，在实际应用中应注意理解和套用。

例题 2-18 将例题 2-17 中的数据作线性相关分析。

解： H_0：假设 $\rho = 0$。

H_A：假设 $\rho \neq 0$。

$\alpha = 0.01$，$t_{0.01, 28} = 2.763$

$$r = \frac{L_{xy}}{\sqrt{L_{xx} L_{yy}}} = 0.9090$$

$$s_r = \sqrt{\frac{1 - r^2}{n - 2}}, \quad |t| = \frac{|r|}{s_r} = \frac{|r| \sqrt{n-2}}{\sqrt{1 - r^2}} = 11.54** > 2.763$$

可见，相关系数极显著，接受 H_A 而否定 H_0。

三、线性回归与相关分析注意事项

(1) 线性回归与相关分析应以学科专业理论为基础，对变量间线性回归与相关关系能给出专业解释。

(2) 变量 x、y 以外的试验条件应严格一致。

(3) x、y 线性回归与相关关系不显著，并不意味两变量没有关系，可能还有非线性回归与相关关系。

（4）一个显著的回归方程或相关系数并不一定是反映两变量绝对呈线性关系，完全可能具有更优化的曲线回归方程和相关系数。

（5）线性回归和相关关系局限在观测值所决定的区间内，超出则不一定总是线性的。

（6）数据对应尽可能多，则得到的回归方程和相关系数更准确。

（7）自变量（Independent variable）不可过于密集，应适度离散。

第六节　卡平方测验

相对独立的多个正态离差平方和即为卡平方（χ^2）或卡平方分布。即：

$$\chi^2 = \sum_i u_i^2 = \sum_i \left(\frac{y_i - \mu_i}{\sigma_i} \right)^2$$

可见，y_i 可以来自同一个正态总体，也可以是不同正态总体，但这些样本必须相对独立。χ^2 分布在自由度较小时呈偏态，但其极限分布是对称的。其与 t、u 和 F 分布有如下近似关系：

$$\chi^2 = \sum_i u_i^2$$

$$\lim_{\nu \to \infty} t = u = \sqrt{\chi^2} (\nu = 1)$$

$$F = \frac{\chi^2}{\nu} (s_2^2 \text{ 自由度足够大时})$$

用于次数资料作 χ^2 分析的公式：（O 为实际数，E 为理论数，k 为资料分组数）

$$\chi^2 = \sum_i \frac{(O-E)^2}{E}$$

χ^2 具有加和性，是一种连续分布。

χ^2 分布常用于不同样本方差同质性、适合性和独立性测验，在园艺植物研究中以适合性测验最为常见，本书重点介绍 χ^2 测验用于适合性测验问题。

χ^2 作适合性测验的一般步骤：

（1）提出无效假设，即实际观察次数与理论次数相符；H_A：实际次数与理论次数不符。

（2）确定显著性水平，$\alpha = 0.05$ 或 0.01。

（3）在无效假设正确的前提下，计算 χ^2 值的概率。

（4）实际计算中将 χ^2 与临界值（查表，依自由度和显著性概率确定）比较，判断差异显著性。若实际值小于临界值，则差异不显著，接受 H_0，否则反之。

注意：

（1）在自由度 $\nu = 1$ 时，χ^2 需要作连续性矫正，用矫正值与临界值比较。公式：

$$\chi_C^2 = \sum_i \frac{(|O-E| - 0.5)^2}{E}$$

（2）在样本容量超过 30 时，χ^2 分布为近似对称分布，采用 u 测验。

应用于遗传性状分离比适合性测验较为常见，并在上述公式基础上，结合理论比例，推导出一系列公式，可以直接依据观测值计算 χ^2 值。在数据按显隐性分两组时，其公式为：

$$\chi_C^2 = \frac{\left(\mid qA - pa \mid - \dfrac{p+q}{2} \right)^2}{pqn} \quad (A : a = p : q)$$

实际资料常多余两组，此时公式为：

$$\chi^2 = \sum \left(\frac{a_i^2}{m_i n} \right) - n$$

（m_i 为各项理论比率，a_i 为观察次数，n 为观察总次数）

因为直接套用公式计算简单，在此无须举例赘述。

χ^2 分析用于次数分布适合性测验也是常见的，如检验观测值是否服从正态分布。

例题 2-19 在毛豆品种田间考察单株粒重的变异是否符合正态分布。数据资料先做好次数分布表，情况如表 2-21 所示。

毛豆单株粒重观察分布与理论分布的适合性测验　　　　　　　　　表 2-21

单株产量		O	$y-y_0$	$(y-y_0)/s$	p	E	χ^2
组限 y	组中值						
0.5~5.5	3	7	−26.43	−2.065	0.0195	4.5	1.39
5.5~10.5	8	5	−21.43	−1.674	0.0277	6.3	0.27
10.5~15.5	13	7	−16.43	−1.284	0.0525	12.0	2.08
15.5~20.5	18	18	−11.43	−0.893	0.0863	19.8	0.16
20.5~25.5	23	32	−6.43	−0.502	0.1219	27.9	0.60
25.5~30.5	28	41	−1.43	−0.112	0.1477	33.8	1.53
30.5~35.5	33	37	3.57	0.279	0.1545	35.4	0.07
35.5~40.5	38	25	8.57	0.670	0.1386	31.7	1.42
40.5~45.5	43	22	13.57	1.060	0.1068	24.5	0.26
45.5~50.5	48	19	18.57	1.451	0.0712	16.3	0.45
50.5~55.5	53	6	23.57	1.841	0.0405	9.3	1.17
55.5~60.5	58	6	28.57	2.232	0.0201	4.6	0.43
60.5~65.5	63	3	33.57	2.623	0.0084	1.9	0.64
65.5~70.5	68	1	38.57	3.013	0.0044	1.0	0.00
$n=229$		$y_0=31.93$		$s=12.80$　$\nu=11$		$\chi^2=10.47$	

解： H_0：假设观测值符合正态分布。

H_A：假设观测值不符合正态分布。

$\alpha = 0.05$

计算单株产量平均值、标准差、总次数、离均差和正态离差，计算结果填入表 2-21。依据组限计算组距区间的概率，接着依据概率和总次数计算各组理论次数，一并将结果填入表 2-21。最后计算各组 χ^2 值，并求 χ^2 总和。

查表可知 $\chi^2=10.47$ 的概率介于 0.25-0.50 之间，大于 0.05，因而接受 H_0。即观测

值符合正态分布。

由于次数分布适合性测验具有近似性，为了提高准确性，应注意：

(1) 总观察次数 n 应较大，最好不少于 50。

(2) 分组数最好在 5 组以上。

(3) 每组次数不宜过少，最好在 5 以上，尤其首位组更应注意。

习题

1. 荫棚内避雨盆栽，作芒果砧穗互作机理研究，拟采用 A、B、C、D、E 五种砧木嫁接台农一号芒果，单盆小区，每盆栽 1 株，5 次重复，请完成试验小区排列，并画图示意。

2. 在沿等高梯地栽培的芒果园里，作 A、B、C、D、E 五种砧木嫁接台农一号芒果后的栽培效应研究，5 种砧木的样树如何在梯地排列，设置 5 次重复，请制订试验规划。

3. 测量荔枝单果重：甲品种测 400 个，均重 31.4g，标准差 4.8g；乙品种测 500 个，均重 30.5g，标准差 3.6g，在 0.05 的显著性水平上，二者有差异吗？

4. 选面积为 33.333m^2 的樱桃番茄小区 10 个，各分成两半，一半去雄，另一半不去雄，得产量（0.5kg）为：

去雄：28，30，31，35，30，34，30，28，34，32

不去雄：25，28，29，29，31，25，28，27，32，27

用成组和成对数据分别分析两处理水平差异显著性，并求 0.95 置信度的置信区间。

5. 黄皮果实在七成熟、八成熟和九成熟时采收，果肉可溶性固形物含量（％）如表 2-22 所示。试分析成熟度对品质的影响。

不同成熟度黄皮果肉可溶性固形物含量差异　　　　　　　　　　表 2-22

处　理	重复 1	重复 2	重复 3	重复 4
七成熟	4.37	4.42	4.31	4.39
八成熟	6.72	6.81	6.56	6.75
九成熟	8.03	8.12	8.07	8.11

6. 4 个黄皮品种分别在花后 90 天、105 天和 120 天时采收，果肉可溶性固形物含量（％）如表 2-23 所示。试分析成熟度和品种对果实可溶性固形物含量的影响。

不同品种和不同成熟度黄皮果肉可溶性固形物含量差异　　　　　表 2-23

处　理	品种 1	品种 2	品种 3	品种 4
花后 90 天	4.37	4.50	5.41	4.92
花后 105 天	6.72	8.80	7.82	8.05
花后 120 天	8.03	8.31	9.62	9.27

7. 为探索芒果不同品种在不同管理下的产量差异，调查结果如表 2-24 所示。试分析品种和管理对产量的影响。

不同品种和不同管理技术条件下的芒果产量差异　　　　　　　　　　　　表 2-24

不同品种和不同管理技术条件下的芒果产量差异　　　　　　　　　　　　表 2-24

品种 A	管理方案 B	各单株小区产量（0.5kg）				
A1	B1	31	35	30	40	38
	B2	50	52	54	42	56
	B3	40	45	44	58	60
A2	B1	76	71	75	50	52
	B2	88	90	92	52	53
	B3	86	84	84	58	60
A3	B1	60	64	62	40	38
	B2	74	75	70	50	40
	B3	70	71	69	60	80

8. 今测得福橙果实横径与单果重如表 2-25 所示，试作果实横径与单果重之间的线性相关与回归分析。

福橙果实横径与单果重观测值　　　　　　　　　　　　表 2-25

横径 x（cm）	7.0	6.5	5.8	4.5	5.5	6.7	6.3	4.3	6.1	5.1
单果重（g）	115	96	79	44	62	106	88	48	85	55

9. 某杂交组合在 F_2 得到 4 种类型表现型：B _ D _ 、B _ dd、bbD _ 、bbdd，其实际株数分别为 132、42、38、14，检验是否符合 9：3：3：1 的理论比率？

10. 某果场为探索 5 种药剂保果效果，作 5×5 拉丁方试验，坐果率记录见小区分布图（表 2-26），试分析药剂保果效果优劣。

拉丁方试验设计的小区排列图与观测值记录　　　　　　　　　　　　表 2-26

	1	2	3	4	5
1	C11.0	A12.5	B14.6	E9.8	D21.6
2	B14.7	D22.7	F9.9	A12.9	C11.5
3	D22.4	C12.0	A12.8	B14.9	E9.9
4	E9.7	B14.8	C11.0	D21.4	A13.4
5	A13.2	E9.8	D23.4	C12.0	B14.8

参考文献

[1] 盖均镒. 试验统计方法 [M]. 北京：中国农业出版社，1999.

[2] 骆建霞，孙建设. 园艺植物科学研究导论 [M]. 北京：中国农业出版社，2001.

[3] 章文才. 果树研究法 [M]. 北京：中国农业出版社，1995.

[4] 王丽雪. 果树试验与统计 [M]. 北京：中国农业出版社，1993.

（编者：周开兵）

第三章 园艺植物科学研究总结

通过采用各种方法对园艺植物的科学问题进行研究后，应该对得到的各种信息，如数据、文字、图片、照片等，进行系统的总结归纳，特别要对试验或调查得出的各种数据进行相应的统计分析，以验证试验结果的可靠性和正确性，确保研究结果能准确地对科学问题进行说明。

第一节 数据资料的整理与统计分析

在园艺植物的科学研究中，通过各种方法获得了很多数据。这些数据资料尽管来源一致，但是仍然可能存在很大的差异，如同一处理的不同重复间，虽然试验条件基本一致，但是试验数据必然存在不同程度的差异，说明不同重复间某些偶然因素影响了试验的结果。而且这些数据往往是无序的、零散的、不系统的，如园艺植物品种比较试验中，不同品种的不同单株都有不同的产量数据，最终试验的结果可能有成百上千个数据，其处于一种零散、不系统的状态，不能通过这些数据直观地看出其内在的联系。还有些数据类型，如百分比，不符合正态分布的规律，也需要经过一定的变换，才能进行进一步的统计分析。因此，在得到试验数据之后，应该对试验数据资料进行相应的整理，并根据试验目的采用适当的统计分析方法，对试验结果加以分析和解释。

一、原始数据的分析、换算和整理

（一）原始数据

原始数据是指通过试验得到的、未进行任何统计计算的试验数据。园艺科学试验中，根据所观察性状的特点，可将试验数据归纳为两种。

1. 数量性状数据资料

采用度量或计数的方法所获得的数据称为数量性状数据资料。根据数据的分布特点，数量性状资料又可分为连续性数量性状资料和非连续性数量性状资料。

1）连续性数量性状资料。如产量、果实重量、叶片长度和宽度、花朵的直径等性状，可通过称量、测量、分析化验等方法所获得的数据。这类数据一般都是连续性变化的数据，不限于整数。根据测量仪器的精度和试验的要求，可以有不同的小数点位数。

2）非连续性数量性状资料。也称间断性数量性状资料，是指其分布状态为非连续状态的数据。如园艺植物的叶片数、花卉的花朵数、果数等，一般通过计数方法获得，且数据均为整数。

2. 质量性状数据资料

指只能观察描述而难以测量的性状数据。如花色、果色、叶色、抗性等性状。这些性状可以通过以下的方法转化为数据：

1）分级法。即将性状按一定的变化趋势分为几个级别，每个级别以一定的数值（级数）表示。如植株的抗病性可按病害症状轻重用4、3、2、1、0等病害级数来表示。

2）应用统计次数方法。统计出现某种性状及不出现该性状的次数。如统计台风吹袭后某香蕉园中植株倒伏和未倒伏植株的数目，可以推测抗倒伏的能力。

3）评分法。根据一定的评分标准，组织多个评分员对某性状进行评分量化。如果实风味测定，常请30个以上的品尝员先品尝，然后按照评分标准进行评分，最后可以得到相对客观的果实风味优劣的评分数据资料。

（二）原始数据的分析与换算

在获得原始数据后，应该对其进行初步的分析与换算，以利于后期的数据统计分析，主要包括：

（1）数据的完整性分析。园艺科学研究属于农业科学研究的范畴，试验中受环境条件影响较大，试验中如果发生自然灾害，可能导致部分试验数据无法测定，产生数据出现缺失的情况。因此，对数据资料的完整性应该进行分析，发现有缺失数据的，能补充试验的，尽量补充；如果不能补充的，应该采用一定的统计方法加以解决，如采用缺区数据估计的方法得到不含误差的估计值，并相应减少自由度。如果缺失数据较多，则数据失去了统计分析的价值。

（2）数据的可靠性分析。影响园艺学研究试验的因素很多，一些偶发的因素，可能会导致部分试验数据出现较大或较明显的偏差。如在需要观测产量指标的试验中，部分试验小区因意外遭到破坏会导致产量损失，从而使试验数据出现明显的降低。对于这一类情况，如果将数据纳入统计分析，会降低试验的可靠性，因此应加以剔除或重新试验。

（3）数据的换算。园艺学试验得到的数据一般需要进行方差分析来对试验结果进行统计评价。进行方差分析的前提是用于分析的数据必须符合正态分布。大多数连续性数量性状数据资料符合正态分布，但是一些质量性状（如由次数资料所得的百分数）和非连续数量性状数据资料常不符合正态分布，因此必须进行数据变换，使变换后的数据符合正态分布后，才能进行进一步的统计分析。此外，一些单位不同的数据，如重量、长度、某些物质含量数据等，在诸如聚类分析等多元统计分析中，需要进行标准化变换。

（三）原始数据的整理

原始数据的整理是对原始数据进行去伪存真的审核后，采用一定的方法对数据进行系统化、直观化的处理，使其能反映试验的基本结果，一般采用表格或图形的方式来展现。其整理步骤一般是：

（1）如有必要，对数据进行变换；

（2）对数据进行排序；

（3）制作数据的次数分布表和次数分布图；

（4）计算平均值和标准差、变异系数等特征数。

整理后的数据，通过次数分布表图能清晰地展示其变化规律，通过平均数使数据具有更好的集中性和可比性，并且能通过标准差、变异系数等初步了解数据变化幅度的大小，从而使数据系统化、清晰化。

二、数据统计分析的必要性

通过整理的数据，可以比较清楚地显示数据的大小及变异情况，使人对试验结果有一个初步的认识。例如，香蕉品种比较试验中，A 品种的产量值为 110，B 品种的产量值为 100，则一般地认为 A 品种产量高于 B 品种。

但是，由于园艺学试验特别是田间试验，受天气、土壤、温度等环境因素的影响很大，在进行了科学的试验设计的情况下，仍然会有一些难以消除的试验误差，影响到试验结果。如上例中 A 品种比 B 品种产量高，一方面可能是由于品种差异造成的；另一方面也可能是由于试验的误差所产生的，而这仅仅通过试验数据表面上的差异（表面效应）是不能判断的，必须采用一定的统计分析，如两个样本平均数假设检验，通过计算表面效应源自误差的概率，根据概率的大小来判别表面效应形成的主要原因，进而确定这一差值到底是品种的差异还是误差导致的。

此外，初步的试验数据难以直接看出数据间的关联性，而通过一定的数理统计的方法，如通过相关与回归分析等，可以揭示不同数据间的关系，从更深层次上来挖掘数据的科学含义。

三、制作表格与绘图

表格和图形是在园艺科学研究中广泛使用的表现形式，具有直观、清晰的特点，是园艺科学论文的重要组成部分。

（一）表格的制作

1. 表格构成

一个完整的表格一般包括表格题目、表体和注释，其中注释不是必需的。如表 3-1 所示例子。

锦带花的花粉活力、柱头可授性及其形态特征（刘林德等，2004） **表 3-1**

开花后时间（h）	花粉活力（%）	柱头可授性	柱头形状	柱头颜色
1	73.07	—	方形	微黄色
3	77.14	++	开裂	白色
6	79.34	++	二裂	白色
12	76.54	+	二裂	白色
24	70.38	+	二裂	白色
48	67.74	+/-	二裂	浅黄色
72	64.15	+/-	二裂	浅黄色
96	29.84	+/-	圆形	浅黄色
120	26.50	-/+	圆形	浅黄色
144	15.38	—	圆形	黄色

注：＋示柱头具可授性；＋＋示柱头可授性强；＋/－指部分柱头具可授性，部分柱头不具可授性；－示柱头不具可授性。

1) 表格题目。一般由表格序号、题目组成，用来表明表格的内容。如表 3-1 中的表格题目即为"锦带花的花粉活力、柱头可授性及其形态特征"。

2) 表体。即表格的主体部分，包括表头和表栏。表头有横行和直行两个方向，一般是填充表格试验的因素、水平、重复等的名称。表栏用来填充试验结果。

3) 注释。一般位于表格下端，用于说明表中一些特殊记号的含义，或者对表格数据的有关背景情况加以说明，包括解释说明获得数据的试验、统计方法、缩写或简写等，如果相关的缩写在多个表格中出现，可在第一个有缩写的表注中注明全部或大部分缩写的含义，其后表注中简单注释为"缩写同表1"。

2. 制表的原则与方法

1) 表的题目写在表的上面，居中，概括性要强，不能文不对题或过长。表的序号用阿拉伯数字表示，放在表的题目之前。需要说明的是所用表注，放在表的下面。

2) 表的内容要突出主题，能简明地表达要说明的内容。应避免大量列举不重要的数据或具重复含义的数据，以免误导读者在数据精度方面产生假象，并且也容易使数据的比较变得困难。

3) 表中各项目应注明单位符号，单位符号最好不用斜线，如将/mm² 改为·mm⁻²，将/L 改为·L⁻¹等。每项指标数据的保留位数应一致，未测的写"—"。

4) 表的格式为三线表，即上、下线及栏目线，不用竖线、端线及斜线。表格大小要适当，整个表的形状应力求为横向长方形。

5) 表格制作时应保持完整，不宜跨页。同一表格要尽量安排在同一版面上，并使内容的布局清楚、合理，并且一定要遵循相关期刊的排版习惯。如果表格过大，也可考虑将其作为论文的附录列出，以免打断行文的流畅性。

（二）图形的制作

1. 图形的种类

科技论文中用于数据表达的图形主要有：折线图、直方图、饼状图、绘图、照片等。

1) 折线图。折线图用来表示系列数据的变化趋势，即某一指标（依变量）随某一因素（自变量）变化而变动的趋势。根据自变量的变化可以测定一系列的指标值，然后将这些指标值用直线依次连接，就可以形成折线图。如图 3-1 所示。

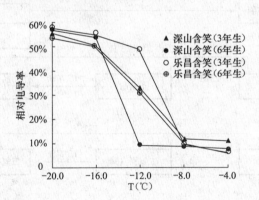

图 3-1　不同低温处理对含笑叶片相对电导率的影响（田如男等，2004）

2) 直方图。又叫柱形图，常用来表示相关变量之间的对比关系，试验中多用来比较同一因素不同水平或两个因素不同水平对试验指标的影响。一般用长矩形来表示数值的大小，不同的变量可以用空白、黑色、阴影等图形加以区别。图 3-2 所示为用于比较嫁接西瓜植株与自根西瓜植株的根系伤流量，y 轴为根系伤流量，x 轴为不同生育时期。

3) 饼状图。表示研究对象中各组分在总体中的含量及相关变化。如图 3-3 所示。

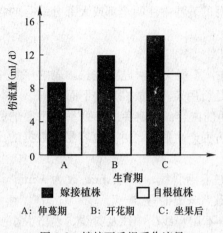

图 3-2 嫁接西瓜根系伤流量

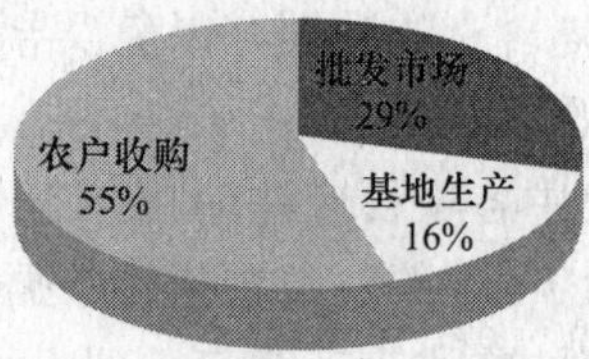

图 3-3 某地蔬菜采购渠道分布图

4）绘图。包括素描、组织图、流程图等，常用来展示研究对象的结构或过程。果实和花的特征、根系分布状况、花芽分化的形态特征、花粉特征等，可用素描图来重点描绘。或者一些生理生化过程，不易用数据表示的，可以用组织图或流程图来展示。图 3-4 展示的是花色苷的生理生化合成途径。

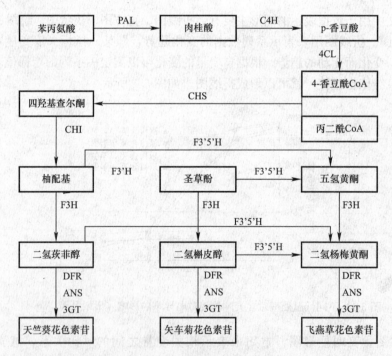

图 3-4 花色苷的生物合成途径（孙明茂等，2006）

5）照片。即对园艺植物的外观形态、显微结构等拍摄的照片。用来直观展示研究对象的形态结构特征。

除这些常见的图形外，在园艺植物科学研究数据的表示中，还有散点图、雷达图、气泡图、三维图等各种图形。

2. 图形的绘制原则与方法

图形必须有标题，用于说明图形的表述内容。题目包括序号和文字标题。序号一般用"图"加上阿拉伯数字构成，表明本图在文中的顺序，如上例中的图 3-1、图 3-2 等。文字标题应该清楚明了，不宜太长。与表的标题不同，图形的标题应放置在图的下端。

图形绘制总的原则应该是清楚明确，大小合适，形式美观，符合读者的阅读习惯，并且避免与文中文字内容重复。

制作带坐标的图形（函数图）时应充分考虑读者的阅读习惯（即排列顺序一般是由左至右），尽量使用横轴（x 坐标）表示自变数（能控制的变数），并且由左向右增加；使用纵轴（y 坐标）表示因变数。坐标轴上刻度和数值标识的间距也要尽量协调、自然，避免过密或过疏，一般要带上相应的单位。x 轴和 y 轴的标记一般是从"0"点绘起，但当起始数值较大时，为了使图形紧凑，效应明显，可在标数前绘上"//"符号，表示在此以前的一段被剪截。坐标图中标值应尽量取 0.1～1000 之间的数值，对于较大或较小的数值，可通过改变标目中的单位或者将量符号乘一个适当的因子 10^n（n 为正负整数）的方式来调整标值。直方图的方柱应与标尺平行，与横轴垂直，宽窄要一致，处理间要等距。不同的方柱用醒目的花纹或色彩区分。折线图把每个观察值标在坐标的相应位置，然后点连成线。不同数据序列的曲线可用实线、虚线、点直线等区分，或者用圆、三角、五星等标志来区分。应在图内或图下注明哪种花纹或线条代表什么，有的也可直接标以名称。如果图中的内容或线条太多，就应作适当简化或分解为多个图表示。例如，图中线条超过 6 条或者方柱超过 3 种时，就应考虑分为两幅或更多幅图。对于由多张分图组成的同一张大图，各分图要用（a）、（b）、（c）等清楚地标注，且主图题和分图题要分开。图注和分图题等说明应放在主图题下方。此外，在数据进行统计分析的基础上，还可以在直方图和折线图上用短线段标注出数据的变异范围。

绘图和照片应该清晰，可以根据实际情况选用彩色或黑白照片。实物照片应该设置比例尺，一般是在图片右下角标出一定长度的线段表示单位长度，或者直接在照片中放置测量仪器，如直尺。地图或设计图应按要求绘制比例尺。

所有图形应该达到一定大小的分辨率，一般要求 600dpi 以上，以方便打印和显示，并能进行一定比例的缩放而不会出现太大的差异。同时，要注意印制刊物的版面大小（如通栏和单栏的宽度），并据此设置图形尺寸的大小，尽量使图的大小接近作者所希望印刷出版后的尺寸。以 A4 纸大小的版面为例，通栏为 15cm 宽，半栏为 7.5cm 宽（不同杂志可能稍有不同），如果是半栏发表，图片大小就在宽度设定的时候设置为 7.5cm。

第二节　科研报告的撰写

科研报告是科学研究的重要组成部分，大部分的科研结果可以通过科研报告的方式反映出来。通过科研报告，可以准确、系统、清楚地表述出科研的目的、意义、方法、结果、存在的问题及可能的解决方法，从而对科研情况进行总结，也是科技推广和学术交流的有效手段。根据研究的目的和研究方法的不同，科研报告的形式与内容也不同。

一、科研报告的常见类型

根据科研报告内容的不同，常见的科研报告可以分为以下几种形式。

1. 试验报告

即根据一定的科研计划，进行一系列的科学试验，包括田间试验或者实验室内试验，对得到的科学结果进行总结、归纳、讨论的报告。一般以科研论文和研究简报的形式出现。其中学术科研论文要求内容具有创新性、立论有科学依据，是针对某一科学问题进行的较为详细和深入的研究，有一定特色，学术价值较高。而一般性、阶段性的研究报告列入研究简报。

2. 调查报告

即针对某一科学问题，采用一定的调查方法，对调查的结果进行总结、归纳和讨论的报告。如品种资源调查、生产现状调查、丰产经验调查、开发可行性调查等。

3. 专题综述或述评

是指通过参考大量的文献，对某一领域内的科学技术发展，进行系统整理和客观综合及评价，以使人们用较少的时间能了解全面的、主要的面貌的报告。

此外，根据科研论文的目的不同，可将其分为学术论文和学位论文两大形式。

1. 学术论文

一般是用于期刊或学术会议交流的论文，是某一学术课题在实验性、理论性或观测性上具有新的科学研究成果或创新见解和知识的科学记录；或是某种已知原理应用于实际中取得新进展的科学总结。学术论文应提供新的科技信息，其内容应有所发现、有所发明、有所创造、有所前进，而不是重复、模仿、抄袭前人的工作。一般篇幅较小，结构较为紧凑。

2. 学位论文

是表明作者从事科学研究取得创造性的结果或有了新的见解，并以此为内容撰写而成、作为提出申请授予相应的学位时评审用的学术论文。学位论文一般包含的内容比学术论文要广，行文更加详细。根据所评审时学位的不同，又可分为学士论文、硕士论文和博士论文，其要求各不相同。学士论文应能表明作者确已较好地掌握了本门学科的基础理论、专门知识和基本技能，并具有从事科学研究工作或担负专门技术工作的初步能力。硕士论文应能表明作者确已在本门学科上掌握了坚实的基础理论和系统的专门知识，并对所研究课题有新的见解，有从事科学研究工作或独立担负专门技术工作的能力。博士论文应能表明作者确已在本门学科上掌握了坚实宽广的基础理论和系统深入的专门知识，并具有独立从事科学研究工作的能力，在科学或专门技术上做出了创造性的成果。

二、科研论文的撰写

1. 科研论文撰写的基本要求

科研论文的撰写是科研活动的重要组成部分，基本要求是规范性、科学性、准确性和简明性。

1）规范性（Standardability）

要求论文写作必须按照一定的规范来进行。目前国际国内对科学论文的撰写都有相对统一的格式，不同的期刊稍有差异，但大体上都一致。写作时应遵守写作规范。除格式外，科技论文中的表格和图的绘制、单位、标点符号、简写、缩写等，也有相应的规范，写作时要参照相应期刊的写作指南中的规范执行。

2）科学性（Scientificity）

要求论文写作中必须采用通用的科学术语，以提高论文的流通性和严谨性；对于文中初次出现的植物名，一般要附加拉丁学名，以防止混淆；试验或调查采用的方法必须是科学的、能重复检验的，试验数据的统计和分析也必须是科学的、符合数理统计基本原理的；试验的结论和推测必须是建立在科学数据或原理的基础上的，符合逻辑的。

3）准确性（Veracity）

要求论文写作中的数据、单位、试验方法的表述等必须是准确无误的，不存在遗漏或错误的情况。一些文中难以准确表述的内容，应该以附录的方式在文后加以补充。

4）简明性（Brevity）

要求论文行文层次清楚，简单明了，以尽量少的文字和图表等表述清楚，以节省篇幅，表述应该客观和简洁，重点突出，不需要华丽的辞藻或修饰，以通顺、清楚、简明为宜。

2. 学术论文的撰写

1）试验报告

以试验结果为基础的学术论文，包括题目、作者姓名、工作单位名称及所在地名和邮编、提要或摘要、关键词、正文（包括序言或引言、材料与方法、结果与分析、讨论或结论）、致谢、参考文献、英文题目、作者、摘要及关键词等。研究简报包括题目、作者姓名、单位名称及所在地名和邮编、关键词、正文（包括序言或引言、材料与方法、结果与分析）。具体要求如下：

（1）题目。是科研论文的高度浓缩，用以说明研究的对象和主要研究内容。要求：短小精悍，准确得体，概括性强，能准确表达文章的中心思想，恰如其分地反映科学研究的基本内容和达到的水平。一般题目应在 25 字以内。要避免使用笼统、泛指性很强的词作为题目，如"蔬菜生态研究"、"果树抗病规律研究"等，这样的题目过于笼统，使人看了之后并不能了解文章的具体内容。

（2）作者及其工作单位。署名作者应是直接参加该科研项目的全部或主要工作，能对本文负责的科研人员。个人的研究成果应个人署名，集体研究成果，应按对成果贡献大小顺序署名，如果贡献大小相同，应加以说明。作者中应有一个通讯作者提供快速的联系方式（如电子邮件），以方便联系。对只参加少量工作，对整个科研工作缺乏了解者不应署名，应在附注中加以注明或写入致谢中。

（3）摘要。是科研论文的高度概括。摘要的写作应做到叙述准确、内容具体、文字简练、表达完整。摘要应对论文的材料、方法、结果等进行文字说明，不举例证，不讲过程，不与前人工作互相比较，不用图表。摘要应结构严谨、逻辑性强、独立成篇，可供文摘杂志转载或情报人员编写卡片。一般摘要字数在 100～500 字之间。

（4）关键词。是反映论文主题内容的词或术语，一般 3～5 个。多选用研究论文的材料、方法等作为关键词。

（5）引言或序言。主要描述本研究的背景，前人研究概况及存在问题，进行该项研究的理论依据及预期效果，以及在生产或理论研究方面的意义和作用。要求语言精练，层次分明，表达清晰。

（6）材料与方法。主要描述试验采用的材料与方法。材料应写明来源、名称、主要特点等。试验方法应包括试验的基本条件和情况，如时间、地点、环境条件、管理水平等；试验设计，如试验因素、处理水平、小区大小、重复次数、田间排列方式等；主要测定项目与评价标准；观察分析时的取样方法、样本容量、样品制作及分析方法，数据的统计分析方法，主要仪器的型号、药品等。已公开发表的方法只需注明出处，列入参考文献内，自己对方法的改进，只需说明改进点。

（7）结果与分析。是试验报告的主要内容，一般占用最大的篇幅。主要是采用文字、表格、图片和照片等，对试验的结果进行说明，并逐项进行分析，阐明自己的科研成果，并对其作出正确评价，指出成果的实用价值。要求文字简练顺畅、图表准确无误、照片清晰完整，分析推理时要层次分明，逻辑性强，要避免资料的堆积和逻辑混乱。

（8）讨论。这一部分主要对某些矛盾或不确切的地方进行说明或讨论。如本试验的结果与他人的类似试验存在差异，或者本试验发现了一些新的规律又缺乏足够理由时，需将问题提出讨论。在充分对比的基础上，解释本试验与其他试验的差异，对于那些较有把握或比较成熟的看法，但暂时还不能作结论的问题，可在讨论中提出倾向性意见，以便进一步研究探索。对本课题存在的问题、改进意见、今后的研究设想也可加以说明。

（9）结论。本部分是对试验的结果进行总结和概括，并据此归纳出有益的科学结论。结论应确切、实际、合乎逻辑。

（10）致谢。本部分主要是对本研究有帮助的个人或单位表示感谢，如项目资金的提供者、试验材料的提供者等。该部分根据具体情况而定。

（11）参考文献。即在文中参考的其他人的文献。不同期刊对参考文献的格式有所差异，但一般都包括以下几个部分：作者、文献题目、文献所在的期刊或书籍名称、文献发表的时间、文献的卷数和期数、文献的页码等。如果是书籍，则一般还需注明书籍的出版社、出版地和版次。参考文献在文中的引用方式一般有两种，一种是用方括号将文献的序号标注在引文的右上角，参考文献在正文后主要根据在文中的出现顺序来排列，这种方法方便读者查阅参考文献，但是如果作者在写作过程中要插入新的文献，则其后的所有序号也必须修改；一种是在文中将作者和时间用圆括号括起来，放在引文的后面，而参考文献则放在正文后按首字母的拼音排序，这种方法比较灵活方便，即使插入新的参考文献也不影响后面文献的排序，所以应用越来越广泛。

（12）英文题目、作者、摘要及关键词。即将前述的题目、作者、摘要及关键词翻译为英文，以方便论文的国际交流。

2）调查报告

调查报告是科研调查后形成的报告，是对调查的总结和分析。总体上调查报告和试验报告的形式类似，包括作者姓名、工作单位名称及所在地名和邮编、提要或摘要、关键词、正文（前言、调查方法、结果与分析、意见和建议）、致谢、参考文献、英文题目、作者、摘要及关键词等。写作的要求也大体与试验报告类似。但是调查报告也与试验研究有一定的区别，主要是正文的构成上有所不同，一篇调查报告正文一般可分为如下几部分：

（1）前言。说明调查的背景情况，调查的目的和意义。

（2）调查方法。说明调查所采用的方法。包括调查的环境、调查的路线、调查的取样方法、调查各项指标的测定或记录方法、调查数据的分析方法等。

（3）调查结果与分析。是调查报告最重要的部分。说明调查的完成情况，对调查得到的数据进行归纳整理，并采用图形、表格等形式加以说明。同时采用逻辑分析的方法，对调查结果进行分析，说明调查结果的科学含义，阐述自己的调查发现，并提出自己的观点。切忌调查报告只是调查材料的堆砌，没有作者的分析和观点。

（4）意见与建议。主要是根据调查结果及其分析，发现其中的问题，并根据作者自身掌握的科学规律和知识，提出自己的意见和建议，既可以为决策者提供依据和咨询，也可为进一步研究解决问题奠定基础。

要写好一篇调查报告，必须注意以下问题：

（1）调查的选题应该恰当，能反映调查的内容与要求。调查的方案要具体细致，要结合所能提供的人力物力制定，既能说明科学问题，又不超出能力范围，也不造成浪费。

（2）调查方法必须科学。特别是抽样调查，应该考虑样本的数量、样本的分布、样本的代表性，一般采用点面结合的调查方法。同时注意调查计划的周密性，以免顾此失彼。

（3）调查的过程必须科学严谨，实事求是。必须严格按照调查设计进行调查，不能因为采样的困难而省略或降低要求。应该尽量采用多种调查方法，对某一调查对象提供的材料应进行必要的核实。

3. 学位论文的撰写

学位论文反映了攻读相应学位的学生的研究水平，是其研究工作的总结与升华，是对通过一定的试验后获得的数据或资料的统计与分析，是对自己的观点和创新的展示与评价。学位论文的写作和其他科学论文一样，同样要求写作的规范性、科学性、准确性和简明性。学位论文的结构与普通科技论文类似，一篇完整的学位论文应该包括封页、目录、标题、作者及其单位、摘要、关键词、综述、试验或调查的方法、结果与分析、结论与讨论、致谢、参考文献、英文标题、作者、摘要和关键词等。写作方法也与学术论文相似，但是各部分应该更加详细、完整。

由于学位论文是对某一科学问题进行比较全面和深入的研究，所以内容也往往比一般的学术论文更加广泛和深刻，篇幅也远远超过一般的学术论文。写作上与学术论文的主要区别在于：

（1）学位论文一般需在论文前加装封页，写明论文的题目、作者、研究方向、导师以及写作的时间等基本信息，以方便归档管理和供人检索。此外，在文章的起始位置应设置目录，将各部分的页码明确标出，以方便读者阅读。

（2）学位论文的前言和序言一般以综述的形式出现，是对所研究的科学问题的研究历史、研究概况、存在的问题进行的详细的论述，并说明自己的研究是基于何种研究基础之上，研究的方向如何。这种综述需要参考大量的文献，篇幅也较长，一般情况下学士论文应在5页以上，硕士和博士学位论文的综述应在10页以上。

（3）学位论文中涉及的材料与方法往往比较多，应分条列出，层次分明，合乎试验的时间顺序。后面进行结果的分析和讨论时，也应按照相应的顺序进行，以保证全文的顺畅并合乎逻辑。

（4）试验中获得的重要的原始数据、全部试验材料的照片、全部试验结果的图片等资料，应在学位论文的附录中列出，以提高论文的可靠性。而这一部分内容在学术论文中则往往因为篇幅过大而省略掉，只选择少数具代表性的在文中展示出来。

第三节　热带园艺植物试验设计与科研成果评价

热带园艺植物研究的评价像其他科研评价一样，主要集中于试验设计评价和成果评价两个方面，其核心在于创新性，创新性体现在试验设计中，是创新性成果产生的基础。试验设计评价的重点在于设计的合理性，科研成果评价的重点在于其学术价值和实际应用价值。

一、试验设计的评价

试验设计是进行科学研究前对将要进行的试验的规划与设计。试验设计的好坏，直接影响到科研结果的好坏。好的试验设计可以保障科研工作的顺利进行，提高科研工作的效率，并节省一些不必要的人力、物力，多快好省地完成科研任务。如果试验设计不合理，则可能会浪费大量的人力和财力，甚至导致科研活动的失败，造成严重的后果。因此，在正式开始科学试验前，对试验设计进行科学的评价，有助于科学研究顺利地实施。

一个好的试验设计应该遵循下述原则，在对试验设计进行评价时，应该参照这些原则。

1. 科学性原则

试验的设计必须遵循科学原理，合乎科学逻辑。主要体现在：

1) 试验设计方案应符合数理统计原理，具有随机性、对照性和重复性。随机性是指试验设计的各处理安排位置或者取样位置应随机化，以消除试验环境的误差，提高试验的精度。一般通过运用"随机数字表"实现随机化、运用"随机排列表"实现随机化、运用计算机产生"伪随机数"实现随机化等方法。对照性指试验中要设置空白对照，以去除试验背景的干扰，直观地对试验因素的作用进行分析研究，试验中可采用多种对照形式，但是历史或中外对照组的对照形式应慎用，其对比的结果仅供参考，不能作为推理的依据。重复性指试验设计在同样的试验条件下必须做多次独立重复试验以降低试验误差，提高试验的可靠度。一般认为重复 3 次以上基本可信，重复 5 次以上的试验才具有较高的可信度。

2) 试验的取样方法应科学合理。如种子试验的种子材料应该采用四分法来获取；测定叶片的营养成分时，应该选取成熟叶片，而不宜采用幼嫩叶或衰老叶；测定花粉生活力时，应该选择盛花期的花朵采取花粉等。

3) 试验测定的指标应该科学合理。试验中选取的测定指标应该与需要说明的科学问题有紧密的联系，能够对需要解决的科学问题进行解释。应避免堆砌一些与论文课题不相关或者关系不大的指标。

4) 试验数据的统计分析方法应科学合理。应根据需要对试验的数据确定适当的统计分析方法，如方差分析、卡平方测验、相关分析、回归分析和聚类分析等，如果不是常用的统计方法，应说明使用的统计分析公式，如果采用统计软件分析的，应说明软件的名称和版本。应尽量采用国际公认的一些统计软件，如 SAS、SPSS 等。

2. 经济性原则

即试验尽量采用科学合理的设计方案，以降低试验的成本，提高试验的效率。如采用正交试验设计等代替全面试验，可以大大降低试验的工作量。如果是比较重要或者耗资巨大的试验，最好先用少量材料作预试验，以确定最优的试验设计方案。

3. 弹性原则

即试验的安排应该留有一定的弹性时间。科学试验是一种不确定的探索活动，试验过程中可能出现很多预想之外的情况，从而导致试验进展困难。因此，在进行试验设计时，应该留出一定的"空白区"，为试验的进展留下一定的余地。

二、科研成果的评价

科研成果评价是指对科研成果的工作质量、学术水平、实际应用和成熟程度等予以客观的、具体的、恰当的评价。这是科研成果管理的一项重要内容。它直接关系到科研的发展方向和科研人员的积极性以及经济建设的发展。主要应从学术价值、经济效果和社会影响三个方面进行评审。对不同类型的成果，要有不同的侧重，但不能偏废。对基础研究成果，主要侧重于学术价值；技术研究成果（应用研究和技术开发研究成果）应侧重于经济效果和社会影响。在成果具体评价上，必须坚持科学性、客观性原则。

科研成果的反映方式是多种多样的。通常是以论文、书籍、项目报告、专利、新品种、新材料、新技术等方式加以表现，不同的表现方式的评价指标是不同的。

1. 科技论文的评价

一般来说，对科技论文的评价，主要根据其发表的期刊的档次、引用次数等。不同期刊的档次，主要根据其影响因子（Impact factor）来判断，而影响因子则主要是根据该期刊在一定时间内（一般是一年）所刊登的文章被引用的次数来计算。我国自 20 世纪 80 年代末，开始引进 SCI 影响因子，试图比较客观地评价科技论文的水平。SCI，全称"科学引文索引"（Science citation index），是美国科学情报研究所出版的一部世界著名的期刊文献检索工具，收录全世界出版的数、理、化、农、林、医、生命科学、天文、地理、环境、材料、工程技术等自然科学各学科的核心期刊 3700 多种。严格的选刊标准和评估程序使 SCI 收录的文献能够比较全面地覆盖全世界最重要和最有影响力的研究成果。SCI 每年都会对所收录的论文进行影响因子的计算，其公布的影响因子对期刊的影响力有重要的作用。利用 SCI 影响因子可以对发表在国际期刊上的论文进行相对客观的评价，因此得到了广泛的应用。与此相对应的是，我国国内期刊也开始计算其相应的影响因子，作为对发表于其上的文章评价的一个标准。需要明确的是，影响因子不是科学论文评价的唯一标准，还必须结合论文的学术性、创新性等来进行综合评定。

2. 其他科研成果的评价与鉴定

科研过程中形成的新技术、新品种、专利等实用型成果，应根据其潜在的应用价值或应用所产生的经济效益和社会效益来评价；编著的书籍应根据其内容的学术性和创新性等来进行鉴定。

科研成果一般是采用同行评议的方法进行评价和鉴定，即邀请同行中有一定学术威望的专家或学者对科研成果进行评价和鉴定。为保证评价鉴定的公正性、科学性和严肃性，应该举行相应规模的成果鉴定会，经过公开的鉴定程序，对科研成果进行评价鉴定，出具正式的评价鉴定材料，而与科研成果有关系的利益相关者，不能作为成果的鉴定者。

第四节　热带园艺植物科研成果的档案管理与转化

科研成果一经鉴定，便需要建立档案资料加以科学分类保存，便于日后查询，对相关和后续研究具有参考甚至指导价值，也为科研成果转化提供翔实和真实的理论依据。因此，有必要学习科研成果档案管理和转化的基本业务要求。

一、科研成果的档案管理

科研成果档案是指在科学研究过程中形成的具有保存价值的文字、图表、数据、声像等各种形式载体的文件资料。科研成果档案管理就是对这些档案材料进行收集、整理、分类、立卷和保存的措施。

1. 科研成果的档案材料类型

根据1987年3月20日国家科学技术委员会、国家档案局发布的《科学技术研究档案管理暂行规定》，科研成果的档案材料一般包括以下几个阶段的材料：

1) 立题准备阶段。这是科研项目申请并获得批准后，开始项目研究前的阶段。档案材料一般包括项目申请书；上级单位对课题的审批文件；开题报告书；课题计划任务书、委托书、协作科研协议书。

2) 研究实施阶段。包括试验或者调查的环境条件的原始记录；田间试验的数据记录；室内试验、测试分析的原始记录；各种计算和计算结果材料；试验、测试的实验报告；各种图表、照片、录音、录像、幻灯片等；专利申请的有关文件材料；年度总结；阶段小结和中间试验总结；试验研究工作大事记录；有关实物标本；设计文件、图纸，关键工艺文件，重要的来往技术文件等。

3) 总结验收或鉴定阶段。包括课题工作总结；经费投入和决算材料；研究报告；论文论著；查新报告；验收或鉴定申请书、批准书、鉴定程序、鉴定会议记录、专家评审意见书和综合意见等有关验收和鉴定所形成的材料；课题中断、人员变动及课题档案归档文字凭证。

4) 成果和奖励阶段。包括成果和奖励申请材料（成果报告简表、成果报告、成果鉴定书、成果奖励申请书等）；推广应用的经济效益和社会效益证明材料（时间、地点、数量等）；获奖凭证（奖状原件、个人证书复印件等）。

5) 推广应用阶段：推广应用方案、总结，专利或生产技术转让合同，用户反馈意见等。

2. 科研文件材料归档要求

1) 实行由科研课题（项目）负责人主持立卷归档的责任制。每项科研项目（包括中断或取得负结果的项目）完成或某部分结束后，对所形成的科研文件材料加以系统整理，经审查验收后归档。科研人员应负责科研文件材料的形成、积累、立卷、归档，并作为对其进行考核的内容之一。

2) 科研文件材料应在科研项目完成后及时归档，研究周期长的项目，可分阶段归档。归档的科研文件材料必须是原件（定稿），根据需要可复制若干份。

3) 凡归档的科研文件材料，要做到审查手续完备，制成材料优良，格式统一，字迹工整，图样清晰，装订整洁，禁用字迹不牢固的书写工具。

4) 几个单位协作的科研项目的归档可按《科学技术档案工作条例》第二十二条规定或协议条款立卷归档。如确系涉及协作单位或该单位科技人员的合法权益，应在协议书或委托书中明确科研文件材料归档和归属，协作单位应将承担项目的档案目录提供给主持单位。

3. 科研档案的管理

科研档案是十分重要的科研资料，应有专用库房保管。绝密级科研档案必须严加保管。档案库房门窗要坚固，库房内必须保持适当的温、湿度，并有防盗、防火、防腐、防光、防有害生物和防污染等安全措施。对破损的档案，须及时修复。

各单位档案部门对接收的科研档案，要定期组织专家和有关人员进行鉴定，通过鉴定，根据科研任务来源、意义、科技水平、经济和社会效益以及历史价值将科研成果划分为重大、重要和一般三级。重大课题档案应永久保存；重要课题档案长期保存（16～50年）；一般课题档案短期保存（15年以下）。对保管期限变动、密级调整和需要销毁的档案提出建议，报主管领导批准后实施。要建立保密、利用、统计、更改科技档案等各项管理制度。单位撤销、合并和科研人员调动时，必须办理档案和科研文件材料的交接手续。

二、科研成果的转化

科研成果的转化是指为提高生产力水平而对科学研究与技术开发所产生的具有实用价值的科技成果所进行的后续试验、开发、应用、推广直至形成新产品、新工艺、新材料，发展新产业等活动。

科研成果的转化中起枢纽作用的是中间试验，即研究科研成果对生产条件的适应性的中间试验环节。由于实验室或者试验小区的环境条件往往比实际的生产环境更优越，所以科研成果直接用于生产中，可能会导致转化的失败。而通过中间试验环节，则可以进一步验证科研成果，研究生产条件的差异导致的偏差是否在误差范围内，提高科研成果的准确性、可靠性、可行性以及在不同条件下的适应性、丰产性，并明确其应用范围和关键技术环节，从而增加科研成果转化的成功率。中间试验中，还可能发现一些新问题，反馈到科研单位和课题组，从而进一步改进和完善科研工作。而那些增产增收、效益明显的科技成果，在进行中间试验和适应性试验的同时，可扩大成果的宣传，边试验，边为农民树立样板，为推广应用奠定思想和技术基础。

园艺科学研究上的中间试验是指科研成果从小区试验到大面积示范开发推广的一段步骤。主要包括新品种和新技术的中间试验。新品种（系）的中间试验又称作区域试验或生产试验，是指在同一生态区域内选有代表性的若干地点，采取同一试验设计所进行的联合品种比较试验和生产试验。区域试验表现好的，可推荐到农作物品种审定委员会审定，审定合格的品种即可大面积推广。新技术的中间试验主要是根据小区试验研究成果，探讨新技术在较大面积范围农作物上应用的效果，往往和新品种的区域试验同时实行，可以为今后区域开发和科技成果推广奠定基础。

三、中间试验地的基本要求

（1）试验地要有代表性。不论在气候、地形、土壤类型、土壤肥力、生产条件等方面，都要尽可能地代表试验所在地的大田生产水平。尽可能要求地势平坦整齐，土壤肥力均匀一致，以减少试验误差。

（2）合理布点。试验点宜安排在有专业技术人员，有一定试验条件，易于保证试验质量的单位，如农科所、原种场、试验站等，试验地要土壤肥力均匀，前茬作物一致，且阳光充足，排灌设施齐全。根据拟推广应用范围，设点 5～15 个，连续试验 2～3 年。

（3）执行统一试验方案。试验地的耕作方法、施肥水平、播种方式、种植密度及栽培管理技术应接近或相同于当地的生产田条件，并注意做到全田管理措施一致。由中间试验主持单位专门制订试验方案和管理办法，承担中间试验的各单位必须按统一试验方案执行，不得各行其是，更不能随意增减项目。

最后，中间试验结束后，要写出详尽的报告，以为今后指导科研成果的推广应用提供依据。

习题

请根据以下研究的基本信息，对本研究项目进行科研总结和评价，并提出成果转化方案。要求：（1）写出一篇符合全部写作规范的学术论文，将数据整理成合理的图表；（2）拟一份内容规范的科研成果转化建议书；（3）对试验设计和结果进行初步评价。

研究名称：浸钙处理对三月红荔枝果皮贮藏期间活性氧损伤的影响（周开兵，2008）。

研究材料：品种为三月红荔枝，于 2007 年 4 月 23 日在果园采集充分成熟、大小基本一致、果实无任何不良表现、果柄长约 12～15cm 的果实 5kg。

研究方法：

（1）材料预处理方法：经 12h 自然冷却后，将样果平分为 2 组。每组分别用 55℃ 0.05％氯化钙溶液和 55℃的清水在恒温水浴锅上对果实作浸泡处理，浸泡时间为 20s。处理完毕，将样果晾干后分别装入食品保鲜袋中，并置于冰箱冷藏室进行低温自发气调贮藏。

（2）试验的处理方法：以 0.05％的氯化钙水溶液作处理，清水作对照，3 次重复，完全随机排列。

（3）处理后的取样方法：自开始处理时第一次取样，此后每隔 5 天取样 1 次，直至果实开始腐烂为止。取好样果后，将果皮与果肉分开，将果皮剪碎后进行液氮速冻，之后装入封口小塑料袋，储存于超低温冰箱中备用。

（4）指标测定方法：果皮花色素苷含量测定采用庞学群等（《园艺学报》，2001）的方法，丙二醛（MDA）含量测定采用紫外吸收法，多酚氧化酶活性（PPO）测定采用紫外可见分光光度法，超氧化物歧化酶（SOD）活性利用氮蓝四唑法，过氧化氢酶（CAT）活性测定采用高锰酸钾滴定法，过氧化物酶（POD）测定采用愈创木酚法。

数据初步处理记录表 1（周开兵，2008） 表 3-2

天 数	花青苷含量/10^{-3}mg · g^{-1}FW		丙二醛（MDA）含量 （$10^{-2}\mu$mol · L^{-1}）		多酚氧化酶（PPO）活性 （$10^{-2}\mu$mol · g^{-1}FW · min^{-1}）	
	处理	对照	处理	对照	处理	对照
0	32 * b	29a	48b	47b	58b	61c
5	72 * a	26a	63a	76 * a	59b	59c
10	12 * c	9b	32c	34 * c	83 * a	47d
15	7c	7b	27cd	28d	31c	41 * d
20	11 * c	8b	21d	29 * d	42bc	92 * a
25	9 * c	6b	33c	34c	54b	72 * b

注：加 * 表示处理与对照有显著差异；不同英文字母表示不同时期间差异显著。显著性水平 $p=0.05$。表 3-3 与此相同。

（5）数据处理与统计分析方法：处理与对照差异显著性作 t 测验，不同时期各指标差异显著性作方差分析与邓肯法多重比较分析。

数据记录（已经完成初步整理和统计分析）如表 3-2 和表 3-3 所示。

数据初步处理记录表 2（周开兵，2008） 表 3-3

天数（天）	超氧化物歧化酶（SOD）活性 $(10^3 \mu mol \cdot g^{-1}FW \cdot min^{-1})$		过氧化氢酶（CAT）活性 $(\mu mol \cdot g^{-1}FW \cdot min^{-1})$	
	处理	对照	处理	对照
0	2.58b	2.60b	1.57c	1.61b
5	3.54*b	2.50b	1.48c	1.42c
10	2.64b	2.59b	2.84*a	1.58b
15	2.38*c	1.88d	1.73*b	1.52b
20	2.57*b	2.05c	2.46*a	1.56b
25	2.85a	2.86a	2.17d	2.09a

参考文献

[1] 田如男，薛建辉，李晓储，潘良. 深山含笑和乐昌含笑的抗寒性测定 [J]. 南京林业大学学报（自然科学版），2004，28（6）：55-57.

[2] 刘林德，张萍，张丽，陈磊，高玉葆. 锦带花的花粉活力、柱头可授性及传粉者的观察 [J]. 西北植物学报，2004，24（8）：1431-1434.

[3] 孙明茂，韩龙植，李圭星，洪夏铁，于元杰. 水稻花色苷含量的遗传研究进展 [J]. 植物遗传资源学报，2006，7（2）：239-245.

（编者：王　健、周开兵）

第四章　热带园艺植物生物学特性的研究

园艺植物生物学是栽培和育种的理论基础。无论是园艺植物资源搜集、遗传育种、品种或砧木区域试验、丰产试验等，都离不开园艺植物的生物学调查。园艺植物生物学调查法是研究园艺植物生物学及各类试验研究的基础，是探讨和阐明园艺植物在一年或一生中，生长与发育及形态结构，各器官发生、发展的内在规律和功能，以及与环境条件和栽培技术的关系。利用这些规律，达到园艺植物高产、稳产、优质和低耗目的，并为新品种选育服务。

在进行生物学调查研究时，要重视调查园地和供试植株的选择，应具有代表性和典型性，一般应选取生长健壮、发育正常的植株。有时也可根据调查研究的目的要求选定特定的植株，如调查研究园艺植物的生物学特性，当然要选取生长发育正常的植株进行调查；如调查研究果树树体结构与丰产、稳产的关系，可选取树姿、树势、结果多少不同的植株进行调查。

生物学调查应根据调查研究的目的定时、定点进行观察。观察的时期要适当，取样要典型，标准要一致，调查部位要有标记。观察要抓最关键的项目内容，尽量少而精。记载后，必须及时统计整理，并与现场核对，以便及时纠正误差。

为了提高调查质量，可根据具体条件和要求，适当增加重复次数，增加调查株数或部位。园艺植物生物学调查法，不只限于园地现场调查，亦可以与室内分析测定相结合，如叶内矿物质营养元素含量、果实营养成分含量等。还应该与数理统计相结合，应用现代生物数学的方法和电子计算机的手段，对果树生物学调查的一些参数进行多元相关分析，并建立优化的数学模型。

第一节　根系研究

根系是园艺植物的重要组成部分，具有吸收、固定、输导、合成、储藏和繁殖等功能，在植物生长发育中起着不可忽视的作用。根系的生长活动、分布情况、吸收和合成能力直接影响地上部的生长和结果，因此根系观察、特性研究是园艺植物研究的重要组成部分，是正确进行土壤管理的基础。园艺植物地上部与地下部是相互影响的统一整体，对地上部的管理措施也会影响到根系的生长。但根系的生长、分布及其生理过程均发生在地下，因此，不易直接观察，难以获得全面、客观的认识和了解。BÖhm博士在《根研究方法》（Root Research Method, 1979）一书中指出："根的研究方法很不成熟，对科学而言，自然田间条件下根的研究还只是一个学步的孩子，根的研究方法通常繁琐、费时，测定结果的准确度不高"。随着科学的发展和技术的进步，根系研究正逐渐从定性走向定量，科学的根系调查方法是进行根系定量研究的关键。

一般应根据试验的目的要求进行，根系调查内容主要有：①根系的分布。观测根系在土层中分布的深度和广度。如根的水平扩展范围，生长方向，穿透深度，根的集中分布层深度，各类根特别是吸收根的集中分布层深度等。②根系的形态、结构及生理机能。观察各类根的形态特征和比例，根系构造、根皮率、根系的吸收、输导、合成、呼吸等生理功能，菌根的种类和数量及其与园艺植物生长的关系。③根系对土壤和栽培条件的反应，包括不同土壤条件（如不同土壤结构及肥力、砾石、黏土或粗砂等）和土壤管理方法对根系的影响；地上部促控措施；负载量对根系生长的影响；不同地区、砧木和地势等根系的分布情况差异。

根系调查前要做好准备和试查工作，摸清根系分布概况，以根系主要分布区作为调查部位。由于根系调查需要一定的劳力和设备，确定取样的样本容量时，调查重复次数不会太多，必须考虑被调查单位之间的变异程度、极限误差值和抽样估计要求的可靠程度等具体因素。如果被调查单位之间的变异程度，即方差的大小，变异程度越大，则抽取的样本单株就越多。如果极限误差小，也就是要求允许的误差范围小，则多抽取样本，反之则少。若抽样要求的可靠程度较高，即抽样估计的概率保证程度较高，则相应的概率度 t 值较大，应该多抽取样本，反之则少。此外，抽样方法与抽样组织形式对样本容量的大小也会产生影响。在相同条件下，重复抽样比不重复样本多，等距抽样和分类抽样比简单随机抽样所需要的样本数要少。比如对成龄树根系进行调查时，必须根据植株地上部生长情况正确选择供试株，要求具有代表性。对幼龄果树和苗木根系进行调查时，应增加调查的重复株数以提高试验的准确性。

一、根系调查常用的研究方法

根系调查常用的研究方法主要有以下几种。

1. 壕沟法（Trench method）

在植株外缘附近，与以植株为中心的圆，作一切线，沿此线开沟。沟长略长于树冠直径，沟宽 60cm 左右，以能容一人工作为准。深至根系分布最多处或最深处。近树的沟壁铲平、与地面成垂直面，在土壤剖面上作出 10cm×10cm 的线绳网格。依然用小铲剥落土壤剖面，使根系露出。观察每格内不同粗度的根数，并用不同符号将其相对位置标记在方格纸上，画出根系断面分布图（图 4-1）。图边标记土壤层次，并记载：品种、树龄、砧木、树体大小、生长结果状况、观察地点及沟距植株的距离。并据此绘图或列表说明根系的分布特点。

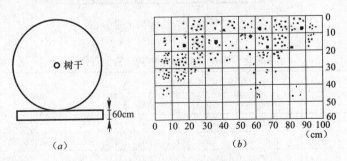

图 4-1　壕沟法观察根系

(a) 壕沟的挖掘位置；(b) 用壕沟法观察根系所得根系分布图

壕沟法方法简单，容易操作，对根系损伤少，影响小，一般应用得较多。能观察到根系的分布深度和广度，根系集中分布的部位等。若安排一些因素进行对比，如用不同种

71

类、品种、砧木、年龄、土壤、地势和不同土壤管理措施等，则可了解根系许多生长的习性和规律，因此是用途比较广泛且实用的方法。根径的测定是用带有测微尺的显微镜对鲜根进行测定。对大根来说，可用小的手镜、千分卡尺。如果一条根的直径上下有差别，则可以按一定间距分别测定。一般根系的标记符号见表4-1，死根用符号"⊕"表示。

不同根径根系划分及推荐的制图标志 表4-1

根径（mm）	根的分类	图　标
<0.5	很细	·
0.5～2	细	o
2～5	小	○
5～10	中	⊙
10～20	粗	◎
>20	很粗	●

壕沟法的缺点是只看到根系在一个断面的分布。如进一步改良就成为连续断面观察法，又称改良壕沟法（或改良Oskamp法）。即以植株为中心，沿放射方向，每隔1m挖一垂直断面，以挖到水平根分布最外处为限（图4-2）。挖时由外向内，可记载出每60cm宽断面的根系分布图，其观察标记符号同前，并将土壤层次和质地标在图上。将观测断面图按距离次序连续排列，从中分析根的水平分布和垂直分布，并了解与土壤的关系。潘伟彬等（2008）采用改良壕沟法观察龙眼根系分布格局，从距树基50cm开始，每隔50cm作一剖面，直至看不到果树根系为止。剖面宽度50cm，剖面深度依果树根系深浅而定。每一剖面用细钢筋扎成10cm×10cm的网格作为定点、定位标记，按根的粗细程度分为1mm、1～3mm和3mm三级，按层次分别统计各类根的数量，统计结果见表4-2。观测表明5年生龙眼树根系的垂直分布可达100cm，其中主要分布在0～60cm，可占总根量的88.1%，而绝大部分集中在20～60cm，占总根量的59.6%；水平分布可达250cm，而绝大部分集中在150cm树冠范围内，占总根量的81.4%。

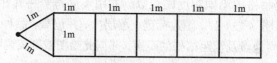

图4-2　改良壕沟法壕沟水平分布

5年生龙眼树根系分布格局（根数/m²） 表4-2

土层（cm）	距树干距离（cm）					小计（条/m²）	占总根数比例
	50	100	150	200	250		
0～20	660	550	480	230	140	2060	28.5%
20～40	870	800	860	370	180	3080	42.5%
40～60	380	550	50	160	100	1240	17.1%
60～80	330	120	0	60	70	580	8.0%
80～100	130	110	0	0	40	280	3.9%
小计（条/m2）	2370	2130	1390	820	530	7240	100%
占比	32.7%	29.4%	19.2%	11.3%	7.3%	—	—

2. 方块取根法

此法即把整个（或部分）根系所占的土壤，取出一定容积的土块，洗去土壤，观测土块内的各类根重（鲜重和干重），从而推算根的分布情况，这种方法可以较精确地了解全株或部分的根系情况，并利用特制的"切根器"取出带根土块。但对植株的伤害较大，用工较多，且与邻树交叉根不易区别。若紧实的土壤、太干燥的土壤会使取样发生困难，因此在条件许可时应在取样前一天先把取样点浇湿，效果会有所改善。

观察时，可根据试验目的，采用不同的取根法。在测定前，应对地上部记载树体大小、干周、枝数、按年轮计算断面生长量及各部重量。如观察全株根系，可采用分层分块取根法。即以树干为中心将树冠下的地面划成若干方块（每块 20cm×30cm 或 30cm×50cm），在树冠外缘挖一长沟，从此沟开始沿沟壁每隔 10~20cm 深度，挖起方块，或用切根器（20cm×30cm×10cm）沿沟壁切取。将土块编号、装袋，可带回室内按块拣根、冲洗、记录各类根量和根数。第一层取完根后，再同样向下一层取根。下层很少，层距可加大。直到根系所占土壤完全或部分挖完为止。

为了少损伤植株或树体，亦可部分取根。以树干或植株为中心，将树冠分为 4 个象限（或划出 8 个等分块）。然后在一个象限内，分层分块取根，计算每层每块的根量和长度，然后推算出全树的根系情况。此即一般所称的扇状挖根法，这只能观测局部的根系。

3. 全根挖根法

全根挖根法又称为骨骼法。挖前的准备工作与方块取根法相同。地上部剪断后要保持原状，以便与根结合。具体做法，即从树冠植株外向内挖，挖时要细致，不能伤根，随挖随记载，可以观测全株根系分布情况及相互关系。挖出的根，可以按根系分布图用钢丝连接起来，挖出的根可以重建，用钢丝穿扎成为根系分布状态，可绘图或摄影，亦可作陈列标本，供日后参考。对于个别大根，伸展较远时，可用追迹法，沿根的方向，细致挖掘，直至挖到根端为止。如不保存全部根系，最后亦可对根系进行解体，量出不同深度和不同根类的根重、长度。

此法可提供植物完整根系自然生长的全貌、完整和清晰图像，对每条根的长度、体积、形状、颜色、分布状态和其他特点均可进行直接观察。但其最大的缺点是费工费时，其技术已经多次改进，但其基本原理仍然适用。对传统挖掘法改进的方法主要有水压挖掘法、气压挖掘法和水平挖掘法。水压挖掘法的缺点是细根冲水后会缠绕交错，易造成根的损失，尤其是有活力的幼根，而且需水量大，但在土壤条件适宜的情况下细根的丢失少；气压挖掘法克服了水压挖掘法的缺点，但只宜在易散和适度干燥的土层使用；水平挖掘法较垂直挖掘法损失的根量较多。

4. 容器法

容器法用容器盛土栽培植物以代替田间观测，即让根系在比田间小得多的容器内生长。采用此法使研究人员能分离对自然土壤剖面的根系生长有相互影响的各个环境因素。通过利用各种环境因素的不同配合，能获得有关单个环境以及各种环境因素对根系生长具有影响的大量资料。供根系研究用的容器有黏土盆、彩釉瓷钵、塑料盆钵、玻璃钵或浸有蜡或用蜡包膜的硬纸板盒。盆的形状有方形、矩形、圆柱形等。通常专门用于根系研究的盆钵，是在一个透明容器外套上一个稍大的不透明容器，当需要观测时，可将不透明容器移开，待观测后再重新套上，由于容器内根的走向主要与水分的移动方向保持一致，因而在带孔的盆钵中根会被浓缩在盆钵边缘和底孔土体处。而在无孔密实的盆钵中，根系主要浓缩在盆钵边缘的土体中。

容器法的主要优点在于应用容器种植的植株一般比田间种植的植株易于处理和研究。另外，可以在比较一致的生长条件下重复多次。主要缺点是多属非天然条件，根系的生长易受容器的限制，可能限制了根系正常伸展和分布的空间，而且没有和其他作物发生根系竞争。

5. 根室观察和根系生长系统监测法

根室观察法是在自然生长的园艺植物下挖一根室，根室的每边都有一透明玻璃板，玻璃板外再配置一活动的遮光板，使根系在绝大部分时间处在黑暗的条件下生长。当需要对生长中的根系进行观测时，可临时移去遮光板直接观察到根系的生长情况。此法主要观察根的分枝、根色、根的生长方向。基于频率的直观观察，可以获得半定量的根密度数据。缺点是费工费时，并且不易取得完整的根系。

根系生长系统监测法是在根系生长区预先埋入一种带有光学显微镜的微速摄影装置，通过纤维线将内窥镜插入预先挖有孔洞的孔道中，利用光学显微镜和计算机逐日记载根系生长情况，然后利用专用软件分析根系的生长规律、根系分布情况等，是一种非破坏性野外观察根系动态的方法。采用生物医学影像技术中的 X 线断层摄影术（X-ray computed tomography，XCT）、核磁共振成像（Nuclear magnetic resonance imaging，MRI），能获取植物根系的原位断层图像，经过图像分割、三维重建等过程，利用计算机生成三维立体根系，是进行植物根系原位构型可视化研究的有效手段，能准确、快速、无损地实现植物根系原位形态的定性观察和定量测量（罗锡文等，2004），但成本太高，不适合用于普遍性的研究。目前国外对植物根系生长特征计算机识别的研究非常重视，有些技术已经逐渐成熟并开始应用。如美国 CID 公司生产的植物根系生长监测系统 CI-600 是全球第一套"土壤原位 360°多层次旋转式扫描"土壤中活体根系生长动态和土壤剖面状况的仪器设备，应用预安装的彩色图像分析软件，分析每幅图像的灰度值、根系面积、长度、周长等参数。CI-600 同时也是一种便携式的仪器，扫描头仅 1kg 左右，是田间根系研究的一种理想仪器。其他如加拿大 Bartz Technology 公司开发了 BTC 100X 根系摄像系统和 I-CAP 图像捕捉系统，以及加拿大的 Regent Instruments 公司推出的 WinRHIZO 系统等，为研究植物根系提供了全新、直观、高效、可靠的研究手段。

6. 气培法（Aeroponic technique）和水培法（Water culture）

气培法又叫雾培法，是 Cater（1942）首先采用的，其整个培养系统由空气压缩机、水泵、培养箱（桶）组成。培养箱（桶）一般为圆筒形，直径和高度视作物而定。桶顶盖有夹板，植株的根颈被固定在装有苯乙烯泡沫的夹板孔隙中，根系在暗箱中生长。孔距视作物而定，以板下悬长在桶中的根不缠在一起为标准。每个泡沫块直径与夹板的孔径相一致，在其中有一个中心孔，底部包一块尼龙网，种子播于其上。容器中的营养液被空气压缩机产生的高压气体雾化，经底部的喷嘴不断地喷到作物根上，多余的营养液又滴回到桶底容器中而得到回收。气培系统中的空气、营养液成分和喷出的压力可以根据需要调节。

采用此法具有取样简单，避免繁琐的根、土分离操作，能观察完整根系等突出优点。但用这种方法观测根系的生长状况与田间实际生长状况差异更大，这是因为根系在营养液中所依附和生存的微生物类群数量和种类与土壤中的情况是悬殊极大的，同时生长在营养液中的根的形态、结构和分布也与土壤中的截然不同。譬如在土壤中生长的根的细胞结构与溶液中生长的根的细胞结构就明显不同，一般在水培中生长的根系其细胞结构通常比在土壤中生长的根系更易脆裂。

生产上也常用水培法，类似于气培法。此法与气培法的相异之处是因容器中氧的供应受限，通常根部不生根毛，而气培法氧气供应充足，根部能滋生大量的根毛。

7. 塑料管土柱法（Soil volume method in plastic tube）

塑料管土柱法又叫塑料管栽培法，是近年来应用较多的方法，特别是在旱地园艺植物上。它具有取样简单、工作量小、易于操作、根系完整、与大田生长一致的优点。具体操作如下：将 PVC 塑料硬管先横向切成长度不等（因需要而异）的管段（直径视园艺植物而定），再将管纵向劈为两半，不论横向、纵向都用金属套加螺栓合拢固定，立于深土坑中，管口与地表齐平，内装按试验要求所配制（由蛭石、细沙、细土组成）的"配合土壤"。播前根据管口面积和体积在表层 30cm 内施入适量的氮、磷、钾肥和有机肥，并灌水保持作物适宜生长的土壤湿度。为便于取样和防止水分沿管壁渗出，内衬塑料套。若作与土壤类型有关的根系试验，应在管底装适量的沙土，以免根系盘结。取样时先将地上部收割，再将管挖出，平放于水池中；去掉塑料管的合拢套，打开塑料管，露出土柱；待土柱变得松散后，用水轻洗根系；冲洗干净后，从水中取出完整根系，进行各项指标测定。

8. 网袋法（Mesh bag method）

网袋法是 1991 年 Steen E. 首先采用的，获取的根系样本具有较好的普遍性和代表性。它的优点是直接在大田进行试验操作，具体操作简述如下：先在每一个小区内按试验要求依对角线设置样点；在点上先插入外筒（筒径、筒高视作物而定），挖去筒内泥土；然后将套有尼龙网袋（网孔径依作物根粗而定）的内筒（筒径稍小于外筒、筒高稍高于外筒）插入外筒中，将内筒填满泥土，最后依次抽出内筒和外筒。每点按规格插植作物，并竖杆标记。取样时先将地上部收割，然后从设置的样点上相间将尼龙袋连同作物根系带土取出，冲净泥土，获得较完整的根系，用于各项指标测定。

9. 三维坐标容器法（Three-dimensional coordinate container method）

三维坐标容器法是在根箱法的基础上，结合计算机应用，根据多年的根系研究而创造的一种新型的根系研究法。它具有与大田根系特征相一致，能完整保持根系的自然状态，能对根系的不同垂直分布层进行各项指标分析，能在计算机上绘出完整的三维根系图，并可利用三维根系图求得根长、根重、根密度等根系参数的优点。具体操作如下：①"三维坐标容器"的制作：用钢材制成长方体（长、宽、高视作物而定）的框架（框架底部封死），在框架的两侧每隔一定的位置（间隔距离按试验要求定）钉上横木条，以支撑安于此位置的不锈钢纱窗网格。②纱窗的裁剪：纱窗的大小尺寸应与容器的上下表面相一致。③"三维坐标容器"的安放：将制成的木框架安放在试验田的深土坑内。④填充土壤：将挖取的大田土壤按第一步的间隔要求分层放置（由上往下），并对应地填充在框架里；应注意每填至间隔位置时，要安放裁剪好的不锈钢纱窗，并要尽量保持所有纱窗的网格对齐，以便进行坐标定位。⑤土壤冲洗：进行根系研究时，将框架从土坑中取出，然后用自来水由上往下逐层淋洗，直至土壤被完全冲洗干净，露出完整的根系。⑥根系观测：用相机进行完整根系的拍摄，扫描入计算机，制成根系标本和做相应处理；进行各根的坐标定位，用计算机进行三维绘图；分层剪根进行各项根系参数的测试。

10. 同位素示踪法 (Isotope trace method)

同位素示踪法又称核素示踪法,简称示踪法,指的是用同位素示踪剂研究被追踪物质的运动、转化规律的方法。该技术具有灵敏度高、样品制备简单、测定方便、可靠易行、费用低等优点。

通常用于根系研究上的有四种。

1) 根部标记法

以生长作物的植株为圆心,取四周不同半径及离地面不同深度的若干点,引入放射性核素或化合物,常用 $7.4\sim22.2MPq$ 的磷酸二氢钾 ($KH_2{}^{32}PO_4$)、磷酸二氢钠 ($NaH_2{}^{32}PO_4$) 与氯化铷 ($^{86}RbCl_2$) 溶液 $0.05\sim0.20mL$。经过一定时间,测定植株地上部的任意部位的放射性活度,就能得知该植株根系的吸收能力,即通常称的根系活力。具体操作为:在植株周围的不同距离与不同深度处,用土钻打洞,在洞内注入示踪物质,加示踪物时,通常先插入一玻璃管至预定的某一深度,然后注入示踪物,以免污染洞壁。一般经过 $7\sim15$ 天,取样、制样,测定样品的活度。这种测定根系的方法,既适用于一年生园艺植物,亦适宜于多年生木本园艺植物;一年生作物,纵横取点 $5\sim10$ 个,多年生作物应适当增加取点的数量。

2) 植株地上部标记法

主要是从茎基部引入放射性核素 (如 ^{32}P、^{86}Rb),经过一定时间,在根系分布区的一定部位,取整段土壤样品,从中分别取代表性样点进行测定,从各点测得的活度,可分析各点根系的含量与根系分布。这种方法通常适用于一年生作物。具体实施如下:将作物播种于盆钵或试验地,待苗长到试验要求时,选择优良植株,从近地面节间插入注射针头,用微量注射器注入一定量的 ^{32}P 溶液,其剂量与根部标记法相似。拔出针头后,用火棉胶或橡皮泥封住注射孔。经过一定时间 (盆栽 $6\sim12h$,试验地 $2\sim5h$),^{32}P 在根系中均匀分布后,采用原状土壤样品,进行放射测定。

3) 放射自显影法

放射自显影法是利用放射性同位素产生的射线使核子乳胶感光显示样本中放射性物质的分布状态。该方法的优点是能将根的形态、机能和代谢一起研究,同时它还具有示踪定位性强、灵敏度高、分辨率佳和保持时间长,并可在不破坏土体和根细胞结构条件下进行观测等优点,可以测定整个根系的动态分布。这种方法是在特制的根箱中进行的,根箱的容积由根系分布的大小来定,一般 $(25\sim40)cm\times(10\sim30)cm\times(80\sim100)cm$,用胶合板制成,其中一个面装有可拆下的有机玻璃板,以便于观察并获得一个平面的根系分布图。供试作物种在箱子内。试验时,在植株地上部分注入 ^{32}P,经过 $3\sim5$ 天后,用包衬好的 X 射线胶片,贴覆在根箱装有有机玻璃板的一面 (抽去有机玻璃板),进行曝光,然后进行显影、定影,就制备好完整的根系分布图了。

4) 中子照相法

此方法是利用中子发生器产生的热中子,使其透过种有作物的铝制盆钵,照射到钵后面的转换器上,通过 (n、γ) 反应而放出 γ 射线,使照相底片感光而得到根系照片。

总之,园艺植物根系的研究发展方向从定性分析转变为定量研究,研究方法多种多样,但各有优缺点,用不同的方法进行试验得到的结果会存在差异,不可能用一种方法去解决根系的所有问题。因此根系的研究方法应服从于研究目的,在根系研究中应采用几种甚至多种方法相结合来进行研究。

二、根系表面积和吸收活力研究

园艺植物根系的生长常用重量、体积、吸收表面积等方法来表示，根重用挖取的完整的根系，以吸水纸吸干表面水分，用天平称重，随后用排水法测定其体积。而测定根系的表面积和吸收活力较复杂。

1. 根表面积

根表面积可能是表征根系对水分和养分吸收最好的参数之一，可以用以下两种方法进行测定。

1）直接法

以直接法测量根表面积是测量出很多根的平均直径、每个样本的总长度，然后根据它们计算出根表面积，同样也可以由直径与体积两项数据计算出来。直接法的缺点是，这种途径只能让人们获得根表面积的大小的印象，不能反映根系的活力。

2）吸附法

吸附法是通过根系的吸附进行间接的根表面积估计。

常用的方法是染料法，用得较多的染料是甲烯蓝。测定原理：根据植物根系吸收矿质养分的理论，根系对溶质的最初吸收具有吸附的特性。假定吸收时在根系表面均匀地覆盖上一层被吸附物的单分子层，因此能根据根系对某种物质的吸附量来测定根系的吸收面积。通常用甲烯蓝染料作为被吸附物质，它被吸附的量可以根据一定时间内甲烯蓝浓度的改变测得，吸附得越多，甲烯蓝溶液浓度的改变愈大。甲烯蓝的浓度变化可用比色法准确测定。基本步骤是把洗过的根系浸入配制好的甲烯蓝溶液中（0.02～5mg/L），轻微搅动，一定时间后取出。每个根样本所吸附的甲烯蓝量可以从最初和最终的染色溶液浓度之差计算得出。已知 1mg 的甲烯蓝在单分子吸附情况下，可以覆盖根系表面积 $1.1m^2$，即 $1\mu g$ 覆盖 $11cm^2$ 的表面积。由此可测定根表面积。

为了区分有活力的根系和失活的根系，可以在浸入亚甲蓝溶液以后把样本转入氯化钙溶液中去，在氯化钙溶液中失活根面上吸附的亚甲蓝分子被钙离子所取代。用这种方式可以测定根系的活跃吸收面积。

另一种是滴定法。把洗过、风干的植物根系浸入 3mol/L 的盐酸中 5 秒，排出多余的酸后转到含有 250mL 蒸馏水的烧杯中，放置 10 分钟。然后吸取 10mL 烧杯中的溶液用 0.3mol/L 的氢氧化钠溶液滴定。滴定值即氢氧化钠溶液的用量（mL），作为总的根表面容量（Total capacity of the surface），这种方法与染料一样，只能得到相对的根表面积数据，精确性一般。

2. 根系吸收活力的测定

把植物的地上器官切去一部分，从伤口流出液体的现象称为伤流，把这种伤流收集起来，根据收集量的多少，可以作为根系活动能力强弱的指标。这是测量根系活力最简单易行、不需什么技术设备而又准确可靠的方法。

三、根系分泌物的研究

根系分泌物是植物根系释放到周围环境中的各种物质的总称。这些物质主要包括低分子量有机可溶物、高分子量黏液物质以及细胞和组织的脱落物。根释放的各种有机物质在微生物的作用下均可分解为小分子有机物（图 4-3）。

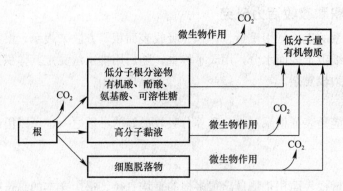

图 4-3　植物根分泌物的组成

根分泌物的研究通常包括以下内容：植物的培养，根分泌物的收集、提取、分离，根分泌物成分的鉴定和根分泌微生物或化学功能的评价（图 4-4）。

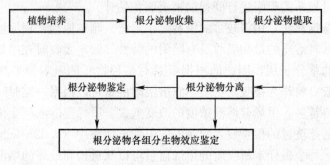

图 4-4　根分泌物的研究程序

四、菌根研究

菌根（Mycorrhiza）是自然界中一种普遍的植物共生现象，它是土壤中的菌根真菌菌丝与高等植物营养根系形成的一种共生生活达到高度平衡的联合体。它既具有一般植物根系的特征，又具有专性真菌的特性，是植物在长期的生存过程中与菌根真菌一起共同进化的结果。形成菌根的真菌种类很多，分属于藻菌、子囊菌、担子菌和半知菌亚门。根据参与共生的真菌和植物种类及它们形成共生体系的特点，将菌根分为七种类型（Harley 等，1989），即丛枝菌根（Arbuscular mycorrhiza）、外生菌根、内外菌根、浆果类菌根、水晶兰类菌根、欧石楠类菌根和兰科菌根。其中丛枝菌根真菌（Arbuscular mycorrhizal fungi）是土壤共生真菌中宿主和分布最广的一类真菌，对植物种类无严格的选择性，对植物有广泛的侵染性，是绝大多数的园艺植物最主要的侵染真菌。在许多园艺植物上丛枝菌根都被证明能促进植物对磷、钾、氮、铜和锌等矿物质元素的吸收，促进植物生长，提高植物的品质，提高苗木的移栽成活率，增强园艺植物的抗病性，增强植物对于干旱、寒冷、盐碱的抗性，提高植物对重金属的耐性。菌根生物技术在解决土壤干旱贫瘠、退化生态系统恢复重建、资源合理利用等方面也有重要作用。目前，对丛枝菌根真菌在分类、生理、生态、功能及其机理、离体培养、扩大增殖培养方法等方面的研究上有了长足的进展，现已成为国际上一个相当活跃的研究领域。

1. 丛枝菌根真菌样品的采集

采集野外样品一般是为了调查自然土壤中的丛枝菌根真菌资源或调查自然条件下丛枝菌根真菌的生态分布，其基本要求是所采样品能真实地反映自然条件下丛枝菌根真菌的分布、发育等各种状况。采样一般在秋季9月底至10月初进行。根据采样目的选择有代表性的地点，用手持GPS（Global position system）定位仪准确确定采样地点海拔和地理位置（经纬度）。选取当地长势良好的植物，去掉地上部（一年生植物），用干净铁锹挖出植物根系及黏附在根上的土壤，取0～30cm土层的根围土壤2kg，装入土袋中，于土袋内、外分别附上标签。标签要详细记录采样人、采样时间、地点、地形、海拔、气候、植被、土壤类型及寄主植物和周围植物的种类、生长状况、发育阶段等信息。将土样带回室内，于阴凉且温度相对稳定处晾干，置于4℃的冰箱内贮存，等待作进一步处理。

2. 孢子的摄取和定量估计

将野外采集的根际土样中的根系剪成小段，与土壤充分混匀，然后与灭菌的蛆沙按1:1的体积比混匀，置于1.5～2L的底层铺有2cm的灭菌河沙（100℃下蒸汽灭菌2h后，晾干备用）的塑料盆中，播种已萌发的苏丹草＋三叶草＋洋葱60～80粒/盆。最好选用与采样地点植物相同或亲缘相近的植物。一般选择菌根依赖性较高的C4植物，如苏丹草、玉米、高粱等；豆科植物，如三叶草、紫云英或洋葱等模式植物作为宿主植物。植物种子用10%的双氧水消毒10分钟，用去离子水冲净，以防止真菌的交叉污染。覆土1cm，河沙1cm，最后移入温室或生长箱中培养4～5个月。培养期间，除非植物表现出缺磷或缺氮症状，肥料养分的供应要保持最小量。也可以定期浇浓度为10%的Hoagland的营养液。为了获得较多的真菌孢子，在培养期间给植物有规律地（每隔10天）施加干旱和营养胁迫，尤其是在收获前1个月逐渐减少供水，使植物遭受轻微干旱。收获时，先将盆置于温度相对稳定的房间内干燥（1～2周），然后将其分成小块保存。保存至少30天以后进行下一步培养试验。

若在诱导培养后培养物中没有或很少有孢子，但是在宿主植物根系中有菌种的定植，可以接着进行续培养试验，将地上部齐根剪掉，用小刀除去表层培养基质（2cm厚），重新播入新种子40～60粒（深0.5cm），最后表层覆盖灭菌河沙0.5cm，继续培养4个月。一般经过2～3轮续培养以后，即可得到绝大多数菌根真菌的孢子，可利用单孢培养进行菌种的纯化。

诱导富集培养中也要防止不同土壤所含菌种之间的交叉污染，污染最易出现在两种或多种干燥的菌种培养物共同处理期间。因此，在每一菌种培养物的处理前都要用喷雾器清除空气中的微尘，并对工作台进行酒精消毒。

在第一次或者第二次诱导培养之前，如果能够将接种剂在0～4℃条件下保存两周以上，可以打破丛枝菌根真菌孢子等繁殖体的休眠，增加不同菌种的侵染几率，提高菌根菌的诱导效果。

诱导培养后，可以获得大量的菌根真菌孢子。由于不同的属种混合在一起，必须将形态上不同的孢子分别挑出来接种到宿主植物上进行纯化培养。培养物收获后，即可作为接种剂进行加富培养（扩繁），繁殖出足够的菌种以满足科研及交流需求的接种剂量。

提取孢子的方法常用湿筛和倾注法（Wet sieving and decanting）、充气浮选法（Flotation bubbling）和蔗糖离心法三种。提取出的孢子可用于镜检，即用细的毛细吸管或解剖针将孢子转移到载玻片上,滴上一滴乳酚或水,在解剖显微镜和光学显微镜下观察。不但可以计数作定量观察,也可以观察孢子的特征(如形状、大小、颜色)、细胞壁的构造、细胞质的结构以及附着物的形状和构造等,然后按照 Gerdemannn 和 Trappe 等的内囊霉科真菌检索表进行属、科鉴定,还可以将孢子用于对土壤盆栽专性宿主的菌根接种。

3. 植物根系丛枝菌根真菌侵染的定量分析

任何一项生物试验中只要有丛枝菌根真菌作为一个变量存在,就需要了解菌根真菌发育和侵染的程度。因为即使是在经过灭菌的通气良好的土壤上接种菌根真菌,也不能保证植物根系一定能受到侵染。甚至当丛枝菌根不作为植物营养研究整体中的因素时,如果以田间土壤代替部分的培养介质,通过进行根系菌根侵染的测定,也可以了解不同处理或小区间的差异是否在一定程度上与菌根侵染有关。影响菌根侵染的因素很多。菌根侵染与繁殖体数量密切关联,但孢子的数量与侵染没有直接的相关,而根外活菌丝量与侵染率之间有明显的正相关。丛枝菌根对植物有高度感染性,但其侵染速率、形态结构的发展速率及其对植物生长的影响都因真菌和植物的不同搭配而异,具有一定的专一性。宿主植物的代谢活性的改变直接影响根部真菌的发育和侵染。土壤的环境条件,如光照、湿度、水分、pH 值,其他微生物的协同和拮抗作用等,都会对侵染产生明显的影响。按照研究目的,对根系丛枝菌根的不同形状结构,如孢囊、丛枝、菌丝束、菌丝长度等,进行定量测定,以了解苗根的侵染程度。

4. 丛枝菌根的繁殖

菌根繁殖的方法有温室培养、实验室培养和田间培养几类。目前,主要依靠温室盆栽方法,使菌种得以延续和保存。接种物为丛枝菌根的孢子或被侵染的根,接种前要对土壤进行灭菌和对接种物消毒。

虽然丛枝菌根真菌科研取得了一定的进展,但对丛枝菌根真菌的生理、生化代谢,尤其是遗传学方面的了解十分有限。现代分子生物学技术和细胞学技术的应用给丛枝菌根真菌研究注入了活力。在菌根应用方面应在以下几个方面加强:①菌根—植物互惠共生的条件。研究使植物在最大程度上受益的调控因素,比如最佳接种时期和最适接种剂量,以及生态条件和耕作方式对菌根的发育和效果的影响等。②优良菌株的筛选、培育和评价体系。通过常规和非常规方法培育出适合沙漠、盐碱土、冻土、黄土高原、沼泽地、工业严重污染地区应用的菌根真菌,建立菌根真菌基因库。③菌根化苗木培育体系和菌根菌在田间的大面积推广应用。应优先考虑针对一些珍贵、稀有的园艺植物等的应用研究。④丛枝菌根对植物的作用效果、作用机理,以及丛枝菌根同其他土壤微生物的相互影响和作用。⑤利用丛枝菌根可增强植物的抗逆能力,加强丛枝菌根对土壤有害物质调控的应用研究。

第二节　叶片研究

叶片是园艺植物进行光合作用和蒸腾作用的重要器官,是产量形成的基础。叶形成的早晚、叶面积的大小、色泽、密度等对园艺植物生长发育有着直接关系。因此,叶的变化情况常作为反映植物生长发育状况、长势、遗传特性等的主要参数,广泛应用于农业科研服务和生产中。掌握各种叶片的特性,对于指导农业生产实践活动,制订高产、优质和高效的栽培技术措施具有积极的意义。

一、单叶面积的调查

叶面积的大小反映植株光合作用的能力及生长发育状况。尤其对观赏植物来说，叶面积大小除影响其生长外，还影响其外观品质。如观赏凤梨是一种高档的盆栽花卉，盆花质量标准中所规定的很多评价指标包括冠幅、冠高比、株形、叶排列情况等外观指标都跟叶片的大小有很大的关系。

在调查前要选择代表叶，依试验树种和试验目的而定。如观察成年树单叶面积时，选择具有品种特点的、形状稳定的健全叶，如柑橘类则以春、夏、秋梢的第 4 片叶为代表叶，香蕉选取从顶部算起（不包括终止叶）的第 3 片叶。

常用的单叶面积的测定方法有以下几种。

1. 透明方格法

即在透明板上画有 $1cm^2$ 的方格，将叶压在方格板下，计算叶片占有的方格数，可直接读出叶面积（图 4-5）。叶的边缘占有方格 1/2 以上的按 1 格计，不足的则不计算。为了提高读数的效率，事先根据观测叶的形状和平均大小，将方格板中央的部分方格染上不同的颜色，譬如将 4 横行，5 竖行，$4 \times 5 = 20$ 个格，划一个框，观测叶面积时，只需数这个框以外的方格数，加上 20 即为叶面积。这种方法需要消耗大量的时间，测量结果的精确度也不是很高。尤其对于一些不规则形状的叶片，其精确度就会降低，产生的误差更大。但操作简便，并可在树下活体观测。如果做离体试验，可以将叶片平铺于最小的方格为 $1cm^2$ 的坐标纸上，用铅笔描出叶片的形状，然后统计已描述叶片图形所占的方格数，统计方法同上。

2. 叶模法

观测同一种类或品种，在叶形比较有规律时，可用叶模法。事先根据该品种的叶形、大小、分类，制好不同大小的叶模（图 4-6），用求积仪测定各叶模的面积，标记在叶模上。田间观测时，将观测叶与叶模核对，即可读出叶面积。这种方法操作方便，误差较小，但叶形变化较大的种类、品种，应用困难。

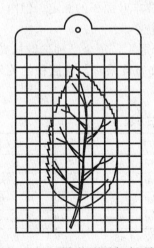

图 4-5　透明方格法测定叶面积

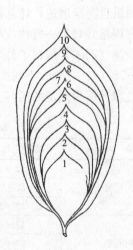

图 4-6　叶模法测定叶面积

3. 求积仪法

先把样品平铺在纸面，描绘轮廓，然后用求积仪测定，在记数盘与测轮上读得分划值，从而算出该叶的面积。测量过程中应注意固定臂和测量臂的夹角不能过大或过小，圆盘在同一张纸上旋转，以免超出改变摩擦力而影响测定数值。在同时测量若干叶时，把这几张叶连接在一起，求积仪沿周围一次，求得总面积，这样可以提高工效，也减少读数次数、降低误差。

4. 称重法。

称重法分为称纸样法和称鲜样法两种。

1) 称纸样法

用质地均匀的标准纸剪取一定面积 $As(cm^2)$，用天平称重 $Ws(g)$。然后将叶片平铺覆盖在标准纸上，并用铅笔描出其轮廓，沿轮廓线剪下并称重 $Wi(g)$。称重法计算的叶面积公式 $Ai(cm^2)$ 如下：

$$Ai(cm^2) = \frac{Wi(g) \times As(cm^2)}{Ws(g)}$$

称纸样法操作简单，但其破坏性较大，不适用于田间大量样品的测量。

2) 称鲜样法

取若干样品叶，称鲜样重并用求积仪测量其面积，计算每克叶鲜重所占有的面积。实际测量时只要直接称取鲜重，按以上的换算值，计算该组叶的面积。也有试验把样品晾干称其干重的，其他步骤同鲜样处理方法。直接称重法大大简化了测量手续，工效很高，它的缺点是测量结果受园艺植物的生育期、叶龄和叶脉分布不均匀性的影响。

5. 回归方程法

有些园艺植物的叶面积分别与叶长、叶宽或叶长与叶宽乘积存在回归关系，预先用叶面积仪测量一定数量代表叶的叶面积，同时测量相对应的叶长、叶宽，并计算叶长与叶宽的乘积，分别建立回归关系，并进行显著性测验，若达到 $\alpha=0.01$ 的极显著水平，即可应用，在田间只要测量叶长、叶宽即可用回归方程换算出叶面积。回归方程法优点是可以进行活体测量且测量迅速，计算简便，适于单一品种大量样本叶面积的测定。但由于其系数或回归方程是针对某一树种或品种而建立的，适用范围较小。

宿庆莲（2009）探讨了红掌常见的品种大哥大和粉冠军，每个品种选取株高为 12~15、20~25、12~25cm 不同类型的植株，以叶片长度和宽度乘积与叶面积的关系，建立了适合红掌叶面积测定的回归方程（表4-3）。

红掌叶长×叶宽与叶面积的回归方程　　　　　　　　　　　表 4-3

品　种	植株类型（cm）	回归方程	相关系数
大哥大	12~15	$S=0.7474\,LW+2.3679$	0.9940
	20~25	$S=0.8203\,LW+1.0300$	0.9919
	12~25	$S=0.8160\,LW-0.1314$	0.9915
粉冠军	12~15	$S=0.6994\,LW+1.2843$	0.9872
	20~25	$S=0.6518\,LW\times4.4863$	0.9929
	12~25	$S=0.6638\,LW\times3.2304$	0.9936

注：L 表示叶长，W 表示叶宽，S 表示叶面积。

6. 仪器测量

测量园艺植物叶面积的仪器目前有两类，一类用光电原理，根据叶片遮光的多少，改变光电池产生电流大小，通过电表可以测得数据，经转换即可知叶面积。这类仪器适用于不规则的叶形，但需要比较稳定的光泽，而且是离体测量，实际应用上受到一定的限制。另一类用电子扫描，如美国 Li-Cor 公司生产的 Li-3000 手持便携式叶面积仪，构造比较复杂，操作很简单，效率高，但此类仪器不能测定叶面积过大的叶片，另外由于仪器价格高昂，限制了此类仪器的推广和使用。有些园艺植物叶柄较短，也需离体测量。

7. 数字图像处理技术

数字图像处理技术作为一种新兴的测量技术，是一种快捷方便的测量方法，它利用现有的数字图像设备，在扫描仪或摄影机和计算机的基础上，配以适当的软件和程序，组合构造成一台智能型叶面积测定仪（图 4-7）。选用的软件有 Photoshop、Auto CAD 和 Corel DRAW 等。工作原理是根据计算机中的平面图像是由若干网格状排列的像素（pixel）组成的，单位长度的像素数就是图像的分辨率，通常用每英寸的像素数表示（dpi）。因此，知道了图像在宽度和高度两个方向上的分辨率，就可以计算每个像素占据图像的面积。用扫描仪或摄影机获得待测叶片的平面图像，统计图像中叶片所占的像素数，乘以每个像素所占的实际面积就可以计算出叶片的面积。

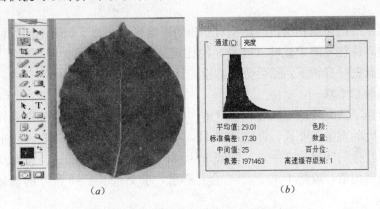

(a)　　　　　　　　　　(b)

图 4-7　数字图像处理技术流程
(a) 选取图像；(b) 像素统计

应用数字图像处理技术测定叶面积的主要优点是精度高，特别适用于株形分析中单个叶片的叶面积测量。对于不规则叶片更显其优越性。速度快，可进行批量处理，编好程序以后，运算起来方便快捷。在叶片残缺不全（比如被虫子吃掉一部分）时，可以人工将残缺部分补全，以降低测量误差，这样就大大地增加了其应用范围和测量精度，特别是在测量不规则叶片以及残缺不全的叶片时较其他方法更具有优势。利用数码相机拍照获取图片来进行测量还可以实现非破坏性测量，而且不受叶片形状、大小、厚薄等因素的影响，测量速度快，精度高，适于大量同一品种植物的叶面积测量。但是目前数字图像处理技术测量叶面积还存在一些局限性，如当叶子具有粗大叶脉时，用单片叶子代表全部叶子可能会造成较大误差，因此对于具有粗大叶脉的叶子，本方法的适用性较低。随着信息技术的发展，地理信息系统（Geograp hic information system，GIS）和矩阵实验室（Matrix laboratory，Matlab）等数字图像技术处理在叶面积测量方面也得到应用。未来的研究重点是选择方便、快速、准确的图像获取方法和图像处理算法，设计一体化的叶面积处理软件，以简化测量过程，提高测量精度，推广图像处理方法的使用范围。

二、叶球的测量

叶球由短缩茎和球叶所组成，是结球白菜、甘蓝和结球莴苣等在营养生长阶段所形成的贮藏器官，也是这些种类的产品器官，因此在研究甘蓝、白菜的过程中常常要研究叶球的形成。叶球的观察项目主要是叶球总重、叶球纵径、横径、球形指数、短缩茎的长度、短茎的重量、叶球的相对密度或紧实度。

叶球短缩茎愈重，则可食部分的比率越低；叶层的厚度（纵径－短缩茎）越小，球叶数越多，则叶数紧实，反之较松。这种关系可用以判断叶球的经济价值。分别按下列公式计算：

$$短缩茎占叶球重 = \frac{短缩茎重量}{叶球重量} \times 100\%$$

$$叶球紧密度(D) = \frac{叶球纵径长度 - 短缩茎长度}{叶层数}$$

测定叶球紧密度大于1，叶球松；接近于1，叶球中紧密；小于1时则叶球紧密。

上式只适用于甘蓝及大白菜的一些叠包类型的品种，其他抱合方式的品种，可用其相对密度来表示。

结球白菜中肋的粗细和所占的比例对品质的影响很大，为了判断不同品种和栽培技术对品质的影响，往往要测定软叶（叶身）的比例，测定的主法是把叶球所有的叶片剥下，每个叶片沿主脉把叶身切下，然后分别称重，计算软叶占叶片总重的百分率。软叶的百分率越高，则品种越柔软。

某些试验为了研究叶球形成过程中叶重、叶形或叶数的变化，应分期取样按一定的叶位分别测定单叶的重量、叶长、叶宽等项目，一般可取5～10株，样品自外及里剥下球叶，将同一个叶位的叶片放在一起，间隔3～5叶位测定1叶的重量、长度及宽度，分别计算各叶位的平均值，或把1～3、4～6合并称重，求1～3、4～6位叶的重量或长度的平均值。

三、总叶面积及叶面积指数

叶面积指数（Leaf area index，简称LAI），是指单位土地面积上植物的总叶面积，其公式如下：

$$叶面积指数 = \frac{叶面积总和}{取样的土地面积}$$

叶面积指数是群体结构的重要量化指标。研究园艺植物的叶面积指数，对指导植物栽培密度，充分利用光、热、水、土资源，合理进行施肥以获得作物优质高产具有重要意义。

常见的测定叶面积指数的方法主要是直接测量和间接测量。

直接测量是先求出所有单叶叶面积，再计算出叶面积指数。蔬菜和幼龄果树可以测量全部叶片的叶面积，累计结果就是全株的总面积。大树测量全株树的全部叶片，困难很大，可用以下两种方法：①方框取样推算全树叶面积。取样用框为钢丝做成1个8m³的折叠式方框，每边长50cm（图4-8）。测定时，将方框放在树冠内叶片疏密度具有代表性的部位，将框内叶片全部摘下，立即称其鲜重，再从鲜叶中随机取样 20g，测其叶面积，依此换算出框内叶片的叶面积，即得 1/8m³ 树冠的叶面积。按公式换算出树冠体积，并扣除冠内没有叶片的部分体积，再以 1/8m³ 框内的叶面积，换算总叶面积。这种方法约有 15％～25％ 的误差，误差来源主要有三，一是取框部位的代表性，其次是树冠体积计算受树形的影响，再次是扣除光秃部分体积是否合适。在树冠形状比较规范，接近标准的几何图形，而且冠内枝叶分布比较均匀的情况下，使用比较方便。②按枝类比计算叶面积。将树冠内枝条分类调查各类枝条的数量，每类枝条各取代表枝 10～20 个，实测其叶数、单叶面积、各类枝平均单枝总叶面积，用加权法计算，即单枝总叶面积，乘以该类枝数，得出各类枝条的总叶面积，各类枝条的总叶面积相加之和，即为全树的总叶面积。这种方法采用了分层取样法与典型取样法相结合，比较实用，误差也比较小。

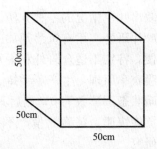

图 4-8　测定总叶面积的立方架

间接测量主要有两种方法：顶视法和底视法。顶视法即用传感器从上向下测量，例如遥感估算法就是基于地物的反射光谱，较大尺度地反演叶面积指数。底视法是传感器从下向上测量，其优点是适合于对大面积的果树园的测试，无须用遥感平台，并可以作为植物定量遥感的地面定标手段，主要是用光学仪器观测辐射透过率，再根据辐射透过率算出叶面积指数，其中数字植物冠层图像分析仪方法是在 LAI22000 型冠层分析仪的基础上发展起来的。它有一个鱼眼成像信息采集器，传感器获取的是二维空间的植被冠层结构信息，并且有较强的数据处理功能，该方法可以避免传统收获法所造成的大规模破坏森林的缺点，不受时间的限制，获取的数据量大，仪器容易操作，方便快捷。

四、叶质量的评价

叶面积大小，反映了叶片质量的一个方面，单叶面积较大，是树势或枝条生长势健壮的表现之一，但单叶面积过大的叶片，质量并不一定高，还要结合其他指标来评价。

1. 叶色

叶的颜色及深浅，是叶片质量的重要评价指标。叶色深浅与叶的含氮量呈线性相关。叶色的测定方法有目测法和实测法两种。

目测法又可分为直接目测法和比色卡法。直接目测法指观测者根据主观印象和个人喜好给叶片颜色打分，评分方法有五分制、十分制和九分制。比色卡法是根据事先叶片颜色色泽范围内以 10％ 的梯度逐渐增加，并依次制成比色卡，在田间将叶片与色卡进行比较，将不同级别叶片数，用加权法可得单株叶色等级，用以判断树势。在用目测法测定叶色时，注意采样的随机性和典型性，以减少视觉影响。测定时间最好选在阴天或早上进行，避免太阳光太强造成的试验误差。如采用目测法评价草坪颜色质量时，直接目测法主要采用 9 分制打分法，枯黄草坪或裸地为 1 分；小区内有较多的枯叶，较少量绿色时为 1～3 分；小区内有较多的绿色植株，少量枯叶或小区内基本由绿色植株组成，但颜色较浅时为 5 分；草坪从黄绿色到健康宜人的墨绿色为 5～9 分，根据评价者的主观印象进行评价；比色卡法是把草坪颜色由黄到绿的颜色范围按 10％ 的梯度增加至深绿色，制成色卡，然后与观测的草坪进行比较。

实测法指借助仪器进行操作，测定叶绿素、花青素等一些呈色色素的含量，定量反映出叶色情况的一种方法。叶绿素含量可以用分光光度仪法测定，具体步骤是将定量的叶片研磨，用有机溶剂如乙醇、丙酮浸提，然后稀释比色。这种方法虽精确，但操作不便，特别不适合野外和大规模调查。利用叶绿素在红光和蓝光两个波段发光源时的光学吸收率原理，生产了手持式叶绿素测定仪（图4-9）。测定时首先进行标定，使仪器在黑暗状态下读数为0，然后只要对叶片轻轻一夹，就能测量被测物的叶绿色含量。这种仪器能快速、精确测量，不损坏被测物，自带数据存储，重量轻，广泛应用于群体测定研究。

图 4-9　SPAD-502 叶绿素含量测定仪

叶色深浅，反映了叶的厚度、叶绿素含量，也可以直接测量叶厚，可用徒手切片在显微镜下观测，亦有用百叶厚来表示的，将一百片叶重叠压紧，量其总厚度即得。

2. 叶重

叶重常用比叶重作为评价指标。比叶重（Specific leaf weight）是指单位叶面积的叶片重量（干重或鲜重），不过通常用干重来表示，单位为 mg/cm²。其倒数称为比叶面积（Specific leaf area）。比叶重因叶片不同的生长阶段、季节、生物学年龄而异，是由于叶片厚度的变化，单位叶面积的总氮量、总碳量、叶片细胞液泡化程度及叶肉细胞状态变化所致。比叶重与叶片的光合作用，叶面积指数、叶片的发育等因子相联系。

3. 解剖结构

许多园艺植物的叶组织中有两种叶肉细胞，靠腹面的为栅栏组织细胞；靠背面的为海绵组织细胞。叶片的栅栏组织和海绵组织的发育情况，是评价叶质的一个指标。栅栏组织细胞细长，排列紧密，叶绿体密度大，叶绿素含量高，致使叶的腹面呈深绿色，且其中叶绿素 a 含量与叶绿素 b 含量比值高，光合活性也高，则叶质高；而海绵组织中的情况则相反。叶片的解剖结构可以作徒手切片或石蜡切片观测，在显微镜下观测栅栏组织的长度、细胞大小。

叶的结构一方面受遗传因素控制，另一方面还受环境影响。

4. 叶效值测定

树冠内不同部位叶片的大小、厚度、光合能力及发育状况有很大差异，用叶效值可以综合评价单株叶片的质量。叶效值分为一定数量叶片总叶效值和单叶平均叶效值，其测定方法为：事先对不同功能的叶片确定权数（评分），再对一定数量的叶片分别统计不同功能等级的叶片数，求出各种功能的叶片所占比率，可按照以下公式计算叶效值。

$$总叶效值 = \sum \left[各种功能的叶片权数（评分分值）\times 各种功能的叶的叶片数 \right]$$

$$总叶效值 = 叶片总数 \times \sum \left[各种功能的叶片权数（评分分值）\times 各种功能的叶片比率 \right]$$

$$单叶平均叶效值 = \frac{总叶效值}{叶片总数}$$

第三节　枝蔓研究

枝蔓是园艺植物地上部的主要营养器官，它着生叶片、花、果实等器官，枝蔓生长使树冠扩大，增加叶面积，形成叶芽和花芽，是形成产量的基础，它的生长量代表了树体的营养生长状况，在一年内生长的动态也反映了树体整体的营养水平。生长与结果的矛盾是园艺植物栽培中经常遇到的问题，对营养生长和生殖生长的调控往往是通过对新梢生长的速度、节奏，枝条数量，枝类组成，及新梢生长量的调控来完成的，因此对枝蔓的研究是园艺植物栽培的重要项目之一。

一、果树和木本花卉枝干研究

1. 树高、干径、树冠

树高、干径、树冠反映树体的大小和形态，也表示植株的生长状况（图 4-10）。

树高指从地面到树冠最高点的距离，可用标杆实测，或用测高器测定。干高指根颈到第一主枝间的距离。

在树干距地面 20 或 30cm 处，用卷尺测量树干的周长，用卡尺或卷尺测量其直径。连年调查的试验，应在测量处用红漆作出标记，每年测量后重复涂一次漆。因树干多近圆柱形，有了干径或干周即可换算出树干的横截面积，在负载量的研究中，常以单位树干横截面积的结果量为指标。干径、干周和干横截面积均可代表干的粗度，由于树干粗度与树冠和根系重量均有密切的正相关，因此用以代表树体大小比较稳定，观测简便。

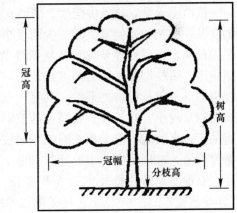

图 4-10　树体结构示意图

树冠的测定包括冠幅和冠高（即整个冠层的高度）。冠幅又称枝展，从东西和南北两个方向测量树冠的直径，以树冠东西或南北枝条伸展最远处计算。记载如 3.1m×3.5m，前面表示东西方向的枝展，后面为南北方向的枝展。

2. 枝梢的调查

枝梢的调查内容包括分枝习性、新梢生长和枝梢质量等。

1) 分枝习性

分枝习性是指经济树木叶萌发形成新枝过程中所表现出来的各种性状，如分枝的多少、分枝角度、分枝次数、枝条形态等。

2) 新梢生长的调查

新梢的抽生数量和生长量是自然环境因素和栽培经营措施影响最显著的指标之一，也是衡量树势的重要指标。新梢的调查应在枝条停止生长后进行。枝条数量调查一般以单株枝量和单位土地面积的枝量来表示，单位土地面积枝量与产量关系密切，幼树必须达到一定的枝量（条/666.7m²）才能获得早期产量或早期丰产；而大树又要求有一定的枝量（条/666.7m²），过少则产量不易提高，而过多则枝叶茂密，影响通风透光，使部分枝叶光合效能降低，而影响产量的提高，导致果实品质下降。枝类组成指各类型枝条的比例，一般按枝条的长短分类，分别统计全树或部分大枝上各类枝条的数量，计算其比例，不同果树种类、品种，生长结果习性不同，其枝类组成的最佳状况亦不相同。生产上对枝类进行组成分析能指导果树早实性和丰产性，具有重要的参考价值。如果结合物候观察定期进行，可以了解新梢生长的动态变化。新梢的调查包括春梢、夏梢、秋梢的抽生数目，生长的长度和粗度以及新梢的种类比例（如结果枝与发育枝的比例）等。新梢生长量常以发育枝的平均长度表示。在新梢停止生长以后，测量外围剪口芽发生的长枝。幼树可测量全部新梢生长量，大树则在树冠外围距地面 1.5m 处，随机选择具有代表性的发育枝 20～30 个测量，计算平均数。亦可选 3～5 株树，每株调查 10 个枝条。幼树还可以以新梢总生长量表示，即全树所有各类枝长度之总和，它最能代表当年的生长量。具有多次生长习性的树种，测量新梢长度时，还可以分别记载春梢、夏梢、秋梢或副梢的长度，与春梢的比例，而通常新梢生长量是测量枝条各次枝梢长度的总和，但一般不包括副梢。

3) 枝梢质量

枝梢质量常以枝条尖削度、节间长度、短枝着生叶数及叶面积、顶芽形成情况、成熟度及春秋梢的比例来表示。尖削度指枝条上部与基部粗度的比值，它是树种、品种特性的反映，也受外界条件和栽培条件的影响。尖削度比较小的枝条，生长粗壮、充实。据报道，短枝型苹果的尖削度比较小，可以作为预选短枝型的指标。节间长度通常调查枝梢中部一定长度内的节数，其每一节的平均长度即为节间长，生长健壮的枝条，节间长度相对较小，徒长枝、细弱枝的节间长度相对较长。因为节间长度与枝条类型和长度有关，在比较时，应采用相同类型的枝条。短枝的质量是苹果等仁果类果树产量形成的重要因素，常以短枝着生的叶数和叶面积及顶芽的饱满程度来表示。具有 3～5 个大叶片，有饱满顶芽的短枝称为优质短枝（容易形成花芽，成为短果枝），应占短枝总量（含叶丛枝）的 30% 以上。枝条的成熟度，可以枝条颜色深浅和木质化程度表示，葡萄枝条成熟以枝条变为褐色为依据。不同种类的热带果树可参照上述落叶果树确定合理的枝条质量调查标准。

3. 枝皮率调查

枝条皮部的厚度占枝条直径的百分数称为枝皮率。枝粗 2mm 以下时，做徒手切片，用显微测微尺观察。枝粗 2mm 以上时，用卡尺或外径千分尺测量，取各品种统一的枝段 20 根的平均数，测定方法同根皮率。

枝皮率与品种特性有关，一般短枝型的品种比普通型的枝皮率高。

二、蔬菜和草本花卉类茎的研究

蔬菜作物茎一般可以分为三种情况，一是蔓性茎（如黄瓜、西瓜和豇豆等）；二是直立茎（如茄子和辣椒等）；三是营养生长阶段的短缩茎（如白菜、甘蓝等）。还有贮藏养分的变态茎，如嫩茎（莴苣、球茎甘蓝、榨菜）、鳞茎（葱头）、球茎（芋等），这些都是产品器官。不同生长状态的茎，其观察记载的项目和方法也有不同。

黄瓜、豇豆等蔓性蔬菜测量植株的高度（自然高度、实际高度）、节数、节间长度（蔓长/节数）、分枝节位、分枝总长等项目。而爬地栽培的冬瓜、西瓜等，测定主蔓、侧蔓的长度、节数和节间长度等项目。

茄子、辣椒直立茎测定植株的自然高度、主茎长度、分枝数、分枝长度等项目。

白菜、甘蓝、花椰菜在营养生长阶段短缩茎很短，为了说明其生长状况可测定植株的自然高度和莲座叶的开展度及叶数；莴苣、球茎甘蓝等贮藏器官可测定其茎长、茎粗和重量的变化；葱头、大葱则测定假茎的粗度。

草本花卉类茎参考蔬菜茎的研究方法。

第四节　花的研究

花菜类（Flower vegetable）蔬菜如花椰菜、金针菜、青花菜、紫菜薹、朝鲜蓟、芥蓝等以花、肥大的花茎或花球为直接食用产品器官。花也是果树和茄果类、荚果类、瓠果类蔬菜形成果实的基础。对于观赏植物而言，花是主要观赏器官，决定观赏价值的重要因素之一。因此，对园艺植物调控中有关花的研究是很重要的。

一、花芽分化研究

花芽分化的多少和质量好坏与园艺植物的产量、品质有直接关系。生产实践证明：掌握园艺植物的花芽分化规律，可以进一步提出合理的增产措施，控制生长发育，达到高产、优质的目的。因此，研究花芽分化的规律具有重要意义。

1. 花芽分化时期研究

花芽分化期从全树来说指在一年周期中，从最早一个花芽分化到最后一个花芽分化中间所延续的时间。从一个花芽来说指单花的分化时间。花芽分化的早晚和快慢因园艺植物种类、品种、枝别、地区、年份以及外界条件和栽培技术而有不同。主要研究不同地区的不同果树种类、品种、枝别、花芽分化的开始期、盛期、终止期及单花的分化延续时间。

2. 花芽分化阶段的研究

花芽开始分化后到形成完整的花器，有以下几个阶段。

第一阶段，生理分化期。

生理分化期一般在形态分化前一个月左右出现。一个芽能否分化为花芽必须首先通过质变期的阶段。只有内、外条件完全合适芽生理分化的要求时才能有这种转化，然后进入形态分化期。

第二阶段，形态分化期。

形态分化初期的标志是生长点肥大、高起，在生长点范围内除"原分生组织"细胞外，尚有大而圆、排列疏松的初生髓部细胞出现。

1）花芽分化始期：生长点增大变圆，顶部逐渐变平。

2）花萼形成期：在生长点周围形成几个突起的花萼，以后发展为萼片。

3）花瓣形成期：花萼原基内侧出现与萼片原基互生的花瓣原基突起，以后发育为花瓣。

4）雄蕊形成期：在花瓣原基内侧先后形成几轮雄蕊原基，以后发育成雄蕊。

5）雌蕊形成期：花芽显著增大，在雄蕊原基内侧，也即中心部位，形成雌蕊原基的突起，以后顶部延长发育为柱头及花柱，基部膨大形成子房。

第三阶段，性细胞形成期。

花芽分化的最后一个过程，有的植物当年分化，当年性细胞发育完成，当年开花，有的于第二年开花前形成。

3. 花芽分化的研究方法

1）直接法

与花芽分化有关的内外因素较多，采芽时必须按试验的要求选取有代表性的植株10～20株作为采芽用树，按树种的结果习性选出大、小、方位相同的枝条作取芽用材料。如仁果类应选短果枝的顶芽，核果类则选长果枝的中部芽，柑橘类则选春梢或早期秋梢顶部的3～5个芽。按花芽分化期、定期（7～10天）采芽，每次取芽样应在30个芽以上，最好随采芽随观察，或以FAA固定液固定后保存。

根据采用的技术手段不同，直接法可分为徒手切片法、剥芽法、石蜡切片法和扫描电镜法等。

徒手切片法具体操作时先剥去芽的鳞片或苞叶，用刀片从芽基部向先端纵切，要保持切片薄、平、全，再用毛笔将其移入盛蒸馏水的培养皿中，移到载玻片上，番红染色后，立即用水冲洗，镜检，50%甘油封片，可暂时保存，并照相。该方法简单，可随采随观察，切片较厚不宜保存。

剥芽法的操作方法是将芽的外层鳞片用小镊子剥掉，不能伤其芽体，出现内层小鳞片时在解剖镜下用解剖针剥，直到生长点完全无损露出为止。记载鳞片数量，用番红染色，立即冲洗，鳞片剔除的痕迹很易染色，生长点未受伤时不着色，与周围组织明显分开，按花芽各期特征鉴别、照相。观察切面，用刀在芽中间切开，染色镜检，不易长期保存。该方法能观察到芽的切面和其外貌的立体状态，方法简单，应用较多。

石蜡切片法的实验步骤复杂，包括材料的固定、脱水透明、浸蜡、包埋、切片、染色和照相等过程，但是石蜡切片切得薄，厚底达几微米，可以作精细观察，能长期保存。区善汉等（2009）利用石蜡切片观察石棉脐橙花芽分化过程见图4-11。

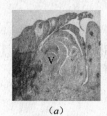  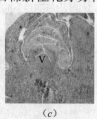  

(a)   (b)   (c)   (d)   (e)

图 4-11　石棉脐橙花芽分化（一）

(a)、(b) 花芽未分化期，×100；(c) 花芽形成前期，×100；(d) 花芽形成后期，×200；(e) 花萼分化期前期，×200

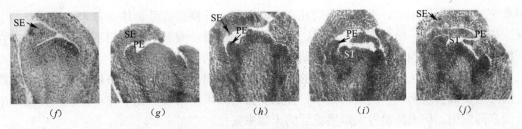

图 4-11　石棉脐橙花芽分化（二）

（f）萼片分化后期，×200；（g）、（h）花瓣分化期，×200；（i）、（j）雄蕊分化期，×200；

V—生长锥；SE—花萼原基；PE—花瓣原基；ST—雄蕊原基

扫描电子显微镜（Scanning electron microscope）是利用聚焦电子束在试样上扫描时，激发的某些物理信号来调整一个同步扫描的显像管在相应位置的亮度而成像的一种显微镜。扫描电镜由电子光学系统（电子枪、电磁透镜、扫描线圈、消像散器、光圈、试样室）、信号收集及显示系统、真空系统、电源系统和控制系统等部分组成。关佩聪等（1989）利用扫描电子显微镜研究芥兰花芽分化与品种、播种期和春化条件的关系。但此方法操作较难，费时费工。

2）间接法

花芽生理分化期是园艺植物花芽分化的临界期，此期生长点的代谢物质处于活跃的状态，是决定能否向花芽方向转化的关键时期。通常采用环剥摘叶法间接研究园艺植物生理分化时期。首先选取发育正常、无病虫害的树为供试植株，且在同一株上设对照。然后在大枝基部环剥。环剥时间在花芽分化前，一般而言，柑橘在 9 月前、芒果在 10 月前进行，对环剥后易流胶的树要涂蜡，加 2,4-二氯苯氧乙酸、多菌灵保护。再每隔 7～10 天在同株上摘叶，新梢摘叶后仅留一个小叶或半个大叶。在花芽分化前采用环剥、摘叶处理阻止花芽分化，不能开花，在花芽分化之后，则可开花。最后按处理的时期及其花芽分化的阻止程度来间接推算其花芽生理分化期。该方法可靠，但费时费工，对试验树损害较大。

李桂芬等（2007）采用环剥摘叶法研究芒果的花芽生理分化期。选取生长正常的紫花芒外围多年生大枝 6 个，每个大枝上至少有 20 个枝条。分成 3 组，每组 2 个大枝，其中一个大枝环剥摘叶，另一个大枝只环剥不摘叶作对照。2003 年 11 月 2 日，在大枝基部进行环剥，环剥宽度为 5～8mm。然后将摘叶处理的大枝叶片摘除，只留枝条顶部 1 片大叶，每隔 7 天处理 1 次，共 10 次，翌年春季观察开花情况。以上 3 组处理的枝条均进行挂牌编号并进行定期观察记录。所有处理枝条均不进行冬季修剪。生理分化开始期的确定是根据摘叶组开始有花序形成的日期。结果发现，紫花芒花芽生理分化期开始于末次梢停长后 1～6 周（11 月初），到 11 月 23 日为止，75% 以上的芽完成了生理分化。而形态分化始期为末次梢停长后 3～4 周（11 月中旬），到第二年 1 月中下旬止，持续时间为 60～75 天。

3）分析法

营养物质的积累，是园艺植物花芽分化形成的物质基础。测定与花芽分化直接有关的如糖、全氮蛋白质、核酸等营养物质，能为栽培技术调控花芽分化提供依据。

二、花期和花芽质量的研究

1. 花期调查

花期受气候条件、早春树体营养供应和栽培管理等因素的影响。同一品种花期受遗传因素控制，而不同单株、不同枝条间花期会有差异。花期整齐是树体营养丰富、健壮的表现。花的发育正常，坐果率也比较高，不同类型的枝条，或着生部位的不同，往往出现在一株树分批开花的现象。因此，花期调查是研究产量的重要方面。

观察和记载开花物候期各个进程的日期、持续时间及与外界环境条件的关系。开花期是果树重要的物候期，一些栽培技术日程的安排，如果实采收、化学疏花、疏果及其他生长调节剂应用、病虫防治等常以盛花后的天数来安排。

花期观察选择生长正常、健壮的、具有代表性的植株5~10株，从蕾期开始，逐日观测，记载当天开放的花朵数量，计算占总观测花数的百分数，确定当日花开放的进程。不同园艺植物种类记载开花期的标准不同，如仁果类果树以短果枝的开花期为准；核果类果树以外围各类果枝的花期为准；柑橘以有春梢结果母枝的花序开出为准；雌雄同株异花的树种如板栗、甜瓜等要分别记载雌雄花序的开花期等。根据开花数量的多少，可将整个花期划分为四个时期，初花期（全树有5%的花开放）、盛花期（全树有5%~75%的花开放）、落花始期（5%的花的花瓣脱落）和终花期（95%的花的花瓣脱落）。盛花期细分为盛花始期（全树有5%~25%的花开放）、盛花期（全树有25%~50%的花开放）、盛花末期（全树有50%~75%的花开放）。观测开花期的气象因素，可以研究影响开花期早晚、持续时间的因子。

2. 花芽质量的调查

花冠的大小、形状、色泽都是品种的特征表现，若有变化则需寻找影响因素。生产上常有花不正常的现象，例如柑橘是具有花柱与雄蕊的完全花，但受高温等气候或营养不良的影响，有时出现不完全花，表现为雌蕊柱头短小，有的只有柱头的痕迹，这些往往是在花芽发育过程中，中途变化的，因此称为退化花、畸形花。这些不完全花或退化花是不会形成果实的，因此，会影响产量。不完全花的调查，在花瓣开出以后进行，统计出现的比例。

为了确定花芽退化的影响因素，可在萌芽前取样，剥去鳞片与花冠，在解剖显微镜下观察枝头的发育情况。

三、授粉受精试验研究

1. 花粉数量和花粉生活力的测定

园艺植物的自然授粉主要的方式是虫媒花和风媒花。虫媒花授粉媒介的观察方法是以坐果率来研究昆虫来访的时间、种类、数量、飞翔方式以及环境条件的关系；风媒花是以载玻片上涂油脂，放置于距试验材料不同距离的地方，用粘着花粉的数量来衡量花粉的飞翔能力、飞翔距离和数量。

在园艺植物的常规育种中，常进行人工辅助授粉来提高着果率或解决亲本花期不一致。除了花粉亲和力之外，花粉数量、花粉生活力也直接影响人工辅助授粉的效果。因此授粉前，估算花粉数量和花粉生活力是很必要的。

花粉数量的测定方法是取气球状、饱满、正常、未开裂花朵的花粉囊100粒放于培养皿中30~50℃下自然开裂，花粉散出后，以5~10mL六偏磷酸钠溶液，加上瓶盖轻轻摇动，使花粉呈悬浮状，滴入血球计数板计数，共测50~100次，取平均值。

花粉的生活力是指花粉散出到受精之间的生活能力。测定方法主要有以下四种。

1）染色法

染色法之一是氯化三苯基四氮唑（TTC）法。原理是凡具有生活力的花粉，在其呼吸作用过程中都有氧化还原反应，而无生活力的花粉则无此反应，因此，当氯化三苯基四氮唑渗入有生活力的花粉时，花粉中的脱氢酶在催化去氢过程中与氯化三苯基四氮唑结合，使无色的氯化三苯基四氮唑变成三苯基甲腙（TTF）而呈红色。具体步骤是取少量花粉放在载玻片上，在花粉上滴 1～2 滴氯化三苯基四氮唑溶液，用镊子使其混匀后，盖上盖玻片。将此载玻片上置于恒温箱中（35～40℃）约 15～20 分钟，在显微镜下观察。凡有生活力的花粉粒呈红色，其次呈淡红色，失去生活力的和不育的花粉粒表现无色。

染色法之二是碘-碘化钾染色法。其原理是正常的花粉积累淀粉较多，而不正常的花粉则少。据此，可用化学物质染色，根据呈色反应来间接测定花粉的正常与否和花粉生活力的差别。通常正常花粉用碘-碘化钾染色后呈蓝色，而发育不良的畸形花粉则不积累淀粉，当碘-碘化钾染色时呈黄褐色。具体步骤是先取花粉撒于载玻片上，加一滴蒸馏水，用镊子使花粉散开，再加一滴碘-碘化钾溶液，盖上盖玻片置于显微镜下观察，凡被染色呈蓝色的表示具有生活力，呈黄褐色者为发育不良、生活力弱的花粉。

染色法之三是荧光染料反应法（Fluorochrome reaction）。基本原理是荧光染料本身不产生荧光，无极性，并能自由地透过完整的原生质膜。当此种染料进入原生质后，即被酯酶作用形成一种能产生荧光的极性物质—荧光素。由于荧光素不能自由地进入原生质膜，而只在细胞内积累，因此可根据花粉产生荧光的情况来判断花粉的生活力。因此法中的荧光染料价格昂贵，在实际操作中应用较少。

2）离体萌芽测定法

抽取花粉样本在人工条件下，用显微镜观测萌发花粉的百分率，以此作为花粉生活力的指标。常用的培养基有固体和液体两种。培养基的主要成分是蔗糖和硼酸，其浓度一般为蔗糖 10%～20%，硼酸 0.001%～0.005%，pH 值 5.8～6.5。根据采取方法不同，可分为四种。①悬滴法。在载玻片上滴 1 滴，再把花粉撒在其上，然后放入培养皿中以限制液滴蒸发，进行培养，培养后的花粉直接置于显微镜下观测和统计。②点试法。在培养皿底部用凡士林画一系列 5mm 直径的小圆圈，再将培养液注入圈内，撒上待测的花粉，盖上皿盖，以保持湿度进行培养。③井试法。将待培养的花粉放入凹玻璃内，滴入培养液，盖上盖玻片防止蒸发，进行培养。④琼胶或明胶法。是用琼胶或明胶配合含营养成分的固定培养基，以进行花粉的萌发培养。

3）活体萌发测定法

具有花粉管的花粉粒能被锚定在柱头上，并且不会被漂洗掉，因此可以通过漂洗柱头和比较漂洗前后柱头上的花粉粒数目来推测其萌发率。具体操作是首先将待测花粉人工授粉于柱头上，保证花粉与柱头充分接触，并把授粉的柱头与外界隔离以免被污染。一段时间以后（视具体物种而定），将柱头小心取下置于 1% 的醋酸结晶紫水溶液内，让花粉的外壁着上深紫色，与浅色的柱头区别开来。再用解剖镜对指定柱头上的花粉粒记数。最后用水漂洗柱头数次后，再对其上剩余的花粉粒记数。萌发率以漂洗后的花粉粒数目与漂洗前的花粉粒数目之比确定。

4）无机酸测定法

无机酸测定法，又称为瞬时花粉管形成法。基本原理是由于酸对花粉粒质膜的刺激作用，使细胞膜变得非常脆弱，通透性增大，以致大量地吸收 H^+，使内压迅速升高并导致质膜膨胀，最后活性花粉的胞质内含物就会喷射而出，形成"瞬时花粉管"。此法首选的无机酸是硝酸，最佳浓度是 0.8mol/L，其次是硫酸，最佳浓度是 14.4%。

综上所述，染色方法的操作最为简单，且适合野外应急实验，其中以氯化三苯基四氮唑染色法最佳，不过染色法测定的误差相对较大。离体和活体萌发应用较普遍，其测定结果比染色法更为精确。就此，研究者可根据具体实验条件和要求，以及样品特点等选用最合适的方法。

2. 授粉受精试验

落花落果是园艺植物的一种普遍现象。开花坐果与落花落果是生物延续种性和对不良环境的一种适应性。如脐橙和温州蜜柑的花量很大，自然着果率仅为开花总数的 0.5%～3%；即使着果率较高的仁果类，也只有 10% 左右。同样，豆类蔬菜落花落荚也很多，生产上若能争取 60% 的坐荚率就可丰产。授粉受精不良是引起园艺植物落花落果的主要原因。因此，研究园艺植物的授粉受精规律，对提高园艺植物的产量有重要影响。

1）落花落果的观察

选取有代表性的植株或大枝，在树冠下清扫干净或地上铺膜，每天捡落花落果，要求一次拾净，统计其数量。根据开花量、落花量和落果量来计算其落花落果率。同时亦可观察落花落果中胚的发育情况及种子含量，无籽或少籽的果实为授粉受精不良而致，以此推测落花落果与授粉、受精的关系。苗平生（1992）在海南省那大地区观察油梨成龄树生长结果正常的危地马拉与西印度品系的自然杂交实生树 91 号和 136 号的落花落果的情况如图 4-12 所示。从图中可以看出，油梨落花从 2 月 20 日至 3 月 30 日有 2～3 次高峰；落果分为两个时期，第一个时期，从 3 月 25 日至 4 月 20 日；第二个时期，从 4 月 20 日至 6 月上旬。

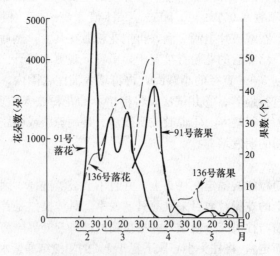

图 4-12　油梨的落花落果特性（1988）

2）授粉试验

异花授粉是植物界很普遍的授粉方式。如兰花、柚、黄瓜、西瓜等一些品种自花不孕，通过异花授粉，提高植物结实率。授粉试验的方法是首先选择生长健壮，品种正确的

5～10株植株作授粉树，每株授粉50～100朵花。授粉前应在花未开放时套袋，他花授粉需去雄。授粉时间依品种开花习性而定，一般以上午10时无风授粉为宜。在第一次生理落果后，授粉2～4周检查坐果率。如兰花的人工授粉技术是先采集花粉粒，在盛花期采取蕊柱上的花粉块，用尖头镊子轻轻地接触其黏盘，轻轻向上提，使花粉块随着黏盘揭开药帽，与花朵分离。然后授粉。看准柱头区的位置，用尖头镊子夹住花粉块，轻轻地塞入柱头，使花粉块与柱头区的黏液充分接触即可。最好把唇瓣去掉，以免昆虫再次授粉。其次是挂标签。在标签牌上用铅笔记上授粉日期。挂在刚授完粉的花梗（即最小花序）上，以便于观察。最后是观察和记录。在授粉1～3天后，观察花冠是否萎蔫；3～10天后观察子房是否膨大，将一些情况记录于表4-4（莫饶等，2006）。

3）单性结实及无融合生殖的研究

单性结实（parthenocarpy）是指子房不经过受精作用而形成不含种子果实的现象。单性结实可分为天然的单性结实和人工的单性结实两种类型。天然的单性结实的园艺植物有香蕉、菠萝、番茄和番木瓜等。无融合生殖（apomixis）指被子植物未经受精的卵或胚珠内某些细胞直接发育成胚的现象，如柑橘、甜菜等。具体观察方法是在开花前套袋或去雄，不进行任何处理。套袋数量在100个以上，待花落座果后观察其结实情况。如能结果即说明该品种具有单性结实性，如能结果且形成有萌发能力的种子即为无融合生殖。

兰花人工授粉记录表　　　　　　　　　　　　　　表4-4

材料名称		授粉日期	授粉花朵数	子房膨大数	稔实率	成熟果实数	结实率	其　他
♀	♂							

造成单性结实的原因较多，例如低温、激素等均能导致单性结实现象发生。生产上目前用得较多的是激素处理诱导无核果的产生，如用2,4-二氯苯氧乙酸、萘乙酸等生长调节剂刺激番茄等单性结实。

4）受精过程的观察

园艺植物的受精过程观察是以同期授粉的花为试材，应用石蜡切片或压片染色法。采样时间从花粉传到柱头上开始到幼胚开始发育为止。定期采花柱固定，经双重染色或使用荧光染料，荧光显微镜观察，可区分输导组织和花粉管，检查花粉管的发育动态。将不同时期的切片进行摄影照相，记录花粉管的长度、受精所需的时间、花粉管的变态等情况。

四、花期预测

园艺植物萌芽、展叶和花开的时间，受气象因素的影响，不同年份有早有迟，如果能尽早由当地气象预报资料预先估计开花期，对栽培管理工作的安排是很必要的，近年来国内外有很多报道。

开花期预测的方法是根据花前一个时期的气象要素与花期的回归关系，建立预测花期的回归方程，再根据当年的气象长期预报，即可估计当年的花期。为了建立有效的预测回归方程，应选择适当的自变量，一般要从两方面考虑，一是选择影响开花早晚最有效的气象要素；二是选择关系最强的气象观测时期。

开花期预测回归方程式的建立，可以分为以下两个步骤：

1. 求开花最高的相关日期

分别计算花前不同日数的日均温累计值与花期的相关系数，对这些相关系数进行显著性测验，选择相关系数最大，而且达到显著水平的组合，作为开花相关日期。

2. 求开花预测的回归方程式

以花前某一阶段的温度为自变量，花期为因变量求回归方程式。花期要指定某一日期为起点，计算天数。求得的回归方程可以进行回归关系的显著性测验，并计算回归系数的标准误差，在回归方程中表示出来。

第五节　果实研究

一、果实生长动态的研究

一般在生长正常的植株上选有代表性的果实 20～40 个。自幼果开始定期（5 或 10 天）测定果实的生长量。

果实生长量的测定方法较多。

1. 纵横径测定法

即用卡尺（或千分尺）测出果的纵径、横径（或侧径），用纵横径的增长曲线来表示果实的增长规律。实际上与果实体积的增长并不一致，可以用果实纵径（或横径）与果实体积之间的曲线回归关系来换算果实的体积或重量。

2. 球体的调查法

即用线和软尺测定果实的纵向和横向径，求出其半径的平均值，代入公式 $\frac{4}{3}\pi r^3$，算出果实的球形体积，一般近圆形的果实可采用此法，但换算手续较麻烦。

3. 排水测量法

用有刻度的玻璃杯盛满水，待果实放入杯，根据增长的容量，即可算出果实的体积。但此法须摘下大量的供试果，且操作不便，除特殊果形或求果实的精确体积增长量外，一般应用较少。

4. 重量法

按代表果的大小，定期选摘 10 个果，测其鲜重、干重及灰分等。

此外，还有用定期摘果法观测果实的生长量及内部解剖情况的。以上各方法均各有利弊，因此在使用时可根据条件和试验目的加以选择。

二、果实品质的调查

不同的人对"品质"（Quality）的内涵有不同的理解。至今，有关品质的定义不计其数。从字面上理解，品质包括下面几层意思：①好的程度；②数量的相对概念；③相对某种目的的适合性。Kramer 和 Twigg（1970）的指出"品质是那些区别某产品的各个单位性状，并在购买者决定其单位性状的可接受程度中起重要作用的特征的总体"。这一定义使用较广，它把品质同购买者对各项性状的接受程度联系起来了，强调了消费者作为最终购买者的作用。按照 Kramer 和 Twigg 定义，某种产品的品质也由主观和客观两个方面构成，客观方面是与产品的基本属性有关的各品质构成要素。果实品质的构成要素见表 4-5。提高果实品质，增强果品在市场上竞争能力，是增加果树和果菜类栽培经济效益的重要途径。

果实的品质构成要素

表 4-5

主要素		构成要素
感官属性	外观（视觉）	大小：面积、重量和体积 形状/形式：直径/长度比、光滑度、紧实度、一致性 颜色：一致性、强度（深浅） 光泽：表面蜡质状况 缺陷：内部和外部缺陷，形态、物理和机械缺陷，生理、病理和昆虫学缺陷
	质地（触觉）	坚实度、硬度、软度 脆性 多汁性 粉性、粗细度 韧性、纤维量
	风味（味觉）	甜度、酸度、涩度、苦味、芳香味、异味
生化属性	营养价值	碳水化合物（包括可食纤维）、蛋白质、脂肪、维生素、矿物质
	安全性	自然发生的有毒物 污染物（化学残留物、重金属） 微生物毒素 微生物污染物

果实品质的评价方法很多，可以将其分为破坏性和非破坏性，客观（仪器测定或化学分析）和主观（人的感官评价）方法。对于某一品质属性而言，主要有外观、口感、营养价值、贮藏加工性能几方面，由于果实鲜食、贮藏、加工等用途不同，对不同种类、品种的要求也不尽相同，主要调查内容和方法如下。

1. 外观品质

1）大小

果实纵、横径用游标卡尺测量。果实重量通过天平或磅秤等称出。果实的体积可用排水法测定，果柄短的园艺植物种类需取样测定，有些果柄较长则可在植株上测定、以节约试材。果实表面积的测定可采取剥皮法和贴纸法。剥皮法是把整个果实的表皮剥下来，用求积仪或方格板计算其面积，如番茄可在沸水中烫漂后很容易剥除表面；也有先将果皮剥下再粘贴在一起，用复印机复印，剪下后以称重的方法进行研究的。贴纸法是在果面用狭纸条贴满，再撕下测量其面积。果实的整齐度是描述果实个体间外观品质的差异、数量性状，在平均值后面附上标准差（mean±SD），质量性状按整齐程度评分。在品种外观鉴定或评比时，评价外观品质综合的情况，用评分法记载。

2）形状

观察果实形状是否符合该品种的特征，用卡尺测量果实的纵径和横径（cm），求出果形指数（纵径/横径），同时观察果形是否端正、美观。由于不同的果树种类、品种，果形的差异很大，要根据品种的要求，提出不同标准和观察记载的重点。

3）色泽

观察果实颜色的方法之一是目测，观察底色和面色的状况，果实底色可分深绿、绿、浅绿、绿黄、黄、乳白等，面色的分布特征为色相。描述时，若由两种色彩表示时，以后者为主，前者为形容词，如黄绿色，是以绿色为主，黄是绿色的形容词，说明偏黄一些；或可用特制的比色卡进行比较，分成若干级。果实因种类和品种不同，显出的面色有所差别，应根据实际观察到的情况，记载颜色的种类和深浅、占果实表面积的百分比。果实颜色也可通过光反射计测定。根据产品表面反射光的量测量颜色，如 Gardner 和 Hunter 色差计（三刺激色计）Agtron ESW 光谱计。果实颜色还可通过色素含量的测定来反映，如测定叶绿素、胡萝卜素等含量来评价产品的颜色。

果实的着色状况，单果以着色面积表示，群体特征则以着色指数表示，即将果实按着色面积分级，每级给以数值，按以下公式计算：

$$着色指数 = \frac{\sum(各级指数 \times 该级数值)}{最高级数量 \times 总果数} \times 100\%$$

4）缺陷的存在

果实缺陷的发生及其严重程度按 1～5 的评分系统来评价。1-无症状，2-轻度症状，3-中度，4-严重，5-极严重。为了减少评价者之间的误差，对一定的缺陷，要有详细的描述和照片作为评分的指南。

2. 质地品质

1）耐压品质（硬度和软度）

果实硬度是果实成熟度的重要指标之一。测定部位必须一致，选果实中部较为适宜。在果实的对应两面薄薄地削去一小块果皮，用果实压力硬度计，测定果肉的硬度。表示的方法有英制和公制两种，英制是每平方米所受压力（磅），公制是每平方厘米上的压力（千克），二者可换算，从千克转换为磅时，应乘以 2.205，从磅转换为千克时，乘以 0.454。在用 Mnagness-Tylor 型硬度计测定时，注明测头直径英寸数，压力以磅数表示（例如测头为 7/16in，压力为 16 磅）。硬度越大，表明质地越致密。硬度与果实的贮藏性往往呈现一定的正相关性。

2）纤维量和坚韧性

果实的抗切力通过纤维仪测量，纤维的含量高表明抗切力强；也可通过化学方法分析纤维量和木质素量的含量。

3）多汁性

果实的多汁性可通过果实的水分含量、膨压和果汁含量等指标反映。果实的水分含量采用 105℃常压干燥法测定，计算出相对含水量。膨压（Turgor pressure）指当水进入植物细胞后，使细胞产生向外施加在细胞壁上的压力。膨压值为水势与渗透势的差值，水势可采用水势仪（如英国产 Psypro 型水势测量系统），渗透势用蒸汽压渗透仪进行测定。对有些易榨取果汁的果实，可由下列计算出汁率：

$$出汁率 = \frac{果汁含量}{单果重} \times 100\%$$

4）感官质地品质

果实质地指用机械的、触觉的方法，在适当的条件下，用视觉及听觉感受器的方法，感觉到的产品的所有流变学的和结构上的（几何图形和表面）特征。质地品质包括石细胞数量、咀嚼性、油分、脆性、粉质性等有关指标。感官质地品质评价常用打分法。打分法是商业中比较推崇也经常使用的一种感官评价方法，由专业的打分员按一定的尺度进行打分。一般采用打分法中的九点标定法，每项满分为 9 分，通过问卷调查的方式，选取质地的主要指标综合得到最后的总体得分。

3. 风味品质

1）甜度

果实甜味是由某些物质（例如蔗糖）的水溶液产生的一种基本味道。还原糖和总糖的含量采用 3,5-二硝基水杨酸比色法测定。原理是各种单糖和麦芽糖是还原糖，蔗糖和淀粉是非还原糖。利用溶解度不同，可将植物样品中的单糖、双糖和多糖分别提取出来，再用酸水解法使没有还原性的双糖和多糖彻底水解成有还原性的单糖。在碱性条件下，还原糖与 3,5-二硝基水杨酸共热，3,5-二硝基水杨酸被还原为 3-氨基-5-硝基水杨酸（棕红色物质），还原糖则被氧化成糖酸及其他产物。在一定范围内，还原糖的量与棕红色物质颜色深浅的程度成一定的比例关系，在 540nm 波长下测定棕红色物质的吸光值，查对标准曲线并计算，便可分别求出样品中还原糖和总糖的含量。

图 4-13　PAL-1 型数显手持糖度计

可溶性固形物（Total soluble solids content，TSS）是指果汁中能溶于水的糖、酸、维生素、矿物质等所有物质的总称，以百分率或 Brix 表示，可用手持折光仪（测糖仪）测定。目前日本爱宕生产的 ATAGO 数显手持糖度计 PAL 有使用方便、轻巧易携、采样简便且不易泄漏污染仪器等优点。图 4-13 所示为数显手持糖度计 PAL-1，测量范围：Brix 为 0.0%～53.0%最小标度：Brix 为 0.1%，测量精度：Brix 为 ±0.2%，温度补偿：10～60℃。因可溶性固形物的主要成分是糖，所以可作为甜度的指标。

2）酸度

果实的酸味是由某些酸性物质（例如柠檬酸、酒石酸等）的水溶液产生的一种基本味道。一般来讲，对于鲜食品种要求高糖中酸，风味浓，品质优；对于加工品种，则要求高糖、高酸。酸度测定可通过榨取一定量的果汁，采用氢氧化钠滴定法测定的滴定酸含量；也可测定榨汁的 pH 值，用 pH 计或 pH 试纸测量。

3）咸度

果实的咸味是由某些物质（例如氯化钠）的水溶液产生的一种基本味道。此指标对新鲜果实没有意义。

4）涩味

果实的涩味是某些物质（例如多酚类）产生的使皮肤或黏膜表面收敛的一种复合感觉。果实的涩味通过品尝试验或测定单宁的含量反映。测定单宁含量的原理是用二甲基甲酰胺溶液振荡提取单宁。过滤后取滤液，在氨存在的条件下，与柠檬酸铁铵形成一种棕色络合物，用分光光度计在 525nm 波长处测定其吸光度值，与标准系列比较定量。

5）苦味

果实的苦味是由某些物质（例如奎宁、咖啡因等）的水溶液产生的一种基本味道，可通过品尝试验或测定与苦味有关的生物碱或糖苷来确定。

6）芳香味

果实的芳香味是某些物质（例如酯类化合物，也有一些是醛或其他有机化合物）挥发被人的嗅觉捕捉产生的味道，可通过感官分析和与某产品特定芳香味有关的芳香物质的鉴定来评价。

4. 营养价值

营养价值主要通过化学分析方法测定。果实的总碳水化合物、膳食纤维、蛋白质及各种氨基酸、脂肪及各种脂肪酸、维生素和矿物质都有相应的测定方法。现在，人们试图将这些分析程序自动化，以满足大批量样品分析和进行营养成分标记的需要。

5. 安全性

安全性是借助于薄层色谱、气相色谱、高压液相色谱等，采用化学分析程序对微量的有毒物质进行测定。

三、影响果实质量的因素研究

果实质量受到园艺植物的内在和外界的许多因素影响，研究这些因素的影响，对提高果实质量有重要意义。下面从影响果实大小和着色主要特征的内外因进行分析。

1. 果实大小

树体的营养、水分的积累与分配，是果实大小的主要影响因素。枝梢生长是营养积累的基础，一定的树势不仅营养积累充分，而且枝条与果实生长的分配合理，果实比较大；过弱的树，营养积累少，果实偏小。

果实生长还受留果量的影响，早疏果和适当留果有利于增大果实。果实着生的结果枝类型、在花序上的位置，对果实大小有明显影响。同一树种的不同品种最佳的结果枝类型也有差异。

果实大小还与降雨量和灌水量有关。

施用氮肥，一般可以增大果实，但风味下降。

适期采收，使果实后期增长充分，果实较大，分期采收，可以提高总体果实的规格。

2. 着色

树体的营养积累是着色的基础，果皮的花青素含量与果实的含糖量呈正相关。树势中庸，营养物质积累多，果实含糖量高，色泽好。树势过旺，营养生长消耗多，叶片浓，含氮量高的情况下，果实着色受到影响，施用钾肥，可提高含糖量，增进着色。果实负载量也影响果实着色，光照是果实着色重要的外部条件，光照不足和遮阴都会影响着色。在树冠枝条较密，外围枝过多时，树冠内膛光照不足，果实着色差。合理整形和修剪，改善树冠内部光照条件，有利于着色。高海拔地区，日照充分，紫外线比率高，比低海拔地区更容易着色。温度也是果实着色的重要条件，不同树种、品种对温度的要求不同，有些种类只有温度降低，特别是夜温低、温差大时，才能正常着色。生产上采收过早，会使果实未能充分成熟，降低了果实的质量，采收过晚，采前落果严重，贮藏性能降低，也对多年生园艺植物的营养积累不利，易形成大小年结果。因此，适宜的采收期的研究，也是重要课题。

四、果实采收期预测

预测果实采收期的基本原理与花期预测是相同的，对不同时期积温与果实采收期的相关系数进行比较，选择相关系数最大，而且达到显著水平的时期作为预测方程的自变量，利用多年气象数据和采收期的记录，建立果实采收期的预测方程。但是实际上，影响成熟期的因素，除温度外，还有树势、肥料、降水等方面，只有除温度以外的诸影响因素固定以后，预测的效果才比较好。

此外，利用果实生长期（开花至果实成熟）也可预测果实成熟期，求出当地各年份果实生长期的平均值，加上当年的盛花期，可以估计大致成熟期。

第六节　园艺植物个体与群体研究

一、物候期观察

园艺植物的生长、发育、活动等规律与生物的变化对节候的反应，正在产生这种反应的时候叫物候期（Phenological period）。物候期的观察是在一定的条件下，随一年中季节气候的变化，观察记载园艺植物器官相应的生长发育进程。在园艺植物科研或生产上，均要进行物候期的观察、积累资料，进行比较，作为制订农业技术措施时的参考。由于园艺植物种类不同，记载的项目和标准也不一致，分别介绍如下。

（一）果树物候期观察

主要有以下内容。

1. 果树物候期的观察要点

果树年生长周期可划分为生长期和休眠期，而物候期的观察着重生长期的变化、其观察记载的主要内容有：芽萌动、展叶、开花、果实成熟、落叶等，一般只抓住几个关键时期。当然，具体到个别树种，物候期还可能会有各种不同的记载方法，甚至在每个物候内亦根据试验要求，分出更细微的物候期，观察时各树种间物候期的划分界线要明确，标准要统一。在具体观察时应附图说明，便于各地参考比较。

一般果树的物候观察，可以果树的各器官作为观察对象，以一般落叶果树为例。

1）叶芽的观察

可选营养枝的顶部芽或剪口芽作为观察对象，观察内容：

（1）芽萌动期：芽开始膨大，鳞片已松动露白。

（2）开绽期：露出幼叶，鳞片开始脱落。

2）叶的观察

（1）展叶期：全树萌发的叶芽中有 25％的芽的第一片叶展开。

（2）叶幕出现期：如梨的成年树，花后短枝叶丛展开结束，初期叶幕形成。

（3）叶片生长期：从展叶后到停止生长的期间，要定树、定枝、定期观察。

（4）叶片变色期：秋季正常生长的植株叶片变黄或变红。

（5）落叶期：全树有 5％的叶片正常脱落为落叶始期，25％的叶片脱落为落叶盛期，95％的叶片脱落为落叶终期。最后计算从芽萌动起到落叶终止为果树的生长期。

3）枝的观察

新梢生长期，从开始生长到停止生长止，定期定枝观察新梢生长长度，分清春梢、秋梢（或夏梢）生长期，延长生长和加粗生长的时间，以及二次枝的出现时期等，并根据枝条颜色和硬度确定枝条成熟期。

(1) 新梢开始生长：从叶芽开放长出 1cm 新梢时算起。

(2) 新梢停止生长：新梢生长缓慢停止，没有未开展的叶片，顶端形成顶芽。

(3) 二次生长开始：新梢停止生长以后又开始生长时。

(4) 二次生长停止：二次生长的新梢停止生长时。

(5) 枝条成熟期：枝条由下而上开始变色。

4) 花芽的观察

从芽萌动期到开绽期基本上与叶芽相似。对于仁果类果树，花芽物候期观察时还应注意以下几个时期：

(1) 花序露出期：花芽裂开后现出花蕾。

(2) 花序伸长期：花序伸长，花梗加长。

(3) 花蕾分离期：鳞片脱落，花蕾分离。

(4) 初花期：开始开花。

(5) 盛花期：25％～75％的花开，亦可记载盛花初期（25％的花开）到盛花终期（75％以上的花开）的延续时间。

5) 果实的观察

(1) 幼果出现期：受精后形成幼果。

(2) 生理落果：幼果变黄、脱落，可分几次落果。

(3) 果实着色期：开始变色。

(4) 果实成熟期：从开始成熟时计算，如苹果种子开始变褐。

6) 根系的观察

按根系调查法，定期观察根的生长数量和长度以及新根的木栓化时期等。

果树的种类不同，观察物候期的项目和对象也不同，要因树制宜，分别制订。如核桃、板栗是雌雄异花，桃是纯花芽、无花序等。可按植株器官分别观察物候期，亦可按物候的顺序制订观察表。

2. 物候期观察时应注意的事项

1) 选具有代表性且品种正确、生长健壮的植株 3～5 株进行观测。如山地可选等高梯田内的植株观察。如株间差异大时，应按类选定代表树对全株进行观察。并进行点（代表株）面（代表生产果园）结合观测，才能确定各物候期。

2) 各物候期的观测项目的繁简要根据试验要求而定，记载方法要有统一的标准和要求，才能进行比较。对每一物候期的起止日期必须记清。

3) 每个物候期的观测时间，应根据不同时期而定。如春季生长快时，物候期短暂，必要时应每天观察，甚至 1 天内观察两次。随着生长的进展，观察间隔时间可长些，隔 3～5 天观察一次，到生长后期可 7 天或更长时期观察一次。

4) 物候期观察要细致，注意物候的转换期。一般以目测为主，亦可使用测具测定。同时要注意气候变化和管理技术等对物候期变化的影响。观察时应列表注明品种、砧木、树龄、所在地。物候期观测应连续数年，观察结果有更大效用。

5) 观测物候期的同时，要记录气候条件的变化或参照就近气象台站的记录资料，一般包括气温、土温、降水、风、日照情况、大气湿度等。

果树物候期的特性主要有：①物候期的顺序性，即每一个物候期都是在前一个时期通过的基础上进行，同时又为下一个时期作准备。②物候期的重叠性，即在同一树上可以同时表现出几个物候时期。果树的物候期代表了果树在一年中生长发育的进程，同时也反映了一年中气候的变化。

（二）蔬菜的物候期观察

一般蔬菜作物的物候期可以划分为发芽期、幼苗期、养分积累期、现蕾期、抽苔期、开花期。由于蔬菜作物的种类繁多，各类蔬菜的生长习性和食用部分不同，每种蔬菜又分为若干时期，如大白菜的莲座期和结球期，根菜的直根膨大期等。生育期的观察记载应特别注意与产品器官形成的有关项目，如马铃薯的现蕾、开花期（薯块开始迅速膨大），葱头地上部的倒伏期（葱头充分膨大）等。

生育期一般进行目测，以10％的梢株出苗时作为出苗始期，以75％的梢株出苗时作为出苗盛期。应经常细心地观察，特别在物候期的转变前后，应增加观察次数，当气温高、物候期短暂时，应每天观察一次，有时每天观察两次；当生长变化减缓时，可以间隔一定时间观察一次。有经验的农业科学工作者认为观察物候期的时间也很重要，在干旱地区或年份应在上午进行观察，因为当蔬菜作物失去膨大压力时进行观察，准确性较差，而在湿润地区和年份则应在下午进行，因这些地区早上的露水大，会减低观察的准确性。

物候期的观察，如果各重复间生长比较一致，只需在一个小区进行，但如果各个重复间的植株个体发育不一致时，观察记载就要在两个或全部重复的小区中进行。

物候期可以用个体的日期来表示，如番茄育苗试验处理一的现蕾期是2月15日，处理二的是2月20日，这种表示方法就某个试验、某个地区可以明确对比，但在不同的地区、不同的年份对比就比较困难，参考意义也不大，更不便于进一步的分析。如果改用绝对数字来表示，就可以克服这一缺陷，同样以番茄为例，处理一从出苗至现蕾需40天，处理二则需要45天。这样提高了观察数据的对比价值。

蔬菜作物的种类多，不同种类的物候期观察的项目和标准不尽相同。现就主要蔬菜作物物候期的观察项目标准介绍如下：

1. 结球白菜生育期调查

（1）出苗期：指子叶出土。

（2）子叶开展：指子叶充分成长。

（3）真叶开展期：指第1枚真叶成长，第2枚真叶显露。

（4）4-5真叶期：指1～4叶成长，第5枚叶出现，是移植的适期。

（5）团棵期：形成一个叶环，俯视成盘状，早熟种5叶，晚熟种8叶。

（6）莲座期：形成第2、3叶环，早熟品种15叶，中、晚熟品种24叶。

（7）结球始期：植株开始卷心，至叶球轮廓形成时。

（8）结球期：叶球轮廓形成至充实。

（9）采收期：叶球充分成长，外叶开始凋落。

（10）现蕾期：主轴肉眼可见花蕾时，很多品种贮藏期间已形成。

（11）抽苔期：主轴伸长，并出现侧枝时。

（12）始花期：主轴第1朵花开花时。

（13）盛花期：主、侧轴及小分枝上均开花。

（14）末花期：尚有小侧枝少量开花。

（15）结荚期：谢花至果荚生长。

（16）种子成熟期：种荚黄熟、但未开裂，是采收种子的适期。

2. 根菜类生育期的调查

（1）定苗期：最后一次间苗的时间。

（2）直根膨大期：下胚轴的周皮裂开，标志直根开始膨大。

（3）采收期：直根充分成长，未出现空心，指最适采收时期。

（4）其他生育标准同结球白菜。播种期相同的试验，在表的右上角注上具体日期，如播种期不同，应增加一栏播种期，以便算自播种期至各生育期的天数。

3. 茄果类生育期调查

（1）子叶期：小叶充分成长。

（2）4～5 叶期：第 4、5 真叶开展。

（3）现蕾期：是指第 1 花序肉眼可见幼苗的日期。

（4）坐果期：是指第 1 花序幼果坐果的日期。

（5）采收期：始期是第一次采收的日期，盛期是旺果期，末期是最后一次采收期。

4. 瓜类生育期调查

（1）倒蔓期：节间显著增长，植株由直立状态开始匍匐地面，需支架或压蔓的时期。

（2）分枝形成期：形成 2～3 分枝，分枝长度 5cm 以上。

（3）现蕾期：第 1 朵雄、雌花出现花蕾的日期。

（4）开花期：第 1 朵雄、雌花开花的日期。

其他生育期标准同茄果类。

（三）花卉物候期观察

花卉物候期观察可参照果树和蔬菜进行。

二、园艺植物产量研究

园艺植物产量有生物产量和经济产量之分。每一种园艺植物在它一生中由光合作用所形成的全部干物产量中，只有其中的一部分如果实、种子、叶球、花球、块茎、块根以及嫩叶、嫩茎等，才是可食用的（或可利用的），而一般的根、茎、叶等是不可食用的（或利用的），一般把可以食用的（或利用的）部分的产量叫做"经济产量"。而把一生中所合成的全部干物产量叫做"生物产量"［包括可食用的（利用的）及不可食用的（不可利用的）部分］。

在大多数情况下，生物产量与经济产量之间，有一定的相关或比例。如薯芋类、根菜类蔬菜的地下食用部分，约为全部生物产量的 1/2；水果及以果实为产品的瓜类、豆类、茄果类蔬菜的产量，也只有全部生物产量的一部分；只有绿叶蔬菜中的菠菜、芹菜、苋菜、茼蒿及小白菜类，它们的生物产量，绝大部分都是经济产量，只有少量的根及老叶不能食用。

经济产量与生物产量的比例，称为经济系数（Economic coefficient，K），或称相对生产率。

$$K = \frac{经济产量}{生物产量}$$

在生产上，如果要提高根菜类的肉质根的产量，则地上的簇生叶也要大。水果及果菜类的产量要高，则必须有一个旺盛的营养生长，也有必要防止产生徒长现象，茎叶的生长量过多，向果实输送的养分量就减少，经济系数（K）也就随之降低。

与大田作物不同，园艺植物的产量包含大量的水分（表 4-6），含水量占产量的88%～98%，但种类和品种之间有一定差异，含水量高的鲜物产量也高，如大白菜；含淀粉高的则鲜物产量低些，如马铃薯；而含脂肪及蛋白质都高的，鲜物产量又更低些，如菜豆，但其干重产量则相差不很大。

几种蔬菜的经济产量与干物产量的比较   表 4-6

种类	经济产量（鲜物重）（t/hm²）	含水量（%）	干物产量（t/hm²）
大白菜	75.0～112.5	95	3.75～5.62
番茄	60.0～90.0	94	3.60～5.40
黄瓜	82.5～112.5	96	3.30～3.90
洋葱	45.0～52.5	92	3.60～4.20
菜豆	22.5～30.0	90	2.25～3.00
马铃薯	22.5～30.0	79	2.50～3.30

1. 园艺植物产量的记载和计算方法

产量可以用单株或单果来计算，也可以用单位面积来计算。但在生产上主要的是以单位面积来计算。对于以果实为产品的园艺植物来说：

每公顷的产量＝每公顷的株数×单株平均果数×单果平均重

对于叶菜类，则要考虑单株叶数及单叶重或叶球重及结球率。

应该指出的是，以上各指数都是一个动态的变化过程，也就是说园艺植物的产量不是在播种时或栽植时就固定了的。如果株数增多，单株结果数可能会减少，而如果果果数增多，单果重就会减少。因此，在生产上要有一个合理的群体、合理的坐果数，才能获得较高的产量。许多用直播，尤其是用撒播的蔬菜，如胡萝卜、小白菜、菠菜、苋菜、茼蒿等，播种量虽然相差很大，但到收获时，单位面积有经济价值的产量都比较接近，因为作物群体在其形成过程中有自然稀疏现象。

另外，以果实为产品的园艺植物单株果数的多少，由开花数、着果率及无效果数所决定。即：

单株果数＝开花数×着果率－无效果数

果树产量，是果树研究重要的调查指标，对试验材料产量的调查，应单采单收，以单株产量或单位面积产量记载，如 kg/株、kg/hm²。采前落果一般不在产量内，但因某些原因，引起采前落果比较多时，可以另行记载，作为分析试验结果的参考。

零星栽植的果树的产量记载，如核桃、板栗、枣等，不易用单位面积产量表示，而且株间树冠大小的差异很大，以株产表示，不易进行处理间的对比，此时可用树冠投影面积表示，以 kg/m² 进行处理间的比较。

影响单果重的因素取决于果实发育的质量和营养条件，包括土壤矿质营养及同化物质的合成与积累。在开花数、着果率、无效果数之间都有一个营养物质的分配与生长中心的转移问题。在影响营养物质分配的因素中，与不同器官之间和不同部位之间的激素含量有关（表 4-7）。幼嫩的叶子、发育中的幼果是有机营养主要运转的地方。而环境条件、肥水管理、植株调整等会影响这种运转的速度与数量。

细胞分裂素 CPPU 处理瓠瓜子房对坐果数、单果重、单株产量和叶片净光合速率的影响　表 4-7

处理	结果数（株）	单果重（g）	单株产量（kg）	净光合速率 $[\mu mol \cdot (m^{-2} \cdot s^{-1})]$
对照	3.3	582	1.92	29.3
50%子房 CPPU 处理	5.4	444	2.40	34.7
100%子房 CPPU 处理	8.3	330	2.74	37.0

注：CPPU 浓度为 50mg $\cdot$ L^{-1}，测定光强为 1000$\mu mol \cdot$ $(m^{-2} \cdot s^{-1})$，CO_2 浓度为 1200$\mu mol \cdot L^{-1}$。

园艺植物的叶子是进行光合作用的主要器官，是物质生产的"源"；由叶子运转到贮藏的器官，如果实、种子、块茎、球茎等是物质贮藏的"库"；由"源"运转到"库"的途径、速度及数量，与源和库的大小有关。在生产上，增加"源"的数量（如增加叶面积，改进叶的受光姿态等），往往是增加产量的主要因素。但库的大小也影响到源的强度，在一定范围内，库的增大会促进源即光合作用的提高。实际上，一些未结果的植株叶片的光合作用强度不及有果实植株叶片的光合作用强度。以番茄为例，在栽培上，摘除花序，也就是减少将来成为库（果实）的数量，会影响叶的净同化率。在自然状态下，摘除一部分的叶子以后，剩余的叶的净同化率可显著提高；相反，摘除全部花序，其净同化率则下降。即光合作用的大小也受到库的大小的影响。

2. 园艺植物产量形成的生理基础研究

在园艺生产中，最大限度地利用太阳辐射进行光合作用的同时，如何更有效地促进光合作用产物向产品器官运输与分配也显得特别重要。园艺植物的干物重量，有 90%～95% 由光合作用形成，只有 5%～10% 由根吸收的矿物质营养所形成。因此，要提高产量，一方面是提高光合作用，形成更多的光合作用产物即碳水化合物，另一方面是使得更多的光合作用产物朝着我们需要的产品器官分配。

园艺植物树体干重的 90% 左右来自光合生产，是由绿色部分利用光能同化二氧化碳和水合成的。园艺植物光合生产的多少，取决于光合面积、光合能力和光合时间这三个因素，而积累多少则与光合产物的消耗有关。至于经济器官的产量要看光合产物的分配利用情况。经济产量与光合作用的关系是：

$$经济产量 = 生物产量 \times 经济系数$$
$$生物产量 = 光合产量 - 消耗$$
$$光合产量 = 光合面积 \times 光合能力 \times 光合时间$$

因此，经济产量＝[（光合面积×光合能力×光合时间）－消耗]×经济系数。所以，经济产量主要取决于光合面积、光合能力、光合时间、光合产物的消耗和光合产物的分配利用五个方面。这五个方面总称为光合系统的生产性能，即光合性能。研究这五个方面在各种果树上的变化规律，以及影响这些因素的条件和技术的作用，是园艺植物增产的基础，研究产量形成是这五个方面性能的综合。一般说来，凡是光合面积合理增大，光合能力增强，光合时间延长，光合产物的消耗减少，而分配利用较合理，就能获得较高的产量。所以，一切增产措施归根结底，都是通过改善光合性能而起作用，但这些性能的表现和经济产量的关系的影响因素是复杂的，而且是相互制约的。对五个方面性能的调查方法，简要叙述如下：

1) 光能利用率

所谓光能利用率是指单位面积上，植物的光合作用积累的有机物占照射在同一地面上的日光能量的百分比。在实际大田条件下，并不是所有的太阳光均可被植物的叶片所吸收用于光合作用，据测定，到达地面的辐射能即使在夏日晴天中午也不会超过 $1kJ/(m^2 \cdot s)$，并且只有其中的可见光部分的 $400 \sim 700nm$ 段能被植物用于光合作用。途中，经过若干损失之后，最终转变为贮存在碳水化合物中的光能最多只有 5%。但目前一般高产田的光能利用率不超过光合有效辐射的 2% ~ 3%，一般的田块只有 1% 左右。增加园艺植物的产量，最根本的因素是提高光能利用率。

造成实际光能利用率远比理论光能利用率要低的主要原因有：一是漏光损失，作物生长初期植株小，叶面积不足，日光的大部分直射地面而损失；二是叶片的反射和透射损失；三是受植物本身的碳同化等途径的限制。事实上，被植物吸收的光能中还有许多光能是通过热能、荧光散耗等途径散发的，且在生长期间，经常会遇到不适于作物生长与进行光合的逆境，如水分、温度、阴雨、光照、缺二氧化碳、缺肥、盐害、病虫害等胁迫。在逆境条件下，作物的光合生产率要比顺境条件下低得多，这会使光能利用率大为降低。

2) 提高光能利用率的途径和方法

为使植物将更多光能转化成可贮藏的化学能，生产上常用的主要方法有以下两种。

(1) 增加光合作用面积，提高叶面积指数。

所谓叶面积指数是指单位面积上的叶面积。在一定范围内，叶面积指数越大，光合作用的产物也越多，产量也随之升高，但超过某一阈值时，则会因相互遮荫等而导致光能利用率下降。要增加叶面积指数，可通过以下途径：

① 合理密植

例如，一般的果菜类在叶面积指数为 0~4 时，其产量大多随栽培密度的提高而提高，超过这个范围则反而会下降。

② 改变株形

一些爬地生长的瓜类如西瓜可以改成搭架式栽培，从而使叶面积指数从原来的 1.5 左右提高到 4~5。

③ 合理的间套作

在果树幼龄时或蔬菜植株尚小时，可以采用间套作的方式来提高叶面积指数，从播种、出苗至幼苗期，叶面积系数很低，造成光能很大的浪费。通过轮作、间作和套种等提高复种指数的措施，就能在一年中巧妙地搭配作物，从时间和空间上更好地利用光能。

(2) 延长光合作用时间

在不影响耕作制度的前提下，适当延长生育期能提高产量。在设施栽培的覆盖物管理中，只要温度条件允许，尽量早揭保温被等覆盖材料，而在傍晚则尽量晚覆盖，从而增加光合作用时间。在经济条件允许的范围内，也可以采用人工补光的方式，以延长光照时间。

(3) 提高光合作用效率

首先必须了解影响光合作用的因素。影响光合作用的因素有内因和外因，内因有：叶龄与寿命、叶的受光角度、叶的生长方向、植株的吸水能力和物质转运的库源关系；而外部因素有光照的强弱、温度的高低、二氧化碳浓度、水分和养分的供应水平等。

植物本身的生长状态与光能利用的关系十分密切，不同叶龄的光合强度及呼吸强度相差很大。以茄子为例，光合强度在叶龄为 20 天以前，叶龄越大，光合作用亦越大；叶龄在 20～30 天时光合作用最旺盛；而在 30 天以上时，则迅速下降。至于呼吸作用，则是叶龄越小，呼吸作用越大；叶龄越大，呼吸作用减弱。因此，在番茄、甜椒和黄瓜等蔬菜生产上，要及时摘除丧失光合作用功能的老叶，并通过植株调整等手段把光合作用旺盛的叶片放在最佳的受光面上。

植物的光合作用同温度和光照条件等环境条件有着密切的关系。生产上可通过加温或降温、遮光等措施来控制环境条件，使其尽量同植物本身的需要相吻合，从而提高光合作用，适当抑制呼吸作用。夏、秋季强光对蔬菜有光抑制作用，如采用遮阳网或防虫网遮光，就能避免强光伤害。早春采用塑料小棚育苗或大棚栽培蔬菜、果树，能有效提高温度，促进棚内作物的光合作用与生长。浇水、施肥（含叶面喷肥）是作物栽培中最常用的措施，其主要目的是促进光合面积的迅速扩展，提高光合机构的活性。大田中二氧化碳的浓度虽目前难以人为控制，然而，通过增施有机肥、实行秸秆还田、促进微生物分解有机物释放二氧化碳以及深施碳酸氢铵等措施，也能提高冠层的二氧化碳浓度。在大棚和玻璃温室内，可通过二氧化碳发生器或石灰石加废酸的化学反应，或直接释放二氧化碳气体进行二氧化碳施肥，促进光合作用，抑制光呼吸。

以上的措施因为能提高净同化率，因而均有可能提高园艺植物的产量。

习题

1. 现拟调查比较椭圆形、圆形、凹形和扁圆形人心果的根系、叶片、枝干、花、果实及单株个体植物学特征和生长习性差异，请撰写调查研究的详细方案。

2. 表 4-8 和表 4-9 为椭圆形和圆形人心果叶片调查数据，请建立线性回归法测定叶片面积的实验技术体系。（提示：建立合理的回归方程，检验回归方程的准确性和确定应用回归方程所需的样本容量。）

建立线性回归法方程叶样的实际面积、叶长和叶宽的观测值（周开兵，2008）　　**表 4-8**

序　号	人心果叶片面积 $S(cm^2)$	叶长 a(cm)	叶宽 b(cm)	ab(cm^2)
1	35.30	10.80	4.60	49.68
2	36.00	10.55	4.65	49.06
3	29.10	10.65	3.70	39.41
4	32.17	10.60	4.20	44.52
5	35.93	10.25	4.50	46.13
6	29.03	9.10	4.40	40.04
7	35.13	9.50	4.90	46.55
8	40.00	10.40	5.00	52.00
9	36.83	10.30	4.90	50.47
10	34.37	9.70	4.90	47.53
11	25.87	9.40	3.75	35.25
12	23.90	9.40	3.50	32.90
13	25.67	8.95	4.00	35.80
14	20.83	8.30	3.35	27.805
15	22.47	8.60	3.60	30.96
16	23.23	9.00	3.40	30.60
17	19.17	8.30	3.20	26.56
18	24.20	8.75	3.90	34.13

序　号	人心果叶片面积 $S(cm^2)$	叶长 a(cm)	叶宽 b(cm)	$ab(cm^2)$
19	24.07	8.65	3.75	32.44
20	21.70	8.85	3.35	29.65
21	16.20	8.20	2.70	22.14
22	16.53	7.79	2.87	22.36
23	17.75	7.50	3.05	22.88
24	15.00	7.16	2.86	20.48
25	17.47	8.35	2.80	23.38
26	20.00	8.06	3.34	26.92
27	16.67	8.15	2.78	22.66
28	15.40	7.25	2.90	21.03
29	14.47	7.30	2.50	18.25
30	14.17	7.00	2.86	20.02
31	11.37	6.48	2.33	15.10
32	14.57	6.55	2.72	17.82
33	14.33	6.92	2.84	19.65
34	14.23	6.75	2.78	18.77
35	14.43	6.88	2.76	18.99
36	12.93	8.15	2.25	18.34
37	13.33	7.20	2.52	18.14
38	10.60	6.15	2.10	12.92
39	13.47	6.70	3.00	20.10
40	10.87	6.45	2.16	13.93
41	7.80	5.35	2.12	11.34
42	6.10	4.50	1.86	8.37
43	9.20	5.45	2.05	11.17
44	7.30	4.55	2.00	9.10
45	7.90	4.57	1.70	7.77
46	6.87	5.05	1.90	9.60
47	7.77	5.10	1.98	10.10
48	6.30	4.60	1.94	8.92
49	5.97	4.90	1.65	8.09
50	4.30	3.70	1.62	5.99

验证回归方程正确性叶样实际面积、叶长、叶宽观测值（周开兵，2008）　　　表 4-9

序　号	叶片的面积 S（cm^2）	叶长 a（cm）	叶宽 b（cm）	ab（cm^2）
1	39.57	10.88	4.85	52.77
2	35.27	10.65	4.40	46.86
3	45.47	12.36	5.08	62.79
4	35.33	10.34	4.48	46.32
5	34.50	10.16	4.53	46.02
6	34.97	10.29	4.72	48.57
7	34.23	10.21	4.40	44.92
8	36.30	10.30	4.56	46.97
9	35.97	10.72	4.76	51.03
10	35.10	11.00	4.12	45.32
11	37.97	10.35	4.70	48.65
12	32.07	10.19	4.10	41.78
13	34.90	10.83	4.35	47.11

序　号	叶片的面积 S（cm²）	叶长 a（cm）	叶宽 b（cm）	ab（cm²）
14	28.07	9.90	3.65	36.14
15	30.00	9.38	3.40	31.89
16	34.83	10.90	4.43	48.29
17	31.93	10.45	4.05	42.32
18	28.90	9.23	4.30	39.69
19	28.13	10.00	3.72	37.20
20	34.83	10.05	4.45	44.72
21	37.80	10.85	4.80	52.08
22	33.90	9.87	4.36	43.03
23	32.47	9.55	4.43	42.31
24	27.30	10.05	3.80	38.19
25	29.93	9.40	4.35	40.89
26	26.40	9.10	3.12	28.39
27	26.03	9.60	3.80	36.48
28	28.00	9.50	3.50	33.25
29	27.43	9.38	3.80	35.64
30	21.33	8.40	3.40	28.56
31	21.57	8.60	3.45	29.67
32	20.63	8.15	3.33	27.14
33	21.77	8.50	3.40	28.90
34	29.03	9.10	4.25	38.68
35	27.27	9.25	3.90	36.08
36	26.90	9.45	3.70	34.97
37	21.93	8.70	3.30	28.71
38	22.00	7.85	3.75	29.44
39	21.20	8.40	3.35	28.14
40	24.00	8.60	1.70	14.62
41	20.77	9.05	3.20	28.96
42	21.90	8.50	3.60	30.60
43	23.87	9.30	3.23	30.04
44	19.07	8.19	3.12	25.55
45	21.47	8.59	3.50	30.07
46	15.70	7.48	2.75	20.57
47	20.07	8.3	3.36	27.89
48	16.40	7.35	3.05	22.42
49	21.40	8.35	3.55	29.64
50	23.83	9.55	3.33	31.80

参考文献

[1] 程建峰，潘晓云，刘宜柏. 作物根系研究法最新进展 [J]. 江西农业学报，1999，11（4）：55-59.

[2] 刘九庆. 植物根系图像监测分析系统的设计 [M]. 东北林业大学学报，2005，4（44）.

[3] 潘伟彬，应朝阳，陈恩，黄毅斌. 套种牧草对果树根系生长及果园生态的影响 [J]. 中国农学通报，2008，24（3）：279-284.

[4] 张永清. 几种谷类作物根土系统的研究 [D]. 晋中：山西农业大学博士学位论文，2005.

[5] 罗锡文，周学成，严小龙. 基于 XCT 技术的植物根系原位形态可视化研究 [J]. 农业机械学报，2004，35（2）：104-107.

[6] 宿庆连. 回归方程法测定红掌叶面积研究 [J]. 广东农业科学. 2009, (1): 57-59.

[7] 王希群, 马履一, 贾忠奎, 徐程扬. 叶面积指数的研究和应用进展 [J]. 生态学杂志, 2005, 24 (5): 537-541.

[8] 区善汉, 李雁群, 麦适秋, 洪棋斌, 梅正敏, 黄荣韶, 莫健生, 王明召. 3 个新引进脐橙品种在桂林花芽分化的解剖学观察 [J]. 分子植物育种, 2009, 7 (4): 767-771.

[9] 李桂芬, 薛进军, 宋烽瑛. 紫花芒花芽生长发育规律 [J]. 广西植物, 2007, 27 (5): 780-785.

[10] 王钦丽, 熊涛. 花粉生活力的测定 [J]. 植物杂志, 2002, (5): 28-29.

[11] 莫饶等, 编著. 热带植物育种学实验实习指导 [M]. 北京: 中国农业出版社, 2006.

[12] 李英, 喻景权, 朱祝军, 陈暄, 胡文海. CPPU 对瓠瓜单性结实的诱导作用及对细胞分裂和内源激素水平的影响 [J]. 植物生理学报, 2001, 27 (2): 167-172.

（编者：李新国、周开兵）

第五章　热带园艺植物种质资源的研究

种质资源（Germplasm resources）又叫遗传质资源（Genetic resources），是决定生物种性，并将丰富的遗传信息从亲代遗传给子代的遗传物质的载体。它可以是群体、个体、器官、组织、细胞、染色体甚至 DNA 片段。热带园艺植物种质资源就是指决定热带园艺植物各种性状的遗传信息载体的总称。

目前已鉴明的中国热带、亚热带地区的高等植物种类就达 1.2 万余种，占我国植物种群数量的 30%。在此基础上形成的热带作物产业已成为我国农业经济一个重要而独特的组成部分。而热作产业的可持续发展，相当程度上依赖于对热作种质资源的深入、系统研究和有效利用。

热带园艺植物种质资源研究的内容包括对所有热带园艺植物品种和它们的近缘种、野生种进行广泛收集（有目的地引进）、妥善保存、深入研究（评价鉴定）、积极创新直至充分利用。种质资源研究的各环节当中，收集保存是基础，评价鉴定是手段，而创新利用才是资源工作的最终目的。

许多地处热带的国家如巴西、马来西亚、印度尼西亚、印度、泰国、哥伦比亚等均设有热作资源的专门研究机构。一些处在亚热带、温带地区的发达国家如美国、澳大利亚、日本、法国、德国、英国等也投入巨资设立热作资源的研究机构。1976 年，印度成立了国家植物遗传资源局，协同近 30 个单位组成全国性作物种质资源运行体系。我国从事热作种质资源保存和研究的单位较多，有海南大学、中国热带农业科学院、云南省热带作物研究所、广西亚热带作物研究所、中国科学院华南植物园等。

第一节　种质资源的考察、收集与引种

一、种质资源考察

种质资源考察指查清和整理一个国家或一个地区范围内种质资源的数量、分布及特征特性的工作。它是整个种质资源研究工作的第一步，是开展其他方面工作必不可少的前提，也是最艰苦的一个阶段。

新中国成立以来，我国对园艺植物种质资源组织了多次不同规模的考察，特别是 1978 年以后考察工作取得重大进展，共完成各类作物资源考察约 30 多项，其中针对热带、亚热带地区的有"云南作物种质资源考察"、"海南岛作物种质资源考察"、"海南岛饲用植物资源考察"、"海南岛棉属资源考察"等多项专题考察，发现并收集了许多珍贵的热带园艺植物种质资源。

要圆满地完成一次种质资源考察工作，必需注意以下几个方面：

1）考察目的要明确。种质资源考察特别是野生资源的考察，涉及面广，环境条件复

杂多变，交通困难，所以要有明确的考察目的，才能安排部署好考察前的各项准备工作。

2）考察前的准备工作要充分。进行园艺植物种质资源的考察，特别是进行大规模的考察，必须事先做好各项准备工作。①依据考察目的和现有资料，制订周密的考察计划；②根据已拟订好的考察计划，确定考察地点，并制订详细的考察路线；③根据考察任务、对象和活动范围组织合适的考察人员；④时间安排要合理、经费预算要切合实际，在保证考察活动能顺利进行的前提下，要注意节约时间，避免浪费；⑤物资设备的准备主要包括交通工具、收集样本用具、有关调查记载表格、考察时的仪器设备、工具、生活用品、通信设备等。

3）考察的方法要得当。热带园艺植物一般都分布在热带或亚热带地区，野外调查可采用广泛调查和重点考察相结合的方法，即根据所调查资源的分布和自然环境因子的变化，依一定路线普查，途中若发现有价值的资源再对该样点进行重点考察。

4）调查采样要科学详细。在调查采样过程中应注意详细记载种质的生境信息、种质本身的信息及其他相关信息，同时要考虑选择采样地点、采样技术和采样数量的科学性等。

5）考察结果的整理和编目要及时准确。现场采样时就应对种质进行初步的整理、归类，科学的登记编号，随后再对考察结果进行小结，进一步整理分析已有资料和野外考察数据，如有遗漏或不足，及时返回考察点对资料进行补充。最后是，考察结束后全面总结考察工作，撰写详细的考察报告。

二、种质资源收集

种质资源收集的原则就是在已有的基础上，收集漏征品种、找回丢失品种、抢救濒危品种、挖掘稀有珍贵品种。要侧重收集原始资源、野生资源和不被人们重视的资源。我国自20世纪50年代以来，已多次组织植物种质资源的收集工作。其中1956年和1957年两次收集各地农作物的地方品种，全国共收集到43种大田作物国内品种20万份（含重复），国外品种1.2万份。至1963年全国共搜集到蔬菜地方品种17393份。十一届三中全会后又发动了一次全国范围的作物种质资源征集活动，共收集到60多种作物资源11万份，这次收集到一批过去漏征的品种，找回了一批得而复失的品种，抢救了一批濒于灭绝的品种，挖掘出了一批稀有珍贵品种，从而基本摸清了本地作物种质资源的概况。20世纪70年代末开始，我国先后组织专业科技人员实地考察了云南、西藏、神农架、三峡地区、海南岛、大巴山、黔南桂西山区，共收集到各种植物种质资源4万余份。"七五"期间完成了对海南岛19个县市的植物种质资源考察，搜集到各类种质资源5545份；黔南桂西30个县的植物资源考察收集到了植物种质资源6644份。目前收集保存的热带植物资源达到13777份，见表5-1。其中以海南为主保存的橡胶、木薯、腰果、咖啡、胡椒、椰子等热带植物资源有7500份，香料337种，饮料植物95份，热带果树325份，热带蔬菜775份，药用植物资源450份，花卉资源859份，热带珍稀濒危植物176种。1979～1997年我国先后从100多个国家和地区引进各种作物种质资源88000余份次。经过这些努力，我国现在的植物种质资源已超过36万份，仅次于美国（55万份），跃居世界第二位。

热带植物	植物名称	栽培及近缘种数	样品数	圃保存地
经济植物	橡胶	2	6900	热科院橡胶热作圃（儋州）
	木薯	4	200	热科院橡胶热作圃（儋州）
	甘蔗	16	1718	国家种质开远甘蔗圃
	椰子	3	32	热科院椰子研究所（文昌）
	腰果	1	38	海南腰果研究中心（乐东）
	胡椒	3	27	热科院香料研究所（兴隆）
	剑麻	8	40	热科院南亚热带果树所（湛江）
	咖啡	3	45	热科院香料研究所（兴隆）
果树	荔枝	3	140	国家种质广州香蕉荔枝圃
			64	热科院品种资源所（儋州）
	香蕉	8	162	国家种质广州香蕉荔枝圃
			42	热科院品种资源所（儋州）
	龙眼	2	300	国家种质福州龙眼枇杷圃
			32	两院本部（野生及地方品种）
	芒果	4	97	热科院品种资源所（儋州）
	油梨	3	85	热科院品种资源所（儋州）
	菠萝蜜	15	23	热科院品种资源所（儋州）
	柑橘	22	1041	国家种质重庆柑橘圃
	菠萝	3	10	热科院南亚热带果树所（湛江）
	其他	115	265	热科院南亚热带果树所（湛江）
蔬菜	—	142	775	热科院品种资源所（儋州） 海南省农科院蔬菜所（海口）
花卉	—	390	859	热科院品种资源所（儋州）
药用植物	—	196	450	热科院品种资源所（儋州）
香料植物	—	161	337	热科院香料研究所（兴隆）
饮料植物	—	5	95	热科院香料研究所（兴隆）
珍稀濒危植物	—	176	不详	热科院热带植物园（儋州）
总计	—	1285	13777	

三、种质资源引种

良种（Improved variety）是生产的第一要素，园艺植物生产要想获得优质、高产、高效益或错开上市等都依赖于良种。获得良种有查、引、选、育四条途径，其中引种（引进外地良种）投资少、简单易行而且收效快，在生产上经常被采用。引种有广义和狭义之分，广义的引种是指从外地（指不同的农业区）和外国引进新植物、新作物、新品种以及各种遗传资源材料。狭义的引种是作为育种途径之一的引种，即从当前的生产需要出发，从外地或外国引进作物新品种（系），通过适应性试验，直接在本地或本国推广种植。

从整个园艺发展史来看，现今世界各国栽培的多种园艺植物及其品种类型，大多数是通过相互引种，并不断加以改良、衍生，逐步发展起来的。美国是本土原产栽培植物很少的国家，通过一个世纪以来从世界各地大量引种，现拥有的植物种质资源占世界各国首位。我国虽然植物资源丰富多样，而且是许多作物的起源中心，但是不同时期从世界各地引入的种类和品种在总数中仍占很大比重。据不完全统计，我国主要栽培的 600 种作物中有半数以上或近半数是陆续从国外引进的。如我国现有栽培蔬菜约 209 种，原产于我国（包括次生起源中心）的只有约 50 种，从国外引种的比例占我国栽培蔬菜种类的 4/5 左右。20 世纪 60 年代以前，我国番茄生产基本全部靠外引品种。1971～1996 年，我国从 40

余个国家（地区）引入 14 科 48 属 72 种（包括变种）11410 份蔬菜种质资源，引进果树种质资源 1680 份，涉及 28 科 36 属 131 种。通过引种可充实本国植物种质资源，为促进育种、生产等提供最基本且最重要的物质资料。

1）引种原则。总原则：一是明确引种的目的；二是注意引种地区和引种材料的选择；三是加强生态意识，杜绝盲目引种。生产性引种在具体原则上应注意：①品种外观性状与当地消费习惯的一致性；②品种生态型与当地生态条件的一致性；③品种光周期特性与当地当季光照条件的一致性；④品种的温度适应性与当地当季温度条件的一致性；⑤从正规渠道引进已审定检疫的品种，以防止检疫性病虫传播；⑥坚持先少量引种试验再示范推广；⑦是否有同种异名情况。

2）引种途径。国际引种途径较多，大致可分为以下四种：①派科学家赴植物遗传资源丰富的国家实地考察；②建立国际关系交换植物种质资源，或通过 IPGRI 等国际组织协调进行种质交换；③在驻外使馆中设专员负责了解所在国的植物遗传资源情报资料，并执行引种任务；④从 CGIAR 下属的国际农业研究中心引种。

3）引种程序。①确定引种目标。开展调查研究，估计引种的适应性，分析与引种对象相近的植物引种表现并总结前人引种的经验教训。②制订引种规划。根据引种目标提出引种实验、引种规范与范围、设备条件、人员组成、完成年限、社会效益预测与经济效益预测等。③制订具体实施方案。按规划要求确定引种的种类、数量、时间及引种地点。④建立引种档案。引种后要先进行实验，包括物候期、生长发育习性观察研究、适应性试验、栽培技术试验及生产力测定，最后给以总的评价，并建立齐全的技术档案。

第二节　种质资源的描述、评价与鉴定

我国种质资源研究的工作方针是：广泛收集、妥善保存、深入研究、积极创新和充分利用。深入研究就是指对收集保存的种质资源开展全面的性状描述和鉴定，并做出科学的综合评价。这项工作艰苦琐碎且耗资费时，但它却是种质资源研究的核心，也是实现和提高种质资源有效利用的基础。国际农业机构甚至认为，未经系统鉴定、综合评价的种质资源，是一份无价值的材料。

一、种质资源的描述评价

（一）种质资源描述评价的主要内容

1. 生物学性状描述

在对收集保存的种质资源进行整理评价时，首先要对资源进行生物学性状描述，主要包括植物形态特征描述和生物学特性记载。20 世纪，我国对植物种质资源的考察收集、鉴定评价主要就是根据种质资源形态特征的不同，目前国家长期库收集保存的 37 万余份种质资源都是依据植物学特征对其进行了农艺性状的观察描述的。

1）植物学性状描述　即在种质材料的各生育阶段，主要是产品器官达商品成熟及食用成熟时期和有性生殖生长盛期，选择有代表性的植株，对各器官的基本形态进行观察和描述，并参照植物学形态描述的标准和术语进行记载。包括株高、株势、开展度、根系颜色、长短、茎粗、茎色、叶形、叶大小、叶色、有无茸毛、第一朵花的着生节位、果实在茎上的着生情况、果实大小、色泽、形状、果实表面特征、果肉厚、单果重、单果采种量

等，具体项目因种质、种类不同而异。

2）生物学特性描述　各种种质材料长期生存在不同的生态条件下，经自然选择和人工选择发生类型分化，形成了各自的生态特点（也叫生态适应性）。即种质材料在生长发育过程中对温度、光照、水分、土壤等环境因素的要求以及对这些因素变化的忍耐程度。同一物种的不同品种可根据其生态特点而分成不同的生态型，从而便于种质资源的利用。

生物学特性描述的内容包括环境因素、物候期和植物体的生长发育状况，重点记载种质材料在特定环境条件下或在特定物候期内的生育状况，如出苗期、开花期、食用成熟采收期、果实风味品质、单株产量、单位面积产量及抗逆性等。这里的环境因素可以是自然环境或人工控制环境。

2. 产量品质评价

1）产量评价：主要包括产量构成因素、早期产量、总产量、稳产性、产量形成期和持续的经济寿命等。产量构成因素因植物种类而异，如大白菜的产量构成因素包括单位面积植株数、结球率和单球重，其中单球重又由球叶的数量和大小构成，并与叶片和叶帮的比例有关；果树产量构成因素包括单位面积植株数、结果枝百分率、果枝结实率、单果重等。

2）品质评价：园艺产品的品质包括商品品质、加工品质、风味品质和营养品质等。品质评价的项目因园艺植物的种类、用途而异。

一般分为以下三个方面：①外观品质评价。包括色泽、大小、形状和整齐度，与商品品质和加工品质相关。色泽可通过感观评述和对色素进行分析测定；形状一般采用直观描述或形态指数来描述；大小用称量法或度量法来表示；整齐度是通过对色泽、形状、大小进行综合评价而得出的结论。②质地和风味评价。包括硬度、弹性、致密坚韧性、汁液量、黏稠性、脆嫩度等，与口感和加工品质相关。评价园艺产品质地的方法主要有压入法、剪断法和肉质组织的剖面分析法等；风味评价则多用品尝评比法，少用现代化的检测手段。③营养与有毒物质评价。营养成分包括热量、水分、蛋白质、脂肪、碳水化合物、膳食纤维、灰分、胡萝卜素、视黄醇、硫胺素、核黄素、抗坏血酸、矿质元素、人体必需的氨基酸等，可采用常规测定法或现代化仪器检测。某些园艺产品中含有某种毒素，如马铃薯中的龙葵素，豆类蔬菜种子中的毒蛋白等。

3. 抗逆性评价

植物逆境是指那些不适宜乃至于危害植物生长发育的环境条件，如干旱、水涝、瘠薄、盐碱、低温、高温、台风等。园艺植物只有在最适宜的生育环境中才能达到最高的产量和最好的品质，但生产实践中，园艺植物常会遇到各种逆境，因而抗逆性评价就成了园艺植物种质资源评价的重要内容之一。

园艺植物对逆境的反应可表现为：①避，指园艺植物通过调整自身的生育周期，避开逆境干扰与危害，从而在相对适宜的环境中完成其生活史。②御，指园艺植物处于逆境时仍能保持正常的生理活动，其生理过程不受或少受逆境的影响。③耐，指园艺植物在逆境中各种生理过程能发生相应变化，并且这些变化能修复受损的生理过程或对蛋白质的结构与功能起维护及稳定作用。

抗逆性评价，就是要观察比较不同种类、不同品种的园艺植物对逆境的反应程度。植物抗逆性主要受遗传基因控制，但在一定程度上也与发育生理及影响发育的因素有关。在评价抗逆性时，应了解种质材料对逆境的敏感时期、器官和部位等。评价方法既要准确可靠，又要快速简便，常用自然逆境下评价、人工模拟逆境评价和间接评价三种方法。

4. 抗病虫性评价

危害种质资源的病虫害很多，对生产的影响程度也各异，对种质资源进行抗病虫性评价时应把威胁严重的病虫害作为重点，并把已有成熟评价方法的列为优先鉴定项目。

1) 抗病性评价：是指对种质材料抵御病害发生潜能的评价。种质的抗病性主要受基因控制，但抗病性表现却是各种性状中变异性比较大的，它是多种因子相互作用的综合表现。植物抗病性表现＝寄主抗病性基因型＋病原物致病性基因型＋寄生植物生存的环境。在进行抗病性评价时要尽可能消除种质材料以外的因素引起的误差，保持环境条件标准化、接种方法规范化、病原物遗传稳定。常用的方法有：直接鉴定评价和间接鉴定评价。其中直接鉴定评价又分为田间鉴定和室内鉴定；间接鉴定评价目前大部分处于试验研究阶段，在实践中尚未广泛应用，通常只能建立在直接鉴定（特别是田间鉴定）的基础上，作为田间鉴定的辅助手段。

2) 抗虫性评价：是对园艺植物抵御害虫能力的评价。在进行抗虫性评价时，需了解以下三个方面：①害虫在不同种质材料上产卵的选择性，在不同栽培条件及单株或单位面积上的着卵量；②害虫取食不同种质材料后的发育速度和成活率；③害虫对不同种质材料的危害程度。常用于鉴定评价植物抗虫性的方法有：室内鉴定法、网室鉴定法和田间鉴定法三种。

（二）种质资源描述评价的注意事项

1) 选择描述评价对象的范围要适宜：一般限于同属或亚属的种、品种、类型及其近缘种。如果树的基因型高度杂合，评价对象必须是营养系品种或从有性分离群体中筛选的株系，但当评价柑橘类砧木资源时则不能只限于同属植物，如柑橘属和金橘属就常用枳属的枳作砧木。

2) 描述评价的项目和分级评价标准要实现"四化"，体现"三性"："四化"是指尽量实现数量化、编码化、简便化和规范化；"三性"是指尽可能体现科学性、先进性和实用性。要既符合我国国情，又要注意与IBPGR的种质资源评价系统接轨。

3) 描述评价的项目应根据研究目的有所侧重：如对种质资源进行分类时，主要描述植物学形态特征和有关生物学特性，尤其是果实性状和利用特性；鉴定品种时，主要观测那些品种内稳定而品种间差异显著的性状，可删除对分类鉴别意义不大的项目；评价资源利用价值时，应精确细致地描述与产量、品质、贮运性能等有关的经济性状。除必需的系统描述外，可按需要与可能将观测的项目分为必记和选记两类。

4) 取样方法要科学，样本容量要合理：应根据性状类别等不同，科学选择取样时间和部位，即选择在品种内变异最小、品种间差异最显著的时期和部位取样，能最大程度地反映资源间的差异。同时，样本容量要合理，一般观测5～10株，并需按不同的性状类别有所增减。质量或定性的性状以及理化的性状的测定，如果皮毛的有无、果实的简单重复序列（Simple Sequence Repeat，SSR）、Vc、糖、酸等含量，取样量在10左右；数量性状如果重、叶片大小、枝梢长短等，样本容量宜在20～30之间；比率性状如坐果率、自花结实率、病叶率等样本容量应在300～500，最少不低于100。

5) 重视资源背景情况的描述记载 如考察保存及评价场所的生境条件、砧木种类、树体生育状况等环境因素；受亲缘系谱、原产地的生态环境及选择等因素的影响等，这些记载对全面、客观地评价种质资源有重要意义。

二、种质资源的鉴定

植物的种质资源十分丰富，需要研究的内容也十分庞杂，所涉及的研究鉴定方法也越来越多。在 20 世纪中期以前，主要采用的是植物学、生态学和考古学等研究方法，主要对种质资源进行性状描述记载；20 世纪中期以后，逐渐将遗传学、细胞学、生物化学、生物数学、分子生物学等学科的研究方法应用到植物种质资源的研究中，已不再局限于对资源表观性状特性的描述记载，还涉及了微观的鉴定技术，这对种质资源的描述、评价、分类和利用等各环节都发挥了重要作用。下面介绍几项近年研究较多的种质鉴定技术。

1. 细胞学鉴定

任何植物的染色体数目、大小、形态和结构都是相对稳定的，染色体可以反映一个种，甚至变种、品种与其他种、变种或品种的差异，因而可以用细胞学中的染色体分析技术来鉴定植物种质资源。染色体分析技术包括：

1）染色体组分析：是分析生物细胞内染色体数目、染色体组的组成和其减数分裂时的行为特征等，其方法主要是通过杂交了解来自不同物种的染色体配对情况，从而判断其亲缘关系程度。

2）染色体核型分析：是分析生物体细胞内的染色体的长度、着丝点位置、臂比、随体大小等特征，其分析常以体细胞分裂中期的染色体为研究对象。

3）染色体带型分析：是以染色体带纹的数目、部位、宽窄与浓淡等都具有相对的稳定性为依据，借助特殊的理化方法及染料进行染色，使染色体显现出深浅不同的染色体带纹特征，进而进行分析的方法。

2. 生物化学鉴定

生物化学是研究生物化学组成和生命过程中化学变化的一门科学。不少学者认为研究植物种质资源的生物化学对种质鉴定、分类等有决定性意义，其常用的鉴定方法有：

1）植物化学分析。主要是研究植物小分子有机物的种类、含量，以及相互作用的方法，它可通过薄层层析、气相层析或高效液相层析等技术进行分析。植物化学性状与种质资源其他性状（如形态学性状等）具有某种相关性，因而在一些情况下，它可为种质研究提供有效的信息，但应当注意的是，植物化学性状常常不太稳定，使用时须持慎重态度，可以作为辅助参考资料。

2）血清学分析。是用蛋白质的血清鉴别法来测定植物种质资源的亲缘关系。此方法最早出现于 20 世纪初，在芸薹属、菜豆属、豇豆属、茄科等植物上有较好的应用。但是，血清学分析的技术较为复杂，由于多方面限制，没有得到很好的发展。

3）同工酶分析。同工酶是指能催化同一种化学反应，但其酶蛋白本身的分子结构组成有所不同的一组酶。这类酶存在于生物的同一属、种、变种，或同一个体的不同组织、细胞中，因而，可以通过对它们的分析，并以其多态性作为遗传标记，研究种质资源的亲缘关系、重要性状的同工酶表现等。但应当注意，同工酶在同一物种、同一个体的不同生长发育时期，其表现是不一样的，有一些同工酶的重现性较差。

3. 分子生物学鉴定

分子生物学是上世纪 50 年代以后发展最快的学科，它是研究核酸、蛋白质等所有生物大分子的形态、结构特征及其重要性、规律性和相互关系的科学。用于种质资源研究的分子生物学技术主要有：

1) 分子标记技术。近些年在种质资源研究中，发展最快的就是分子标记技术。它是利用生物大分子的多态性为基础的遗传标记，研究种质资源的多样性、遗传图谱、基因定位、种质资源鉴别、系谱分析和分类等。目前，应用较多的分子标记种类有 RFLP（Restriction fragment length polymorphism）、AFLP（Amplified fragment length polymorphism）、SSR（Simple sequence repeat）、RAPD（Random amplified polymorphic DNA）、SSLP（Simple sequence length polymorphism）、STS（Sequence-tagged site）等。它与经典的形态标记和同工酶标记相比，具有以下优点：①DNA 分子多态性普遍存在，数目不受限制；②不受取材部位、取材时间、发育时期和环境的影响；③信息量大，准确率高。

2) 基因组学技术。基因组学是研究生物基因组的组成，组内各基因的精确结构、相互关系及表达调控的科学。现代基因组学技术的发展使得实现种质资源在基因型水平上的选择鉴定成为可能。目前基因型鉴定主要用于发掘种质资源的新基因，如基于表观基因组学的新基因发掘、基于结构基因组学的新基因发掘、基于等位基因的基因发掘、基于突变体的基因发掘、基于基因表达的新基因发掘、基于生物信息学的新基因发掘等都是近年国际研究的热点。

三、热带园艺植物种质资源的描述评价与鉴定

国际植物遗传资源委员会（International Board for Plant Genetic Resources，IBPGR，IPGRI 的前身）自1974 年成立之初就致力于植物种质资源描述评价的内容、项目、方法和标准的规范化，组织编制了80 种栽培植物种质资源描述符和 DUS 测试指南，其中包括一部分热带果树、热带花卉、热带牧草及其他热带经济作物，还建立了香蕉管理系统（Musa germplasm information system）。经过近 30 多年的完善，已形成种质资源管理、评价、鉴定标准体系，为种质的进一步研究提供了良好的基础平台。在鉴定、评价技术和方法的研究上，美国、英国、印度的研究较为深入，尤其在抗性鉴定和基因型鉴定方面，不断有新的突破。

我国通过"七五"、"八五"、"九五"等三个"五年计划"，对 35 万余份国家保存的作物种质资源进行了重要性状的初步鉴定和评价。其中：农艺性状鉴定观察记载 35 万余份，抗病虫性鉴定 20 万余份，主要品质鉴定 19 万余份，主要抗逆性（旱、寒、盐碱等）鉴定 14 万余份，其他特性鉴定 0.5 余万份。鉴定出单项或多项性状优良的种质 3.5 万余份。

热带作物种质资源在收集、整理的基础上，在鉴定评价方面也取得了一定成绩，特别在"八五"期间对椰子、芒果、橡胶、胡椒、咖啡等在品质、抗逆性方面做了较全面的工作。已分别建立了热带果树、橡胶、木薯、热带牧草、香饮料作物和椰子等六个基础数据库，保存数据 20 万份以上。对 5169 份亚马逊野生橡胶种质资源进行了抗寒性鉴定，筛选出了 50 份抗寒性种质；从 500 份橡胶种质中筛选出了 21 份抗白粉病种质；对 45 份咖啡种质进行抗锈病性鉴定，发现了 25 个抗锈病品种。2004 年，中国热带农科院品种资源研究所主持完成了对热带果树、热带花卉、热带牧草、热带农作、南药和蔬菜等 6 大类，60 种 180 个热带作物种质资源的描述规范、数据标准和数据质量控制规范的制订。

第三节　种质资源保存

植物种质资源保存，是指利用天然或人工创造的适宜环境保存种质资源，以防止资源流失，便于有效地研究和利用。目前，保存植物种质资源的方法主要有原生境保护和非原

生境保存两大类。

一、原生境保护

原生境保护（*In Situ* Conservation）也称就地保存，是指物种或者群落在原来的自然生态环境中，就地进行自我繁殖保存种质。此类保存主要是通过建立自然保护区和天然公园等方式来对植物种质资源进行就地保护，它是保护野生种和近缘野生种的主要形式。目前，被全球广泛采用的植物资源原生境保护技术主要有三类：一是建立保护区；二是保护区之外采取附加保护措施；三是使已经遭到破坏的生境中的生物群落得以恢复。下面主要介绍一下原生境保护区的建立。

1. 原生境保护区的建设原则

建立保护区能很好地保护种质资源，但现阶段社会经济发展的不平衡，还不允许所有的国家和地区都无限制地大面积发展保护区。因此，目前各国保护区的建设多采用优先度原则，一是从物种角度来考虑：优先保护那些单属种或单科种；优先保护那些面临破坏威胁较大的高危种；优先保护那些具有现实的、潜在的应用价值的物种等。二是从群落和生态系统角度来考虑：优先保护那些具有较高多样性、较多特有种、面临物种灭绝和生境丧失的关键地区；优先保护那些极少受人类活动影响的莽原区；优先保护那些被国际生境组织强调的生态系统。

2. 原生境保护区的管理

成立管理小组并明确其职责；对保护物种进行观察记载并建立档案；对保护区的周边环境进行监测和评估；每年将管理情况形成报告上报。

3. 原生境保护区的应用

19 世纪初德国博物学家首次提出建立自然保护区保护自然生态，1872 年美国建立了世界上第一个自然保护区——黄石国家公园，1879 年澳大利亚建立了世界上第二个自然保护区，其后的一个世纪里，其他国家和地区也纷纷建立自然保护区。但由于经济、文化和资源方面的差异，世界各大洲的自然保护区工作发展并不平衡。表 5-2 概括了全球自然保护区的状况。

全球自然保护区（R. Primark，季维智，2000）　　　　　　　　　　表 5-2

地 区	保护区（世界自然与自然资源保护联盟级别Ⅰ～Ⅴ）			有管理的地区（世界自然与自然资源保护联盟级别Ⅵ～Ⅷ）		
	保护区数目	面积（km²）	占国土面积（%）	地区数目	面积（km²）	占国土面积（%）
非洲	404	1388930	4.6	1562	746360	25
亚洲	2181	1211610	4.4	1149	306290	11
中北美洲	1752	2632500	11.7	243	161470	0.7
南美洲	667	1145960	6.4	679	2279350	12.7
欧洲	2177	455330	9.3	143	40350	0.8
前苏联	218	243300	1.1	1	4000	0
大洋洲	920	845040	9.9	91	50000	0.6
全世界	8619	7922660	5.9	3868	3588480	2.7

我国建立自然保护区的时间较晚，但发展较快。自 1956 年我国在广东鼎湖山建立首个自然保护区以来，至 2005 年年底全国已建有保护区 2349 个，总面积达 150 万 km²，占陆地国土面积的 15%，其中国家级保护区 265 处，面积 9185.1 万 hm²，占陆地国土面积的 9.6%。

与此同时，我国热带植物种质资源的原生境保护也得到了快速发展，大量的热带经济林木和濒危植物主要依赖自然保护区保存。20世纪60年代初，海南建立了第一个自然保护区——尖峰岭热带森林自然保护区，至2004年全省共建立自然保护区72个，面积268万hm²，其中国家级的6个、省级的22个、市县级的44个，主要分布在五指山、吊罗山、尖峰岭、黎母岭和霸王岭五大自然林区，包括了全岛85%以上的热带植物类型。表5-3简单统计了我国主要热带、亚热带地区自然保护区的植物资源保护现状。

中国主要热带亚热带自然保护区的植物资源保存现状（王文泉，王海燕等，2006）　　表5-3

保护区	级别	面积（hm²）	植物种数	区位特征
尖峰岭自然保护区	国家	44700	2800	海南热带原始雨林
吊罗山森林公园	国家	38000	1900	海南山地雨林
五指山自然保护区	省级	133860	1882	海南季雨林
霸王岭自然保护区	国家	675000	355	山地雨林
东寨港红树林保护区	国家	2006	66	海岸红树林植物区系
鼎湖山自然保护区	国家	1133	1988	广东中部亚热带雨林
南岭自然保护区	国家	1922000	2292	广东北部亚热带雨林
大明山自然保护区	国家	58000	1714	广西中部亚热带雨林
西双版纳自然保护区	国家	2400000	3631	云南南部热带季雨林

4. 原生境保护的优缺点

原生境保护的优点主要体现在：首先，它能在保护遗传多样性的同时，保护遗传多样性产生的过程，即物种之间的协同进化关系；其次，在一个区位可以同时保护大量物种；另外，在农田条件下保持进化与变异成本低且有效。其缺点则表现为：科学家获取和鉴定所保存的材料较困难；农田或野外条件下种质动态保存的控制较松散，有可能威胁到某些保存种质类型的安全性；不可预见的环境变化或社会经济因素等仍会引起遗传侵蚀或农田生物多样性受阻滞。

二、非原生境保存

非原生境保存，也叫迁地保存（*Ex Situ* Conservation），就是将种质保存于该植物原产地以外的地方。为确保所收集的作物种质资源能得到安全保存，世界各国均不断加强保存设施建设。至1996年，全世界就已建成种质库1300多个，保存种质资源610万份，其中低温库贮存550万份，田间库保存52.7万份，试管苗库贮存3.75万份。有77个国家建设了具有中长期贮存能力的国家级种质库。

我国20世纪80年代在中国农科院作物品种资源所已建成两个国家低温种质库，1994年在青海西宁建成一座国家复份库，到目前为止，国家长期库保存的种质份数已达38万余份，贮存数量居世界第一。近年又在全国各地建成地方中期库22座，保存种质约50余万份。国家种质圃32个，包括2个试管苗种质库，保存种质达45338份。

我国热带地区1997年也已建成国家级热带植物种质资源库1座，即西双版纳植物园热带作物种质资源库，主要保存种子和微繁殖体，库体面积144m²，总容量15万份。至今已保存热带、亚热带植物种质7200份（116科412属755种），另有未鉴定的种质材料1151份。收集的种类数量约占我国热作种类的10%。

非原生境保存可以分为几个类型，即种子库保存、种质圃保存、离体保存和其他库保存。

（一）种子库保存

对绝大多数有花植物来说，建立种子库是非原生境保存中最普遍也是最有效的方法，全世界拥有的作物种质资源96％以上都是以种子形式保存的。种子库的保存效果主要用种子寿命来衡量，而种子寿命的长短又受种子遗传特性和环境因素等影响。为了尽量延长种子寿命，保持种子活力强度并保存植物固有的种质，根据种子的遗传特性和对环境条件的要求，目前种子保存有低温保存、超低温保存、超干燥保存和顽拗型种子保存等多种形式。

1. 低温保存

低温种子库是种子保存最有效的手段，主要保存耐低温、干燥的正常型种子（Orthodox seeds），即种子在低温低湿条件下可大大延长其贮藏寿命。低温种子库按功能可分为三类：

1）长期库：主要负责全国种质材料的长期安全保存，当中期库库存材料绝种时，负责向有关的中期库或原供种单位提供繁殖用种子，一般不向研究和利用单位供种，种子预期寿命30～50年或更长。当今世界各国普遍采用的标准是种子含水量维持在5％～7％，贮存温度保持−18～−25℃。

2）中期库：主要负责本专业、本地区范围内种质资源的中期保存和保存材料的分发与交换利用，种子预期寿命10～30年。要求种子含水量为6％～9％，温度范围−4±2℃。

3）短期库：主要用于临时性的保存工作，种子预期寿命2～5年。要求种子含水量在12％以下，温度范围15±3℃。

低温种子库除要求贮存温度较低外，作为种质资源保存的种子，还须经过一系列科学的入库前处理。我国国家作物种质资源种子入库的基本程序见图5-1。

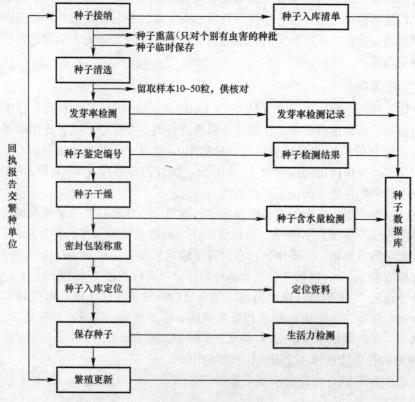

图5-1　种子入库程序

2. 超低温保存 (Cryopreservation)

超低温保存技术于 20 世纪 40 年代最先应用在医学和畜牧业上，20 世纪 70 年代开始用来保存植物材料。现已成功地应用于许多粮食作物、蔬菜、果树、观赏植物和药用植物种子、花粉、试管苗等种质材料的保存。它对花粉和顽拗型种子保存具有十分重要的作用。美国是开展超低温保存技术研究较早的国家，其国家种子贮藏实验室的大型液态氮罐，保存着 21 种蔬菜、8 种乔木、61 种花卉和 32 种作物的种子。目前，许多国家和地区都在从事超低温保存种子的研究，日本、印度、中国的国家基因库和我国台湾省的基因库都有液态氮保存设施。

超低温通常指低于−80℃的低温，多用液氮（−196℃）或液氮蒸汽。在如此低的温度下保存的生物材料，生理代谢活动几乎处于停滞状态，能降低甚至抑制其基因变异的可能性并保持生物材料的遗传稳定性，理论上讲，超低温保存的种子可以"无限期"存活下去。但实际应用时还需深入研究以下问题：保存材料及其生理状态的选择，冰冻保护剂种类和浓度的选择，降温速率、解冻速率及各种预处理方法对各种材料保存效果的影响，超低温保存的最佳条件和方法的筛选等。

3. 超干燥保存

低温库虽然是作物种质资源保存的最佳途径，但其建设投资大、技术要求高，运转费用也高，因而，找寻经济简便的保存技术已成为全球的战略目标。种子超干燥保存被认为具有这种潜在能力，方法是将种子含水量在 5%～7%（低温保存种子安全含水量下限）的基础上进一步降低，使其在常温条件下也能获得与低温保存相同的效果。目前，研究发现：至少有十个科的种子超干处理确实能延长种子的贮存寿命，且油脂类种子相对蛋白质类种子效果更好；种子干燥时的温度以 0～20℃为好，能最低程度地减少种质在干燥过程中所受到的伤害；不同作物种子在常温下有不同的最佳含水量临界值范围，高于或低于该临界值范围会缩短贮存寿命，因而"超干燥"贮存（<5%）的提法有可能会被种子的"适宜水分"所代替等。尽管超干燥保存的相关机理和配套技术还不是十分成熟，但在植物种质资源保存方面还是具有很大的潜在利用价值的。

4. 顽拗型种子保存

顽拗型种子（Recalcitrant seeds）又称为含水量变化的（Poikilohydrous）种子，种子在生理成熟时含水量达 50%～70%，脱离母株后含水量仍保持相当高，且种胚对脱水敏感。顽拗型种子的基本特性是不耐干燥、不耐低温且寿命短暂。常见的顽拗型种子有可可、木菠萝、油梨、荔枝、龙眼、椰子等。

目前，国内外已有十几个实验室在研究顽拗型种子，其中最有影响的当属英国雷丁大学农学系的实验室。我国中山大学生物系、浙江大学农业与生物技术学院、中国农科院作物品种资源所都开展了顽拗型种子各种课题的研究。研究发现，目前较为适宜顽拗型种子保存的技术有：

1) 胚贮藏法　研究发现，顽拗型种子的不同部位对失水的反应差别很大，一些种子的胚可干燥到较低含水量而不受伤害，如油棕榈种子的平衡含水量降到 10%左右时，剥胚可以成功地在液氮中保存，成活率达 80%。

2) 保持含水量贮藏法　采用一定的措施使种子的含水量保持在临界值以上，可延长种子的贮藏寿命。如芒果种子装入聚乙烯袋中保持含水量 51%，在 15℃下贮藏，可避免种子在贮藏中发芽，且经 7 个月后，生活力仍保持 65%。

（二）种质圃保存

种质圃保存（Field genebanks conservation），又称田间基因库，是将具有保存价值的一定群体的植株种植在田间或保护设施里，延续其基因源的一种保存方法。全世界拥有的植物种质资源 8.7% 是以该法保存的。其形式主要有栽培植物种质圃和植物园两部分。栽培植物种质圃主要用于保存以下植物：①无性繁殖植物，如木薯、香蕉、咖啡、马铃薯等；②多年生植物，如大多木本植物；③水生植物，如莲藕、茭白、菱、慈姑等；④顽拗型种子植物，如大多数的热带经济植物；⑤野生植物的迁地观察利用等。其特点是便于观察研究保存的植株，可以延续多年，操作技术要求较低，但它阻断了自然进化的过程，易受病虫害、自然灾害的影响，且田间保存所需成本和劳动强度都较大，因此并不是理想的长期保存方法，最好能与其他保存方式配合使用。

自 20 世纪 80 年代以来，我国现已建立国家级种质圃 32 个（其中有 5 个是针对热带作物或植物的），保存种或亚种 1024 个，总面积约 200km²，保存种质材料达 54000 余份。表 5-4 列出了园艺植物相关的国家作物种质资源圃的概况。

有关园艺植物的国家作物种质资源圃

表 5-4

种质圃名称	地　点	圃地面积（667m²）	保存作物	保存份数
兴城梨、苹果圃	辽宁兴城	196.0	梨	731
		180.0	苹果	703
郑州葡萄、桃圃	河南郑州	30.0	葡萄	916
		40.0	桃	510
重庆柑橘圃	重庆北碚	240.0	柑橘	1041
泰安核桃、板栗圃	山东泰安	73.0	核桃	73
			板栗	120
南京桃、草莓圃	江苏南京	60.0	桃	600
		20.0	草莓	160
新疆名特果树及砧木圃	新疆轮台	230.0	新疆名特果树及砧木	648
云南特有果树及砧木圃	云南昆明	120.0	云南特有果树及砧木	800
眉县柿圃	陕西眉县	46.0	柿	784
太谷枣、葡萄圃	山西太谷	126.0	枣	456
		20.61	葡萄	361
武昌砂梨圃	湖北武汉	50.0	砂梨	522
公主岭寒地果树圃	吉林公主岭	105.0	寒地果树	855
广州荔枝、香蕉圃	广东广州	80.0	荔枝	130
		10.0	香蕉	
福州龙眼、枇杷圃	福建福州	32.33	龙眼	236
		21.0	枇杷	251
北京桃、草莓圃	北京海淀	25.0	桃	250
		10.0	草莓	284
熊岳李、杏圃	辽宁熊岳	160.0	李	500
			杏	600
沈阳山楂圃	辽宁沈阳	10.0	山楂	170
中国农科院左家山葡萄圃	吉林左家	3.0	山葡萄	380
武汉水生蔬菜圃	湖北武汉	75.0	水生蔬菜	1276
克山马铃薯试管苗库	黑龙江克山	0.15	马铃薯	900
杭州茶树圃	浙江杭州	63.0	茶树	2527

（三）离体保存

离体保存（*In Vitro* conservation）是将种质资源的种子、花粉、芽、根和枝条等繁殖材料分离出母体，利用设备进行组织培养贮藏保存种质的方法。它保存的对象和种质圃的基本相同，但能很好地克服田间种植保存的局限性。与种质圃相比，离体保存的优点有：一是它所需空间较小，可大大节省人力、物力和土地；二是保存期可免受外界病虫侵害，避免因病原菌引起的退化、绝种；三是不经检疫便可直接进行种质发放或交换；四是具有很高的繁殖系数，当需要时可大量繁殖。缺点：一是目前只能在少数物种利用，大范围应用还有待进一步研究；二是掌握该技术需要较高的成本，有经验的技术人员稀缺等。

按离体培养保存种质的原理，可将该法分为三种：

1）正常生长环境保存：也称一般保存，即在常规离体培养条件下，不对培养物进行任何生长限制，通过继代方法进行保存的方式。多用作种质的暂时保存，对种质的运输、交换和去病毒很有帮助，但需要不断继代培养，过程较繁琐。

2）最低限生长环境保存：是将培养材料置于最小限度的生长条件下进行种质保存。主要可通过改变培养的物理环境，调整基本培养基，加入生长抑制物质、高渗透物质或矿物油等途径来控制其最小限度生长。

3）冷冻保存：即超低温保存，可安全有效地保存那些珍贵稀有种质。

中国热带农业科学院热带作物品种资源研究，利用离体保存技术，目前已建成包括35个科57个属共400多种热带珍稀植物的离体物种保存中心，其中160多种为国家一级和二级保护物种。

（四）其他库保存

非原生境保存除上述三种常见类型外，近年来随着分子生物学和基因工程的迅速发展，一些新的保存种质资源的方法（如突变体库、DNA库等）被相继提出，并受到越来越广泛的关注和重视。

如20世纪90年代以后，随着生物学诱变等技术的大量运用，人工诱变获得的突变体频率被大大加快，例如，通过T-DNA插入突变技术在模式植物拟南芥中就已经获得超过20万个以上的突变体。这些突变体是重要的基因源，扩大了生物多样性，为遗传育种研究提供了中间材料和新的种质资源，同时它还是分析基因功能最有效的材料。于是建立突变体库保存新产生的种质便应运而生。突变体库保存，就是将各种突变体的集合（包括自然突变和人工诱变），作为一类新的特殊遗传种质加以保存的方式。

DNA库则是21世纪初提出的一种更新的种质保存方法，就是在基因和基因组水平上对物种遗传多样性乃至基因的永久保存。基因组DNA包含了物种全部的遗传信息，因而提纯并保存物种的DNA，建立DNA库将成为保护生物多样性的一个最简便有效的方法。尽管建DNA库保存资源的前景非常好，但据国际植物遗传资源研究所2004年的调查显示：大多数资源研究机构并未开展此项工作，只有20%的机构开始进行，并且规模很小。迄今各研究机构储存的DNA样品主要用于进一步研究，而对于长期保存生物多样性的考虑还不普遍。开展遗传资源DNA保藏最积极的国家——美国，也只有8个相关机构在开展此项工作，因此要真正利用DNA库长期保存资源还有很长的路要走。

第四节　种质资源创新与利用

前面我们介绍了种质资源研究工作需要经过种质调查、收集、分类、评价、鉴定与保存等诸多环节，但这些都不是研究工作的最终目的，种质研究的最终目的是充分利用种质资源。当然，种质资源的充分利用可以体现在不同的层次水平上：一是直接利用，即对那些已评价出的优异种质资源可以直接加以利用（包括直接用作育种亲本的材料或直接用于栽培生产的材料）；二是间接利用，对大多数拥有某一优良基因，但其他农艺性状却非常差的野生种、近缘野生种等，即一时难以直接利用的那些种质，就需要先加以改造、创新，然后再进入下一步的利用。

一、种质资源创新的概念与意义

种质资源创新的概念有狭义和广义之分，狭义的种质资源创新是指对种质作较大难度的改造，如远缘杂交的基因导入、优良性状的聚合杂交等。广义的种质资源创新则泛指人们利用各种变异（自然的或人工的），通过人工选择的方法，根据不同目的而创造成的新作物、新品种、新类型和新材料。它既不同于自然变异产生的新类型，也不同于培育新品种，因为自然变异进程缓慢而且偶然性强，培育新品种则要求适合一定栽培条件或地区、综合性状良好、能在生产上推广应用等。通过种质创新获得的新资源比其原始亲本种类更多，且各具特长，更便于育种家的进一步利用，因此也称之为前育种。由此可见，种质创新是作物种质资源有效利用的前提和关键，是顺利开展作物遗传育种工作的基础和保证。

20世纪60年代初，种质创新就已成为推动第一次"绿色革命"的主导技术，这次"绿色革命"解决了19个发展中国家的粮食自给问题，其中贡献最大的两个国际机构：一是墨西哥国际玉米和小麦改良中心，他们利用具有日本"农林10号"矮化基因（Rht1、Rht2）的品系，与抗锈病的墨西哥小麦杂交，获得了矮秆、抗倒伏、抗锈病同时高产的优良小麦品种；二是菲律宾国际水稻研究所，该所成功地将我国台湾省的"低脚乌尖"水稻品种的矮秆基因（Sd1），导入高产的印度尼西亚品种"皮泰"中，培养出第一个半矮秆、高产、耐肥、抗倒伏、穗大、粒多的奇迹稻——"国际稻8号"，此后又相继培养出"国际稻"系列良种。上述品种在发展中国家被迅速推广并产生了巨大效益。这是人类首次主动地开发作物品种资源的有益基因进行种质创新，就获得了巨额回报，让人们充分地认识到了种质创新对满足人类需求的重要性。

近年来，随着生产水平的提高、新品种的推广，作物育种所利用的基因集中到少数种质上，由此导致的遗传侵蚀，使得遗传基础越来越狭窄，进而导致了近些年来主要作物育种陷入了"徘徊"状态，少有突破性的品种问世。人类拥有丰富的种质资源，但却不得不面临育种材料贫乏的尴尬，究其原因是人类对大量种质资源的操纵能力十分有限。育种家们能够利用的仅仅是一级基因源的少数几种或几十种有可能直接获得可用品种的亲本，而对于大多数一级基因源（指那些分散在不同农家品系中的有利基因）和二级、三级基因源（指栽培物种的近缘野生种中的特殊基因）只能望"源"兴叹。解决这些矛盾的最好方法就是加大种质创新力度，丰富种质创新技术。

二、种质资源创新的类型

根据设计目标的不同，可将种质创新分为两大类：①以遗传学工具材料为主要目标的种质创新，例如非整倍体材料、近等基因系、突变体的创建等；②以育种亲本材料为主要目标的种质创新，例如国际水稻所用的"低脚乌尖"中国的"野败型"不育系小麦的 1B/1R 代换/易位系、1997 年度获国家发明一等奖的矮孟牛等。这两大类都是同等重要的种质创新内容，但目前我国学者似乎更加重视对后者的研究，对于前者的重视程度远不及国外。

根据操作种质创新人员的不同，主要可分为三大类：①从事种质资源研究的专业人员，由他们将创造出的新类型、新材料提供给遗传学家和育种学家使用，我国种质研究人员在承担国家品种资源攻关项目中就有此项任务；②育种学家，他们在新品种选育的分离世代、高代品系中除了注意新品种的选择外，也兼顾选择那些具有突出特点的种质材料，大多国际组织的研究所就属于此类型；③遗传学家和生物技术学家，他们在研究中主要的目的是增加种质资源的遗传多样性，因此会发现许多特殊类型的种质，国外的种质创新大部分属于这一类型。

三、种质资源创新的技术

种质资源创新的技术是多种多样的，但概括起来主要有以下三类：

1）采用常规的杂交育种手段，充分利用自然的基因进行培育、改造：现在的农作物大都是由其野生祖先栽培驯化而来的，野生种的驯化以及现代育种使品种遗传基础变得越来越狭窄，而古老的地方品种遗传基础则较宽，从野生种中发掘栽培种中不具备的优良基因是早年种质创新的主要方式。例如世界上第一个在生产上应用的矮秆、高产水稻品种——"矮脚南特"，就是我国早期从"南特 16"中选出的；"矮变一号"也是从"矮秆早"小麦中选得的天然变异系以及最初发现的非整倍体材料等。近年也有不少应用分子标记辅助手段在地方品种中寻找新的有用基因的成功例子。当然，并非所有的种质资源都能直接用于作物育种，多数种质材料特别是那些野生种，仅在某一性状上表现突出，其他农艺性状极差，用好的品种与其杂交，有可能得不偿失，这时就需利用基因工程等其他种质创新技术来解决这些矛盾。

2）通过种内杂交、远缘杂交、组织培养、无性系变异、人工诱变等手段，创造新的变异类型：这是目前种质创新的最主要手段和方法，几乎所有人工创造的新类型均来源于此。

3）利用基因工程手段进行种质创新：这是 20 世纪 80 年代以来发展起来的新技术，它不仅可以在不同科、族间，而且可以在动、植物界间进行基因转移，极大地丰富了种质变异类型，增大了种质遗传多样性，例如现在获得的各种转基因番茄、大豆、抗虫棉等。

四、种质资源创新利用的现状

种质资源研究的最终目的是为了更好地利用，发达国家在种质创新利用方面一直走在世界前列。除采用常规的杂交育种手段育出大量新品种外，还发展了诱变育种、辐射育种、分子育种等新技术。美国将从矮牵牛中分离得到的蓝色基因导入玫瑰，获得世界上独一无二的"蓝玫瑰"；日本通过基因工程培育出一种微型的土耳其风铃草，在花卉市场大流行；美国将番茄种子送上太空经辐射诱变后，得到了脱毒的变异种质。新中国成立以来，我国育成作物新品种 5000 多个，估计被利用的种质资源数在 10000 个以上，作物种质资源利用率约3%～5%。"九五"期间，通过综合评价筛选出优异种质3700余份，已有1100余份被提供利用，其中241份已在育种、生产中发挥重要作用。

在热带作物育种方面，比利时、澳大利亚开展了抗病转基因香蕉的研究并取得突破性进展；昆士兰大学研究得到香蕉束顶病基因片段并申请了专利；印度、泰国、韩国等国也在热作种质资源的创新利用方面作出了积极的贡献。

我国热带植物种质资源研究在创新利用方面尚处于发展阶段，早期我国对热带植物种质资源的收集、保存做了大量工作，近期的工作重点已逐渐转向种质创新与利用方面。如中国热带农业科学院橡胶栽培研究所，采用杂交育种、诱变育种等方法，培育出一大批橡胶树优良品种；中国热带农科院热带作物生物技术国家重点实验室用根瘤农杆菌介导，成功地将番木瓜环斑病环外壳基因 PRSV-CP、病毒 RNA 复制酶基因和 PRSV-CP 与核酸酶的嵌合基因 PRSV-CP-Nucle 相继导入不同的番木瓜材料中，并获得了对 PRSV 表现一定抗病性的转基因植株。国际热点农业研究中心针对木薯的遗传特征，系统地贯彻了加倍单倍体培养结合分子标记辅助育种的策略，取得了显著的效果。但大多数热带种质资源如热带牧草、芒果、菠萝蜜、人心果、尖蜜拉、杨桃、蛇皮果、金星果、蛋黄果等热带果树，以及腰果、咖啡、可可、剑麻、油棕等经济植物，基本上都以直接利用、系统选择或者引用国外品种为主。强调上述种质资源的经济性状而忽略其抗性选择，这就导致了生产上急需的抗病虫、抗逆性强的新品种缺乏，使一些产业面临困境。如香蕉的叶斑病、花叶心腐病、线虫、巴拿马病等病虫害已对我国香蕉生产和产品质量安全构成严重威胁，危害造成的损失可达20%～40%，甚至高达70%。

第五节　案例分析——荔枝种质资源研究

一、荔枝的起源、传播及分布

荔枝（*Litchi chinensis* Sonn.），属无患子科（Sapindaceae）荔枝属常绿乔木栽培种。荔枝起源于中国和越南，在中国的海南、广西、云南、广东等地都发现有野生荔枝的分布，世界其他国家栽培的荔枝都直接或间接来源于中国。1775 年我国荔枝首站传播到了印度；1800 年从印度传到孟加拉；1854 年中国广东荔枝首次被引入澳大利亚昆士兰北部，开始了澳洲的种植；1860 年非洲的毛里求斯、留尼旺最早种植荔枝，然后是 1870 年的马达加斯加；到 1873 年，美国开始在夏威夷种植荔枝。20 世纪的 60～70 年代，许多国家开始认识荔枝并从这时开始种植荔枝。

目前，荔枝主要分布在北纬 10°～30°和南纬 10°～30°，包括亚洲、非洲、大洋洲、美洲和欧洲的共 36 个国家，全世界的栽培面积大约是 80 万 hm²，每年的总产量是 150～200 万 t。据 2000 年国际植物遗传资源研究所（International Plant Genetic Resources Institute，IPGRI）的统计，全世界荔枝栽培面积最多的 7 个国家依次是：中国、印度、越南、泰国、马达加斯加、孟加拉和尼泊尔。目前，中国荔枝的栽培面积约 60 万 hm²，约占世界栽培总面积的75%，年产量 100 万～150 万 t，占世界总产量的 70%。主要分布在北纬 18°～24°30′的热带、亚热带地区，主要栽培省份有广东、广西、福建、海南、台湾和云南，在四川、贵州、浙江的一些特殊小气候区也有零星种植。

二、荔枝的品种资源

1. 荔枝的分类研究

荔枝在我国栽培历史悠久，品种资源极为丰富，对荔枝品种分类的标准及方法也颇多。如按主产区品种归类，按生态环境分类，按成熟期分类和按果实形态分类等。1962年，《广东荔枝志》制订出荔枝品种分类的新原则：①以荔枝主产区栽培历史悠久、遗传性状稳定、品质优良的品种作为代表品种；②以果皮上龟裂片的形态和裂片峰尖或平滑的状况，作为分类的主要依据；③在采用以龟裂片为主要分类特征的同时，结合花序、叶形，果实的形态、果实成熟期以及果肉的质地、品质等进行分类。依照上述三大分类原则，将广东的荔枝品种分为七类，即：桂味类、妃子笑类、进奉类、三月红类、黑叶类、糯米糍类和怀枝类。从而初步解决了荔枝品种分类上长期存在的难题，也为后来的分类研究和编辑出版《中国果树志·荔枝卷》中的品种分类奠定了基础。吴淑娴主编的《中国果树志·荔枝卷》（1998）中汲取了前人分类的原则，以成熟果实中部果皮上龟裂片和裂片峰的主要特征为分类的标准，把我国荔枝品种分为三大类：①果皮龟裂片尖突类型；②果皮龟裂片隆起类型；③果皮龟裂片平坦类型。《广西荔枝志》（1984）以荔枝龟裂片及裂片峰形态作为分类的一级标准，果形为二级标准，其他性状为三、四级标准，将荔枝分成3大类和7个"品种组"，并编制了分类检索表。

近年来，广东省农业科学院果树研究所易干军等（2002）运用 AFLP 技术对 39 份荔枝种质进行了分类和鉴定，取得了较大进展，初步建立了荔枝 AFLP 分类体系。

2. 荔枝的主栽品种

目前主要栽培的荔枝品种有：三月红、尚枝（尚书怀）、香荔、桂味、糯米糍、白糖罂、妃子笑、鸡嘴荔、水荔、海垦1号、海垦8号、岭南39号、A4（无核荔）、南岛无核、牛心荔等。

三、荔枝种质资源的收集、保存、评价和利用

1. 荔枝种质资源的收集与保存

荔枝虽起源于中国，但国外对荔枝种质资源的收集、保存也很重视。据报道，收集、保存荔枝种质较多的国家有美国、以色列、印度、澳大利亚、泰国、南非、西班牙等，其中美国86份、以色列超过80份、印度超过50份、澳大利亚超过40份、越南超过30份、泰国在30份以上、南非20多份、西班牙也有19份。

中国对荔枝种质资源的研究起步于20世纪50年代末，经过几十年的普查、搜集，到目前为止，有记录的中国荔枝种质资源已达260份以上。在调查收集的基础上，我国对荔枝种质资源的保护也采取了原生地保存、资源圃保存和离体保存等多种形式。

1）原生地保存：1982年，经广东省政府批准，在霸王岭的金鼓岭建立了 46.7hm² 的野生荔枝保护区。目前，在海南省的17个省级或国家级自然保护区中，大部分保护区中都有野生荔枝的分布。在云南西双版纳自然保护区中也有野生荔枝分布。2004年，广西建立了野生荔枝种质资源保存圃。近几年广州市提议设立海珠果树保护区，其保护对象主要是荔枝，特别是尚书怀等荔枝优稀品种。广东廉江已将谢鞋山野生荔枝林建成旅游风景区加以保护和利用。另外，对于优良荔枝古树，各地也采取了一定的原地保护措施，如福建的"宋荔"、"宋家香"，广西的"灵山香荔"、"糯米糍"等，地方政府均将其定为县级

重点文化保护植物加以保护。

2）资源圃保存：1988 年在广东省农业科学院果树研究所建立了我国第一个"国家果树种质广州荔枝圃"，至今共收集保存来自广东、海南、福建、广西、云南、四川等省区的荔枝种质 159 份，其中野生、半野生资源 14 份、栽培品种 145 份，是世界上最大的荔枝种质基因库。此外，海南大学、中国热带农业科学院热带作物品种资源研究所、广西园艺所等教学、科研单位也收集、保存着一部分荔枝种质。

3）其他方式保存　荔枝属于顽拗型植物，特别适合离体保存。我国从 19 世纪 80 年代起就开始了荔枝无性繁殖的研究。傅连芳等通过荔枝花药组织培养方式获得了具有根茎叶的完整植株。也有应用幼胚、幼茎等组织诱导产生胚性愈伤组织并诱导成苗的。2006年，王梓清进行了荔枝种质资源离体保存的研究，建立了荔枝胚性愈伤组织的培养体系和实生苗的茎尖启动体系并对荔枝愈伤组织进行了缓慢生长法保存，最长的继代时间可以延至 100 天。这些研究工作为荔枝的离体保存奠定了理论基础。

2. 荔枝种质资源的描述评价

我国在收集、保存在基础上，还开展了大量的荔枝资源形态特征鉴定评价工作，到目前为止，已对 80 多份资源进行了鉴定评价，积累了大量的科学数据和技术资料。1990 年编写了《荔枝种质资源描述符》，1993 年和 1998 年分别编写了《果树种质资源目录·荔枝》第 1 集、第 2 集，但这些评价缺乏统一规范化的评价标准。2002 年 IPGRI 颁布了一份荔枝描述规范，该规范共 7 部分，含 14 章 239 条记录，记录的内容几乎涵盖了荔枝资源评价的所有内容，但是这份描述规范内容过细，执行起来有一定难度。为此，我国科技工作者对其作了修订，制订了我国荔枝种质资源的描述规范，共包括 11 章 157 条记录，大大提高了规范的可操作性。

3. 荔枝种质资源的创新利用

近几十年来，我国荔枝的创新利用研究主要集中在两方面：

1）品种鉴定、评价和优选　即从中筛选出适宜生产发展的优良品种或株系，挖掘单性结实（无核、焦核）、特大果型、特晚熟等优稀资源。例如，①通过实生选种获得的优良新品种或品系有：三月红、妃子笑、大造、灵山香荔、糯米糍、雪怀子、白蜡、圆枝、马贵荔、无核荔、鹅蛋、紫娘喜（蟾蜍红）、鉴江红糯、细核怀枝等。②通过芽变选种获得了早熟、迟熟、丰产等多种变异型，其中最有特色的当数"焦核"芽变类型。如：中山早熟焦核三月红、焦核淮枝、焦核桂味以及焦核火灰荔等。它们均丰富了我国的荔枝品种资源和商品生产品种。

2）品种的适应性研究　即通过品种特性及其对气候的反应性研究，筛选出适应各地发展的优良品种，从而形成荔枝的商品生产基地。如广东形成了粤西以白糖罂、白蜡、妃子笑等早熟品种为主的品种基地，粤东以黑叶为主的中熟品种基地，珠江三角洲地区以妃子笑、糯米糍、桂味为主的优质品种基地，及北回归线附近的从化等地以淮枝等晚熟为主的种植基地，使广东省荔枝的采收期可以从 5 月中旬延续到 7 月底 8 月初，相对延长了荔枝的采收期。近年来海南在研究本地品种的同时，从广东引进了三月红、妃子笑、白糖婴等品种，通过适应性研究，这些品种也已成为当地发展的优质品种，使得海南成为我国荔枝最早熟的商品种植基地。

习题

1. 名词解释

(1) 种质资源；

(2) 引种；

(3) 原生境保护；

(4) 顽拗型种子；

(5) 种质圃保存。

2. 简答题

(1) 种质资源考察的注意事项有哪些？

(2) 简述种质资源引种应遵守的原则。

(3) 简述原生境保护的优缺点。

(4) 非原生境保存的主要形式有哪些？

(5) 种质资源评价的注意事项有哪些？

(6) 什么是种质资源创新？创新的意义主要体现在哪些方面？

参考文献

[1] 景士西. 园艺植物育种学总论（第二版）[M]. 北京：中国农业出版社，2007

[2] 王文泉，刘国道. 热带作物种质资源学 [M]. 北京：中国农业出版社，2008

[3] 曹家树，秦岭. 园艺植物种质资源学 [M]. 北京：中国农业出版社，2005

[4] 廖明安. 园艺植物研究法 [M]. 北京：中国农业出版社，2005

[5] 章文才. 果树研究法 [M]. 第三版. 北京：中国农业出版社，1997

[6] 王文泉，王海燕，杨子贤等. 中国热带植物种质资源的保护与创新利用 [J]. 植物遗传资源学报，2006，7（1）：106-110

[7] 尹俊梅，陈业渊. 中国热带作物种质资源研究现状及发展对策 [J]. 热带农业科学，2005，25（6）：55-60，74

[8] 张华锋，季彪俊. 植物种质资源研究概论 [J]. 宜春学院学报，2005，27（2）：92-94，110

[9] 王艳琼，陈业渊. 荔枝种质资源研究进展 [J]. 江西农业学报，2008，20（7）：54-57

（编者：乔　飞、宋希强）

第六章 热带园艺产品质量的研究

改革开放以来，我国热带园艺产品行业取得了长足的发展，产量持续增加，质量逐步提高。我国政府一直比较重视园艺产品质量的研究工作，有关园艺产品质量的研究也越来越深入，由标准的研究制订到生态环境条件与品质形成关系的研究，再到品质形成机理的探索，现如今研究重点主要集中在品质形成机理与品质调控技术两个方面。虽取得了阶段性的进展，但仍存在着如下不足之处：①在产品质量分级管理上内容分散、分级要求模糊、可操作性不强；②研究对象上南北园艺产品发展不均衡，热带园艺产品品质的研究基础相对薄弱；③尚未建立起科学合理、完善的研究方法系统；④产品品质形成机理模糊，调控途径有限；⑤与国外研究的差距较大，园艺产品在国际贸易中往往因为质量问题而屡遭绿色技术贸易壁垒。因此，积极向国际标准靠拢，建立完善的热带园艺产品规格、标准和质量管理体系，摸清品质形成机理，建立健全的研究方法，扩充切实有效的品质调控途径，对我国热带园艺产品的升级、拓展国际贸易新空间显得尤为迫切和重要。

第一节 热带园艺产品品质

品质（quality）也称质量，指产品特性的构成和等级。热带园艺产品质量（Quality of tropical horticulture products）是一个高度复合的概念，根据《质量管理体系基础——术语》（ISO 9000：2000）可将热带园艺产品质量定义为热带园艺产品固有特性满足消费者要求的程度。可见，热带园艺产品质量是一个属于商品经济范畴，用于衡量热带园艺产品特征、特性、优劣与商品价值的定性标准。它具有主观和客观属性，客观上品质是与产品的基本属性如外观、质地、风味、营养价值和安全性等相关的，主观上品质是消费者在一定的社会经济条件下对产品的要求。品质有多种含义，如市场品质、可食品质、运输品质、饭桌品质、营养品质、内在品质、外观品质等。热带果蔬产品品质（Quality of tropical fruit and vegetable products）根据使用用途可划分为鲜食品质、加工品质、贮藏品质、运输品质和销售品质，根据果蔬的客观属性可分为感官品质（Sensory quality）和内在品质（Internal quality）。构成热带观赏植物产品品质（Quality of tropical ornamental plant products）的因素主要包括外观品质和内在品质。如切花品质通常包括观赏寿命、花姿、花朵大小、鲜重、新鲜度、茎和花梗的支撑力、叶色和质地等。

一、园艺产品的品质因素

果品、蔬菜和花卉等园艺产品品质的好坏是影响产品市场竞争力的主要因素，人们通常以色泽、风味、营养、质地与安全状况来评价其品质的优劣。不同的人对品质的要求不同。对于生产者来说，注重产品的外形、缺陷、产量、抗病性、易采收及好的运输品质；集货商和批发商对果蔬感兴趣的是产品的硬度和长的贮藏寿命；对于消费者来说，往往要求外观好、风味好及营养价值高。

园艺产品的品质可以概括为感官品质和生化品质，感官品质指外观、质地、风味。生化品质指营养物质和安全性，例如产品的大小、色泽、形状和群体的整齐度等是外观特性；而产品的硬度、致密性、韧性、弹性、纤维、汁液多少、黏稠度、粉质感等是质地特性；酸甜苦涩等属于风味物质特性；维生素、蛋白质、氨基酸、碳水化合物等属于营养物质特性。

（一）果蔬的质量因素

1. 外观品质（Appearance quality）

外观（视觉）是构成大部分果蔬感观品质的主要因素之一。包括大小（面积、质量和体积）、形状（光滑度、均一性、致密性）、颜色（一致性、强度的深浅）、光泽（表面蜡质状况）、破损程度（物理和机械损伤、生理损伤及病虫害损伤）。

2. 质地（Texture）

果蔬是典型的鲜活易腐品，含水量高，细胞膨压大，对于这类商品，人们希望它们新鲜饱满、嫩脆可口、组织致密。因此，果蔬的质地主要表现为脆、绵、硬、软、细腻、粗糙、致密、疏松等，它们与品质密切相关，是评价果蔬品质的重要指标。质地（触觉）包括坚实度、硬度、软度、脆性、爽口性、多汁性、粉性、粗细度、韧性和纤维感。

3. 风味（Flavor）

果蔬的风味是构成果蔬品质的主要因素之一，果蔬因其独特的风味而备受人们的青睐。不同果蔬所含风味物质的种类和数量各不相同，风味各异，但构成果蔬的基本风味（味觉）只有香、甜、酸、苦、咸、涩、辣、鲜等几种。

4. 营养物质（Nutrients）

果蔬是人体所需要维生素、矿物质和膳食纤维的重要来源，此外有些果蔬还含有大量淀粉、糖、蛋白质等维持人体正常生命活动必需的营养物质。随着人们健康意识的不断增强，果蔬在人们膳食营养中的作用也日趋重要。营养物质包括碳水化合物、食用纤维、蛋白质、各种氨基酸、维生素、脂肪、矿物质、微量元素等。

5. 安全性（Security）

主要指园艺产品的污染和食品卫生。构成要素有自然发生的有毒物、污染物（化学残留、重金属等）、微生物毒素、微生物污染物等。

（二）观赏植物的质量因素

观赏植物产品的质量因素包括基本因素和社会因素。其中基本因素又包括外观因素和内在因素。

1. 基本因素

外观因素是生产者最为看重的因子。即通过非破坏性的手段来计测并数值化的因子，如花茎长度、色彩、病虫害、冷害、机械损伤、落花落蕾、花朵开放程度等。观测者判断时难以数值化的因子，如茎叶新鲜度、应时性、整体平衡等。

内在因素主要是花卉消费者所要求的因子。可测因子：如瓶插寿命、耐贮性、耐运性等。难于计测和难以数值化的因子：如用途的适合性、对环境的适应性等。

2. 社会因素

也称为消费要求，不同的国家、不同的地域、不同的民族文化消费者有不同的需求和爱好，比如，西方国家喜欢颜色鲜艳、热烈奔放、雍容华贵的观赏植物产品，而以我国和日本为代表的东方国家则喜欢清新典雅的花卉种类。在我国，南方地区多喜爱以姿质取胜的淡雅花卉，而西北地区多喜欢大红色等具喜庆色彩的花卉。在广东、香港等地，由于方言的关系，送花时尽量避免用剑兰（见难）、茉莉（没利）。日本人忌荷花。法国人、意大利人和西班牙人不喜欢菊花，认为它是不祥之花，但德国人和荷兰人对菊花却十分偏爱。在德国，一般不能将白色的玫瑰花和郁金香送给朋友的太太，巴西人视黄色为凶丧的色调。

观赏植物种类极多，形状各异，与其他农业产品相比要复杂得多。观赏植物产品主要包括鲜切花、切叶、切枝、盆花、种球、种苗等。以切花为例，影响切花质量的因素包括：

1）植株的整体平衡：是指花序（花朵）、叶片和茎秆之间的相互协调和平衡，是观赏植物的整体感观，也是引起购买欲望的第一印象。包括是否完整、均匀及新鲜程度。如标准菊花枝的要求是叶片大小适中，按叶序上下均衡排列，叶片平展斜上生长，花颈不宜过长或过短，茎部挺拔直立、无弯曲，花头要向上；要完整均匀、新鲜挺拔。

2）花序排列与花朵形状和颜色：花序排列是指多花型切花花序的排列方向、小花之间的分布和距离等内容。花朵形状和颜色简称花形和花色。其中，花形包括花型特征和花朵形状两层含义。例如，标准切花菊的花型有球状型、莲座型、芍药型、盘状型、托桂型等。而花形指花朵形状是否完整，有无缺损。

3）花枝形状和长度：指花枝上的整体布局、花茎的粗度、长度以及挺直程度等。这些指标直接影响到观赏植物的观赏性和用途。

4）叶片排列、形状和色泽：指叶片在花枝上的排列角度、距离，叶片的形态特征、叶片的颜色和深浅以及叶片的光泽等。

5）病虫害状况：包括检疫性病虫的存在与否，普通病虫的存在数量、危害状况及痕迹的有无和程度等内容。

6）机械损伤和药物伤害：机械损伤是指由于粗放操作或由于贮运中的挤压、振动等造成的伤害。药害是指由于施用药物对花朵、叶片和茎秆造成的污染或伤害。

7）采收标准：指观赏植物在采收时的生长和发育状况，直接影响流通质量和流通期限以及售后服务质量。

8）采后处理：包括采收后的花材整理、捆扎、包装、标志等内容。

9）寿命：消费者要求瓶插寿命，花店要求货架寿命、展览寿命。

二、热带园艺产品的分级

无论是初级园艺产品，还是经过某种程序加工的产品，其质量状况都存在着一定的差异。为适应市场经济和国际贸易的需求，热带园艺产品采收以后，应该根据产品品质状况和一定的质量标准立即进行分等、分级（Grading）。分级的主要目的是实现园艺产品标准化、商品化，便于包装和运输。

分级的意义是为产品使用性和价值提供参数；可以作为评定产品质量的技术准则和客观依据；可以产品标准作为争议时的裁决标准，在买卖双方对产品质量发生争议时，有助于解决双方赔偿损失的要求和争论；使产品大小整齐，便于包装；有助于确定产品在贮藏期间的贷款价值；有助于贯彻优质优价，推动园艺产品的生产、栽培管理技术的发展。

我国在新中国成立之初就着手抓农产品分级工作，重点在新鲜蔬菜和水果的分级上。

质量标准经历了地方标准、行业标准和国家标准三个发展历程。从 20 世纪 50 年代起各省、市、自治区开始陆续提出或制订了各自的果蔬产品标准，1960 年后才开始颁布行业标准，但进展缓慢，至 1980 年只颁布了几项行业标准，1983 年之后才有国家标准的制订与颁布，20 世纪 90 年代开始各级质量标准制订进展快速，至 2003 年农产品质量的国家标准达到了 432 项，行业标准有 1190 项。有关热带园艺产品的质量标准的制订时期较晚，1988 年才开始制订与颁布了《香蕉》（GB/9827—1988）。

（一）分级方法及设施

园艺产品产区采收后应在包装房里进行清洗、分级、干燥、打蜡等一系列采后处理，清洗与分级时剔除腐烂、机械伤和病虫害果，清洗和干燥后，按一定规格标准分级和包装成件。分级方法有人工分级和机械分级两种。水果分级标准，因种类品种而异，我国目前的做法是，在果形、新鲜度、颜色、品质、病虫害和机械伤等方面已符合要求的基础上，再按大小进行分级。

1. 人工分级

人工分级是目前国内普遍采用的分级方法。这种分级方法有两种：

1）单凭人的视觉判断，按果蔬的颜色、大小将产品分为若干级。用这种方法分级的产品，级别标准容易受人心理因素的影响，往往偏差较大。

2）用选果板分级，选果板上有一系列直径大小不同的孔，根据果实横径和着色面积的不同进行分级。用这种方法分级的产品，同一级别果实的大小基本一致，偏差较小。

人工分级能最大限度地减轻果蔬的机械伤害，适用于各种果蔬，但工作效率低，级别标准有时不严格。

2. 机械分级

机械分级具有效率高、误差小的优点，并可实现自动化、规模化操作，但处理过程中容易新增机械伤，分级机械价格也较昂贵。

果蔬的机械分级设备有以下几种：

1）重量分选装置：根据产品的重量进行分选。按被选产品的重量与预先设定的重量进行比较分级。重量分选装置有机械秤式和电子秤式等不同的类型。

机械秤式分选装置主要由固定在传送带上可回转的托盘和设置在不同重量等级分口处的固定秤组成。将果实单个地放进回转托盘，当其移动接触到固定秤，秤上果实的重量达到固定秤的设定重量时，托盘翻转，果实即落下。电子秤重量分选装置则改变了机械秤式装置每一重量等级都要设秤、噪声大的缺点，一台电子秤可分选各重量等级的产品，装置大大简化，精度也有提高。重量分选装置多用于苹果、梨、桃、番茄、甜瓜、西瓜、马铃薯等。

2）形状分选装置：按照被选果蔬的形状大小（直径、长度等）分选。有机械式和光电式等不同类型。

机械式形状分选装置多是以缝隙或筛孔的大小将产品分级。当产品通过由小逐级变大的缝隙或筛孔时，小的先分选出来，最大的最后选出。适用于柑橘、李子、梅、樱桃、洋葱、马铃薯、胡萝卜、慈姑等。

光电式形状分选装置有多种，有的是利用产品通过光电系统时的遮光，测量其外径或大小，根据测得的参数与设定的标准值比较进行分级。较先进的装置则是利用摄像机拍摄，经电子计算机进行图像处理，求出果实的面积、直径、高度等。光电式形状分选装置克服了机械式分选装置易损伤产品的缺点，适用于黄瓜、茄子、番茄、菜豆等。

3）颜色分选装置：根据果实的颜色进行分选。果实的表皮颜色与成熟度和内在品质有密切关系，颜色的分选主要代表了成熟度的分选。例如，利用彩色摄像机和电子计算机处理的红、绿两色型装置可用于番茄、柑橘和柿子的分选，可同时判别出果实的颜色、大小以及表皮有无损伤等。红、绿、蓝三色型机则可用于色彩更为复杂的苹果的分选。

蔬菜由于食用部分不同，成熟标准不一致，所以很难有一个固定统一的分级标准，只能按照对各种蔬菜品质的要求制订个别的标准。蔬菜分级通常根据坚实度、清洁度、大小、重量、颜色、形状、鲜嫩度，以及病虫感染和机械伤等分级，一般分为三个等级，即特级、一级和二级。

① 特级品质最好，具有本品种的典型形状和色泽，不存在影响组织和风味的内部缺点，大小一致，产品在包装内排列整齐，在数量或重量上允许有5%的误差；

② 一级产品与特级产品有同样的品质，允许在色泽、形状上稍有缺点，外表稍有斑点，但不影响外观和品质，产品不需要整齐地排列在包装箱内，可允许10%的误差；

③ 二级产品可以呈现某些内部和外部缺点，价格低廉，采后适合于就地销售或短距离运输。

目前的分级方法一般都是根据园艺产品的外在感官性状来划分，内在品质指标在分级时一般不纳入衡量范畴，这会造成园艺产品特别是果蔬产品外观品质好却往往不堪食用的现象。随着果蔬内在品质无伤检测技术的日趋成熟和完善，内在品质将来也会纳入果蔬分级的考虑范畴，这一好看不好吃的现象将会得到很好的解决。在申请国家安全质量认证时，如申请无公害农产品认证、绿色食品认证、有机食品认证时一般都是根据园艺产品内在的安全质量品质和卫生品质来划分。另外，由于园艺产品的形状、大小和质地差异很大，难以实现分级过程的完全自动化，一般采用人工分级与机械分级相结合进行分选。

（二）案例分析

1. 果品案例分析

事实上，我国有关热带果品质量分级的国家标准的制订进程缓慢，目前只有香蕉、鲜龙眼制订了国家标准，其他多为由农业部发布的行业标准，如2002年农业部发布的荔枝、椰果、番石榴、青香蕉（表6-1）等热带果树的行业标准。

香蕉等级规格标准（NY/T 517—2002青香蕉）　　　　　　　　　　　　表 6-1

项　目	等级		
	优等品	一等品	二等品
饱满度	75%～90%	75%～90%	70%以上
果实规格	梳形完整，每千克果指数不超过8只，但不少于5只。果实长度20～28cm	梳形完整，每千克果指数不超过11只，但不少于4只。果实长度18～30cm	梳形基本完整，每千克果指数不超过14只。果实长度15cm以上
果面缺陷	无果面缺陷	允许轻微碰压伤、日灼，每梳蕉轻伤面积小于1cm²，日灼果指数不大于3%，水锈或干枯疤指数不大于5%，无冷害冻伤、病虫害、裂果和药害	允许轻微碰压伤、日灼、病虫害伤痕和药害，每梳蕉轻伤面积小于2cm²，病虫害伤痕面积不大于1cm²，药害伤痕面积不大于1cm²，日灼果指数不大于5%，水锈或干枯疤指数不大于10%，无冷害冻伤和裂果现象

热带果品分级标准，因种类品种而异。我国目前的做法是，在满足一定的基本要求的基础上，根据果形、新鲜度、颜色、品质、病虫害和机械伤等再分优等、一等和二等三个等别，很少有具体的级别标准。

2. 蔬菜案例分析

蔬菜由于食用部分不同，成熟标准不一致，所以很难有一个固定统一的分级标准，只能按照对各种蔬菜品质的要求制订各自的标准。蔬菜通常先根据紧密度、卫生程度、颜色、形状、鲜嫩度、病虫感染和机械伤分等，一般分为三个等别，即特级、一级、二级（表6-2）。

辣椒等级规格标准（NY/T 944—2006 辣椒）　　　　　　　　　　　表6-2

等　级	要　　求
特级	外观一致，果梗、萼片和果实呈该品种固有的颜色，色泽一致；质地脆嫩；果柄切口水平、整齐（仅适用于灯笼形）； 无冷害、冻害、灼伤及机械损伤，无腐烂
一级	外观基本一致，果梗、萼片和果实呈该品种固有的颜色，色泽基本一致；基本无绵软感；果柄切口水平、整齐（仅适用于灯笼形）； 无明显的冷害、冻害、灼伤及机械损伤
二级	外观基本一致，果梗、萼片和果实呈该品种固有的色泽，允许稍有异色；果柄劈裂的果实数不应超过2%； 果实表面允许有轻微的干裂缝及稍有冷害、冻害、灼伤及机械损伤

3. 观赏植物案例分析

观赏植物产品的质量标准尚缺乏统一的国际标准，只有欧洲经济委员会（The United Nations Economic Commission for Europe，ECE）区域标准（表6-3）和美国标准（表6-4）、日本标准（表6-5）、荷兰标准等部分国家标准。

在欧洲经济委员会的标准里，观赏植物的质量一般分为特级、一级和二级三个等级，适用于所有以装饰为目的的鲜切花、花蕾及切叶，在欧洲国家之间通用。

欧洲经济委员会的切花外观分级标准　　　　　　　　　　　　　　表6-3

等　级	切花标准
特级	切花具有最佳品质，无外来物质，发育适当，花颈粗壮而坚硬，具备该种或品种的所有特性，允许3%的切花有轻微缺陷
一级	切花具有良好品质，花茎坚硬，其余要求同上，允许5%的切花有轻微缺陷
二级	在特级和一级中未被接受，但满足最低质量要求，可用于装饰，允许10%的切花有轻微缺陷

美国在观赏植物上一般由花商协会（The Society of American Florists，SAF）统一制定质量标准，该协会对观赏植物质量的评定一般采用百分制评分。

美国花商协会提出的百分制切花质量等级标准　　　　　　　　　　表6-4

状况（25分）	花朵和茎秆没有机械损伤和病虫害浸染（10分）；外观新鲜、质量优良、没有衰老征兆（15分）
外形（30分）	外形符合品种特征（10分）；花朵开度适宜（5分）；叶形一致（5分）；花朵大小与茎秆长度和直径相称（10分）
颜色（25分）	色泽光亮、纯净（10分）；颜色一致、符合品种特征（10分）；没有退色，没有喷洒残留物（5分）
茎秆和叶片（20分）	茎秆粗壮直立（10分）；叶色正常，没有失绿或坏死现象（5分）；没有残留物质（5分）

项　目	等级		
	秀	优	良
花、茎、叶的整体平衡	整体平衡极好	整体平衡极好	整体平衡好
花型、花色	具有本品种特征，花型、花色极好	具有本品种特征，花型、花色很好	具有本品种特征，花型、花色次于优级
茎秆弯曲度	粗壮，没有弯曲	粗壮，没有弯曲	可有轻微弯曲
损伤度	没有日灼伤、机械伤和药害	没有日灼伤、机械伤和药害	有轻度日灼伤、机械伤和药害
病虫害	无病虫害危害	几乎无病虫害危害	有轻度的病虫害危害

　　日本农林水产省农蚕园艺局于 1991、1992、1994 年分别颁布了月季、百合、香石竹、菊花、郁金香、唐菖蒲等 13 种切花的质量标准，一般分为秀、优、良三个等级。

　　在我国，观赏植物产品质量标准包括国家标准、行业标准和地方标准三个等级标准。国家质量技术监督局于 2000 年发布了主要花卉产品等级标准，将观赏植物产品分为鲜切花、盆花、盆栽观叶植物、种子、种球、种苗和草坪等 7 种类型，并分别制订了相应的公共评价标准（如表 6-6）、不同种类观赏植物质量评价标准如和中国兰盆花的质量等级划分标准（表 6-7）。其中，鲜切花包括月季、香石竹、非洲菊、花烛、鹤望兰等 13 种花卉质量评价标准，盆花制订了一串红、国兰、菊花、大花君子兰等 20 种花卉质量评价标准，盆栽观叶植物则有龙血树、马拉巴栗、朱蕉、绿萝、变叶木、花叶芋、袖珍椰子、散尾葵、蒲葵、南洋杉等 24 种质量评价标准，种子质量标准有羽衣甘蓝、金盏菊、仙客来、天竺葵、四季报春、长春花、非洲菊、勿忘我等 48 种植物，种球质量标准包括花叶芋、唐菖蒲、中国水仙、鸢尾等 28 种，种苗质量标准有非洲菊、月季、康乃馨、一品红等 10种，草坪质量标准包括草坪种子、草坪草营养枝、草皮、草坪植生带、开放型绿地草坪等 17 种。每一种观赏植物的质量标准一般都按一定准则将观赏植物划分为一级、二级和三级三个等级。

鲜切花质量等级公共评价标准　　　　　　　　　　　　　　　　表 6-6

项　目	级别		
	一级	二级	三级
整体效果	整体感、新鲜程度好，成熟度高，具有该品种的特性	整体感、新鲜程度好，成熟度较高，具有该品种的特性	整体感、新鲜程度较好，成熟度一般，基本保持该品种的特性

国兰盆花质量等级划分标准　　　　　　　　　　　　　　　　　表 6-7

项　目	级别		
	一级	二级	三级
假球茎	5 个以上连在一起	4～5 个以上连在一起	4 个以上连在一起
总叶片数	春兰：≥19 蕙兰：≥29 建兰：≥17	春兰：4～18 蕙兰：24～28 建兰：13～16	春兰：11～13 蕙兰：18～23 建兰：10～12
冠幅（cm）	春兰：≥20～25 蕙兰：≥30～40 建兰：≥40～50	春兰：15～20 蕙兰：20～30 建兰：30～40	春兰：<15 蕙兰：<20 建兰：<30

第二节　热带园艺产品的品质鉴定方法

热带园艺产品的品质鉴定（Quality evaluation of tropical fruit and vegetable products）是指依据热带园艺产品标准，对热带园艺产品的质量进行科学的鉴定，以判断其质量好坏程度和使用价值大小的过程。品质鉴定是一项综合评定和分析园艺产品质量的工作，其目的不仅在于确定产品的质量是否符合标准、属于什么等级，还要进一步阐明园艺产品的成分、性质等各方面的特点。园艺产品种类繁多，进行品质鉴定的目的与要求各异，为达到客观、公平、准确反映园艺产品品质的优劣性状，必须掌握科学的取样方法、鉴定方法和分析方法。

检测方法分为破坏性和非破坏性两大类。包括客观的（基于仪器读数）和主观的（基于人的判断、感官标准）评价方法。

一、取样

取样方法的科学与否直接影响到鉴定结果的可信度和真实性，只有取样方法科学、规范，所取样品具有典型性、代表性，才能客观真实地鉴定和评价园艺产品的品质。在取样鉴定时，要根据质量鉴定的目的、鉴定方法、鉴定内容等合理确定取样时期、取样部位、取样方法、样本容量和重复次数等因素。

取样时期的确定主要根据样品的成熟度和鉴定目的而定，一般选择在最适期采样。如产品是为了鲜食，则在最佳食用成熟度时采收，对需要后熟过程才能完全成熟的热带果品如人心果、油梨等和虽能在树上成熟，但不耐贮运、货架期较短的热带果品如香蕉、芒果、番木瓜等宜在最佳采收成熟度时取样，待其完成后熟过程后再进行相应指标的测定。如果产品的销售目的是为了加工，则在产品处于最适宜加工的时期进行取样。一般选择在全面采收前 3~5 天前进行，以晴天早晨露水干后至中午 11 点之前和下午 15~17 点为宜。

鉴定样品的取样方法以随机性为特点，可分为简单随机取样、系统取样和分层随机取样。

1. 简单随机取样

如果需从树上直接取样，取样前先确定全树的果实总数（N），再按主侧枝顺序排序，用随机数字表产生 n 个小于 N 的数，由此得出数体中 n 个随机排列的果实，n 为样本容量。

2. 系统取样

以随机产生的第 1 个数为起点，再按 N/样本容量的取样间隔采样。

3. 分层随机取样

取样前先将植株按方位或光照程度分层，东、南、西、北、顶部等五个方位或顶、外、中、内四个层次，再分别在每个方位或层次上随机取样。

对一片待测园地而言，可采用对角线法、蛇形法或棋盘法确定取样树，取样树一般不少于 5 棵，取样容量的多寡应根据园地的规模、地形、地势和布局设置来确定，一般不多于 2% 株的产量。

对于已经采收完成即将走向流通的果蔬产品，应根据国家标准《新鲜水果和蔬菜的取样方法》（GB/T 8855—2008）规定的程序取样，如需对所检产品作出无公害农产品的认证，则应根据农业行业标准《无公害农产品抽样规范》的规定取样。

二、鉴定

1. 感官鉴定法

感官鉴定是指用耳、眼、口、鼻、手等感觉器官来检验园艺产品质量的方法，这种检验方法在园艺产品中应用比较广泛。其优点是快速简便，不需复杂和特殊的仪器和试剂，不受地点限制，适宜于园艺产品的特性。缺点是受检验人员的生理条件、工作经验和外界环境的影响较大，具有一定的主观性。为了减少主观性，通常可以采取集体（评定小组）审评和记分法。在感官评定时，要特别注意，评定成员不能疲劳，因为连续几次，精确性会急剧降低，尤其对芳香和风味的评定；另外，在样品多的情况下，应随机取样，且注意不要使评定成员预先判断出什么试样。

2. 理化鉴定法

理化鉴定是指利用各种仪器设备和化学试剂来鉴定商品品质的方法。与感官法相比，结果较为精确，能用具体数字表示，能深入地测定园艺产品的成分、结构和性质等。缺点在于复杂且不太方便，对产品大多有一定的破坏作用。理化检验具体又可分为物理机构检验和化学检验两种方法，前者多用于检验园艺产品的长度、强度、体积、颜色、重量等物理和形态指标；后者多用于检验园艺产品的营养、成分和生理生化指标。

三、果蔬鉴定的内容和方法

形状、色泽、风味、质感等感官品质指标的鉴定主要通过感官如看、闻、尝、触等途径进行，这类品质指标的共同特点为非数量指标，即质量性状指标，不可直接统计或计算，其优劣程度与鉴定人的经验、嗜好、敏感度等有关，容易产生主观上的人为误差。较科学的方法是，将这类指标量化处理，由一个经过专门训练的评定小组，在一定条件的实验场所，对产品的质地、风味、色泽等预先确定的指标性状进行客观的鉴别和描述，并划分出不同的等级，不同等级给出相应的分值，最后由分值的大小体现感官品质的优劣程度。

例：台农1号芒果感官品质的评定，评定前由评定小组根据台农1号本应具有的外观特色制订一个评分量化表（表6-8）。

台农1号芒果部分感官品质评分表 表6-8

果实形状（满分10）			果实颜色（满分10）			果实光洁度		
果形均匀、端正	果形较均匀，较端正	果形不端正，畸变	果皮着色均匀、色彩鲜艳	果皮着色较均匀、色彩较鲜艳	果皮色彩暗淡不均	果实光洁，几无缺陷	果实光洁，有少量缺陷	果实部光洁，有大量瑕疵
8~10	6~7	≤5	8~10	6~7	≤5	8~10	6~7	≤5

在对待检样品进行鉴定时，鉴定人员根据此表对样品的各项指标分别打分，最后求出所有鉴定人员所打分值的平均值，即代表了送检样品的该项感官品质，以分高者为品质优。

部分感官品质指标除用感觉器官观测以外，还可以通过一些技术手段测定相应指标以达到间接量化衡量的目的。如通过果形指数（横径/纵径）、糖酸比、风味物质含量的测定等可分别间接衡量果实的形状、口感和风味等感官品质。果蔬表皮的颜色可用化学方法测定果皮内部叶绿素、胡萝卜素、花青素、内黄酮等色素的含量，或用光投射仪、光反射计等进行无伤鉴定果肉、果皮颜色的深浅和分布。当然，并非所有量化指标都能完全衡量果实的相应感官品质，如荔枝的不同品种间固有外形差异较大，有心形、歪心形、圆球形、卵圆形、扁心形，甚至有卵圆略扁、歪心扁圆，香蕉的果指还有一定的弧线弯曲，果形指数并不能衡量出它们的真正形状。同时，也并非所有感官指标都可以找到相应的可测指标来间接衡量，如果实的质感、新鲜度、果实的光洁度等就很难有可测指标衡量，通常只能靠品尝或目测再分级打分的方法以达到量化评价果肉的粗细、松脆程度、化渣程度、细腻程度、粉质性和外表的光滑洁净程度。

（一）外观质量

人们总是以水果的大小（光滑程度、均一性、致密性）、形状、色泽、状态、破损程度（物理和机械损伤、生理损伤及病虫害损伤）作为消费的依据。

大小作为一种品质属性的重要性，不仅在于消费者的喜欢，而且决定产品的等级和价格。直径是大小最常用的指标，通常用测径仪测量；重量用直接称重的方法测定；体积则用排水法测量或直接测量。

形状常用果形指数即纵径与横径比来表示，也可用形状图和模型，不同的产品有不同的特征形状。通常果形指数是 0.6～0.8 为扁圆形，0.8～0.9 为圆形或近圆形，0.9～1.0 为椭圆形或圆锥形，1.0 以上为长圆形。品种特性和环境条件都影响其果形指数。

颜色主要是看一致性和深浅，用肉眼比较，用光反射仪、光传射仪测定，色素含量用化学方法、比色法等以仪器测定。可用肉眼对比评价果蔬的颜色，也可通过测定果实表面反射光的情况来确定果实表面颜色的深浅和均匀性，还可用光透射仪测定透光量来确定果实内部果肉的颜色和有无生理失调。

蜡质在果蔬表面的含量、结构和排列影响产品的光泽，可用目测或光泽计测定。

缺陷就是缺乏完好性。果蔬产品很少能够保持完美无缺，销售时需按缺陷的程度进行分级，依级定价。引起产品缺陷的因素有生物因素（害虫、病原体）、环境因素（气候、土壤、水分供应）、生物学因素（生理病害、营养失调、成熟度、遗传畸变）以及其他原因。缺陷的发生及严重程度用分级法表示。如 1 级-完好；2 级-轻微；3 级-中等；4 级-严重；5 级-极端严重。为了减少评价者之间的误差，对一定的缺陷要有详细的描述和照片作为评分的指南。

（二）质地质量

质地质量是热带园艺产品的主要属性之一，不仅与产品的食用品质有关，而且还是贮藏品质的一个重要指标。在食品中质地指通过动觉、触觉（包括口感、视觉和听觉）感知的各种物理特性。它们与一定作用力下食品的变形、分解和流动有关，而这些又是由植物细胞的各种结构要素（蛋白、纤维素、淀粉、果胶等）的构成决定的。

质地指硬度、爽口性、多汁性、粉性或沙性（如苹果）、韧性或纤维感。

硬度的大小可以反映果蔬的成熟度、松脆程度和贮藏性。一般用果实硬度计进行测定，果皮较厚、容易剥离的果品，可分别测定果皮、果肉的硬度，果皮较薄、不易剥离的果蔬可合而测之。测定时，可在果蔬的不同部位分别测定，如在近果蒂部、腰部和果顶测定，后取其平均值以代表该待测果蔬的硬度。

纤维感可通过纤维仪测定其抗切割能力来鉴定其纤维含量，也可用化学分析法测定其纤维含量。

多汁性主要通过其水分含量来做标准。可用多汁仪或膨胀仪测量。

（三）风味质量

风味是由化学物质引起的一种感觉现象，主要通过味觉和嗅觉感知，是决定产品可食性的一项重要指标，包括甜度、酸度、苦性、芳香、收敛性等。

果蔬中的甜味物质主要是糖及其衍生物糖醇。可以用可溶性固形物含量、糖含量的测定来表示。糖分在果蔬中含量仅次于水分，在干物质中占第一位。果蔬中所含糖主要为葡萄糖、果糖和蔗糖。而且，蔬菜与水果相比，其含糖量相对较少。一般水果含糖量在7%~18%之间，蔬菜在5%以下。果蔬中甜味除取决于糖的种类和含量外，还与有机酸、单宁等物质有关，因此，一般评定时采用糖/酸的比来表示。

果蔬中的酸味物质主要来自一些有机酸。水果中的酸味物质主要为苹果酸、柠檬酸和酒石酸等，合称果酸；蔬菜中的酸味物质则主要为苹果酸、柠檬酸、草酸和丙酮酸等。可以通过测定汁液的pH值、果实的有机酸含量等来表示。

苦味是四种基本味感（酸、甜、苦、咸）中味感阈值最小的一种。单纯的苦味是令人不愉快的，但其与酸、甜或其他味感恰当组合时，却可形成一些特殊风味。天然物质中的苦味主要来源于生物碱类、糖苷类和萜类等。果蔬中的苦味成分主要为一些糖苷类物质，如苦杏仁苷、柚皮苷和柠碱等。苦味一般用口感测量。

果蔬成熟时会发出特有的芳香气味，香气的类别和强度是评价果蔬品质的重要指标之一。果蔬中的香气主要来源于挥发性的芳香油，又称精油的物质。从香气物质的结构来看，香气物质分子结构中均含有形成气味的原子团，这些原子团称为发香团。果蔬中的发香团主要包括—OH、—COOH、—CHO、>C=O、R—O—R'等。与果蔬有关的芳香物质主要有脂、醛、酮、酸、萜类及含硫化合物。芳香物质分析一般要经过芳香物质的提取、纯化、浓缩、气相色谱分离并配合质谱定性定量。为了得到较全面的分析，往往需要同时使用几种提取方法，目前较常用气相色谱-质谱-计算机联用技术进行鉴定分析。

涩味通过品尝试验或测定单宁的含量来确定。

（四）营养价值

营养价值指碳水化合物、食用纤维、蛋白质、各种氨基酸、维生素、脂肪、矿物质、微量元素等的含量，主要用化学方法测量。包括：

1）可食部分百分率的测定：一般采用称量法测定，分别测定果蔬的可食用部位和果蔬的总重量，再按公式计算：可食率=可食用部位重量/总重×100%。

2）含水量的测定：可采用干燥法或蒸馏法进行，具体步骤可按照《水果、蔬菜产品中干物质和水分含量的测定方法》（GB/T 8858-1988）进行。

3）蛋白质的测定：蛋白质含量测定方法根据其原理可分为两类：一类是利用蛋白质的物理化学性质如折射率、密度、紫外吸收等测定；另一类是利用化学方法测定蛋白质含量如微量凯氏定氮法、双缩脲反应法、Folin-酚试剂法和考马斯亮蓝比色法等。果蔬产品中粗蛋白含量的测定可参照《水果、蔬菜产品中干物质和水分含量的测定方法》（GB 8856-1988）中所规定的方法进行。

4）可滴定酸的测定：果蔬产品中有机酸的总类、比例和总含量影响到果蔬的酸味，有苹果酸、柠檬酸、草酸等30多种，水果的含酸量一般大于蔬菜，前者汁液的pH值一般在 3～4 范围内，蔬菜则处于 5～6.4 之间。果蔬产品中酸的测定可按《水果和蔬菜产品 pH 值的测定方法》（GB/T 10468-1989）的规定进行。

5）维生素的测定：测定维生素的方法常有高效液相色谱法、荧光比色法、比色法和微生物法，还可通过恒电流库仑法、碘量法、2,6-二氯靛酚滴定法与比色法、三氯化锑比色法、苯肼比色法等测定。其中，2,6-二氯靛酚滴定法是国家标准《水果、蔬菜维生素 C 含量测定法（2,6-二氯靛酚滴定法）》（GB 6195-1986）中所规定的方法。

6）有益矿物质的测定：果蔬中含有丰富的矿质元素，钾、钙、锌、磷、铁、矾、铬、锰、镍、镁等矿质元素对人体健康有益，所以称之为有益矿物质。果蔬中矿质元素一般可采用石墨炉、火焰原子吸收光谱法测定。钙元素可参考《食品中钙的测定》（GB/T 5009.92-2003），铁元素按照 GB/T 5009.138-2003，锌元素按照 GB/T 5009.14-2003 等国家标准规定的方法测定。

7）纤维素含量的测定：纤维素含量的测定可用容量法，也可用纤维素测定仪和《水果、蔬菜的粗纤维的测定方法》（GB/T 10469-1989）测定。

8）其他常规成分测定：对水果蔬菜中营养成分和其他化学成分的测定方法，我国已经制订了一部分国家标准，凡是有国家标准的项目，应当按照国家标准的方法进行测定。

（五）安全因素

安全性主要指园艺产品的污染和食品卫生。指是否有细菌、寄生虫、霉菌、农药（残留物质）、放射性物质和工业有害物质（重金属物质），特别是农药和工业污染，目前还无法完全把它们从产品中清除，要注意检验，以免引起危害。也可用薄层层析、气相色谱仪、液相色谱仪等测定。

1. 农药残留量检验

化学检验：对果品蔬菜中的农药进行化学检验的方法，可参考有关农药的测定方法的标准进行。

快速检验：采用化验方法检测农药残留量费工、费时，生产中常常将果品蔬菜中主要的农药残留量指标作为检测的主要对象进行速测检验。其目的是为了使生产者和经营者尽快掌握、消费者及时了解产品的安全、卫生质量。目前，技术成熟的农药残留量快速测定方法还只能检测有机磷、氨基甲酸酯类农药。

农药速测卡法（酶试纸法）：取果品、蔬菜可食部分 3.5g，剪碎于杯中，用纯净水淹没试样，盖好盖子，摇晃 20 次左右，制得样品溶液。取速测卡，将样品溶液滴在速测卡酶试纸上，静置 5～10 分钟，将速测卡对折，用手捏紧，3 分钟后打开速测卡，白色酶试纸片变蓝色为正常反应，不变蓝色或显浅蓝色说明有过量有机磷和氨基甲酸酯类农药残留。同时作空白对照。农药残毒快速测定仪法：采用农药残毒快速测定仪测定"酶抑制率"，如果"酶抑制率"数值小于 35，则样品判为合格；如果"酶抑制率"数值大于 35，则需按国家有关标准规定的方法进行测定。

2. 重金属含量的测定

果蔬中重金属含量的测定可参照下列国家标准执行：

（GB/T 5009.11-2003）《食品中总砷及无机砷的测定》；

（GB/T 5009.12-2003）《食品中铅的测定》；

（GB/T 5009.13-2003）《食品中铜的测定》；

（GB/T 5009.15-2003）《食品中镉的测定》；

（GB/T 5009.16-2003）《食品中锡的测定》；

（GB/T 5009.17-2003）《食品中总汞及有机汞的测定》。

3. 其他有害物质的测定

除由环境带来的重金属和防治病虫害导致的残留外，施肥不当引起的硝酸盐及亚硝酸盐，水质不好带来的细菌和放射性物质，果蔬采后处理所引起的食品添加剂或保鲜剂都可能污染果蔬产品而影响到果蔬的安全品质，在进行有害物质测定时，一般也会列入检测范畴。其中，硝酸盐和亚硝酸盐含量的测定可参考国家标准《水果、蔬菜及其制品硝酸盐和亚硝酸盐含量的测定》（GB/T 15401-1994）进行测定，食品添加剂、防腐剂等的测定可按《食品添加剂使用卫生标准》（GB 2760-2007）的规定执行。

四、无伤检测技术

园艺产品常规的检测技术大都属于破坏性试验，检测过程量大而复杂，速度缓慢，不能很好地满足生产销售之所需。随着科学技术的进步，高新电子产品也开始在园艺产品质量检测上应用，能比较快速、精确地对园艺产品进行无伤检测。目前主要有如下无伤检测技术。

（一）电子鼻检测

电子鼻（Electronic nose），又称人工嗅觉分析系统（Artificial olfactory），是 20 世纪 90 年代发展起来的一种新颖的分析、识别和检测技术，它能模仿生物的嗅觉机能，对被测样品气味的整体特征信息（也称为"指纹"数据）进行判断，完成对被测气味定性定量分析结果的智能解释，具有灵敏度高、测定速度快、测定范围广、结果精确等特点，可应用于热带园艺产品风味品质的测定。

（二）电子舌检测

电子舌（Electronic tongue），又称人工味觉分析系统（Artificial gustatory organ），是最近几年才发展起来的一种新型味觉检测技术，能模仿人类味觉器官鉴别出产品酸、甜、咸、苦四种基本味道。但是，目前电子舌的发展和推广还处于起步阶段，尚有待于进一步深入研究。

（三）色度计检测

色度计（Colorimeter），是一种与人类眼睛类似，测量产品表面反射或透射光的三色测量装置，可将反射或透射光转换成数学模式，可测定产品亮度、色度、色温、色差等颜色参数技术指标。

五、分析方法

（一）层次分析法（Analytic Hierarchy Process Analysis）

层次分析法，是美国运筹学家 T. L. Saaty 教授于 20 世纪 70 年代初期提出的一种简便、灵活而又实用的多准则决策方法。此方法适宜对一些较为复杂、较为模糊的问题作出分析决策，特别适用于那些难于完全定量分析的问题。

（二）灰色关联度法（Grey Relational Analysis）

灰色关联度分析法是针对灰色系统以决定因素主次及其相关联程度的一种方法，是对一个发展变化系统态势的量化比较。灰色关联度分析法克服了传统的相关分析法不适于非线性模型的不足，是相关分析法的补充和发展。

灰色关联度法一般可分为确定最优指标集、指标规范化处理、计算关联系数、计算关联度、排关联序等五个程序。

（三）模糊综合评价法（Fuzzy Comprehensive Evaluation）

模糊综合评价法是一种基于模糊数学的综合评价方法。该方法根据模糊数学的隶属度理论把定性评价转化为定量评价，即用模糊数学对受到多种因素制约的事物或对象作出一个总体评价，具有结果清晰、系统性强的特点，适合模糊的、难以量化的问题的综合分析。

模糊综合评价法的分析一般包括设定评价因素、设定评价准则、设定各级评价因素的权重、综合评价等过程。

（四）主成分分析法（Principal Components Analysis）

主成分分析法也称主分量分析法，应用数学变换的方法，把多指标转化为少数几个能解释大部分资料中的变异的综合性指标。

下面以层次分析法评价番茄果实的商品性状为例分析层次分析法的应用

以层次分析法对 7 个番茄品系（YH02-1、YH02-5、YH02-6、YH02-7、YH02-8、YH02-9、YH02-11）的果实商品性状进行了综合评价与分析，构建了涵盖 3 个层次（目标层、标准层和指标层）、6 个指标（外观品质的单果重、果色和营养品质的维生素 C、可溶性固形物和水分含量以及糖酸比）的番茄果实商品性状的综合评价指标体系。

1. 指标体系的构建

选择能基本反映番茄果实商品性状的指标，采集数据，构建综合评价指标体系，计算入选指标的权重，计算不同品系的番茄果实的综合评分，根据分值对番茄的商品性状作出综合评价，详见图 6-1。

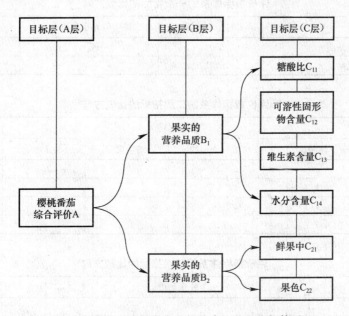

图 6-1　番茄品系果实商品性综合评价的指标体系

145

2. 权重的确定

应用构造比较判断方阵的办法进行。

权重是定量数据的无量纲化处理，确定最优性状值，转化为百分制的分数。定性数据，先进行分级评分，再同于定量数据的无量纲化处理法。越大越好的定量数据（本试验中采集的数据均属此类），根据级差法进行：

$$X(u) = \left[(X - X\mathrm{min})/(X\mathrm{max} - X\mathrm{min})\right] \times 100\%$$

式中，$X(u)$：被评价品系该项指标的得分值；X：被评价品系该项指标值；$X\mathrm{max}$：该项指标最大值；$X\mathrm{min}$：该项指标最小值。

对番茄成熟果实的颜色，根据大众消费者的喜爱（偏好红色番茄）分级，确定打分标准如下：深红，90；浅红，80；黄色，70；杂色，60。

3. 按照层次分析法构造番茄品系各级指标的比较方阵，计算权重（表 6-9～表 6-11）

二级指标总权重 = 一级指标的权重值 × 二级指标的权重值

7 个番茄品系综合评价指标的权重分布见图 6-2。

针对上一层次的某元素而言，评定该层次中有关元素的相对重要性，其基本形式如表 6-12 所示。其中 b_{ij} 表示对于 A_k 而言，元素 B_i 对 B_j 的相对重要性程度的判断值。

4. 按小区测定分析各指标值，以各品系的各指标值的平均值作为各品系的各指标的采集数据见表 6-13，计算各指标的无量纲化的测度值（表 6-14）

5. 计算各品系综合得分值将番茄果实商品性状各指标的权重乘以其得分值获得各指标的权重分值，累加得各品系的综合评价总分值（表 6-15）

6. 各品系综合得分的分析

从 7 个番茄品系果实商品性状综合评价的结果看，可以将其分为三个层次：

评价指标体系的一级指标的比较方阵　　　　　　　　　　　　　表 6-9

指标	果实的营养品质	果实的外观品质	权重
果实的营养品质	1	1.5	0.6
果实的外观品质	2/3	1	0.4

评价指标体系的二级指标的比较方阵　　　　　　　　　　　　　表 6-10

指标	营养物质				权重
	糖酸比	可溶性固形物	维生素 C	水分含量	
糖酸比	1	2	3	3.5	0.433
可溶性固形物	1/2	1	2	3	0.296
维生素 C	1/3	1/2	1	2	0.175
水分含量	2/7	1/3	1/2	1	0.097

评价指标体系的二级指标的比较方阵　　　　　　　　　　　　　表 6-11

指标	外观品质		权重
单果重	1	2	0.667
果色	0.5	1	0.333

A_1	B_1	B_2	...	B_n
B_1	b_{11}	b_{12}	...	b_{1n}
B_2	b_{21}	b_{22}	...	b_{2n}
...	...	...	...	...
B_n	b_{n1}	B_{n2}		b_{nn}

对于任何判断矩阵，都应满足如下条件：

$$\begin{cases} b_{ii} = 1 \\ b_{ij} = 1/b_{ji} \end{cases} (i,j = 1,2,3,\cdots\cdots,n)$$

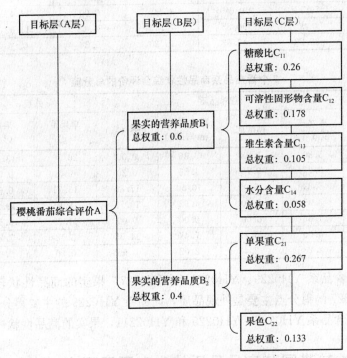

图 6-2   7 个番茄品系综合评价指标的权重分布图

品　系	营养品质				外观	
	水分含量（%）	糖酸比	维生素 C（mg/100g）	TSS（%）	单果重	果色得分
YH02-1	94.12	8.582	18.92	4.46	19.32	90
YH02-5	92.55	10.328	16.28	4.50	10.22	70
YH02-6	93.76	14.819	31.38	7.40	13.48	80
YH02-7	92.23	8.147	21.12	6.23	14.94	90
YH02-8	93.22	7.620	13.05	4.46	12.62	80
YH02-9	89.64	14.161	26.09	6.83	8.75	80
YH02-11	91.4	11.063	16.57	4.62	7.32	70

第一层次包含品系 YH0226，是商品性状较优的品系，其果实的营养品质的分值在综合得分中所占的比重大。

7 个番茄品系果实各指标无量纲化的测度值　　　　表 6-14

品　系	营养品质				外观	
	水分含量（%）	糖酸比	维生素 C（mg/100g）	TSS（%）	单果重	果色得分
YH02-1	100	13.37	32.02	0.00	100.00	100.00
YH02-5	64.96	37.62	17.62	1.14	24.17	0.00
YH02-6	91.96	100.00	100.00	100.00	51.33	50.00
YH02-7	57.81	7.32	44.03	60.23	63.50	100.00
YH02-8	79.91	0.00	0.00	0.00	44.17	50.00
YH02-9	0.00	90.85	71.14	80.68	11.92	55.00
YH02-11	39.29	47.83	19.20	5.34	0.00	0.00

7 个番茄品系商品性状综合评价的总分值　　　　表 6-15

品　系	营养品质				外观		总分（%）
	水分含量（%）	糖酸比	维生素 C（mg/100g）	TSS（%）	单果重（g）	果色（%）	
YH02-1	5.80	3.48	3.36	0.00	26.70	13.20	52.54
YH02-5	3.77	9.78	1.85	0.20	6.45	0.00	22.05
YH02-6	5.33	26.00	10.50	17.80	13.71	6.60	79.94
YH02-7	3.35	1.90	4.62	10.72	16.95	13.20	50.75
YH02-8	4.63	0.00	0.00	0.00	11.79	6.60	23.03
YH02-9	0.00	23.62	7.47	14.36	3.18	7.26	55.89
YH02-11	2.28	12.43	2.02	0.95	0.00	0.00	17.68

第二层次包含品系 YH0229、YH0221 和 YH0227，果实的商品性状较好，其中品系 YH0221、YH0227 的得分点主要是外观品质，而品系 YH0229 的主要得分点是营养品质。

第三层次包含品系 YH0228、YH0225 和 YH02211，果实的商品性状一般。

第三节　影响热带园艺产品品质的生态因子研究

园艺产品品质的形成是一个复杂而长期的过程，受到来自外部的各种环境条件的制约和影响。人们常把环境中直接或间接影响一种或几种园艺植物有机体的任何部分或条件称为生态因子（Ecological factors），包括生物因子（Biotic factors）、非生物因子（Abiotic factors）和人为因子（Anthropogenic factors）。其中非生物因子又称自然因子或理化因子，如气候因子、土壤因子、地形地势因子等。生物因子指环境中的动物、植物和微生物等有生命特征的物体，人为因子是指人类对园艺植物资源的利用、改造以及破坏过程中给园艺产品品质带来的有利或有害影响。

一、生态因子对园艺产品品质的影响途径和特点

（一）影响途径

各种生态因子在强度、数量、方式、持续时间等方面的变化，都会对园艺产品品质产生不同影响。这种影响一般通过三条途径起作用：①影响园艺植物生命活动和品质构成的

基本原料，如土壤中的矿质养分、水分、光照等；②调节园艺植物的生命活动规律，如温度条件；③既可作为生命的基本原料又对生命活动规律起调节作用，如 CO_2 既可合成有机物作为园艺植物生命活动所需的原料，同时又可调节植物光合作用和呼吸作用的强度。

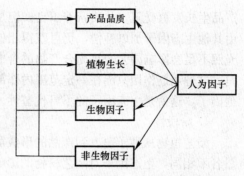

图 6-3　生态因子对产品品质的作用模型图

生物因子、非生物因子、人为因子对园艺产品品质的影响是一个综合体系（图 6-3）。在这个体系中，园艺产品的品质直接决定于植物的生长状况和人为因子，植物的生长状况又受三方面因素影响：生物因子、人为因子和非生物因子。

非生物因子又称自然因子，或称理化因子，是影响园艺植物生长和产品品质的关键性因子，它可通过直接或间接作用影响园艺植物的生长状况来影响产品品质，如土壤肥力、土壤水分等直接影响植物的生长和土壤生物因子的状况间接影响产品品质，光照、温度等则可直接影响产品的品质。

生物因子指环境中的动物、植物和微生物，即指同种或异种的其他生物。生物因子主要通过两条途径对园艺产品品质产生影响。其一，通过影响植物的生长状态，如土壤微生物促进或抑制植株的生长，从而间接影响产品品质；其次，生物因子还可直接影响产品品质，如病虫害直接危害到产品器官，降低产品品质。当然，生物因子又受非生物因子和人为因子的制约，同时又在一定程度上改变非生物因子如土壤等的理化状态。

人为因子指人类活动对生物和环境的影响。人为因子是整个体系中最为灵活，影响最为全面的一个因子，对园艺产品的影响主要是一个人为的调控过程。它既可通过采后处理等措施直接影响园艺产品的品质，又可通过土壤改良、植物保护、整形修剪等措施作用于非生物因子、生物因子和植株本身来间接影响园艺产品品质。

（二）作用特点

1. 综合性

园艺产品的形成过程复杂而漫长，必然受到各生态因子的综合影响，任何一个生态因子都不可能孤立地对植物发生作用，园艺产品品质是生态因子对园艺植物作用的综合表观体现。如园艺产品品质既受光、温、水、营养物质等植物生活不可缺少和不可替代的非生物因子的影响，同时也受微生物、授粉昆虫、人为措施等生物因子和人为因子的影响。值得指出的是，生物因子和非生物因子对园艺产品品质的影响并非都是有利的，如酸雨、空气污染物、病虫害、高温等对品质的则是负面影响，无论是有利的或不利的生态因子都会对植物产生影响。

2. 主导因子的作用

虽然生态因子对园艺产品品质的影响具有综合性，但在某一具体的生态关系中，在一定情况下某个因子可能起的作用最大。这时品质的形成与优劣主要受这一因子限制，这就是限制因子，通常把这种对品质的形成和优劣程度起限制作用的生态因子称作主导因子。

3. 可调剂性和不可代替性

在自然条件下，当某个或某些因子在量上不能满足园艺产品发育需要时，势必会引起产品生长发育受阻，品质营养不良。但是，在一定条件下，某一生态因子量上的不足，可由其他生态因子加以补偿，仍可获得相似的生态效应，这就是生态因子间的可调剂性。如光照不足会影响园艺产品光合产物的合成和积累，可以通过增施二氧化碳的量来调节。但是，这种调剂作用只能在一定范围内作部分补充，不能通过某一因子的调剂而完全取代其他因子，这就是生态因子的不可代替性。

4. 阶段性

园艺植物从种子萌发到产品的形成需要经历多个发育阶段，每个阶段所需的生态因子量各不相同，生态因子对园艺植物的影响也不一样，主导因子也会随着植物发育阶段的改变而变化，显示出一定的阶段性。如园艺植物营养生长期、花芽分化期、开花坐果期、果实发育期等对生态因子的要求不一，每个阶段的主导因子也不同。

二、主要生态因子对园艺产品品质的影响

（一）温度

温度是影响果树、蔬菜栽培的主要因素之一，每种果蔬都有其生长发育的适宜温度范围和积温要求，在适宜的温度范围内，果蔬的生长发育随温度升高而加快。在果蔬生长发育过程中，不适当的高温或低温对其生长发育、产量、质量及贮藏性均会产生不良影响。

（二）光照

光照充足、生长良好、较耐贮藏；光照不足，果蔬的化学成分特别是糖和酸的形成明显减少，不但降低产量，而且影响质量和贮藏性；光照过强对果蔬的生长发育及贮藏性并非有利。

（三）降雨

降雨量多少和降雨时间分布与果蔬的生长发育、质量及贮藏性密切相关。在非灌区的果蔬生产中，只要降雨量适当，降雨时间分布比较合理，无疑对提高果蔬的产量、质量及贮藏性都会产生有利影响。

在果蔬生产中，干旱或者多雨常常是制约生产的重要因素。土壤水分缺乏时，果蔬的正常生长发育受阻，表现为个体小，着色不良，品质不佳，成熟期提前。降雨量过多，不但土壤中的水分直接影响果蔬的生长发育，而且对环境的光照、温度、湿度条件产生影响。这些因素对果蔬的产量、质量及贮藏性有不利的影响。在多雨年份，除水生蔬菜外，大多数种类果蔬的质量和贮藏性降低，贮藏中易发生多种生理性病害和寄生性病害。

（四）土壤

果蔬种类不同，对土壤的要求和适应性也会有一定的差异。一般而言，大多数果蔬适宜于生长在土质疏松、酸碱适中、施肥合理、湿度适当的土壤中，在适生土壤中生产的果蔬具有良好的质量和贮藏性。

黏性土壤中栽培的果实往往有成熟期推迟、果实着色较差的倾向，但是果实较硬，尚具有一定的耐藏性。在疏松的沙质轻壤土中生产的果实，则有早熟的倾向，贮藏中易发生低温伤害，耐藏性较差。浅层沙地和酸性土壤中一般缺钙，在此类土壤中生产的果实容易发生缺钙的生理病害。

（五）地理条件

果树、蔬菜栽培的纬度、地形、地势、海拔高度等地理条件与其生长发育的温度、光照强度、降雨量、空气湿度是密切关联的，地理条件通过影响果蔬的生长发育条件而对果

蔬的质量及贮藏性产生影响。所以，地理条件对果蔬的影响是间接作用。同一品种的果蔬栽培在不同的地理条件下，它们的生长发育状况、质量及贮藏性会表现出一定的差异。

三、生态因子对热带园艺产品品质影响的研究方法

鉴于生态条件是园艺产品品质形成的基础，也是园艺植物区域规划与栽培技术的重要依据，因而受到广大科研人员的广泛重视和大量研究。研究正向宏观综合和微观机制两个方向发展，研究方法主要有如下几个。

（一）综合分析法

采用主导因子与多型区、多因子综合分析法和灰色关联度分析法，定量地揭示各种园艺产品优质的最适生态条件与指标系统。

（二）模拟研究法

运用人工气候箱（室）、栽培设施等人工可控环境，通过改变不同的生态条件模拟自然条件，研究不同生态因子对园艺产品品质性状形成的作用，特别是主导因子效应。

（三）数学建模预测法

综合生态因子对园艺产品品质影响的相关分析、预测与数学模拟。随着计算机技术的广泛应用，数学建模在园艺作物上的应用越来越广，很多经济发达国家以园艺作物特别是果树的各种模型作为技术支持，可以对园艺作物生育期、病虫害、生产能力等进行预测。目前，所建模型主要包括物候期模型、生理模型、生长发育模型和形态模型四大类。

物候期模型以温度作为主要驱动变量，光周期作为辅助的影响因素，以生物学和生理学作为理论基础进行园艺植物生长发育的物候期模拟，包括开花预测模型（Blooming model）、热量时间模型（Thermal time model）、连续模型（Sequential model）、平行模型（Parallel model）和交替模型（Alternating model）等。值得指出的是，这些模型虽可在不同程度上预测某些园艺植物的开花期，但对于开花的集中度、整齐度、花期的长短及花授粉的质量不能给出预测。

生理模型是以果树生理生化为建模的理论基础，把植物的生理生化过程用数学表达式精确地表达，使内在的生理过程与外界的生态环境相互统一起来。包括光合模型、水分的运输模型、果实发育和光合产物的分配模型等。

生长发育模型以物候事件发生和果实发育过程为建模的基础，一般所涉及的生理过程和考虑的环境因子比较综合和复杂。这些模型都是从物候期的角度，与实际的生态环境相结合预测园艺植物的生长发育、生育期、田间管理的时间安排以及采收上市的时间，对园艺植物的生产具有指导意义。

（四）微观分析法

在进行宏观分析的同时，科研工作者还从形态、解剖逐渐到细胞、分子水平等微观领域上，揭示生态因子对园艺产品品质性状的作用机制，如果实成分变化与光敏色素对酶活性的调节，自由钙浓度与胞外信号、光、激素、重力的影响等，以作为人工调节的理论基础。

已建立的虚拟植物模型很少包含有生理学机制，在模拟植物与环境条件的相互作用、植物根系等方面还不理想，可以预计的是，随着信息技术的发展，特别是近年来神经网络技术、三维数字成像技术等的成熟应用，将会给园艺作物生态研究带来重大变革，研究方法将呈现多学科交叉化，集植物生理、可视化、预见性和应用性的模型是以后生态模型研

究的重点发展方向。

第四节　热带园艺产品品质标准的制订

一、质量标准的含义及作用

热带园艺产品质量标准（Quality standard）指对热带园艺产品质量及其相关因子所提出的准则。

热带园艺产品质量标准的作用：果品蔬菜的标准属于技术标准，它是果品蔬菜生产、质量评价、监督检验、贸易洽谈、产品使用、贮藏保鲜等的依据和准则，也是对果品蔬菜质量争议作出仲裁的依据，对保证和提高产品质量，提高生产、流通和使用的经济效益，维护消费者的健康和权益等具有重要的作用。

园艺产品标准化是商品标准化的一部分，是指对园艺产品的质量规格制订统一标准，在标准的指导下，进行收购、检验、交换验收、包装贮运、销售服务等的商品化过程。标准化工作的任务是制订标准、组织实施和对标准的实施进行监督。通过园艺产品标准的制订和执行，就能够保证质量达到当前应有的水平，能够刺激生产者改进栽培措施，促进质量和商品率的提高。它可以给生产者、收购者和流通渠道中的各环节提供贸易语言，是生产和流通中评定园艺产品质量的技术准则和客观依据，有助于生产者和经营管理者在园艺产品上市前做好准备工作和标价。等级标准还可以为优质优价提供依据，能够以同一标准对不同市场上销售的产品进行比较，便于市场信息的交流。当园艺产品质量发生争议时，可根据标准作出裁决，为园艺产品的期货贸易奠定基础。

二、质量标准分类

园艺产品质量分级标准是以园艺产品的质量要求和特性为依据，将相同用途及消费人群但不同质量的园艺产品进行分等和定级的规范性技术文件，是作为提高和稳定园艺产品质量、园艺农产品优质优价、促进园艺产品国际贸易、满足消费者不同产品需要的技术基础。我国 1998 年 12 月 29 日的第七届全国人民代表大会常务委员会第五次会议通过了《中华人民共和国标准化法》，明确了标准化工作的任务是制订标准、组织实施和对标准的实施进行监督。世界上最早的国际标准化组织（International organization for standardization）诞生于 1947 年。1963 年由联合国粮农组织（FAO）、世界卫生组织（WHO）和欧共体共同制订了食品国际规格（International standard for food）。美国、日本、加拿大等发达国家都十分重视园艺产品质量分级标准在园艺产品贸易和质量管理中的位置和作用，在园艺产品分级和园艺产品分级标准化方面做了大量卓有成效的工作，有较长的发展历史和成功的经验。随着标准化历史的发展，标准的种类越来越多，标准的级别也有所不同。

1. 标准的种类

标准的数量越来越多，标准已经成为一个复杂的体系，分类的方法有以下几种：

1）按照标准化对象的内容分类，将标准分为技术标准、管理标准和工作标准。

果品蔬菜标准大多属于技术标准，其是对标准化领域中需要协调统一的技术事项所制订的标准。

2）按照标准的约束性分类，将标准分为强制性标准和推荐性标准。强制性标准是由法规规定、强制实行的标准。

推荐性标准是除了强制标准以外的、自愿采用、自愿认证的标准。凡是涉及保障人体健康，人身、财产安全的标准及法律、行政法规规定强制执行的标准，均为强制性标准，其余标准为推荐性标准。对强制性标准，必须严格执行。国家采取优惠政策，鼓励企业自愿采用推荐性标准。

3）按照标准的表达形式分类，将标准分为文件标准和实物标准。文件标准是采用特定格式，通过文字、表格、图样等形式，表达商品的规格、质量、检验等有关技术内容的统一规定。

实物标准是指难以用文字表达其质量要求，而用实物制成的与文件标准规定的质量要求完全或部分相同的标准样，用以鉴别商品质量和商品等级。果品蔬菜的标准，大多采用文件标准形式加以表达。

4）按照标准的适用范围分类，将标准分为生产型标准和贸易型标准。生产型标准作为指导生产的依据，而贸易型标准则作为贸易合作的准则。

5）按照商品的销售范围分类，将标准分为出口商品标准和内销标准。出口商品标准是由进、出口双方共同制订的技术标准，作为出口贸易的准则，出口地不同，标准的内容也不同。内销标准是仅仅在国内销售产品的标准。

6）按照标准的保密程度分类，将标准分为公开标准和内控标准。

2. 标准的级别

根据标准的适用领域和有效范围的不同，可将标准分为国际标准、区域标准、国家标准、行业标准、地方标准、企业标准等不同等级。我国的《标准化法》根据标准的适应领域和有效范围，把标准分为四个等级：国家标准、行业标准、地方标准和企业标准。现将不同等级标准的含义及其表示方法介绍如下。

1）国际标准（International standards）

国际标准是指由国际标准化组织（ISO）以及由国际标准化组织公布的国际组织和其他国际组织所制订的标准。国际标准化组织公布的组织有如国际计量局（BIPM）、食品法典委员会（CAC）、国际原子能机构（UEA/AIEA）、世界卫生组织（WHO）等。其他国际组织有如联合国粮农组织（UNFAO 或 FAO）。国际标准采用标准代号（ISO、CAC等）、标准序号、发布年份和标准名称来表示。如由国际标准化组织制订的《桃—冷藏指南》标准的表示方法是《ISO 873-1980 桃—冷藏指南》，由食品法典委员会制订的《桃罐头法规标准》的表示方法是《CAC CA-STAN 014-1981 桃罐头法规标准》。

2）区域性标准（Regional standards）

区域标准又称为地区标准，泛指世界某一区域标准化团体所通过的标准。通常提到的区域标准，主要是指原经互会标准化组织、欧洲标准化委员会、非洲地区标准化组织等地区组织所制订和使用的标准。如由西欧国家于 1961 年成立的经济合作与发展组织（OECD）主要以制订和推行果蔬分级标准为主。

3）国家标准（National standards）

国家标准是指由国家发布的，对该国经济、技术发展有重要意义而必须在发布国范围内统一执行的标准。我国的国家标准一般由国家技术监督局、卫生部和农业部等国务院有关行政部门审批和发布，可分为强制性执行标准和推荐性执行标准，其标准代号分别为

GB、GB/T，如 GB 9827-1988 香蕉、GB/T 15034-1994 芒果——贮藏导则。其他国家如美国、英国、原联邦德国、法国和日本的国家标准代号分别为：ANSI、BS、DIN、NF 和 JIS。

4）行业标准（Professional standards）

行业标准又称专业标准，是指由专业标准化主管机构或专业标准组织批准发布、在某行业范围内统一使用的标准。对没有国家标准而需要在全国某行业范围内统一技术要求的，可以制订行业标准。在发布实施相应的国家标准后，该行业标准即行废止。行业标准代号用主管部门名称前两个汉字的第一个大写拼音字母表示，如农业部用 NY 表示，编号形式与国家标准相同。

5）地方标准（Local standards）

地方标准是指在没有国家标准和行业标准的情况下，由省、自治区、直辖市标准化行政主管部门制订、审批和发布并报国务院标准化行政主管部门和国务院有关行政主管部门备案的标准。在公布和实施相应的国家标准和行业标准之后，该项地方标准即行废止。强制性地方标准的代号由"DB"和省、自治区、直辖市行政区域代码前两位数再加斜线组成，例如海南省强制性地方标准的代号为"DB 46/"，斜线后为标准号，如海南省地方标准—莲雾嫁接苗的代号为 DB 46/T 179-2009。若斜线后再加"T"，则组成推荐性地方标准代号，例如海南省推荐性地方标准的代号是"DB 46/T"。

6）企业标准（Enterprise standards）

企业标准是指由企业制订发布，在该企业范围内统一使用，并报当地政府标准化行政主管部门和有关行政部门备案的标准。企业标准代号为"Q/"。各省、自治区、直辖市颁布的企业标准应在"Q"前加本省、自治区、直辖市的汉字简称，如湖南省的企业标准为"湘 Q/"。斜线后为企业代号和编号（顺序号-发布年代号）。中央所属企业由国务院有关行政主管部门规定企业代号，地方企业由省、自治区、直辖市政府标准化行政主管部门规定企业代号。如海南万钟实业有限公司制订和实施的香蕉生产技术规程为 Q/WZ 2001-2004。

三、质量标准的制订原则

标准的本质在于统一，在于为达到促进生产、加强管理、发展贸易、扩大交流、谋求利益共同性的目的。商品标准是一项技术复杂、政策性很强的工作，必须遵循以下原则。

（1）应当贯彻国家的有关方针、政策、法律、法规。

（2）充分考虑市场需要。

（3）要有利于保障安全和人民的身体健康，保护消费者的利益，保护环境。

（4）技术先进，经济合理。

（5）有利于合理开发和利用国家资源，保护自然资源和生态环境。

（6）积极应用国际标准和国外先进标准，充分考虑对外经济技术合作和对外贸易的需要。

（7）协调统一，完整配套，军民通用。

（8）掌握制订商品标准的时机，并根据科学技术的发展和经济建设的需要适时修订。

四、标准的制订过程

（一）国家标准的制订程序和各阶段要求

根据《国家标准制订程序的阶段划分及代码》（GB/T 16733-1997），我国国家标准的制订程序分为预阶段、立项阶段、起草阶段、征求意见阶段、审查阶段、批准阶段、出版阶段、复审阶段、废止阶段等9个程序,不同程序的主要执行部门、任务和所需周期长短不一。

1. 预阶段（Preliminary stage）

预阶段是标准计划项目建议的提出阶段,主要任务为提出新工作项目的建议。在这一阶段中,全国专业标准化技术委员会或部门根据我国市场经济和社会发展的需要,对将要立项的新工作项目进行研究及必要的论证,在此基础上提出新工作项目建议,包括标准草案或标准大纲（如标准的范围、结构及与其他标准相互协调的关系等）,并将新工作建议上报国务院标准化行政主管部门国家标准化管理委员会。

2. 立项阶段（Proposal stage）

立项阶段的任务为由国务院标准化行政主管部门提出新工作项目,时间周期一般不超过3个月。国务院标准化行政主管部门在收到全国专业标准化技术委员会或部门上报的新工作项目建议后,即对新工作项目建议进行统一汇总、审查、协调、确认,直至下达《国家标准制修订计划项目》给全国专业标准化技术委员会或部门。

3. 起草阶段（Preparatory stage）

起草阶段的任务为负责起草单位完成标准征求意见稿,时间周期一般不超过10个月。全国专业标准化技术委员会在收到国务院标准化行政主管部门的新工作项目计划后,负责落实计划,组织项目的实施,由承担任务的单位负责完成标准征求意见稿。

4. 征求意见阶段（Committee stage）

征求意见阶段的任务为完成标准送审稿,时间周期一般不超过2个月。标准起草工作组将标准征求意见稿发往有关单位征求意见,并收集、整理回函意见,提出征求意见汇总处理表,进一步对意见稿进行修改完善,再将标准送审稿送往全国专业标准化技术委员会。

5. 审查阶段（Voting stage）

审查阶段的任务为完成标准报批稿。全国专业标准化技术委员会收到起草工作组完成的标准送审稿后,经过会审或函审,写出《会议纪要》或《函审结论》,并附参加会审的代表名单或《函审单》至标准起草工作组,工作组根据会审或函审意见完成标准报批稿及其附件。

若标准送审稿没有被通过,则应责成起草工作组完成标准送审稿（第二稿）并再次进行审查。此时,项目负责人应主动向有关部门提出延长或终止该项目计划的申请报告。

6. 批准阶段（Approval stage）

批准阶段的任务为国务院有关行政主管部门批准发布国家标准、提供标准出版稿,时间周期一般不超过6个月。国务院有关行政主管部门（或技术委员会）收到标准报批稿后,对标准报批稿及报批材料进行审核,并在此基础上对标准报批稿进行必要的协调和完善工作,形成并提供标准出版稿后由国务院标准化主管部门批准发布。不符合报批要求的,一般应返回起草单位,限时解决问题后再行审核。

7. 出版阶段（Publication stage）

标准出版阶段的任务为提供标准出版物,时间周期一般不超过3个月。自国家标准出版单位收到国家标准出版稿后,组织实施出版国家标准。

8. 复审阶段（Review stage）

国家标准实施后，应根据科学技术的发展和经济建设的需要适时进行复审，复审周期一般不超过5年。国家标准复审后，对不需要修改的国家标准可确认其继续有效；对需作修改的国家标准可作为修订项目申报，列入国家标准修订计划。对已无存在必要的国家标准，由技术委员会或部门对该国家标准提议废止。

9. 废止阶段（Withdrawal stage）

已无存在必要的国家标准，由国务院标准化行政主管部门予以废止。

上述9个阶段为正常情况下国家标准制订程序的阶段划分，每一个过程都要按部就班地完成，同时为适应经济的快速发展，缩短制订周期，除正常的制订程序外，还可采用快速程序。快速程序是在正常标准制订程序的基础上省略起草阶段或省略起草阶段和征求意见阶段的简化程序。凡符合下列条件之一的项目，均可申请采用快速程序：

1）对等同采用、修改采用国际标准或国外先进标准制订国家标准的项目，可直接由立项阶段进入征求意见阶段，省略起草阶段；

2）对现有国家标准的修订项目或中国其他各级标准的转化项目，可直接由立项阶段进入审查阶段，省略起草阶段和征求意见阶段。

（二）地方标准的制订程序

地方标准必须遵照《中华人民共和国标准化法》、《中华人民共和国标准化法实施条例》和《地方标准管理办法》制订，一般可分为立项、起草、审查、报批和备案等5级程序。

1. 标准立项阶段

省、自治区、直辖市标准化行政主管部门，向同级有关行政主管部门和省辖市（含地区）标准化行政主管部门，部署制订地方标准年度计划的要求，由同级有关行政主管部门和省辖市标准化行政主管部门根据年度计划的要求提出计划建议；省、自治区、直辖市标准化行政主管部门对计划建议进行协调审查，制订出年度计划。省、自治区、直辖市标准化行政主管部门，根据制订地方标准的年度计划，组织起草小组或委托同级有关行政主管部门、省辖市标准化行政主管部门负责起草，将任务下达到各起草单位。

2. 标准起草阶段

负责起草地方标准的单位或起草小组，进行调查研究、综合分析、试验验证后，编写出地方标准征求意见稿与编制说明，经征求意见后编写成标准送审稿，送往省、自治区、直辖市标准化行政主管部门审查。

3. 标准审查阶段

省、自治区、直辖市标准化行政主管部门收到地标起草小组送审的标准送审稿后组织或委托同级有关标准化行政主管部门组织审查。审查工作可由标准化行政主管部门批准建立的标准化技术委员会或组织生产、使用、经销、科研、检验、标准、学术团体等有关单位的专业技术人员进行会审或函审，并作出会审或函审意见反馈给地标起草小组。

4. 标准报批阶段

地标起草小组收到会审或函审意见后，进一步修改完善地方标准，形成标准报批稿，连同附件，包括编制说明、审查会议纪要或函审结论、验证材料、参加审查人员名单，报送省、自治区、直辖市标准化行政主管部门审批，审批通过的标准须统一编号后出版发布。

5. 标准备案阶段

地方标准发布后，由省、自治区、直辖市标准化行政主管部门按有关要求报送到国家标准化管理委员会办理备案手续，国家标准化管理委员会受理备案后，在报批表及标准文本上指定位置统一编号并盖章。

地方标准实施后，也需根据科学技术的发展和经济建设的需要适时进行复审，以确定其继续有效、修订或废止，复审周期一般不超过 5 年，在新的国家标准或行业标准实施后，该地方标准自行废止。

我国农业行业标准的制订程序与国家标准的制订程序相同，也包括预阶段、立项阶段、起草阶段、征求意见阶段、审查阶段、批准阶段、出版阶段、复审阶段、废止阶段等 9 个程序，一般由农业部统一管理，负责组织或实施农业行业标准的计划、制订、审批、编号、发布、备案与复审工作。国际标准是国际标准化组织各成员团体协商一致的结果，国际标准化组织技术委员会和分委员会制订国际标准通常要经过提案阶段、准备阶段、技术委员会阶段、询问阶段、批准阶段和出版阶段等六个阶段。

五、质量标准的制订内容

商品标准一般由三部分构成：概述部分、正文部分和补充部分。概述部分包括：封面、目录、标准名称、引言。

正文部分包括：名词、术语、符号、代号、商品品种、规格、技术要求、试验方法、检验规则、标志、包装、运输、储存、其他。

补充部分包括：附录、附加说明。

整个标准应当包括以下具体内容：

（1）说明商品标准所适用的对象：在商品标准中，首先需要简要说明该项标准规定的主要内容、适用范围和应用领域以及不适用的范围。

（2）确定商品分类：在商品标准中，商品分类主要规定商品种类和型号，确定商品的基本参数和尺寸，作为合理发展商品品种、规格以及供用户选用的依据。

（3）规定商品的质量指标和技术要求：商品的质量指标和对各类、各级商品的技术要求，是商品标准的中心内容，包括理化指标、感官指标、使用性能、表面质量和内在质量、质量等级、稳定性、可靠性、能耗指标、材料要求、工艺要求、环境条件以及有关质量保证、防护、卫生、安全和环境保护方面的要求等。列入商品标准的技术要求应当是决定商品质量和使用特性，并可以检测或鉴定的关键性指标。通过这些指标能够全面而准确地判定商品的质量和等级。

（4）规定抽样办法和试验方法：科学合理地抽样，是正确判定商品质量的基础，因此商品标准中应明确规定抽样方法。其内容包括：每批商品应抽检的百分率、抽样的具体方法、抽样的用具、样品在检验前的处理和保存方法等。

试验方法是对检验每项质量指标、考核与判定商品质量是否符合标准要求所作的具体规定。其内容包括：试验项目、各项质量指标的含义、试验原理和方法、试验用仪器设备、试样和试剂的制备、试验的环境条件、试验程序和操作方法、试验结果的计算与评定等。对于某些指标的检测方法，凡是有强制性国家标准的，应当直接引用国家标准。

除上述内容外，在某些商品检验或验收规则中还规定了生产和购货双方在检验商品质量方面应遵循的条例。

（5）规定商品的包装和标志以及运输和储存条件：对商品包装的要求，一般规定包装材料、包装技术与方式、每件包装中商品的数量及重量或体积、对内包装物的技术要求、包装的试验方法、检验规则等。对商品标志和外包装标志，一般规定标志的位置、内容、制作方法和质量要求等。商品标志的内容包括商品名称、生产厂家或公司名称、商品型号或标记、质量等级或认证标志、商标、主要参数、使用说明、出厂日期、生产批号、有效期限等。外包装标志的内容包括制造厂商名称、商品名称、型号、数量、毛重、储运指示标志和危险品标志等。

对运输要求，一般规定合理的运输方式（工具）、运输条件以及运输装卸中应注意的事项等。

对储存要求，规定了储存场所、储存条件、储存方法、搬运和堆垛方法、储存期限和抽检时间等。

六、果蔬质量标准的制订案例分析（见下面附录）

附录一　无公害番茄质量标准（DB 510422/T 018-2010）

前　言

《无公害番茄质量标准》是为了提高农业经济效益，加快农业产业化，发展无公害农产品，促进农业持续发展，提供安全健康的产品而特制订的。

《无公害番茄质量标准》是按照 GB/T 1.1-2000《标准化工作导则　第 1 部分：标准的结构和编写规则》和 GB/T 1.2-2002《标准化工作导则　第 2 部分：标准中规范性技术要素内容的确定方法》进行编写与表述的。

本标准由攀枝花市盐边质量技术监督局、攀枝花市安宁果蔬协会、盐边县桐子林种养植专业合作社；

本标准的起草单位：攀枝花市盐边质量技术监督局、攀枝花市安宁果蔬协会、盐边县桐子林种养殖专业合作社。

本标准的主要起草人：罗应福、吴朝林、毛洪标、苏加琼、倪环敏

无公害番茄质量标准

1　范围

本标准规定了鲜食大果型无公害番茄的术语和定义、技术条件、试验方法、检验规则、包装、标志、运输和贮存。

本标准适用于攀枝花市盐边县种植的无公害番茄。

2　规范性引用文件

下列文件中的条款通过本标准的引用而成为本标准的条款。凡是注日期的引用文件，其随后所有的修改单（不包括勘误的内容）或修订版均不适用于本标准，然而，鼓励根据本标准达成协议的各方研究是否可使用这些文件的最新版本。凡是不注日期的引用文件，其最新版本适用于本标准。

GB 2762　食品中污染物限量

GB 2763　食品中农药最大残留限量

GB/T 5009　食品卫生检验方法　理化部分

GB/T 5009.11　食品中总砷和无机砷的测定

GB/T 5009.12　食品中铅的测定

GB/T 5009.15　食品中镉的测定

GB/T 5009.17　食品中总汞及有机汞的测定

GB/T 5009.18　食品中氟的测定

GB/T 5009.20　食品中有机磷农药残留量的测定

GB/T 5009.33　食品中亚硝酸盐与硝酸盐的测定

GB/T 5009.38　蔬菜、水果卫生标准的分析方法

GB/T 5009.103　植物性食品中甲胺磷和乙酰甲胺磷农药残留量的测定

GB/T 5009.104　植物性食品中氨基甲酸酯类农药残留量的测定

GB/T 5009.105　黄瓜中百菌清残留量的测定

GB/T 5009.110　植物性食品中氯氰菊酯、氰戊菊酯和溴氰菊酯残留量的测定

GB/T 5009.145　植物性食品中有机磷和氨基甲酸酯类农药多种残留的测定

GB/T 6195　水果、蔬菜维生素 C 含量测定法（2,6-二氯靛酚滴定法）

GB/T 6543　瓦楞纸箱

GB/T 12293　水果、蔬菜制品　可滴定酸度的测定（neq ISO 750）

GB/T 12295　水果、蔬菜制品　可溶性固形物含量测定　折射仪法（neq ISO 2173）

NY/T 393　绿色食品　农药使用准则

JJF 1070　定量包装商品净含量计量检验规则

DB 510422/T 016-2009　无公害番茄产地环境标准

国家质量监督检验检疫总局令第 75 号（2005）《定量包装商品计量监督管理办法》

3　术语和定义

下列术语和定义适用于本标准。

3.1　成熟度

产品成熟的程度。

3.2　色泽

产品具有本品种应有的颜色和光泽。

3.3　果形

果实具有本品种固有的形状。

3.4　新鲜

果实有光泽、硬实、不失水。

3.5　清洁

产品没有泥土及其他污染物。

3.6　腐烂

产品由于微生物滋生而遭破坏。

3.7　整齐度

产品在形状、大小上一致的程度。

3.8　异味

非本产品具有的气味。

3.9 灼伤

因受强光照射使果面温度过高而造成的伤害。

3.10 冷害

在冰点以上低温中发生的生理伤害。

3.11 冻害

在冰点或冰点以下的低温中发生组织冻结，无法缓解所造成的伤害。

3.12 病虫害

因病虫侵袭所产生的危害。

3.13 机械伤

因外力所造成的损伤。

3.14 裂口

番茄果面及其周围出现的纵裂和环裂。

3.15 畸形果

a) 果实有 1~2 个心室特别膨大，严重影响外观；

b) 果面有明显歪扭、棱沟或凸起；

c) 梗洼过大；

d) 果脐过大；

凡占有上述一条者为畸形果。

3.16 过熟

果实成熟过度，果肉组织开始软化。

4 产地环境

产品产地的环境条件应符合 DB 510422/T 016-2009 的规定。

5 技术要求

5.1 感官要求

产品分为两个等级，其感官要求应符合表 6-16 的规定。

5.2 理化指标

产品的理化指标应符合表 6-17 的规定。

5.3 净含量允许偏差

5.4 产品的净含量允许偏差应符合国家质量监督检验检疫总局令第 75 号（2005）《定量包装商品计量监督管理办法》的规定。

6 试验方法

6.1 感官要求的检测

6.1.1 将适量的样品放在白瓷盘上，在自然光线下目测外观，鼻嗅气味。

6.1.2 单果重的检测

随机抽取 20 个果实用感量 1g 的托盘天平称总重量，再计算算术平均值。

6.1.3 整齐度的测定

用台秤称量每个样品的质量，用样品的平均质量乘以（1±10％）计算整齐度。

感官要求 表 6-16

等 级	要 求
一级果	果实大小一致，整齐度不小于 90%，色泽均匀；果形圆润，无畸形果；果腔充实，果实坚实，富有弹性。成熟适度、一致，果面无裂口，表皮清洁，无腐烂及异味，无灼伤、病虫害、机械伤、冷害、冻害等损伤。果重不小于 150g/个
二级果	果实大小基本一致，整齐度≥80%，色泽较均匀；果形基本圆润，稍有变形，无畸形果；果腔充实，果实坚实，富有弹性。已成熟或稍欠熟，成熟度基本一致，果面无裂口，表皮清洁，无腐烂及异味，无灼伤、病虫害、机械伤、冷害、冻害等损伤。果重为 100～149g/个

6.2 维生素 C 的测定：按 GB/T 6195 的规定执行。

6.3 可溶性固形物的测定：按 GB/T 12295 的规定执行。

6.4 总酸的测定：按 GB/T 12293 的规定执行。

6.5 番茄红素的测定：按附录 A（规范性附录）执行。

6.6 砷的测定：按 GB/T 5009.11 的规定执行。

6.7 铅的测定：按 GB/T 5009.12 的规定执行。

6.8 镉的测定：按 GB/T 5009.15 的规定执行。

6.9 汞的测定：按 GB/T 5009.17 的规定执行。

6.10 氟的测定：按 GB/T 5009.18 的规定执行。

6.11 乙酰甲胺磷的测定：按 GB/T 5009.103 的规定执行。

6.12 乐果、敌敌畏、敌百虫的测定：按 GB/T 5009.20 的规定执行。

6.13 辛硫磷、毒死蜱的测定：按 GB/T 5009.145 的规定执行。

6.14 氯氰菊酯、溴氰菊酯、氰戊菊酯的测定：按 GB/T 5009.110 的规定执行。

6.15 抗蚜威的测定：按 GB/T 5009.104 的规定执行。

6.16 百菌清的测定：按 GB/T 5009.105 的规定执行。

6.17 多菌灵的测定：按 GB/T 5009.38 的规定执行。

6.18 亚硝酸盐的测定：按 GB/T 5009.33 的规定执行。

6.19 其他污染物限量、其他农药最大残留量、食品添加剂的测定方法：
按 GB/T 5009 中相关内容和国家相关标准执行。

6.20 净含量的测定方法：按 JJF 1070 执行。

7 检验规则

7.1 产品按批检验交货。每批由同一品种、同一时期采摘的产品组成，每批产品数量应不大于 240t。

理化指标 表 6-17

项 目	指 标
维生素 C（mg/100g）	≥12
可溶性固形物（%）	≥4
总酸（%）	≤4
番茄红素（mg/kg）	≥20.0
砷（以 As 计）（mg/kg）	≤0.2
汞（以 Hg 计）（mg/kg）	≤0.01
铅（以 Pb 计）（mg/kg）	≤0.1
镉（以 Cd 计）（mg/kg）	≤0.05

项 目	指 标
氟（以 F 计）（mg/kg）	≤0.5
乙酰甲胺磷（acephate）（mg/kg）	≤0.02
乐果（dimethoate）（mg/kg）	≤0.5
敌敌畏（diehlorvos）（mg/kg）	≤0.1
辛硫磷（phoxim）（mg/kg）	≤0.05
毒死蜱（chlorpyfif08）（mg/kg）	≤0.2
敌百虫（trichlorfon）（mg/kg）	≤0.1
氯氰菊酯（cypermethrin）（mg/kg）	≤0.5
溴氰菊酯（deltamethrin）（mg/kg）	≤0.2
氰戊菊酯（fenvalerate）（mg/kg）	≤0.2
抗蚜威（pirimicarb）（mg/kg）	≤0.5
百菌清（chlorothalonil）（mg/kg）	≤1
多菌灵（carbendazim）（mg/kg）	≤0.1
亚硝酸盐（以 NO^{2-} 计）（mg/kg）	≤2
其他污染物限量	符合 GB 2762 的规定
其他农药最大残留量	符合 GB 2763 的规定
食品添加剂	不得检出

注：按 NY/T 393 规定的禁用农药不得检出。

7.2 在每批产品中抽样数量最少不得少于 5 件。1000 件以下的，每增加 100 件，增抽 1 件；1000 件以上的随机抽样 15 件。然后在抽样总件数中随机抽取 5000g 样品供检验用。

7.3 检验分类

产品检验分为出厂检验和型式检验。

7.3.1 出厂检验项目为：感官、标志、净含量、包装。

7.3.2 形式检验

在正常生产情况下，每年应进行一次形式检验。有下列情形之一时也应进行：

a）申请绿色食品标志或进行绿色食品年度抽查检验；

b）因人为或自然因素使生产环境发生较大变化；

c）前后两次抽样检验数据有较大差异；

d）国家质量监督机构或行业主管部门提出检验要求。

7.4 等级划定

抽检产品某等级果数占总果数的 95％以上划作本等级；次一级果数为 5％～10％作降一级处理；次一级果数超过 10％作降二级处理。

7.5 判定规则

7.6 除卫生指标外，检验结果中如有任一项指标不符合本标准规定时，允许在同批产品中加倍抽样复检，复检结果如仍有任一项指标不符合本标准规定，则判该批产品不合格。

8 包装、标志、运输和贮存

8.1 包装

产品采用瓦楞纸箱或其他包装，整齐排放，果蒂朝上，层与层之间加以衬板。包装材料应符合国家环境保护、食品安全的有关标准和规定。

8.2 标志

每件外包装上必须注明产品名称和等级、产品标准号、产地、生产单位名称和地址、采摘日期、包装日期、净含量。

8.3 运输与贮存 在运输与贮存中小心轻放，不得重压、雨淋，避免长时间曝晒，保持通风、干燥，不得与其他有毒、有害、有异味的物品混运混存。

附录二 无公害食品 香蕉（NY 5021-2008 替代 NY 5021-2001）

前 言

本标准代替 NY 5021-2001《无公害食品 香蕉》

本标准与 NY 5021-2001《无公害食品 香蕉》相比主要变化如下：

——将 GB 8855 新鲜水果和蔬菜的取样方法更改为 NY/T 5344.4《无公害食品 产品抽样规范 第 4 部分：水果》

——去掉术语和定义一章；

——基本要求"应符合 GB 9827 规定的合格品质量要求"更改为用具体的文字描述；

——安全指标中去掉"砷、汞、铅、镉、铬、六六六、滴滴涕、乐果、甲拌磷、百克威、氰戊菊酯、甲胺磷、二嗪农、倍硫磷、氰戊菊酯、敌百虫、甲拌磷、对硫磷、敌敌畏、乙酰甲胺磷。"保留项目的指标按 GB 2762-2005 和 GB 2763-2005 的标准对限量值进行修订；增加"乙烯利、咪酰胺、丙环唑"，指标按 GB 2763-2005 标准限量值；

——检测方法修改为溴氰菊酯按 NY/T 761《蔬菜和水果中有机磷、有机氯、拟除虫菊酯和氨基甲酸酯类农药多残留检测方法》执行；增加的"乙烯利、咪鲜胺、丙环唑"分别按 NY/T 1016《水果蔬菜中乙烯利残留量的测定 气相色谱法》、NY/T 1456《水果中咪鲜胺残留量的测定 气相色谱法》、SN 0159《出口粮谷中丙环唑残留量的检验方法》执行。

——去掉检测规定中型式检验、交收检验、组批检验的部分内容，改为按 NY/T 5340《无公害食品产品检验规范》执行；

——标志、包装、运输、贮存各章节表述做了修改。

本标准由中华人民共和国农业部市场与经济信息司提出并归口。

本标准起草单位：农业部农产品质量安全中心、农业部热带农产品质量监督检验测试中心。

本标准主要起草人：刘洪升、廖超子、吴莉宇、丁保华、袁宏球、曾莲、章程辉。

原标准于 2001 年首次发布，本次为第一次修订。

1 范围

本标准规定了无公害食品香蕉的要求、试验方法、检验规则、包装、标志和标签、贮存和运输等。

本标准适用于无公害食品香蕉。

2 规范性引用文件

下列文件中的条款通过本标准的引用而成为本标准的条款。凡是注日期的引用文件，其随后所有的修改单（不包括勘误的内容）或修订版均不适用于本标准，然而，鼓励根据本标准达成协议的各方研究是否可使用这些文件的最新版本。凡是不注日期的引用文件，其最新版本适用于本标准。

GB/T 5009.13 食品中铜的测定

GB/T 5009.18 食品中氟的测定

GB 771 预包装食品标签通则

NY/T 761 蔬菜和水果中有机磷、有机氯、拟除虫菊酯和氨基甲酸酯类农药多残留检测方法

NY/T 1016 水果蔬菜中乙烯利残留量的测定 气相色谱法

NY/T 1456 水果中咪鲜胺残留量的测定 气相色谱法

NY/T 5340 无公害食品 产品检验规范

NY/T 5444.4 无公害食品 产品抽样规范 第 4 部分：水果

SN 0159 出口粮谷中丙环唑残留量的检验方法

3 要求

3.1 感官指标

同一品种，同一梳中规格基本一致，梳果正常，果实新鲜，形状完整，皮色青绿或浅绿，清洁，无病虫害；成熟适度、无腐烂、无异味；无明显机械损伤、冷害、冻伤。

3.2 安全指标

无公害食品香蕉安全卫生指标应符合表 6-18 规定

4 试验方法

4.1 感官

将样品置于干净的检验台上，用目测法对果实的新鲜度、均匀度、洁净度、缺陷果、

安全指标 表6-18

序　号	项　目	指标（mg/kg）
1	氟（以 F⁻计）	≤0.5
2	铜（以 Cu 计）	≤10
3	溴氰菊酯（deltamethrin）	≤0.05
4	乙烯利（ethephon）	≤2
5	咪酰胺（prochlornz）	≤5
6	丙环唑（prapiconaole）	≤0.1

注：其他有害、有毒物质的限量应符合国家有关的法律法规、行政规范和强制性标准的规定。

病虫害项目逐一进行检测。

4.2 安全指标

4.2.1 氟 按 GB/T 5009.18 的规定执行。

4.2.2 铜 按 GB/T 5009.13 的规定执行。

4.2.3 溴氰菊酯 按 NY/T 761 的规定执行

4.2.4 乙烯利 按 NY/T 1016 的规定执行。

4.2.5 咪酰胺 按 NY/T 1456 的规定执行。

4.2.6 丙环唑 按照 SN 0159 的规定执行。

5 检验规则

5.1 产品分类、组批和判定规则 按 NY/T 5340 的规定执行。

5.2 抽样方法 NY/T 5444.4 的规定执行。

6 标志和标签

6.1 标志 无公害农产品标志的使用应符合有关规定。

6.2 标签

应包括产品名称、产品的执行标准、生产者及详细地址、产地、净含量、生产日期和

包装日期等，要求字迹清晰、完整、准确。

7 包装、运输、贮存

7.1 包装

包装物应清洁、牢固、无毒、无污染、无异味，包装物应符合国家有关标准和规定；特殊情况按贸易双方合同规定执行。

7.2 运输

7.2.1 运输工具应清洁，有防晒、防雨和通风设施或制冷设施。

7.2.2 运输过程中不得与有毒物质、有害物质混运，小心装卸，严禁重压。

7.2.3 到达目的地后，应尽快卸货入库或立即分发销售或加工。

7.3 贮存

7.3.1 贮存场地要求：清洁、荫凉通风，有防晒、防雨设施或制冷设施，库温尽可能控制在13℃～15℃。不得与有毒、有异味的物品或可释放乙烯的水果混存。

7.3.2 应分种类、等级堆放，应批次分明，堆码整齐、层数不宜过多。堆放和装卸时要轻搬轻放。

附录三 绿色食品 豇豆（NY/T 272-1995）

1 主题内容与适用范目

本标准规定了绿色食品豇豆的术语、技术要求、试验方法、检验规则和标志、包装、运输、贮藏。

本标准适用于获得绿色食品标志的豇豆。

2 引用标准

GB 4285 农药安全使用标准

GB/T 5009.11 食品中总砷的测定方法

GB/T 5009.14 食品中锌的测定方法

GB/T 5009.15 食品中镉的测定方法

GB/T 5009.17 食品中总汞的测定方法

GB/T 5009.18 食品中氟的测定方法

GB/T 5009.19 食品中六六六、滴滴涕残留量的测定方法

GB/T 5009.20 食品中有机磷农药残留量的测定方法

GB 5009.38 蔬菜水果卫生标准的分析方法

GB 8321 农药合理使用准则

GB/T 8855 新鲜水果和蔬菜的取样方法

GB 8868 蔬菜塑料周转箱（已调整为行业标准）

GB/T 12399 食物中硒的测定方法

GB/T 13108 植物性食品中稀土的测定方法

3 术语

3.1 绿色食品

经专门机构认定，许可使用绿色食品标志的无污染、安全、优质、营养的食品。

3.2 绿色食品豇豆

获得绿色食品标志的豇豆。

3.3 同一品种

特征、形态、色泽相同的豇豆。

4 技术要求

4.1 原料产地环境要求应符合绿色食品产地的环境标准

4.2 感官要求应符合表6-19的规定

4.3 理化要求应符合表6-20的规定

5 试验方法

按 GB/T 5009.11、GB/T 5009.14、GB/T 5009.15、GB/T 5009.17、GB/T 5009.18、GB/T 5009.19、GB/T 5009.20、GB/T 12399、GB/T 13108 的规定执行。

豇豆的感官要求   表 6-19

项　目	要　求
色泽	豆荚浅绿，色泽一致
形态	豇豆应属于同类型、形态完整、荚尾尖部短、荚幼嫩、成熟而不过熟者。色泽浅绿、清洁、缝合少，豆荚条形较直、粗细均匀、无擦伤。不许有柔软、凋萎、疤痕、病虫害或其他方法所引起的伤害
杂质	不得检出

豇豆的理化要求   表 6-20

项　目	指　标
氟，mg/kg	≤1.0
砷（以 As 计）（mg/kg）	≤0.2
汞（以 Hg 计）（mg/kg）	≤0.01
镉（以 Cd 计）（mg/kg）	≤0.1
硒（以 Se 计）（mg/kg）	≤0.1
锌（以 Zn 计）（mg/kg）	≤20
稀土（mg/kg）	≤0.7
六六六（mg/kg）	≤0.05
滴滴涕（mg/kg）	≤0.05
杀螟硫磷（mg/kg）	≤0.4
倍硫磷（mg/kg）	≤0.05
乐果（mg/kg）	≤1.0
敌敌畏（mg/kg）	≤0.2

注：其他农药施用方式及其限量应符合 GB 8321、GB 4285 及相关标准规定。

6 检验规则

6.1 检验规则

6.1.1 同品种、同时采收的豇豆作为一个检验批次。

6.1.2 报验单填写的项目应与实货相等。凡与货单不符合者、包装容器严重损坏者，应由交货单位重新整理后，再进行抽样。

6.1.3 包装检验应按第6、7章规定进行。

6.1.4 判定规则　凡其中一项不符合技术要求的均判为不合格。

6.2 检验方法

6.2.1　抽样方法按 GB/T 8855 的规定执行。随机取样数量为 1～3kg。

6.2.2　逐件称量抽取的样品，每件质量须一致，不得低于包装外标志的重量。

6.2.3　逐件打开包装样品，取出豇豆平放在检验台上进行色泽、形态与杂质的检查。

6.2.4　杂质检验：

6.2.4.1　用具：白搪瓷盘、天平（精度 0.001g）。

6.2.4.2　操作程序：

称取混合后样品 1.000g 于搪瓷盘内，挑出杂质，称取重量。杂质率按式（6-1）计算：

$$X(\%) = (m_1/m_2) \times 100 \qquad (6\text{-}1)$$

式中：X——样品杂质率，%；m_1——样品杂质质量，g；m——样品质量，g。

7　标志、包装

7.1　豇豆包装容器（箱、筐、袋）清洁干燥、牢固、透气、美观、无污染、无异味、内壁无尖突物、无虫蛀、腐烂、霉变现象。木箱需缝宽适当，无突起铁钉；如用塑料箱包装，应符合 GB 8868 的要求。

7.2　每批豇豆的包装规格、单位、质量应一致。

7.3　附有绿色食品标志。

7.4　包装上应标明品种、毛重、净重、产地、生产者、采摘日期及包装日期。

8　运输、贮藏

8.1　运输

8.1.1　装运时做到轻装、轻卸，严防机械损伤。运输工具清洁、卫生、无污染。

8.1.2　公路汽车运输时严防日晒、雨淋。铁路或水路长途运输时注意防冻和通风散热。

8.2　贮藏

8.2.1　应在阴凉、通风、清洁、卫生的地方存放，严防日硒、雨淋、冻害及有毒物质和病虫害污染。

8.2.2　冷藏时应按品种分别贮藏。

8.2.3　豇豆最佳贮藏温度为 5～7℃，最高贮存期不超过 10 天，空气相对湿度保持 85%～90%，库内保证气流均匀地通过。

附加说明：

本标准由中华人民共和国农业部提出。

本标准由中华人民共和国农业部农垦司归口。

本标准由中国农垦北方食品监测中心负责起草。

本标准的主要起草人：申素红、戴有荔、孙丽新、王媛、尚秀荣。

习题

1. 列表简述园艺产品品质因素的内容及含义。

2. 果实主要品质指标鉴定的基本方法有哪些？如何鉴定？

3. 选用某一种质量标准作参照，设计香蕉果实抽样调查品质的实验方案。

4. 园艺产品质量标准的常见种类有哪些？质量标准制订的基本程序怎样？

参考文献

[1]　李光晨，范双喜. 园艺植物栽培学 [M]. （第 2 版）. 北京：中国农业大学出版社，2007.

[2] 关军锋. 果实品质生理 [M]. 北京：中国科学出版社，2008.

[3] 关军锋. 果品品质研究 [M]. 石家庄：河北科学技术出版社，2001.

[4] 廖明安. 园艺植物研究法 [M]. 北京：中国农业出版社，2005.

[5] 李锡香. 新鲜果蔬的品质及其分析法 [M]. 北京：中国农业出版社，1994.

[6] 赵丽芹，张子德. 园艺产品贮藏加工学 [M]. 北京：中国轻工业出版社，2009.

[7] 国家标准化管理委员会农轻和地方部 [M]. 食品标准化. 北京：中国标准出版社，2006.

[8] 黄绵佳. 热带园艺产品采后生理与技术 [M]. 北京：中国林业出版社，2007.

[9] 张欣. 果蔬制品安全生产与品质控制 [M]. 北京：中国化学工业出版社，2005.

[10] 陈清西，纪旺盛. 香蕉无公害高效栽培 [M]. 北京：金盾出版社，2007.

[11] 白殿一. 标准化工作导则、指南和编写规则 [M]. 北京：中国标准出版社，2001.

[12] 中华人民共和国农业部市场与经济信息司，中华人民共和国农业部农垦局，农业部热带作物及制品标准化技术委员会. 中国农业热带作物标准 [M]. 北京：中国农业科学技术出版社，2005.

[13] 周思源，强毅，陆锡林. 国家标准制订程序的阶段划分及代码 [S]. (GB/T 16733-1997).

[14] 赵海香，李以翠，张连鹏等. 新鲜水果和蔬菜取样方法 [S]. (GB/T 8855-2008).

[15] 陈贤，迟涛，杨德. AHP法在番茄果实商品性状评价上的应用分析 [J]. 西南农业学报，2008，21 (2)：432-435.

[16] 陈贤，杨荣萍，杨德等. AHP法和灰色关联法在小果型番茄果实商品性状评价上的应用 [J]. 河南农业科学，2008，(11)：107-110.

[17] 龚元圣，王晓春，陈贤. 标准差权重法在番茄果实商品性状评价上的应用分析 [J]. 安徽农业科学，2008，36 (31)：13600-13602.

[18] 陈贤，赵雁，龚元圣. 熵权法在番茄果实商品性状评价上的应用分析 [J]. 湖北农业科学，2008，47 (11)：1295-1298.

[19] 张光伦. 生态因子对果实品质的影响. 果树科学，1994，11 (2)：120-124.

[20] 龚荣高，叶光志，吕秀兰等. 主要生态因子与脐橙果实糖酸比的灰色关联度分析 [J]. 中国南方果树，2009，38 (3)：24-26.

[21] 郭爱民，刘昌文，欧毅等. 应用灰色关联度分析法评价柑橘果实品质 [J]. 西南农业学报，1994，7 (1)：40-45.

[22] 陈贤，杨荣萍，赵雁等. 运用层次分析法和排序法综合评价番茄果实的商品性 [J]. 贵州农业科学，2008，36 (6)：135-138.

[23] 孙志鸿，孙忠富，杨朝选等. 果树生态生理数学模拟的研究进展和应用 [J]. 果树学报，2005，22 (4)：361-366.

[24] 景绚，张耀良，景倩等. 评价果实整齐程度的一种实用计算法 [J]. 沈阳农业大学学报，1994，25 (2)：238-240

（编者：李茂富、从心黎）

第七章　热带园艺植物抗逆性的研究

植物生活空间的自然条件总和称为植物环境，包括许多性质不同的单因子，如水分因子、温度因子、土壤因子、光照因子、气体因子、生物因子及人类的社会经济活动等。植物在其整个生活周期中，无时不处于变化着的环境条件中。环境在植物的生命活动中处于非常重要的地位。适宜的环境条件能保证或促进植物正常的生长发育，而不适宜的或恶劣的环境条件则能抑制或杀死植物。凡是对植物生长发育不利的环境条件统称为逆境（stress environment）或胁迫（stress）。逆境的种类多种多样，包括物理的、化学的、生物因素等，可分为生物逆境（biotic stress）和非生物逆境（abiotic stress）两大类（图7-1）。对植物产生重要影响的非生物逆境主要有光、水分（干旱和淹涝）、温度（高温、低温）、盐碱、环境污染等理化逆境，生物逆境主要包括病害、虫害、杂草等。这些胁迫因子常常相互关联，同时或伴随出现。如果相互关联的胁迫因子又为因果关系，一种胁迫因子出现后又引发新的胁迫，前者称为原初胁迫，后者称为次生胁迫（图7-2）。

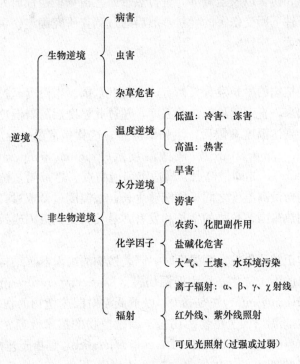

图 7-1　逆境的种类

植物处在逆境条件下而免于受伤害的能力称为它的抗逆性（stress resistance）。在逆境下受伤害越轻，抗逆性越强。进行热带园艺植物抗逆性研究，首先，有利于及时选择、鉴定抗逆性强的遗传种质资源，为利用和保存这些资源提供依据。其次，可以发展以园艺

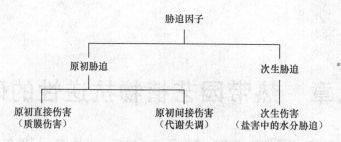

图 7-2　胁迫因子对植物产生的伤害效应种类

植物的化学功能及物理反应为基础的遗传筛选方法，确定遗传变异的存在，以加快抗性育种的步伐。第三，可以利用抗性研究的基础知识改善栽培技术，以避免或削弱逆境的影响。最后，可以利用逆境研究知识鉴别改变园艺植物功能的环境因子，从而可以做到适地适栽，以发挥园艺植物最大的遗传潜能。

第一节　热带园艺植物逆境伤害类型分析

我国地域辽阔，园艺植物种类、品种繁多，分布也很广。各种园艺植物对自然条件的适应性不同，经常受到逆境伤害，造成巨大的经济损失。园艺植物上通常所指的逆境主要是高温、低温、干旱、涝害以及盐碱等。进行热带园艺植物抗逆性研究，首先应该了解热带园艺植物在逆境条件下所受伤害的症状，然后通过调查研究确定伤害的程度，找出伤害的原因，提出防御对策。

一、温度逆境

每一种热带园艺植物的生长发育，都有一个温度范围。当温度超过生长所需的最低温度，生长随之加快起来，直到生长最快的温度，超过此温度后随着温度再增高，反而引起生长速度快速下降，到达温度高限后，生长即停止。这就是常说的温度的"三基点"，即最低温度（Minimum temperature）、最适温度（Optimum temperature）和最高温度（Maximum temperature），亦即最低点、最适点和最高点。热带园艺植物只有在一定的温度范围内（最低温度与最高温度之间）才能够生长，若温度过低或过高，植物遭受低温胁迫或高温胁迫，影响热带园艺植物的生长和发育，易使其受到损害或死亡。

1. 低温伤害

在低于园艺植物正常的生长发育温度时，园艺植物的组织器官结构和生长发育特性受此低温影响所表现出的不正常状态称为低温伤害（Low-temperature injury）。通常包括冻害和冷害。冻害（Freezing injury）是指 0℃ 以下低温对园艺植物的伤害；冷害（Chilling injury）是指 0℃ 以上低温对园艺植物的伤害。园艺植物的抗寒性通常包括抗冻性和抗冷性。抗冻性（Freezing resistance 或 Anti-freezing tolerance）是指园艺植物在 0℃ 以下低温条件下而免于受伤害的能力，如柑橘等。抗冷性（Chilling resistance）是指园艺植物在 0℃ 以上低温条件下能够正常生长发育的能力，如菠萝、香蕉、荔枝和龙眼等。热带园艺植物喜高温，忌低温寒冷，如在海南岛栽种的热带植物丁香，当绝对最低温降到 6.1℃ 时，叶片呈水渍状，降至 3.4℃ 时顶梢干枯。

园艺植物受寒害后，通常表现根系吸收能力下降、叶片水渍状、花芽分化不良、落花和结实率降低等症状。一般来说，植物遭受寒害的程度，除与降温幅度有关外，还与降温的持续时间等有关。如果降温幅度大，持续时间长，植物受害严重，如香蕉，当温度降至5℃时，蕉叶便出现冷害现象，气温降至2.5℃时，蕉叶严重冷害，低温持续越长，受害越严重，当气温降至0℃时，则植株地上部冻死，整片蕉园损毁，造成重大损失。热带园艺植物种类、品种不同，其耐寒力不同。如香蕉中通常大蕉的耐寒力较强，其次是粉蕉、龙牙蕉，最不耐寒的是香牙蕉。即使同一种类、品种，不同器官对寒害的反应也不同，如香蕉植株的冷敏感程度依次是花蕾、嫩叶、嫩果、果实、叶片、假茎、根、球茎，幼嫩的和老化的器官均容易发生冷害。香蕉各器官生长的临界温度：叶片10～12℃，果实13℃，根13～15℃。低于上述临界温度时即停止生长甚至出现冷害，如12℃时，嫩叶、嫩果、老熟果会出现轻微冷害；3～5℃时，叶片出现冷害症状；0～1℃时，植株死亡。

2. 高温伤害

在园艺植物生长发育过程中，由于气温的非节律性变化，常常会遇到超过园艺植物最适条件的温度，一系列生理代谢出现异常。严重时导致产量大幅度下降、组织和器官死亡。这种超过园艺植物某一生长发育阶段所需最适温度，并能使树体代谢处于不正常状态的温度，通常称为高温。因此，高温是一个相对概念，在园艺植物的不同发育时期。能引起伤害的温度是不同的。高温对园艺植物的枝梢生长、开花结果等方面的破坏作用称为高温伤害（high temperature injury），又称热害（heat injury）。而植物对高温伤害的适应则称为抗热性（heat resistance）。气候预测表明，温室效应将导致全球性气温上升，整个种植业面临高温挑战，因此有关热带园艺植物抗热性的研究变得日趋重要。

高温在园艺植物生长发育的许多环节都能出现。夏季晴天时，土壤表面温度可以高达70℃，而土表气温可达40～55℃（Levitt，1980），这样的高温足以引起许多伤害。另外气候的非节律性变化也常常引起许多伤害。

高温对园艺植物生理变化的影响主要有呼吸作用大大增强，使植株出现"饥饿"状态，有机物的合成不及消耗；高温下蒸腾失水加快，水分平衡受破坏，气孔关闭，光合作用受阻；植株被迫休眠；体温上升，蛋白质变性，代谢功能紊乱等。在植株外观上可能出现灼烧状坏死斑点或斑块（灼环）乃至落叶，出现雄性不育现象以及花序、子房、花朵和果实脱落等，时间一长或到达生命的热死点温度植株就死亡。高温使植物的茎（干）、叶、果等受到伤害，通常称为灼伤，灼伤的伤口又容易遭受到病害的侵袭。归纳起来，高温对园艺植物的危害可分为直接危害与间接危害两个方面。直接伤害是高温直接影响组成细胞质的结构，在短期（几秒到几十秒）出现症状，并可从受热部位向非受热部位传递蔓延。其伤害实质较复杂，可能原因是由于高温引起蛋白质变性以及膜脂的液化，使膜失去半透性和主动吸收的特性。间接伤害是指高温导致代谢的异常，渐渐使植物受害，其过程是缓慢的。高温常引起植物过度的蒸腾失水，此时同旱害相似，因细胞失水而造成一系列代谢失调，导致生长不良。

在研究热带园艺植物的耐热力时，需要注意热带园艺植物原产地的局部气候条件，不能生搬硬套。如当我们研究某种花卉的原产地时就会发现，赤道附近虽属热带地区，没有明显的四季之分，但此地夏季的光照长度比温带和亚热带要短，其又是属于海洋性气候，因此当地的夏季最高气温常低于其他地区。因此，一部分热带地区原产的花卉，也往往经受不住我国大部分地区的夏季酷热，不能正常生长开花，或被迫休眠，管理不善甚至导致死亡。如热带性花卉如火鹤花之耐低温性较弱是毋庸置疑的，但也未必适于高温，当温度超过30℃时则火鹤花之佛焰苞不平整、凹凸不平且畸形花出现，若超过35℃则开花率下降，从而产量低且品质不佳。

二、水分逆境

水为植物体的重要组成部分，也是植物生命活动的必要条件。足够的含水量使植物细胞保持膨压状态，植株枝叶便会挺立舒展，以维持正常的生理活动。水是理想的溶剂，营养物质的吸收、转化、运输与分配。光合作用、呼吸作用等重要的生理过程，都必须在有水的环境中才能正常进行。水具有热容量高、汽化热高的特性，调节树体与环境间的温度变动，从而保护树体避免或减轻灾害。因此，水分与热带园艺植物的生长发育关系密切。水分过少或过多就引起园艺植物干旱胁迫或水涝胁迫。

1. 干旱

当植物耗水大于吸水时，就使组织内水分亏缺。过度水分亏缺的现象，称为干旱 (Drought)。旱害 (Drought injury) 则是指土壤水分缺乏或大气相对湿度过低对植物的危害。根据引起水分亏缺的原因，干旱可分为大气干旱、土壤干旱和生理干旱。大气干旱 (Atmospheric drought)，是指空气过度干燥，相对湿度过低，常伴随高温和干风，这时植物蒸腾过强，根系吸水补偿不了失水。土壤干旱 (Soil drought)，是指土壤中没有或只有少量的有效水，严重降低植物吸水，使其水分亏缺引起永久萎蔫。生理干旱 (Physiological drought)，指土壤中的水分并不缺乏，只是因为土温过低、或土壤溶液浓度过高、或积累有毒物质等原因，妨碍根系吸水，造成植物体内水分平衡失调。

园艺植物在干旱条件下，能够忍受水分不足并能维持正常生长发育的特性称为抗旱性 (Drought resistance)。园艺植物抗旱能力的强弱，主要与渗透调节 (Osmotic adjustment) 能力有关。干旱会导致园艺植物根系的深度增加；叶少而薄，叶体和叶面积变小；分枝少，新梢减弱，饱满度和所含的汁液不足；茎叶颜色转深，有时变红；叶尖、叶缘或叶脉间组织枯黄，这种现象常由基部叶片逐渐发展到顶梢，引起早期落叶、落花、落果，花芽分化也减少。水分不足还易使土壤溶液浓度变高而产生盐害等。

2. 水涝

在园艺植物生长季节，由于降雨量过大，过量的灌溉，或土壤水分过多时无排水措施，均可使树体生长发育不正常，进而影响产量。水分过多对园艺植物生长发育所造成的伤害称为涝害 (Flood injury)，但对水分过多的数量概念比较含糊。一般有两层含义：即渍水 (Waterlogging) 和淹水 (Flooding)。渍水是指园地土壤水分超过了田间的最大持水量，土壤水分处于饱和状态，即土壤水势达最大值，土壤气相完全被液相（水分）所取代，有人称这种涝害为渍害 (Waterlongging damage)，又称为湿害 (Wet damage)。淹水是指水分不仅充满了园地土壤，而且地面积水，淹没园艺植物植株的局部或整株，此时园艺植物所受的不利影响称为涝害 (Flooding damage)。本书为广义的涝害。

水分过多对园艺植物的涝害并不在于水分本身，而是由于水分过多引起缺氧等一些间接因素，从而产生一系列的危害。如果排除了这些间接的原因，植物即使在水溶液中也能正常生长（如溶液培养）。

涝害的核心是液相代替了气相，降低土壤中的氧气的含量，提高了二氧化碳的含量。例如，沙土淹水两周后，氧气浓度从21%（V/V）降为1%（V/V），而二氧化碳的浓度从 0.34%（V/V）升为 3.4%（V/V）（Schaffer 等，1992）。这样就会限制根系的有氧呼吸，促进无氧呼吸，会产生大量无氧呼吸（发酵）产物，如丙酮酸、乙醇、乳酸等，使代谢紊乱。无氧呼吸还使根系缺乏能量，阻碍矿质的正常吸收。水涝缺氧也使土壤中的好气性细菌（如氨化细菌、硝化细菌等）的正常生长活动受抑，影响矿质供应；相反，使土壤厌气性细菌活跃，会增加土壤溶液的酸度，降低其氧化还原势，使土壤内形成大量有害的还原性物质［如硫化氢（H_2S）、亚铁离子（Fe^{2+}）等］，一些元素如锰、锌、铁也易被还原流失，引起植株营养缺乏。在淹水条件下植物根系大量合成乙烯（ETH）前体 1-氨基环丙烷-1-羧酸（ACC），1-氨基环丙烷-1-羧酸上运到茎叶后，接触空气转变成乙烯。高浓度的乙烯引起叶片卷曲、根系生长减慢等。

园艺植物发生涝害的症状可从树体生长部分表现出来。程度轻时，叶片和叶柄偏上弯曲，新梢生长缓慢，先端生长点不伸长或弯曲下垂；严重时，叶片萎蔫，黄化并脱落，根系变黑褐、枯死。

园艺植物对水分过多的忍耐能力称为耐涝性。广义的耐涝性也包含两层含义：耐渍水性（waterlogging tolerance），即园艺植物对渍水的忍耐能力；耐淹水性（flooding tolerance），即园艺植物对淹水的忍耐能力。园艺植物的耐涝性主要决定于树种的遗传性和对生态条件的适应性。因此，在研究多年生木本园艺植物抗涝性时，既要注意接穗品种的特性，又要重视砧木的耐涝性。

三、盐害逆境

一般在气候干燥、地势低洼、地下水位高的地区，水分蒸发会把地下盐分带到土壤表层（耕作层），这样易造成土壤盐分过多。海滨地区因土壤蒸发或者咸水灌溉，海水倒灌等因素，可使土壤表层的盐分升高到 1%以上。盐的种类主要是由钠（Na^+）、钙（Ca^{2+}）、镁（Mg^{2+}）三种阳离子和碳酸根（CO_3^{2-}）、碳酸氢根（HCO_3^-）、氯离子（Cl^-）、硫酸根（SO_4^{2-}）四种阴离子组成的 12 种化合物，部分盐土含有硝酸根（NO^{3-}）。盐的种类决定土壤的性质，若土壤中盐类以碳酸钠（Na_2CO_3）和碳酸氢钠（$NaHCO_3$）为主时，此土壤称为碱土（Alkaline soil）；若以氯化钠（NaCl）和硫酸钠（Na_2SO_4）等为主时，则称其为盐土（Saline soil）。因盐土和碱土常混合在一起，盐土中常有一定量的碱土，故习惯上把这种土壤称为盐碱土（Saline and alkaline soil）。我国耕地面积约有十分之一是盐渍化土壤，其中海南、广东和福建沿海地区是盐渍化土壤的主要分布区之一。盐分过多使土壤水势下降，严重地阻碍植物生长发育，这已成为盐碱地区限制作物收成的制约因素。因此，培育抗盐性强的园艺植物种类、品种，可以扩大栽培范围，提高产量和品质。

盐分过多对植物危害的生理效应表现在于：①土壤盐分过高，降低土壤水势，阻止植物对水分的吸收，即导致生理干旱，引起与干旱相同的效应；②土壤中离子的毒害作用，产生单盐毒害，抑制生长；③生理代谢紊乱，质膜透性增大，蛋白质水解加快，氨基酸与氨积累，光合与呼吸发生变化等。盐害的典型症状是生长减少、叶尖和叶缘灼伤、叶失绿和坏死、卷叶、花萎蔫、根坏死、枯梢、落叶，甚至死亡。

园艺植物的抗盐性包括避盐性和耐盐性两个方面。所谓避盐性（Salt avoidance）是指在盐胁迫环境和植物之间存在某种障碍（如对盐分不吸收或很少吸收，即使吸收也尽可能不向代谢活性部位运输），从而使植物具有全部或部分抵抗盐胁迫的作用。耐盐性（Salt tolerance）则是指植物体可全部或部分承受盐胁迫而不引起伤害或伤害轻微的能力。

园艺植物抗盐性的强弱，既决定于外界盐度的高低，又取决于园艺植物对盐碱的反应。陈竹生（1992）测定了柑橘的耐盐性，发现耐盐性强弱的顺序为：枳＜宜昌橙＜枸橼＜香橙＜柠檬＜枳柚＜枳橙＜柚＜宽皮橘＜酸橙＜甜橙＜朱橘。

第二节　热带园艺植物抗逆的机理研究

植物的抗逆性主要有两种方式，即避逆性（Stress escape）和御逆性（Stress avoidance）。避逆性指在环境胁迫和它们所要作用的活体之间在时间和空间上设置某种障碍从而完全或部分避开不良环境胁迫的作用，如夏季生长的植物不会遇到结冰的天气等。御逆性指活体承受了全部或部分不良环境胁迫的作用，但没有或只引起相对较小的伤害。耐逆性又包括避胁变性（Strain avoidance）和耐胁变性（Strain tolerance）。避胁变性是减少单位胁迫所造成的胁变，分散胁迫的作用，如蛋白质合成加强，蛋白质分子间的键结合力加强和保护性物质增多等，使植物对逆境下的敏感性减弱。耐胁变性是植物忍受和恢复胁变的能力和途径，又可分为胁变可逆性（Strain reversibility）和胁变修复性（Strain repair）。胁变可逆性指逆境作用于植物体后，植物产生一系列的生理生化变化，当环境胁迫解除后各种生理生化功能迅速恢复正常。胁变修复性指植物在逆境下通过自身代谢过程迅速修复被破坏的结构和功能。概括起来，植物有避逆性、避胁变性、胁变可逆性和胁变修复性四种抗逆形式（图7-3）。

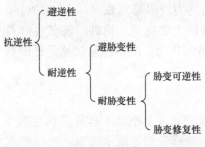

图 7-3　植物的种抗逆性方式的关系

植物有各种各样的抵抗或适应逆境的本领，处于逆境下的植物在形态上、生理上都可能发生一些适应性变化以适应或抵抗逆境。

一、形态结构方面的适应

园艺植物的组织解剖结构在一定程度上反映了园艺植物的遗传特性，并且对抗逆性起着较重要的作用。研究园艺植物的抗逆性，应该特别重视在逆境条件下其形态结构特征。

主要内容如下。

1. 细胞的超微结构

几种主要逆境条件下园艺植物细胞的叶绿体、线粒体、内质网和高尔基体等都先后发生膨胀或破损。在解除胁迫时，这些变化是可逆的；当胁迫程度较大，时间过长或园艺植物抗性较低时，这些变化是不可逆的。原生质膜和液泡膜一旦受损，植物便丧失了对逆境的适应力。在进行这些研究时，一定要注意仔细观察哪些细胞器对逆境反应是敏感的，细胞器发生结构变化的先后顺序，并且要同时进行相应的生理测定，以从结构与功能两个方面去验证某一细胞器对逆境的反应及意义，如进行高温对园艺植物光合作用的影响研究时，可以同时测定不同高温条件下的光合速率及叶绿体的结构、叶绿素的含量等。

2. 气孔

气孔与园艺植物的抗逆性有一定的关系，尤其是与干旱、高温和低温有关。柑橘成年树树冠外围当年生春梢叶片气孔密度与抗寒性成负相关，气孔密度越小，抗寒性越强（贺善安等，1964）。

研究气孔与园艺植物抗逆性的关系，主要内容为气孔大小、气孔密度、气孔形态、气孔阻力、气孔开闭的调节以及逆境条件对上述性状的影响等。

3. 角质层和蜡质层

角质层和蜡质层与水分蒸腾有一定的关系，从而影响抗逆性。一般而言，角质层和蜡质层较厚者抗旱性和抗寒性要强一些。

4. 栅栏组织与海绵组织

一般栅栏组织发达，有利于防止水分过分蒸腾，从而保持正常的水分代谢。在实际应用中，用细胞紧密度（Cell tense ratio，CTR）表示叶片组织结构的紧密程度。叶片组织结构紧密度越高，植物抗性越强。细胞紧密度的计算公式如下：

$$CTR = \frac{栅栏组织厚度 + 下部紧密组织厚度}{叶片厚度} \times 100\%$$

式中的叶片厚度就是栅栏组织厚度、下部紧密组织厚度和海绵组织厚度之总和。细胞紧密度值具有品种特异稳定性，同一香蕉品种在不同栽培和环境条件下，叶片细胞紧密度值是稳定的（吕庆芳等，2000）。柑橘叶片的细胞紧密度值也能在不同生理时期保持相对稳定（简令成等，1986）。对不同品种荔枝叶片的细胞紧密度进行研究也发现，不同品种荔枝叶片的细胞紧密度值与品种耐寒性密切相关，可作为鉴定荔枝品种耐寒性的一种方法（余文琴等，1995）。

二、生物膜

生物膜（Biornembrane）的种类很多，可以分为原生质膜（Plasma membrane）、液泡膜、核膜和溶酶体膜等被膜包被着的结构以及叶绿体、线粒体、高尔基体、内质网等由膜形成的一些结构。所以，生物的细胞实际上可以看做一个生物膜系统。生物膜在生命活动过程中起着极为重要的作用，它与能量的生成与传递、物质代谢以及环境适应性方面都起着不可替代的重要作用。因此，研究生物膜与园艺植物抗逆性的关系，可以从生物膜的流动性（Membrane fluidity）、膜相变温度（Phase transition temperature）、膜透性（Membrane permeability）、膜组分（Composition）和膜结合酶（Membrane bound enzyme）等方面进行，在较基础的水平上认识抗逆的机理。

植物在受到环境因子胁迫时，细胞膜是最敏感的受害部位，它是接受和传递环境胁迫信号的初始部位，并通过一系列反应，引起细胞产生防卫反应。因此，细胞膜的流动性和稳定性是细胞乃至整个植物体赖以生存的基础。Lyous等（1993）根据细胞膜结构功能与抗逆性的关系，提出著名的"膜脂相变"学说，即植物在遭受逆境胁迫时，首先改变细胞膜的膜相，从液晶相变为凝晶相；膜脂上的脂肪酸链由无序排列变为有序排列，膜上出现孔道或龟裂，使膜的通透性增大以及膜结合结构改变，导致植物细胞生理代谢的变化和功能的紊乱。这种种代谢变化都是次生或伴生的，而伤害的原初反应则发生在生物膜类脂分子上。当膜脂发生降解时，就会发生组织受害死亡。因此，Lyous等将膜脂降解作为不可逆的生理指标；同时他还指出，膜脂相变转换温度与膜脂脂肪酸的不饱和度之间关系密切。膜脂中的脂肪酸饱和度大，膜脂的相变温度相应升高；反之，则降低。由此可知，在环境胁迫时，质膜膜结合的ATP酶活性和膜透性是最明显的。当透性发生改变时，细胞内溶物如盐类、糖类、自由氨基酸等物质由胞内渗透到胞外。受害越重，外渗物的量就越多，可以通过电导度的测量、糖的显色反应和茚三酮的显色反应分别测定电解质、糖和氨基酸的外渗量来鉴定园艺植物受害的程度，不同的树种在不同的逆境条件下，其外渗物的种类会有所不同。试验时，应注意选择那些对环境较为敏感的物质进行测定。目前，电导法较为成熟，应用也较多。许多园艺植物的抗寒、抗热、抗盐碱和抗旱研究，应用此法均已获得了满意的效果。

生物膜组分包括脂类和蛋白质，与抗逆性相关的脂类主要是磷脂（Phospolipid）。磷脂是由极性的碱基头部和非极性的脂肪酸尾部所构成。目前，园艺植物抗逆性研究中多进行脂肪酸组分和含量的分析和磷脂的种类和含量的分析。孙中海（1990）观察到柑橘叶片膜脂肪酸中，亚油酸及棕榈酸的含量与柑橘抗寒性成显著负相关，亚麻酸含量与抗寒性成显著正相关（表7-1）。刘星辉等（1996）报道了龙眼叶片膜脂脂肪酸组分含量的年周期变化，6个龙眼品种均是在夏季的6月，饱和脂肪酸含量最高，而在12月饱和脂肪酸含量最低。

柑橘叶片膜脂肪酸含量（摩尔百分比）与抗寒性的相关性（孙中海，1990）　　表 7-1

种类品种	抗寒性（℃）	棕榈酸	亚油酸	亚麻酸	亚麻酸/亚油酸	亚麻酸/棕榈酸	脂肪酸不饱和指数
宜昌橙	−15	14.022	10.247	66.679	6.51	4.76	228
本地早	−10	18.453	13.490	59.933	4.44	3.25	212
国庆1号	−9	17.819	13.840	60.438	4.37	3.39	214
锦橙	−7	19.090	15.596	57.301	3.67	3.00	209
克里迈丁	−7	19.894	14.779	57.027	3.86	2.87	206
相关系数		−0.9808**	−0.9847**	0.9779**	0.9890**	0.9742**	0.9723**

注：1. $n=5$，$P<0.01$，$r=0.9587$，** 表示相关性极显著。

2. 脂肪酸不饱和指数＝棕榈酸含量＋油酸含量（亚油酸×2）＋（亚麻酸含量×3），其中棕榈油酸含量和油酸含量因含量低且与抗寒性相关不显著，故未列出。

三、胁迫蛋白

在逆境下园艺植物的基因表达发生改变，关闭一些正常表达的基因，启动或加强一些与逆境相适应的基因。多种逆境诱导形成新的蛋白质（或酶），这些蛋白质可统称为逆境蛋白（Stress proteins）。在高于植物正常生长温度下诱导合成热休克蛋白（又叫热激蛋白，Heat shock protein，HSP）。低温下也会形成新的蛋白，也称冷响应蛋白（Cold responsive protein）或称冷激蛋白（Cold shock protein）。病原相关蛋白（Pathogenesis-related protein，PR）是指植物被病原菌感染后也能形成与抗病性有关的一类蛋白。植物在受到盐胁迫时会形成一些新蛋白质或使某些蛋白合成增强，称为盐逆境蛋白（Salt-stress protein）。逆境还能诱导植物产生同工蛋白（Protein isoform）或同工酶、厌氧蛋白（Anaerobic protein）、渗压素（Osmotin）、厌氧多肽（Anaeribic polypeptide）、紫外线诱导蛋白（UV-induced protein）、干旱逆境蛋白（Drought stress protein）和化学试剂诱导蛋白（Chemical-induced protein）等。

逆境蛋白是特定环境条件下基因表达的产物，逆境条件使一些正常表达的基因被关闭，而一些与适应性有关的基因被启动，使植物对相应逆境的适应性增强。现在已经得到不少试验证据，说明许多逆境蛋白和抗逆性直接或间接相关，逆境蛋白的产生也是植物对逆境胁迫的主动适应和自卫。

逆境信号如何接受、传送、转换以及逆境蛋白在园艺植物抗逆性中的作用，这些问题是抗逆性机理研究的一个热点。

四、抗氧化调节

活性氧（Active oxygen）是指性质极为活泼，氧化能力很强的含氧物的总称。自由基（Free radical）是指在原子或分子轨道中含有未成对电子的原子、或分子、或离子，它们可以是不带电荷的原子或分子，也可能是带电荷的离子。活性氧包括含氧自由基和含氧非自由基。主要活性氧有超氧自由基（O_2^-）、单线态氧（$^1O_2 \cdot$）、羟基自由基（$OH \cdot$）、烷氧自由基（$RO \cdot$）和含氧非自由基（H_2O_2）等。活性氧的主要危害是引起膜脂过氧化、蛋白质变性、核酸降解。植物有两种系统防止活性氧的危害：酶系统和非酶系统。酶系统包括超氧化物歧化酶（Superoxidase，SOD）、过氧化氢酶（Catalase，CAT）、过氧化物酶（Peroxidase，POD）等，这些酶由于能清除自由基，被称为保护酶（Protective enzymes）或抗氧化酶（Antioxidant enzyme）；非酶系统包括抗坏血酸（Vitanmin C，Vc）、类胡萝卜素（Carotenoids，Car）、谷胱苷肽还原酶（Glutathion reductase，GR）等。

在正常情况下，细胞内自由基的产生和清除处于动态平衡状态，自由基水平很低，不会伤害细胞。可是当植物受到胁迫时，自由基累积过多，这个平衡就被打破。自由基伤害细胞的机理在于自由基导致膜脂过氧化作用，超氧化物歧化酶和其他保护酶活性下降，同时还产生较多的膜脂过氧化产物，膜的完整性被破坏。另外，自由基积累过多，也会使膜脂产生脱脂化作用，磷脂游离，膜结构破坏。膜系统的破坏可能会引起一系列的生理生化紊乱，再加上自由基对一些生物功能分子的直接破坏，这样植物就可能受伤害，如果胁迫强度增大，或胁迫时间延长，植物就有可能死亡。

五、渗透调节

多种逆境都会对植物产生水分胁迫。水分胁迫时植物体内积累各种有机和无机物质，提高细胞液浓度，降低其渗透势，保持一定的压力势，这样植物就可保持其体内水分，适应水分胁迫环境，这种现象称为渗透调节（Osmoregulation 或 Osmotic adjustment）。渗透调节是在细胞水平上进行的，通过渗透调节可完全或部分维护由膨压直接控制的膜运输和细胞膜的电性质等，在维持部分气孔开放和一定的光合强度及保持细胞继续生长等方面具有重要意义。

渗透调节物质的种类很多，大致可分为两大类。一类是由外界进入细胞的无机离子，一类是在细胞内合成的有机物质。有如下共同特点：分子量小、容易溶解；有机调节物在生理 pH 值范围内不带静电荷；能被细胞膜保持住；引起酶结构变化的作用极小；在酶结构稍有变化时，能使酶构象稳定，而不至溶解；生成迅速，并能累积到足以引起调节渗透势的量。

1. 无机离子

逆境下细胞内常常累积无机离子以调节渗透势，特别是盐生植物主要靠细胞内无机离子的累积来进行渗透调节。

2. 脯氨酸

脯氨酸（Proline）是最重要和有效的渗透调节物质。外源脯氨酸也可以减轻高等植物的渗透胁迫。脯氨酸在抗逆中的作用有两点：一是作为渗透调节物质，保持原生质与环境的渗透平衡；二是保持膜结构的完整性。脯氨酸与蛋白质相互作用能增加蛋白质的可溶性和减少可溶性蛋白的沉淀，增强蛋白质的水合作用。在进行有关研究时，要注意脯氨酸的正确测定方法。首先，要防止碱性氨基酸的干扰；另外，要注意样品的正确选择与处理，样品一定要选那些敏感的部位，样品处理时要尽量快，以防样品在处理前由于失水而引起脯氨酸浓度的提高。

3. 甜菜碱

多种植物在逆境下都有甜菜碱（Betaines）的积累。在水分亏缺时，甜菜碱积累比脯氨酸慢，解除水分胁迫时，甜菜碱的降解也比脯氨酸慢。甜菜碱也是细胞质渗透物质。

4. 可溶性糖

可溶性糖是另一类渗透调节物质，包括蔗糖、葡萄糖、果糖、半乳糖等。可溶性糖的积累主要是由于淀粉等大分子碳水化合物的分解，光合产物形成过程中直接转向低分子量的物质蔗糖等，而不是淀粉。

植物在逆境下产生渗透调节是对逆境的一种适应性的反应，不同植物对逆境的反应不同，因而细胞内累积的渗透调节物质也不同，但都在渗透调节过程中起作用。

必须注意的是参与渗透调节的溶质浓度的增加不同于通过细胞脱水和收缩所形成的溶质浓度增加，也就是说渗透调节是每个细胞的溶质浓度的净增加，而不是细胞失水后体积变化而引起的溶质相对浓度增加。虽然后者也可以达到降低溶质势的目的，但是前者才是渗透调节。在生产实践中，也可用外施渗透调节物的方法来提高园艺植物的抗性。

六、植物激素

植物对逆境的适应是受遗传性和植物激素两种因素控制的。在逆境条件下，园艺植物内源激素含量的变化以及外源生长调节剂对园艺植物抗逆性的调节一直是研究的热点之一。园艺植物遭受干旱和低温后，其体内激素总的变化趋势是促进生长的激素如赤霉素（GA）和生长素（IAA）的含量减少，而抑制或延缓生长的激素如脱落酸（ABA）的含量提高。干旱亦引起脱落酸的含量大量上升。脱落酸具有调节气孔关闭、减少失水的作用，可以诱导一些相关蛋白质的合成，提高生物膜的稳定性，使水分通过膜受到限制。脱落酸还可以提高微管系统的稳定性（Wang，1989）。因此，脱落酸被认为是一种胁迫激素（Stress hormone）。已有许多试验证明，外施适当浓度的脱落酸可以提高植物的抗冷、抗旱和抗盐能力。其原因是脱落酸可使生物膜稳定，维持其正常功能；延缓自由基清除酶活性下降，阻止体内自由基的过氧化作用，减少自由基对膜的损伤；促进脯氨酸和可溶性糖等渗调物质的积累，增加渗调能力；促进气孔关闭，减少蒸腾失水，维持植物体内的水分平衡；调节逆境蛋白基因表达，促进逆境蛋白合成，提高抗逆能力。已经证实，脱落酸是交叉适应的作用物质。所谓交叉适应（cross adaptation）是指植物逆境胁迫反应之间的相互适应现象，如植物处于低温、干旱或盐渍条件下，能增强植物对另外一些逆境的抵抗能力。由此可见，脱落酸在植物的抗逆性中具有重要的调节作用。有关脱落酸与园艺植物抗逆性的问题，值得今后进一步探讨。

七、植物光合作用

光合作用制造果实所需的碳水化合物以及其他物质。它的功能的正常发挥是园艺植物高产优质的保证。但在任何一种不良环境胁迫下，园艺植物都表现出光合作用速度下降、同化产物供应减少，最后导致产量降低。如番石榴在 25mmol/L 的氯化钠胁迫下，叶片的净二氧化碳同化速率下降、表观量子产额（Apparent quantum yield，AQY）和蒸腾作用下降、气孔和叶肉阻力（Stomal and mesophyll resistance）及光呼吸增加（Schaffer, Anderson, 1994）。

逆境与园艺植物光合作用的关系的研究，主要内容为：①逆境对光合速率的影响；②逆境对气孔导度的影响；③叶绿素含量及叶绿素 a 与叶绿素 b 的比值；④光合酶系统；⑤光合产物的运转。

进行具体工作时应注意：①在高温干旱条件下，叶温和果实温度往往比气温要高 5～10℃甚至更多。因此，在研究温度与光合作用关系时最好用叶温表示；②研究干旱对光合作用的影响时，一定要注意准确测定土壤水势和叶片水势；③取样时不能取病叶或没发育成熟叶。

特别要注意的是，在研究园艺植物的抗逆性时，一定要注意相关的生态条件。因为生态条件对园艺植物抗逆性的发生和增强具有极大的影响。如研究高温伤害时，一定要注意土壤含水量。因为水分供应充足与否与高温伤害程度密切相关。在进行某一逆境因子研究时，要使非处理因素的其他生态条件尽量一致。一般要注意研究如下几个问题。

1. 温度

园艺植物所能忍受的最高和最低温度，生长发育所需的最适温度，这些温度发生时园艺植物的物候期，逆境温度持续的时间等。

2. 雨量

平均降雨量及降雨量的分布，灾害降雨出现的时期。

3. 湿度

土壤湿度和空气湿度。

4. 风

风向及风速。

5. 光照

光照强度及光照时间。

6. 地形地貌

第三节　热带园艺植物抗逆性的研究方法

逆境是园艺植物生产上普遍发生的问题，它严重地威胁着园艺植物生产的发展，影响产品的产量和质量。解决这个问题的关键在于选育抗性品种和采用抗性栽培技术。但是，抗性强的园艺植物种质资源的筛选，杂交或诱变育种以及后代抗性的鉴定，抗性栽培技术效果的评价等方面，都需要一套有效的鉴定抗性强弱的技术。因此，研究园艺植物的抗性鉴定技术，就具有重要的理论意义和实际应用价值。

园艺植物种类、品种之间的抗性差异主要表现在形态、解剖、生理生化和遗传学上特性的不同。到目前为止，鉴定技术主要是依据这些差异而进行的。

一、样品的采集

样品的采集是整个试验工作的基础，试验的可靠性与精确性都是建立在样品的正确采集的基础上的。样品采集不标准，不论其后的测试条件多么精确和采用多么现代化的测试手段，都不会得到准确的试验结果。

1. 样品采集的原则

样品采集要遵循两个最基本的原则，即一致性与代表性。所谓一致性，就是指所采集的样品，除了试验控制因素不同之外，所有的条件都要相对一致。相对蔬菜和草本花卉一致性而言，多年生果树和木本花卉样品采集的一致性难控制些，例如在测定冬季不同柑橘品种的抗寒性强弱时，要求在同一果园、树龄相同、砧木及嫁接高度相同、栽培管理水平相同、上一年各单株的结果量相近、主干干径相似、树势强壮、无病虫害和在树冠的东向和西向取样。取样层离地面 $1\sim1.5m$，取春梢中段发育充实完好的第 $3\sim4$ 片叶。所有供试的品种都要按照这个标准采样，使样品保持最大限度的一致。

样品的代表性是指所采样品应能代表该品种的固有特性。如测试柑橘的抗寒性，以无果的春梢最能够确切地反映出品种特性。香蕉以断蕾后从顶部算起（不包括终止叶）的第 3 片叶可以反映出品种的抗旱性。

2. 样品采集的时间

进行园艺植物抗逆性研究，一般在逆境发生前、发生时和发生后分别采样，最少也应在逆境伤害发生后的短时间内迅速采样，进行分析对比试验，以判定园艺植物受逆境伤害的程度。鉴定园艺植物抗寒性的强弱，一般可在冬季 12 月和元月进行，此时园艺植物通过短日照诱导和低温锻炼，抗寒性得以充分表现，能够表现出品种应有的抗寒力。此时采样，最能测定出园艺植物种类、品种抗寒性的差异。如果在抗寒锻炼尚未完成时采样，则品种之间的抗寒性不会存在本质的差别。抗热性的测定，则根据具体研究内容灵活安排。如测定柑橘因高温导致的异常落花落果现象，宜在花期和幼果期采样。高温对园艺植物光合作用和呼吸作用的影响，则以温度从低到高连续一段时间为宜。在具体采样日期上，要尽量避免偶然气候的影响，如雨后或久旱后等立即采样是不适当的。每天的采样时间一般以上午 $7\sim9$ 时为宜，但要依试验内容而定。

叶片样品采取后，应立即编号，用湿纱布或小塑料袋密封包裹，以免水分蒸发损失，迅速带回实验室清洗干净，揩干。一般说来，叶样要避开叶脉，尤其是主脉，此外还要去掉叶尖和叶缘，取叶片中部供试；枝条要避齐节间，同时在测定前要去掉枝条两端的部位，以保证试材的一致性。

二、抗逆性鉴定的体系研究

抗逆性鉴定就是对园艺植物的抗逆能力进行筛选、评价的过程。由于作物的抗逆表现是园艺植物本身的抗逆遗传性和环境相互作用的结果，可能因时、因地而异，也可能因植物生长发育的不同阶段而异，以至目前还难以精确地进行定量衡量。国内外对于鉴定园艺植物品种的抗逆性做了大量工作，主要围绕园艺植物抗逆性鉴定的方法和指标开展工作，虽然没有形成统一的规范，但对于抗逆性鉴定、抗逆性育种具有重要的参考价值。

1. 抗逆性鉴定的方法

园艺植物抗逆性鉴定的方法有田间鉴定法和间接鉴定法。间接鉴定法又可分为盆栽鉴定法、人工气候模拟鉴定法和分子生物学鉴定法等。

1）田间直接鉴定法

被鉴定品种（系）直接种植于大田环境下，在逆境伤害之后到田间进行调查、检查成活率、落花落果率、枝梢生长率或枯死率、叶片特征变化或叶片萎蔫变色脱落率、树干受伤害程度甚至树体死亡数等，以鉴定园艺植物对逆境的抗性。此鉴定方法简便易行，所得结果在当时当地条件下比较可靠，是最直接有效的抗逆性鉴定方法之一。但此法的缺点是受季节限制，所需时间长，工作量大，速度慢，年际间结果的可比性差，难以重复。

　　田间鉴定园艺植物伤害程度一般采用分级法，即根据受害程度轻重分成几个伤害等级（多为5级）。如现代农业（柑橘）产业体系专家（2009）对柑橘的冻害分级标准（表7-2）和台风损害分级标准（表7-3）。在调查时，以地形相同或相似、栽培措施基本一致的田块为单位，抽样进行调查，然后进行归纳分析。每一品种或每一处理至少要调查10～20株才能有代表性，还可以就不同品种（或种类）、不同生长发育情况的植株，或同一植株上的不同部位、不同枝类进行对比分析，找出发生伤害的规律，为制订有效的农业技术措施提供根据。田间调查还须做到点面结合，通过对比分析，注意归纳分析不同点和相似点，大体上可以估计造成伤害的各种原因。再根据不同伤害，有重点地搜集气象资料，全面了解其他因素的影响。

柑橘的冻害分级标准　　　　　　　　　　　　　　　　　　　　　表7-2

级　别	冻后树体表现
0	枝叶基本无冻，无落叶现象，一年生枝无冻伤，主干无冻害，树势正常
1	正常因冻脱落量小于40%，除个别晚秋梢略有冻斑外，其余枝梢无冻害，对当年树势、结果基本无影响
2	40%～70%的叶片因冻脱落，一年生枝部分冻伤、冻死，影响树势和当年产量，但二年生枝无损害，树势易恢复
3	70%以上的叶片枯死脱落或宿存，大部分1～3年生枝冻死，当年无产量或严重减产，树势受严重影响
4	叶片全部冻伤枯死，秋梢、夏梢均冻死，主枝、主干受冻，树势伤害严重，冻后培管不善有死亡的可能
5	全株冻死，丧失萌发能力

柑橘的台风损害分级标准　　　　　　　　　　　　　　　　　　　表7-3

级　别	冻后树体表现
0	无明显损害，树势基本正常
1	结果园当年减产不超过20%，对翌年产量无影响；幼龄果园枝叶损伤和损失率不超过20%
2	结果园当年减产20%～40%，对翌年产量有明显影响；幼龄果园枝叶损伤和损失率不超过20%～40%
3	结果园当年减产40%～60%，使翌年减产10%以上；幼龄果园枝叶损伤和损失率不超过40%～60%
4	结果园当年减产60%－80%，使翌年减产20%以上；幼龄果园枝叶损伤和损失率不超过60%－80%
5	结果园当年减产80%以上，使翌年减产30%以上；幼龄果园枝叶损伤和损失率不超过20%～40%

2）盆栽鉴定法

根据所用基质不同，分为沙培法、水培法、土培法。盆栽鉴定法可以在自然条件下进行，也可以在人工气候模拟条件下进行，这种方法由于可以移动栽培盆钵，可以方便地控制环境条件，所以便于园艺植物的逆境鉴定。

根据需要先用盆栽培养不同苗龄的苗，然后将正常生长的苗转移到高渗溶液中（聚乙二醇、甘露醇、蔗糖、生理盐水等）进行脱水处理，研究农作物的恢复能力，并结合测定一些生理指标和形态指标来评价农作物的抗旱性。该法简单易行，适宜于苗期大批量品种的抗旱性鉴定。用高渗溶液进行种子处理，根据种子的萌发百分数评价苗期的抗旱性。但是，由于掌握的标准不统一，一部分人认为在高渗溶液下种子芽不得伸长与出苗期的抗旱性有关。同时，作物后期的抗旱性鉴定用此法也不便。

3）人工气候模拟鉴定法

这种方法是把不同品种的植株放在一定的人工模拟环境如人工气候室（箱）内，进行高温、低温或干旱等逆境处理，这种方法克服了田间鉴定的缺点，便于比较，可靠性也好。直接鉴定的指标是园艺植物在高低温度等逆境条件下的受害程度（形态、发育阶段、生长速度的变化）、产量降低水平和植株死亡比例等。此法需要一定的设备，不能大批量进行鉴定，但试验条件比较一致，结果比较可靠，重演性比较好，对少量材料进行抗逆机理等深入研究是一个很好的手段。缺点是需一定设备，难以大批量、大规模地进行鉴定。

4）分子生物学鉴定法

利用基因 QTL（Quanti tative trait loci）定位技术对作物抗逆相关性状基因位点或控制与抗逆性密切相关的性状的基因进行定位，利用与这些基因位点紧密连锁的分子标记进行辅助选择，以实现实验室高效、高通量、大规模地对个体的抗逆性进行筛选。该法虽然成本较高，但能够从基因型水平上直接对个体进行选择，应用前景广阔。

2. 抗逆性鉴定的指标

植物的抗逆机理十分复杂，抗逆性是受形态、解剖和生理生化等特性控制的复合遗传性状，植物通过多种途径来抵御逆境胁迫的影响，单一的抗逆鉴定指标难以反映出植物对逆境适应的综合能力，因此只有采用多项指标的综合评价，才能比较准确地反映植物的抗逆水平。目前，常用的评价植物抗逆性的指标可以归纳为五类。

1）形态指标

园艺植物在逆境胁迫下，体内细胞在结构、生理及生物化学上发生一系列适应性改变后，最终要在植株形态上有所表现。研究表明，根系发达程度，如根数、根干重、最大根长、根冠比、胚根数、木质部导管宽度和根内维管束数；茎的水分输导能力，如皮层与中柱比、维管束排列方式及束内导管数目和直径；叶的形态，如叶片大小、形状、角度以及叶片卷曲程度等均可作为作物抗逆性鉴定的指标。

2）生长指标

园艺植物在逆境下的生长状况不仅决定着植株的光合面积、生产潜力及最终产量，而且对体内代谢产生反馈调节作用。因而，园艺植物在干旱条件下的种子发芽率、存活率、株高、干物质积累速率、叶面积、叶夹角、叶片黄叶或枯叶数、叶片扩展速率等指标均可用于抗逆性鉴定。

3）生理指标

生理指标包括度量植物水分状况的指标（如水势、水分饱和亏、叶片膨压、水分利用效率、束缚水含量等）、光合作用能力的指标（如叶绿素含量、气孔导性、光合速率等）以及呼吸速率、质膜透性等。

4）生化指标

生化指标包括脯氨酸含量、超氧化物歧化酶、过氧化氢酶、丙二醛（MDA）、过氧化物酶、硝酸还原酶活性、根活力、甜菜碱含量和可溶糖含量等，以及植物的部分激素如脱落酸的含量等。

5）产量指标

针对园艺植物生产来说，其是否抗逆主要体现在产量方面。因而，许多学者认为评价园艺植物抗逆性应以其在逆境情况下能否稳产高产为依据。产量指标包括单果重、株单产、每单位面积产量等。

在抗逆性鉴定试验过程中，还要注意处理范围、处理时间和梯度的选择等问题。一般而言，逆境处理范围要能够完全覆盖试验材料的最高、最低点，并且要适度放宽一点。如测定柑橘不同种类的抗寒性时，根据已往报道宜昌橙可以抗－15℃，而柠檬则只能抗－3℃，所以低温范围至少要在－20～0℃，这样，才能够比较出各种类间的抗寒性差异。处理的温度梯度的选择也很重要，一般而言在临界温度左右，温度梯度要小，而远离临界温度，则温度梯度可大些。有些试验是以恒定的某一梯度（如2℃）来进行的。处理时间的选择以能够充分反映出种类、品种的抗逆性的强弱为原则。在具体试验时要根据当时的情况而定，如柑橘抗冻性测定，处理时间以2h为宜；抗热性试验，以20分钟为好。必要时，我们可以安排温度-时间的选择试验以确定较佳的处理时间。

3. 抗逆性综合评定的方法

为了建立健全科学、准确、简便、可操作性强的园艺植物抗逆鉴定技术与评价指标体系，在实践中应结合几种抗逆鉴定方法，同时对一些抗逆指标采用多因素综合分析的方法作综合评价。目前，应用多因素综合分析的方法主要有以下三种。

1）主成分分析法

主成分分析法是把多个彼此相关的指标化为少数几个相互独立的新的综合指标的方法，这种方法是根据指标之间的相关信息，从众多指标中抽取若干综合成分以代表原来众多的指标，具体来说，各个主成分用各个原始指标的线性组合来表示，使这些主成分既能尽可能地反映原来指标的信息量，又使各个主成分之间互不相关。作为新构建的指标即各个主成分之间，从理论上说完全消除了相关，从而从根本上解决了指标间的相关即信息重叠问题。

2）聚类分析

聚类分析是解决分类问题的一种数学方法。通过聚类分析可将众多的参试样本划分为若干类，从而达到综合分析的目的。利用不同的聚类方法所得到的聚类分析结果也各不相同。

3）模糊综合评判

模糊综合评判是根据模糊数学的理论，通过隶属函数（隶属度）确定各指标间的模糊关系，从而对多个指标进行综合评定的方法。模糊综合评判是对多指标进行综合评定的常用方法。

第四节　提高园艺植物抗逆性的措施的研究

植物受逆境胁迫的程度是由多个因素造成的，因此，在生产实践中，许多技术措施可以避免或减轻园艺植物的逆境伤害。进行园艺植物抗逆性研究时，要注意研究那些降低或避免逆境胁迫，提高园艺植物本身抗逆性的方法措施。提高园艺植物抗逆性的措施主要有：

（1）选择抗逆性强的树种、品种以及砧木。

（2）选择合适的园地建园，以减轻或避免逆境胁迫。

（3）采用一些有效的栽培技术措施。如干旱地区覆草覆膜、穴贮肥水，园地勤深耕均可减轻干旱的影响。柑橘控秋梢、早施还阳肥、冬秋灌水等有利于提高树体的抗寒性，树干涂白可防止日灼。均衡结果、增强树势的技术措施亦有利于提高抗逆性。

（4）喷施植物生长调节物质如比久（B_9）、矮壮素（CCC）、多效唑（PPP_{333}）等可以抑制生长，提高柑橘的抗寒和抗旱性。萘乙酸（NAA）可以降低高温下柑橘果实的脱落率；赤霉酸（GA_3）可提高高温下柑橘的坐果率。在进行这些研究时，可采用外植体，亦可进行田间喷布，关键在于确定生长调节物质的喷布时间、浓度、次数和方式。取材时要尽量一致，并有典型性和代表性。

（5）喷施化学调控物质可增强园艺植物的抗逆性。如喷布抑蒸剂黄腐酸可以提高园艺植物的抗旱性；冻前喷抑蒸保温剂（O. E. D）长风 3 号、聚乙烯醇等可提高柑橘抗冻性。

（6）保护性措施的研究。如防风林的作用、烟雾剂的防冻效果、加温柱和果园鼓风对防冻的作用、采用聚丙烯类吸湿剂保水抗旱的效果和喷灌或雾喷对园艺植物抗热抗冻的作用等。

习题

1. 园艺植物的逆境伤害主要有哪几类，各有哪些伤害特征？如何根据这些特征进行调查？

2. 从田间、植株、组织细胞水平上分述园艺植物抗逆性研究的主要内容。

3. 如何测定园艺植物的抗逆性？

参考文献

［1］陈立松，刘星辉. 果树逆境生理［M］. 北京：中国农业出版社，2003.

［2］利容千. 植物逆境细胞及生理学［M］. 武汉：武汉大学出版社，2002.

［3］孙中海等. 柑橘抗寒性与其膜脂脂肪酸组分的关系研究［J］. 武汉植物学研究，1990，(8)：79-86.

［4］现代农业（柑橘）产业技术体系. 柑橘防灾减灾技术手册［M］. 北京：中国农业出版社，2009.

［5］余文琴，刘星辉. 荔枝叶片细胞结构紧密度与耐寒性的关系［J］. 园艺学报，1995，22 (2)：185-186.

［6］赵福庚，何龙飞，罗庆云. 植物逆境生理生态学［M］. 北京：化学工业出版社，2004.

（编者：李新国、李映志）

第八章　激素及化学调节技术的研究

　　植物化学调节是指利用人工合成的植物激素或生长调节物质对植物进行各种处理，以调节植物生长发育的技术。

　　由于植物激素的种类较多，而且在植物生长发育全过程中起着多种多样的作用，所以植物化学调节在植物生产中的应用也非常广泛。目前，化学调节技术已经应用于促进生根、打破或延缓种子或种球的休眠、促进生长、控制植株株形、控制植物花期、提高坐果率、提高植物抗寒和抗旱等逆境的能力、促进果实的成熟等领域，在植物栽培、育种、贮藏等中起着十分重要的作用，对于提高园艺产品的质量、降低劳动强度、提高生产效率有着重要的意义。

　　使用化学调节的方法，还可以作为研究园艺植物生长发育调节规律的手段。使用一定剂量的外源激素或生长调节剂，结合内源激素的测定与分析，在不同水平上进行生物学、生理学、生物化学和分子生物学分析，可以研究园艺植物生长发育过程中器官的发育与分化、营养物质的代谢转运等的规律，为改进农业生产措施提供理论依据。

第一节　植物激素及测定方法

　　植物激素，是植物内源激素，是植物生长过程中产生的正常代谢产物，可以由合成部位移动到作用部位，调节植物体自身的生长发育等各个生理过程。因此，植物激素仅限于植物体内的特定部位在正常代谢过程中所产生的微量活性物质。其特点有：①内生性，即在植物生命活动过程中细胞内部接受特定的环境信息的诱导形成的代谢产物。②移动性，即具有远距离运输作用，它的移动速度和方式随激素的种类和植物器官的特性而异。③微量性，即在极低的浓度下就有明显的生理效应。目前公认的内源激素有生长素、赤霉素、细胞分裂素、脱落酸和乙烯五大类，另外也有人将油菜素甾体类、茉莉酸类列为植物激素。

　　植物激素在植物的生长发育的各个环节中都起着至关重要的作用。了解植物激素的种类、分布及其转运变化，对于研究植物的生长发育、改善各种农业措施，有十分重要的意义。

　　植物激素在植物体内的含量很低，性质不稳定，而且有许多其他物质干扰，要准确测定其种类和含量比较困难。测定激素的主要步骤包括：首先用适当的有机溶剂溶解提取激素，这种溶剂必须能有效溶解激素但又不破坏激素的结构；然后采用各种萃取或者层析的方法，提纯各激素种类，测定其含量。按照测定手段的不同，激素的测定方法可分为生物测定法、理化测定法和免疫测定法。

一、生物测定法

　　经典方法是小麦胚芽鞘切段伸长法。生物测定法是植物内源激素最早的测定方法，是利用内源激素作用于植株或离体器官后所产生的生理生化效应的强度，推算出植物内源激素含量的方法。1928 年 Fritz Went 建立了著名的燕麦胚芽鞘弯曲测定法，即用琼胶收集燕麦胚芽鞘尖端的物质进行生长素含量的生物测定方法。具体做法是将几个切下的胚芽鞘尖放在琼胶块上，然后将琼胶切成许多小块，放入在黑暗中生长的胚芽鞘茎的一侧，胚芽鞘则会受琼胶中所含的生长素的影响而发生弯曲，在一定范围内，生长素浓度与燕麦尖胚芽鞘的弯曲度成正比。其激素含量用燕麦单位表示，1 燕麦单位表示使燕麦胚芽鞘弯曲 $10°$（$22\sim23℃$ 和 92% 的相对湿度下）时 $2mm^3$ 琼胶小块中的生长素含量。该方法直观，但是操作复杂、重复性差。1933 年，Thimann K. V. 和 J. Bonner 对该方法进行了优化，建立了燕麦叶鞘切断伸长法，用来测定生长素，简化了操作方法。此后，陆续建立了赤霉素（GAs）、细胞分裂素（CTKs）、脱落酸（ABA）和乙烯（ETH）等内源激素的生物测定方法，如小麦胚芽鞘切断抑制法检测脱落酸、烟草髓愈伤组织鉴定法和萝卜子叶增重法鉴定细胞分裂素、水稻幼苗法、矮生豌豆法、大麦胚芽鉴定法和点滴法鉴定赤霉素等。

内源激素生物测定方法简便，并且可以反映内源激素的活性，早期激素的鉴定几乎全靠生物测定法，但因其灵敏度及专一性均不够高，近已渐渐少用。但对于从大量人工合成的化合物中筛选植物生长调节剂，生物鉴定法仍不失为行之有效的手段。

二、理化测定法

（一）光谱测定法

早期利用光谱法测定激素的是采用比色法，但因为灵敏度低、专一性差，所以现在应用较少。现在常用的方法是荧光分光光度法，主要是将激素与某些化学物质反应生成能产生荧光的化合物，在特定的波长下测定其含量，进一步转化为激素的含量。例如，利用赤霉素与浓硫酸作用生成三环芳烃衍生物在紫外光（260nm）下产生荧光以及脱落酸与浓硫酸在沸水中加热后产生荧光、吲哚乙酸能与醋酸酐反应生成吲哚吡喃酮，均可以用荧光法进行测定。荧光分光光度法比较灵敏，操作也不复杂，但是容易受到激素类似物的干扰，而且在衍生反应时可能生成沉淀，引起激发光的大量散射，从而严重影响测量的精度。

（二）色谱测定法

色谱法测定是利用植物激素在固定相和移动相之间的分配比例的不同，从而实现不同内源激素的分离并且进行测定的方法。应用于植物激素上的常用的色谱测定方法主要有高效液相色谱（HPLC）技术和气相色谱（GC）技术。

1. 高效液相色谱技术

高效液相色谱技术是利用液体作为移动相的色谱技术，一般是用内径 $2\sim8mm$ 的柱，填充颗粒平均直径小于 $50\mu m$，并施以高压 $[(1.47\sim2.94)\times10^4 kPa]$，使流动相的速度增高（线速度一般在 $0.1\sim0.5cm/s$ 以上），可以达到高分辨率、高速度的目的。高效液相色谱法是较理想的植物内源激素的分析方法，具有较高的精度，还可以同时检测多种激素，并且不破坏激素的结构，因此同时还可用来分离各种激素。除了乙烯外，其他内源激素均可以用高效液相色谱法进行测定。

高效液相色谱按其固定相的性质可分为高效凝胶色谱、疏水性高效液相色谱、反相高效液相色谱、高效离子交换液相色谱、高效亲和液相色谱以及高效聚焦液相色谱等类型。选择合适的内源激素提取纯化方法、流动相、色谱柱和选用不同类型的检测器，不仅可以获得十分精确的结果，而且可以实现多种内源激素同时测定。其中离子色谱作为高效液相色谱的一种，被用来检测生长素（IAA），灵敏度可达 $0.73\mu g/mL$（$S/N=2.5$），这种方法较其他高效液相色谱具有快速、灵敏等特点。

　　植物激素在测定前，必须先用有机溶剂提取，由于甲醇具有较好的灭活各种氧化分解酶（使内源激素失活）的作用而在激素提取中广泛使用，如卢颖林等（2007）在对番茄的六种内源激素进行测定时，采用了以甲醇为主要提取剂的激素提取，以石油醚、乙酸乙酯、水合正丁醇萃取提纯的方法（图8-1）。

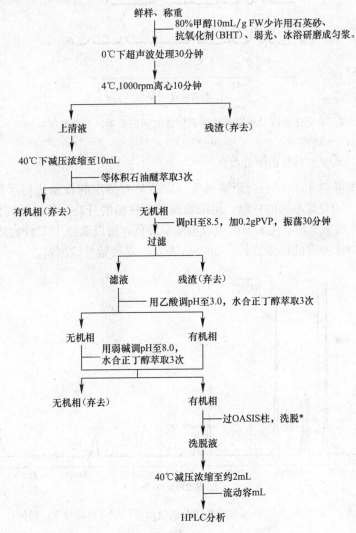

图8-1　番茄激素高效液相色谱分析的样品提取与提纯程序（卢颖林等，2007）

　　植物激素的高效液相色谱测定中，通常采用硅烷化键合相C18反相柱，常用的流动相有乙腈-甲醇-0.6％乙酸（5：50：45，V/V）、甲醇-水-乙酸（45：54.2：0.8，V/V）、甲醇-1％乙酸（40：60）、甲醇-乙腈-磷酸（15：15：70，V/V）等，而其中甲醇的含量对分离效果有重要的影响。方能虎等（1998）对不同的流动相组成进行了研究，采用甲醇-水-乙酸作为流动相，试验了含不同比例甲醇流动相的分离效果（图8-2），可见随着甲醇含量的增加，各组分的保留时间缩短，但是重叠现象加剧。

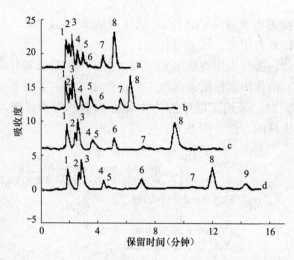

图 8-2　不同比例流动相对八种激素保留时间的影响（方能虎等，1998）

（甲醇-水：a—65：35，b—60：40，c—52：48，d—47：53；

1. ZT，2. GAs，3. K，4. BA，5. IAA，6. IPA，7. IBA，8. 苯，9. NAA）

常用柱温为室温到 45℃左右，卢颖林等（2007）对测定的柱温进行了研究，设置了 30、35、40、45、50℃等不同的柱温，结果发现随着柱温的升高，各组分的保留时间会缩短，但当柱温上升到 50℃时，生长素的吸收会明显降低，所以选择 45℃较为适宜（图 8-3）。激素高效液相色谱法测定的检测波长为 260nm 左右，需要紫外检测器。

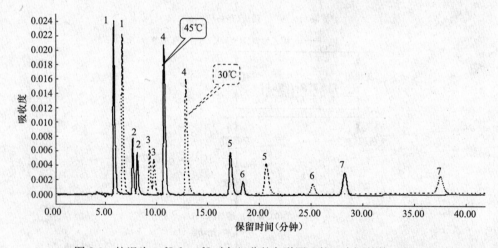

图 8-3　柱温为 30℃和 45℃时各组分的色谱图比较（卢颖林等，2007）

此外，采用梯度洗脱的方法，可以加快组分的分离，并获得较为准确的效果。方能虎等（1998）的研究中，采用梯度洗脱的方法，将原来不易分离的组分短时间内分离开来，并获得了较好的峰形，提高了定量分析的精度。但是梯度洗脱在短时间内柱压变化幅度很大，对色谱柱的损伤较大，应酌情使用（图 8-4）。

2. 气相色谱技术

气相色谱利用试样中各组分在气相和固定相之间的分配系数不同，当汽化后的试样被载气带入色谱柱中运行时，各组分在两相间进行反复多次分配，由于固定相对各个组分的

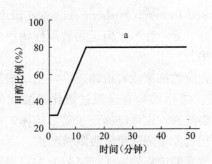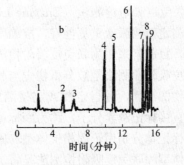

图 8-4　扣除基线后的梯度洗脱色谱图（方能虎等，1998）

（a—梯度洗脱条件示意图；b—色谱图；各组分质量浓度（g/L）：1. ZT 0.016，2. GAs 0.64，3. K 0.006，
4. BA 0.025，5. IAA 0.04，6. IPA 0.05，7. IBA 0.04，8. 苯，9. NAA 0.04）

吸附或溶解能力不同，因此在色谱柱中的运行速度也不同，经过一定柱长后，便彼此分离进入检测器，检测其浓度大小。乙烯可以直接测定，而其他激素需先形成易挥发的衍生物才能测定。对于生长素和脱落酸类激素，重氮甲烷、三氟乙酸酐、七氟丁酸酐、N-甲基-N-亚硝基-P-甲苯磺酰胺、三甲基氯硅烷、α-溴-2,3,4,5,6-五氟甲苯等都曾用作衍生剂用于气相色谱的测定。对于细胞分裂素类的激素，Most 等首次报道了三甲基硅烷（TMS）衍生物用于细胞分裂素的气相色谱分离检测。分别制备了异戊烯基腺嘌呤（iP）、玉米素、二氢玉米素、激动素及其相应核苷的衍生物。制备方法为：将异戊烯基腺嘌呤等化合物与双（三甲基硅烷）乙酰胺（BTMSA）在 60℃ 的乙腈溶液中反应 5 分钟；Morris 和 Young 在 1977 年建立了全甲基化衍生技术，首先用强碱对细胞分裂素分子进行处理，处理后的产物再与碘甲烷反应。Birkemeyer 等使用 N-甲基-N-（特丁基二甲基硅烷基）三氟乙酰胺（MTBSTFA）对细胞分裂素以及吲哚乙酸、茉莉酸、水杨酸和脱落酸等植物激素同时进行衍生反应，从而实现了用气相色谱-质谱联用仪（GC-MS）对多种植物激素的分离检测。

　　气相色谱测定中的衍生反应中很多衍生剂具有毒性，而且步骤较为复杂，容易带来试验误差。杜黎明等建立了 530μm 大口径毛细管气相色谱测定法，不需衍生化处理，直接进样，便可对生长素、脱落酸、赤霉素等三种植物激素同时测定，操作简便、定量准确、重现性好。其具体反应条件是：色谱柱 HP-1（Methyl silicone Gum）5m×0.53mm×2.65μm 石英毛细管柱；柱箱温度 220℃，检测器温度 280℃，载气为氮气，流速为 3.5mL/分钟。试验中对不同固定相类型的毛细管柱进行了考察，发现以非极性固定相的毛细管对上述激素的效果较好，反应灵敏，而且出峰速度快。测定时，用甲醇、乙酸乙酯等抽提纯化激素后，用 0.45μm 的滤膜过滤，作气相色谱分析。其激素分析色谱图如图 8-5 所示。该方法也可应用于萘乙酸（NAA）、吲哚丁酸（IBA）等的测定。

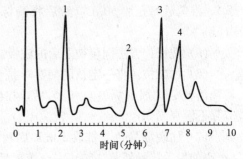

图 8-5　几种激素大口径毛细管气相色谱测定的色谱图（杜黎明等，2000）

1—吲哚乙酸；2—正二十二烷（内标）；3—脱落酸；4—赤霉素

（三）免疫检测法

　　植物激素免疫检测分析主要有两种方法：放射免疫检测法（Radio Immuno-Assay，

RIA）和酶联免疫吸附检测法（Enzyme-Linked Immuno Sorbent Assays，ELISA）。放射免疫检测法测定植物激素重复性好，准确度好，专一性强，但运用放射性物质，操作上欠安全。所以，目前常采用酶联免疫吸附检测法。

酶联免疫吸附检测法是被分析物先与其相应的抗原或者抗体反应，然后检测抗原或抗体上酶标记物的活性，进行定性或定量测定。常用的酶有辣根过氧化物酶和碱性磷酸酯酶。酶可以直接标记激素分子，称为酶标植物激素，也可以标记于第二抗体，称为酶标二抗。这两类标记物分别用于固相抗体型和固相抗原型酶联免疫吸附检测法。

固相抗体型酶联免疫吸附检测法是将抗激素的单克隆抗体（MAb）与已吸附于固相载体上的免抗鼠 Ig 抗体（RAMIG）相结合，加入激素标准品或者待测样品，使其与固相化的 MAb 结合，再加入辣根过氧化物酶标记激素（酶标激素）。通过测定酶标激素的被结合量，可换算出未知样品中激素的含量。

固相抗原型酶联免疫吸附检测法是将"激素-蛋白"复合物包被于固相载体，加入待测激素和抗该激素的多克隆抗体（PAb），进行竞争反应。然后让 HRP 标记羊抗兔 Ig 抗体（HRP-GRARIG）与结合在固相上的 PAb 反应，加入酶的底物显色后，颜色深浅与酶的数量成正比，与标准抗原或未知抗原数量成反比。通过测定与固相结合的酶量，换算出样品中激素的含量。

酶联免疫吸附检测法对于各种激素的测定方法大同小异，以某型酶联免疫吸附检测法试剂盒为例，其主要的实验步骤如下：

（1）包被：在微量滴定板的各孔准确加入 $100\mu L$ 包被液，37℃湿盒过夜。

（2）洗板：将包被好的板取出，放在室温下平衡。甩掉包被液，均匀加入洗涤液板上，使每孔充满洗涤液，放置约 0.5 分钟，再甩掉洗涤液。重复 3 次。

（3）加标样及待测样：取样品稀释液 0.98mL，内加 $20\mu L$ 激素的标样试剂（$100\mu g/mL$），即为 2000ng/mL 标准液，然后将 2000ng/mL 标准液依次稀释为 1000ng/mL、500ng/mL、250ng/mL、125ng/mL……0ng/mL。将系列标准样加入 96 孔酶标板的前三行，每个浓度加 3 孔，每孔 $50\mu L$，其余孔加待测样，每个样品重复三孔，每孔 $50\mu L$。

（4）加抗体：在 5mL 样品稀释液中加入一定量的抗体（最适稀释倍数见具体试剂盒），混匀后每孔加 $50\mu L$，然后将酶标板加入湿盒内开始竞争，竞争条件为 37℃左右 0.5h。

（5）洗板：方法同包被之后的洗板。

（6）加二抗：将一定量的酶标羊抗兔抗体（HRP），加入 10mL 样品稀释液中（最适稀释倍数见试剂盒标签），混匀后，在酶标板每孔加 $100\mu L$，然后将其放入湿盒内，置 37℃下温育 0.5h。

（7）加底物显色：量取 10mL 底物缓冲液。称取 20mg 邻苯二胺（OPD）溶于其中（小心勿用手接触邻苯二胺）完全溶解后加 $2\mu L$ 30%双氧水混匀后，每孔加 $100\mu L$（要在光线暗的地方加），然后放入湿盒内温育 10～30 分钟，当显色适当后（0ng/mL 孔与 2000ng/mL 孔的 OD 差值为 1.0 左右时），每孔加入 $50\mu L$ 2mol/L 的硫酸终止反应。

（8）比色：用 2000ng/mL 浓度孔（即标准曲线最高浓度孔）调零，在酶联免疫分光光度计上依次测定标准物各浓度和各样品 490nm 处的显色 OD 值。

用于酶联免疫吸附检测法结果计算最方便的是 Logit 曲线，横坐标用每孔内游离激素的 ng 数的常用对数或自然对数，纵坐标为显色值的 Logit 值，其计算公式如下：

$$\mathrm{Logit}(B/B_0) = \ln[(B/B_0)/(1-B/B_0)]$$

其中 B_0 是 0ng/mL 孔的显色 OD 值，B 是其他浓度的显色值。

作出的 Logit 曲线在检测范围内应是直线。待测样品可根据其显色值的 Logit 值从图上查出其所含激素浓度（ng/mL）的自然对数，再经过反对数即可知其激素的浓度（ng/mL）。

酶联免疫吸附检测法法应用于 IAA 和 GA 在定容前需进行样品的甲酯化工作，其方法为：

1）重氮甲烷的制备：取两支试管 A 和 B，在 A 管中加入 1mL 40%（W/V）的氢氧化钾。5mL 乙醚和 500mg 亚硝基甲基脲，冰浴。待上层乙醚呈黄色，吸取上层入 B 管，加入数滴氢氧化钾。亚硝基甲基脲致癌，操作时应注意安全。以上操作必须在通风橱中进行。

2）甲酯化：取氮气吹干并用 100% 的甲醇溶解的样品 $500\mu L$。加过量重氮甲烷至样品呈黄色，反应 10 分钟后，加 2 滴 0.2mol/L 乙酸乙醇破坏过量的重氮甲烷，用氮气吹干。

酶联免疫吸附检测法法应用于植物内源激素的测定具有前处理简便、测定快捷、灵敏度可达 0.5ng/mL、特异性高、成本较低的特点，适用于大批样品的测定，目前广泛应用于植物内源激素的研究测定（乙烯除外）。为提高测试的精度，需要注意以下问题：

1）加样误差是酶联免疫吸附检测法误差的主要来源，所以加样器和加样操作一定要准确，勿造成错加。

2）每次温育条件（时间和温度）应尽量保持一致，这样可使板间变异最小。

3）各种缓冲溶液配制应尽量准确，尤其是标准激素系列浓度稀释要很仔细，加样顺序要从低而高进行。

酶联免疫吸附检测法法测定植物激素时，植物材料中的色素、酚类物质等可能对测定结果产生干扰，这些干扰物质可通过加入抗氧化剂如 PVP，或者通过 C_{18} 萃取柱来去除。为判断干扰的存在与否，可利用稀释试验、平行试验、回收率试验等来进行检测。

1）稀释试验：即将待测样品稀释 2 倍、4 倍和 8 倍，相应的测出值也应是原样品测出值的 1/2、1/4 和 1/8。如果偏差太大，表明有干扰物质存在，尚需作进一步的提纯。

2）平行试验：即在待测样品中加入已知量的标准激素，将其酶联免疫吸附检测法的测出值减去待测样品本身的测出值，等于加入标准激素的值，如果偏差太大，则表明干扰存在。

3）回收率试验：此项试验旨在校正测出值。做法是在样品研磨前，将样品分成完全等量的两份，在其中一份加入已知量的标准激素，然后进行下面的提取和测定步骤。两份样品最后测定值之差与加入量之比即为回收率，一般应在 80% 以上。

（四）气质联用法测定植物激素

气质联用（GC-MS）是目前较为可靠的内源激素测定方法，它是通过将气相色谱和质谱分析（Mass Spectrography，MS）结合使用的方法来测定植物激素，尤其适合于分析内源赤霉素类。气质联用把气象色谱的高分离度和质谱定性的高选择性相结合，可以精确地、专一性地测定激素的含量。

以生长素的气质联用测定方法为例，其主要原理是生长素有其特定的质量数/电荷数（m/e）值。当用气质联用测定时，在它特定的 m/e 处就会出现一个峰，并且峰面积的大小反映了生长素的相对量的多少。如若在提取生长素前给植物材料中加入一定量（一般是 $800\sim1000ng$）的重氢标记生长素（即 D_5-IAA）作内标，那么最后抽提的生长素中有内源生长素和重氢标记的生长素。经气质联用就可测得 m/e 值为 202（内源 IAA）和 207（D_5-IAA）处的峰面积值 A_{202} 和 A_{207}。两个峰面积之比（R）即内源生长素和重氢标记的生长素的量之比。已知重氢标记的生长素的量，就可按以下公式求出内源生长素的含量多少：

$$R = A_{202}/A_{207} = 内源 IAA/(D_5\text{-}IAA \times 80\%)$$

则植物材料中的激素含量（P）为：

$$P = R \times D_5\text{-}IAA \times 80\% / 植物材料鲜重$$

与此类似，也可以将高效液相色谱与质谱分析联用，提高分析测定的精度和准确性。

第二节　生长调节剂及研究方法

植物生长调节剂是指从外部施用于植物，在较低浓度下，能够调节植物生长发育的非营养物质的一些天然或人工合成的有机化合物的通称。与植物激素不同，生长调节剂不仅包括天然的化合物以及植物激素，而且还包括人工合成的对植物生长发育具有生理作用的化合物。它们有的是从植物内提取的，有的是模仿植物激素的结构人工合成的，也有的在化学结构上与植物内源激素毫无相似之处。当它们被施于植物体上或施于土壤中被根系吸收进入植物体后，具有调节植物生长发育的生理活性作用。

与植物生长激素类似，植物生长调节剂相应地分为生长素类、细胞分裂素类、赤霉素类、生长抑制剂、乙烯发生剂和抑制剂等。同一类型的植物生长调节剂具有与其对应的植物激素类似的生理作用。

生长调节剂在园艺植物上的试验，根据其研究目的的不同，可以用盆栽、外植体以及田间试验等方式来进行。

（一）盆栽方式

一般用于对盆栽植物的株形控制、花芽分化、打破或促进休眠等，研究生长调节剂对盆栽植物的生理效应及其适宜的适用方法、时间、浓度等，从而为生产实践上的应用提供依据。此外，温室、人工气候室内盆栽植物的化学调节研究也可以采用这种方式。这类方式主要用于园艺植物生长发育规律以及影响药效的因素等方面的研究，如温度、湿度、光照、水分等对生长调节剂的影响等。由于温室或人工气候室可以比较精确地控制生长环境，从而可以提高这类试验的精度。

这一类试验通常采用盆栽方式，试验设计一般也采用类似田间试验的方法进行，如随机区组设计等，试验的统计分析等。如沈健等（2008）利用比久（B_9）矮壮素（CCC）、多效唑（PP_{333}）等三种不同的生长抑制剂对朱顶红（*Hippeastrum vittatum*）的矮化效应进行了研究，研究的因素包括施用生长抑制剂的种类、施用的方法、施用的浓度等。施用方法有两种，一是浇施，即将一定浓度的比久、矮壮素、多效唑浇于盆土中，以溶液刚好流出盆底为准，1周后再浇1次。二是注射，即在朱顶红花茎抽出 2cm 左右时，用注射器分别将不同浓度的比久、矮壮素、多效唑注入花茎内，用量为 2mL/株。所有的处理重复3次，随机排列，设清水为对照。施用浓度则根据施用方法不同有所区别。浇施的浓度稍低，为 300mg/L 和 800mg/L，而注射的浓度较高，为 500mg/L 和 1000mg/L。试验后花茎的高度如表 8-1 所示。

由表 8-1 可以看出，12 个处理的花茎高度与对照间存在极显著差异，增加了盆栽朱顶红的观赏价值。不同的处理方法上，注射花茎法矮化效果明显好于盆土施入法。处理浓度上，两种方法处理下 3 种生长延缓剂均是高浓度矮化效果好。就施用的生长调节剂种类而言，注射花茎法中多效唑优于比久和矮壮素，盆土施入法效果由好到差的排列顺序为矮壮素 800mg/L、多效唑 800mg/L、多效唑 300mg/L、矮壮素 300mg/L、比久 800mg/L 和比久 300mg/L。

各处理朱顶红花茎高度及比较 表 8-1

处理（mg/L）	花茎高度（cm）	显著性	
		0.05	0.01
清水对照（CK）	38.75	a	A
比久 300	17.503	b	B
比久 800	17.427	b	B
矮壮素 300	15.147	c	BC
多效唑 300	14.7	cd	CD
多效唑 800	14.03	cd	CDE
矮壮素 500	13.187	cde	CDE
矮壮素 800	12.627	de	CDE
矮壮素 1000	12.553	de	DEF
比久 500	11.343	ef	DEF
比久 1000	11.28	ef	DEF
多效唑 500	10.14	f	EF
多效唑 1000	9.387	f	F

注：同列小写字母不同者表示差异显著，同列大写字母不同者表示差异极显著。下同。

（二）外植体方式

即利用植物体的组织、器官进行离体培养，并用生长调节剂处理，研究其反应。主要是在室外不便于处理，或者室外处理工作量太大时，可以采用这种方法。如筛选控制芽生长的药剂时，可以先将植株的茎段培养，获得大量的离体小植株，然后用不同的激素处理，如将激素加入培养基中，研究其反应情况。优点是可以获得完全一致的试验材料，提高试验的精确性，节约药剂和试材。缺点是这种试验的结果不一定和田间试验结果一致。详细的试验方法参见植物组织培养的相关章节。

（三）田间试验

即采用田间试验设计的方法对生长调节剂的使用进行研究。这是最常用也是最可靠的试验方式。试验设计同一般的田间试验，可根据具体情况考虑将试验中的激素种类、浓度、处理时间等设置为不同的因素。由于试验设计中往往处理数目庞大，因此要采用合理的试验设计方式来降低工作量。

生长调节剂的田间试验通常应用于生长调节剂对于园艺植物的生根、株形控制、花期控制、保花保果、改善品质等方面的研究。试验时要尽量降低试验的误差，试验材料的大小、年龄、生长势等要一致，管理方法应该相同。药剂施用方式可以根据试验目的、药剂种类、植物材料的不同采用喷洒、灌溉、涂抹、注射、点滴、浸蘸、土壤施入等方式。必须十分注意使用时植物材料所处的物候期，考虑施用的浓度、次数以及间隔时间。应注意记载施用后的气候条件如温度、湿度、光照、风等，以便以后分析时参考。

促进植物生根是生长调节剂常用的领域。植物生长素类、赤霉素类、细胞分裂素等调节剂对于多种植物种子、扦插插穗等有促进生根的效应。在应用生长调节剂进行促进插穗生根的研究时，应综合考虑植物的种类、插穗的类型、生长调节剂的种类、浓度、施用方法、施用时间等因素，并根据主要的影响因素设计相应的试验方案。一般促进生根常用的调节剂为生长素类的吲哚乙酸（IAA）、吲哚丁酸（IBA）、萘乙酸（NAA）、2,4-二氯苯氧乙酸（2,4-D）等，常单独施用或配合一定浓度的细胞分裂素、赤霉素等混合施用。施用的方法一般是将插穗基部浸泡在一定浓度的生长调节剂溶液中数十秒至数分钟乃至数小时，或者蘸取配置的生长调节剂粉剂（如 ABT 粉剂）后扦插。林金水（2009）研究了不同溶度的吲哚丁酸、萘乙酸、萘乙酸＋吲哚丁酸等量混合液对扦插中国龙船花（*Ixora chinensis*）愈伤组织和根发生的影响。试验的材料为采取的中国龙船花植株上当年生充实饱满、长势旺盛和无病虫害的未着花的半成熟顶芽或茎段枝条作插穗。每枝条剪取长度12cm，每根穗条留 2～3 片对叶，每片叶剪去 1/2。试验的生长调节剂为萘乙酸、吲哚丁酸和萘乙酸＋吲哚丁酸的等量混合液（IBA＋NAA），其浓度分别为 200、400、600、800、1000mg/L，共 15 个生长调节剂处理组合。另设清水为对照组，共 16 个处理。施用的方法是浸泡插条下端，即将插条的形态学下端置于不同生长调节剂、不同浓度中浸泡15s 至 12h。试验的主要结果如表 8-2 所示。

不同生长调节剂浓度处理对中国龙船花的生根率的影响   表 8-2

生长调节剂浓度	平均生根	5%显著水平	1%极显著水平
B_5	98.333	a	A
0	90.000	ab	AB
B_4	80.000	bc	BC
B_3	69.167	c	CD
B_2	68.334	c	CD
B_1	55.000	d	D

注：B1～B5 为各种生长调节剂 200mg/L 处理 12h、400mg/L 处理 2h、600mg/L 处理 1.5h、800mg/L 处理 1h、1000mg/L 处理 15s。0 为清水对照。

从试验结果来看，生长调节剂浓度是影响中国龙船花插穗生根的主要因素，在高浓度条件下（1000mg/L），即使浸泡时间只有 15s，对生根也有促进作用，而低浓度处理，即使浸泡时间长达 12h，也没有明显的作用，甚至有抑制作用。由此可见，在利用生长调节剂促进植物生根时，应根据具体的物种，采用不同的浓度和施用方法。

植物生长调节剂用于株形控制、花期控制、保花保果、改善品质等方面的研究的方法，与促进生根有一定的差异，一般是用完整的生长植株作为试验材料，常常采用随机区组设计、裂区试验设计、拉丁方试验设计等设计方法，以一定株数的植株（一般 5 株以上）作为一个试验小区，设置 3～5 个重复，以减少误差。试验中要充分考虑试验区域的土壤、光照、水分、温度等的差异，合理设置试验区，尽可能多设置重复，最好设置不同年份的重复试验，以增加试验的可靠性。植物生长调节剂一般采用喷施的方法，也可以涂抹或注射，喷施的时候，要注意防止不同处理间交叉污染，必要的情况下，应设置隔离行或隔离区。植物生长调节剂处理的次数不定，一般要处理 1~3 次，如用于保花保果试验，一般应在生理落果前施用。

第三节　化学保果案例分析

课题项目：ABT 绿色植物生长调节剂对荔枝保花保果的研究（刘革宁等，1998）。

本试验是利用 ABT 绿色植物生长调节剂对荔枝进行保花保果研究，采用的方法是田间试验，随机区组设计，试验的具体方法和内容如下：

一、试验概况

（一）试验地点

扶绥县南山果场位于北纬 22°11′~22°57′，东经 107°31′~108°06′，年均温 21.9℃，极端低温−5℃，1 月份均温 13℃，7 月份均温 28.5℃，≥10℃活动积温 7502℃，年降雨量 1255.2mm，年蒸发量 1668mm，无霜期 346 天，属南亚热带季风气候区，土地 pH 值 4.5~6.0，适合荔枝正常生长。果场经营管理较好，有水利灌溉设施。试验区面积约 217hm²。

（二）参试品种

黑叶荔枝，1992 年春定植，平均树高 2.08m，冠幅 2.5m，种植密度为 480 株/hm²。1997 年是第二年挂果。

（三）供试药品

由中国林科院 ABT 中心提供的 ABT 绿色植物生长调节剂 8 号、9 号（粉剂），以下简称 ABT 调节剂。

（四）试验方法

试验采用完全随机区组设计。按药品剂型、浓度与对照共设五个处理，即 8 号 10mg/kg、8 号 15mg/kg、9 号 10mg/kg、9 号 15mg/kg、清水对照。每个处理小区喷施 15 株，重复 3 次，共 15 个小区 225 株参试。采用常规喷雾法进行叶面喷施，各处理小区、重复之间均留 1 行树不喷作为保护行。试验前两天先用 0.2%的尿素＋0.2%的磷酸二氢钾混合液对各小区进行一次叶面喷施。

（五）喷施时间

施药选在荔枝始花前（4 月 3 日）、盛花期（4 月 23 日）和幼果开始膨大期（5 月 13 日）三个阶段各喷一次，以叶片顶端初滴水珠为度。

（六）调查

采用定株调查，从每个小区中选择 3 株标准树为固定调查株，并依次编号，在每株树冠的东、西、南、北向及冠顶 5 个部位，各选择 1 条标准穗，调查雌花数和坐果数。雌花调查在第二次施药前进行，坐果数调查在第三次施药前进行。果实成熟后，再调查果实产量，计算单株产量和单果重量。

二、试验结果：对荔枝坐果的影响

从调查结果发现，在花期喷施 ABT 调节剂后，树体叶色变浓绿，生长势旺。荔枝的座果数有明显增加的趋势。四种处理大多比对照增加 27%~50%，座果率达 9.46%~

13.44%，比对照高 1～4 个百分点（表 8-3）。出现这种结果，是由于 ABT 调节剂使树体的生理活性增强，促进了生长，减少了落花，从而使座果率增加。

ABT 不同处理对荔枝座果率的影响 表 8-3

处理方法		调查株数（株）	雌花数（朵）	座果数（个）	座果率	座果数比对照增加	备注
剂型	浓度（mg/L）						
ABT8 号	10	9	3646	490	13.44%	50.77	
	15	9	3776	415	10.99%	27.69	
ABT9 号	10	9	3442	455	13.22%	40	
	15	9	3562	337	9.46%	3.69	
清水对照	0	9	3743	325	8.68%	—	

由表 8-4 可以看出，不同剂型、不同浓度的处理，其单株产量的增产幅度也不一样，四种处理中，以 8 号 10mg/kg、9 号 10mg/kg 处理的增产效果最好，分别比对照增加41.7% 和 33.6%，这是因为对照在生理落果期落果仍较多的缘故。另外，喷施 ABT 调节剂后，由于增强了树体的酶活性和光合强度，促进了生长和果实发育，从而使果形增大，单果重增加。四种处理中以 ABT 8 号 15mg/kg 的单果重最高，1516g/颗，其次是 9 号10mg/kg、8 号 10mg/kg，分别比对照高 21.7%、18.6%、11.5%。

ABT 不同处理对荔枝产量的影响 表 8-4

处理方法		调查株数	试区产量	株均产量（kg）	单株产量比对照增加	每千克果数（个）	单果重（g）	单果重比对照增加
剂型	浓度							
8 号	10	15	249.75	16.65	4.17%	70	14.3	11.54%
	15	15	181.5	12.1	3%	64	15.6	21.69%
9 号	10	15	235.5	15.7	33.62%	66	15.2	18.56%
	15	15	177	11.8	0.42%	76	13.2	2.96%
清水对照	0	15	176.25	11.75	—	78	12.82	—

综合来看，试验中以 8 号 10mg/kg、9 号 10mg/kg 效果最好，其座果率比清水对照提高了 2.5%～4.8%，株产量增加了 33.6%～41.7%，单果重增加了 11.5%～21.7%，投入产出比为 1:（16.8～20.9），效益显著。

案例思考：

1. 试验为何设置保护行？

2. 试验为何选在荔枝始花前、盛花期和幼果开始膨大期三个阶段各喷一次？可否选择其他时间，依据如何？

3. 保花保果试验常用的统计指标有哪些？为何选择这些指标？

讨论并回答以下问题：

1. 植物激素有哪些种类，有什么特征？

2. 植物激素主要有哪些测定方法？各有何优缺点？

3. 酶联免疫法为何适用比较广泛？

4. 植物生长剂的田间试验应注意哪些问题？

习题

1. 设计探讨妃子笑荔枝果实膨大期果肉生长素、赤霉素、细胞分裂素含量动态变化规律的试验方案。

2. 拟在储良龙眼上应用某种生长调节剂保花保果，但需要建立系统和完整的生长调节剂施用技术，请就此问题作试验设计，要求写出翔实的试验方案。

3. 就第四节案例写一篇科研报告。

参考文献

[1] 刘革宁，农韧钢，蒙爱芳，苏钰清，黄侃. ABT 绿色植物生长调节剂对荔枝保花保果的研究 [J]. 广西林业科学，1998，27 (3)：116-119.

[2] 卢颖林，董彩霞，董园园，熊春丽，沈其荣. 高压液相色谱法同时测定植物组织中六种细胞分裂素组分和生长素 [J]. 植物营养与肥料学报，2007，13 (1)：129-135.

[3] 方能虎，邵学广，赵贵文等. 植物激素的反相高效液相色谱法分离和测定 [J]. 色谱，1998，16 (5)：417-420.

[4] 沈健，陆信娟，王春彦. 生长延缓剂对盆栽朱顶红的矮化效应 [J]. 江苏农业科学，2008，(2)：149-151.

[5] 林金水. 植物生长调节剂对中国龙船花扦插生根的影响 [J]. 中国农学通报，2009，25 (5)：132-137.

（编者：王　健）

第九章　热带园艺植物土肥水管理的研究

园艺植物园地的土、肥、水管理是园艺植物生产技术的基础。对这些技术措施的试验研究，以不同园艺植物种类及植株生长发育状况对土壤、水分和肥料需求特点为理论依据，因地制宜，综合考虑生产实际和社会条件，提出合理的试验设计方案，以期研究制订合理的技术措施，从而达到丰产、优质、高效的生产目的。

第一节　热带园艺植物土壤管理的研究

园艺植物园地土壤管理的主要目的就是通过采取一定措施保证园地土壤能够满足园艺植物长期持续优质、高产的要求。主要包含两方面内容，一是土壤能够持续稳定地合理供肥供水，二是为园艺植物正常生长发育建立良好的根系活动及功能表现的稳定条件。以上述两点为研究目标，以土壤肥力特点和园艺植物生物学特性为理论基础，以园地土壤生产性能研究为重点。

一、热带园艺植物栽培区土壤类型及其生产性能的研究

我国幅员辽阔，地势西高东低，纬度南北跨度宽，气候复杂多变，生物群落千差万别，成土母质多样性丰富，塑造出我国丰富多彩的土壤类型。土壤的多样性也是决定园艺植物分布和园艺植物栽培品种具有区域性的重要原因之一。

1. 热带园艺植物栽培区土壤类型

我国热带园艺植物栽培区的土壤基本类型为红黄壤。红黄壤广泛分布于我国长江以南，地处热带、亚热带，水热资源丰富，土壤有机质分解快，水土流失，养分淋洗，铁铝等相对积聚，其肥力状况呈现以下五个特点：①土壤淋洗强烈，基岩风化强烈，脱硅富铝。②土壤酸性强，易产生铝中毒。③有机质分解迅速，养分淋失快。④矿质养分含量低，瘠薄缺素。⑤质地黏重，易板结，耕性差。红黄壤分为红壤和黄壤两大类，其中热带园艺植物栽培区又以红壤为主，主要包括砖红壤、赤红壤和燥红土。

砖红壤主要分布于雷州半岛以南、云南和台湾南部，在热带雨林植被和热带气候条件下发育形成，是热带土壤的代表类型。其特点为：富铝而易使园艺植物发生铝毒害；速效养分易淋溶；有机质丰富，含量约 8%～10%，灰棕色表土层厚约 15～30cm。包含砖红壤、黄色砖红壤和褐色砖红壤等三个亚类。

赤红壤主要分布于广东省西部和东南部以及广西、福建和台湾三省南部，为南亚热带、热带园艺植物种植区代表土壤类型。在亚热带气候和亚热带雨林、丘陵低山地形条件下，由花岗岩、流纹岩、砂岩和页岩成土母质形成。富铝作用比砖红壤弱，碱金属含量较低；有机质比砖红壤少，含量约 2%～4%，速效氮含量 0.2%～0.3%。可以发展热带园艺植物生产。

燥红土分布于海南西南部和云南深切的河谷地区。在热带气候和热带灌丛草原或稀树

草原植被条件下，由片岩、花岗岩风化物和沉积物形成。生物富集作用不及砖红壤，但转化速度快；腐殖质含量低；呈微酸性至中性。

研究热带园艺植物栽培园地红黄壤的培育改良，首先要做好水土保持工作，应工程措施和生物措施并举；其次是增施有机肥，补充有机质，园艺植物园地实施种草、种绿肥、覆草、埋草的管理制度；再次是增施石灰和磷肥，提高土壤 pH 值，增加磷素含量。由于热带园艺植物栽培区土壤水热资源丰富，因此加强种草、种绿肥研究，更有实际意义。

2. 热带园艺植物栽培区土壤适宜性评价方法

实现因地制宜、适地适栽，依据热带园艺植物正常生理需要和土壤肥力条件相互适应的程度来制订合理的土壤管理措施，均需对热带园艺植物栽培区园地土壤的适宜性进行评价。评价的基本技术路线为：先确定评价因子，再拟定评价办法，最后评价适宜等次。下面以某果园建设项目为例来说明土壤适宜性评价方法。

1）确定评价因子

评价因子应满足：是制约园艺植物生产的主要因子；是研究区域内差异明显和具有临界值的因子；是彼此独立的多因子；对园艺植物生产有明显影响且出现临界值的稳定因子；是可以量化观测的因子。

综合考虑对土壤条件评价可行性和热带园艺植物对土壤条件的一般要求，可拟定以下待选因子：土壤有机质含量、土层厚度、土体构型（指不良层次在剖面的部位）、表层质地、土壤碱化程度、灌排条件、潜水埋深、水质、地形、坡度、植被覆盖率、侵蚀程度、碱解氮、速效磷和速效钾含量。

再结合热带园艺植物自身的特殊需要，征询专家意见。可通过发咨询表的办法来完成，即请多位专家对各待选因子赋值打分，经汇总专家意见，依据积分多少来确定评价因子。假设参评因子最后确定为：土壤有机质含量、土层厚度、灌排条件、土体构型和土壤质地五个评价因子。

2）拟定评价方法

目前土地评价方法有因素限制法、模糊聚类法、指数法、评分法、层次分析法、回归分析法、多元分析法等，其中指数法较常用。指数法是先确定评价因子并分级，并赋以各级次指数，按各评价因子的重要性（即限制强度的大小）赋以权重，总计各因子的指数与其权重乘积的总和，再定各评价单元的质量等级。具体做法如下：

（1）按各参评因子对果树生产限制强度的大小，赋以不同的权重，各因子权重和为1。注意确定权重是评价的关键，常通过咨询多个专家，汇总专家意见，再结合当地技术人员和老园丁的经验来确定。假定5个参评因子的权重如表9-1所示。

果园土壤参评因子分级赋值表（章文才，1995）　　　　　　　　　　表 9-1

参评因子	分　级	指数（a）	权重（p）
土壤有机质含量（%）	>1.5	10	0.3
	1.1~1.5	9	
	0.81~1.0	7	
	0.61~0.80	6	
	<0.60	3	

参评因子	分级	指数（a）	权重（p）
灌排条件	有保证，旱涝保收	10	0.15
	一般	8	
	短期旱涝	6	
	多旱多涝	3	
	长期积水	−10	
土体构型	无障碍层	10	0.10
	80cm 以下有障碍层	8	
	40～80cm 有障碍层	5	
	20～40cm 有障碍层	3	
	0～20cm 有障碍层	0	
土层厚度（cm）	＞80	10	0.10
	61～80	8	
	41～60	6	
	21～40	2	
	＜20 裸岩多	0	
土壤质地	壤质	10	0.20
	黏质	7	
	沙质	6	
	砾质	4	
	多碎石	1	

（2）对各参评因子予以分级，给以相应的指数。通常适宜程度越高，指数越大，各参评因子的最高赋值为 10 分。若某因子的最低等级根本不能栽培园艺植物，可赋以−10 分。假定 5 个参评因子的各级赋值如表 9-1 所示。

（3）根据指数和，划分适宜等级，指数和按照加权平均指数总和计算公式计算。

加权平均指数总和计算公式为：$A = \sum_{i=1}^{n}(a_i \cdot p_i)$；其中 A 为加权平均值数总和，a_i 为中选单因子指数，p_i 为各中选单因子权重，i 为中选因子编号，n 为中选因子总数。

将待评土地划分为 5 类，则每类的指数和范围如表 9-2。

果园土壤等级指数和范围（章文才，1995）　　　　　　表 9-2

适宜等级	指数和范围
宜果一等地	8.1～1.0
宜果二等地	6.1～8.0
宜果三等地	4.1～6.0
宜果四等地	2.1～4.0
宜果五等地	0～2.0

（4）测定某待评土地参评因子的值，计算待评地的指数和。假设待评土地土壤有机质含量为 0.7％，多旱多涝，60cm 土层处有障碍层，土层厚 30cm，沙质地，则该地指数和 $A = 6 \times 0.30 + 3 \times 0.15 + 5 \times 0.10 + 6 \times 0.25 + 6 \times 0.20 = 5.45$，那么该地为宜果三等地。

评价体系的建立务必考虑热带园艺植物的生物学特性，因地制宜，还要注意与产/投比即经济效益相结合。如果还顾及栽培区的气象条件，则参评因子中可增加气象因子如年降水量和活动积温等，并进行适当分级和赋值。

二、热带园艺植物学表现及园地土壤的适应性

研究热带园艺植物栽培园地土壤就要针对不同的土壤类型和肥力状况，采取相应的管理措施。应以主要的生物学表现和土壤适应特征为考察标准，并以实现热带园艺植物生产持续发展为目标，对热带园艺植物园地土壤进行改良培养。

（一）热带园艺植物生物学表现

热带园艺植物对不同土壤的适应性和土壤管理措施的反应，主要体现在热带园艺植物的生长发育和经济性状变化上，可从热带园艺植物地上、地下两大部分的经济性状和生理变化上加以考察。

对地上部可以调查分析经济性状和枝叶生长发育变化，主要内容包括：产量水平及整齐度；产品质量水平及整齐度；植株发育状况及整齐度（株高、干周、枝梢生长量、叶面积、叶功能、叶幕形态、开花和结果状况等）。

对地下部可以调查根系生长发育、形态和生态型变化，主要内容包括：根系生态型（线性、均散型、层次性、边缘性）；根系适宜环境及分布的层次性；根密度（单位体积土壤内不同类型根的重量或数量，单位长度的根上之侧根数等）；根质（根粗度、色泽、光泽等）；根系生理生化特性（吸收、合成、分泌、代谢过程的变化等）；生长根和吸收根数量比例。

土壤偏黏，通气不良，骨干根发达，侧根分生级次少，整个根系呈线型分布；通气良好，达到一定肥力水平，根系均匀分散成网状；沙土地根系密度大，细根、新根呈集中或边缘分布的特征。根系分布的表层、集中层、下层及内、中、外三区的密度和比例都是研究土壤要考察的指标。

另外，园地的群体状况，如植株的整齐度、植株的类型变化、产量和植株的趋向性分布等也是反应土壤状况的重要标志

（二）园艺植物园地土壤的适应性

原始土壤经过人类的耕作熟化以及与栽培作物的相互作用，而表现出一定的适应特征，能够为热带园艺植物根系提供不同的生存环境和活动条件，但是各地不同的成土条件和土壤母质，形成了各种特殊的土壤结构、土壤功能特性和营养基质环境而造就出不同类型、不同功能的根系和不同的根系功能环境（根分泌特征、根际微生物种类以及离子交换、营养平衡等）。研究土壤管理、进行土壤改良，就要从具体的土壤条件和当地环境出发，为根系生长和功能表现（吸收、合成、分泌等）创造最佳条件，把着眼点放在土壤影响根系功能的主要因素上，注重根土关系。

1. 土壤一般具有明显的层次性，而根系因土壤环境的关系也具有层次特点

1）表层

一般是熟化层，质地均匀，肥力较高，利于根系的生长发育，但该层受外界气候影响大，如高低温度变化大、干湿交替明显等，土壤环境的不稳定，造成了根系生长和吸收功能的不稳定，因此根系生长发育和功能表现与外界环境的关系，以及如何增加表层土壤条件的稳定性，充分发挥该层的肥力效应，就成为园艺植物园地土壤研究的一项重要课题。研究该层主要是土壤的保护性，如地面覆膜覆草；再就是环境的稳定性，包括热带园地生

态环境及表层土壤本身肥力特征的稳定性，这要和土壤表层保护及肥力对环境变化的缓冲性相联系。

2）中层

不与外界大气直接接触，受外界变化影响较小的相对稳定层，也多是根系的集中分布层，这一层的肥力水平对于根系生长发育和根系功能表现及地上部生长发育的稳定性至关重要，研究该层主要是如何克服自然形成的不良结构，如何提高肥力、扩大范围、保持均匀以及根系的生物学和生理学功能的一致。

3）下层

是上中层的渗透影响层，也是地下水位的活动层，受成土基岩的影响大，对根系的分布形成了不同土类的边界结构特征。如山区园地土层浅，未风化的岩盘机械地阻碍根系向土壤深层生长；某些园地土壤下有黏板层和砂砾层，根系不易穿透，生长到此即开始横向分枝，形成一明显接口，雨季到来，黏土层上积水，根系窒息死亡，因此这类土壤改造黏板层则是重要的研究内容；土壤下层为砂砾层，漏水漏肥，需要深耕取沙掺入有机质；地下水位过高，阻止根系向下伸展；遇有盐碱危害更大，因此降低地下水位、改良盐碱土也是重要的研究课题。上中层土壤对肥水的吸附、渗透特征也可在该层研究。

2. 土壤结构性指标

热带园艺植物根系良好的活动环境要求土壤结构稳定、通透，水、肥、气、热四大肥力因素协调，即能保肥保水又能稳恒供应。衡量结构性好坏的指针，主要是有机质含量、砾石度和黏粒比，有机质是形成具有一定稳定性结构的胶体，同时对肥水的供应和保持有重要作用，优质丰产园的有机质含量一般达 1%～2% 以上；孔隙度是土壤结构的重要措标，一定的砾石度是"气通"的关键，通常要求在 20% 左右；黏粒是土壤胶体的一个重要来源，是保肥保水的因素，黏粒比过大土壤胶结，难以通气，黏粒比小漏肥漏水，肥力退化，适宜的物理黏粒比在 30% 左右。研究土壤管理除考察园艺植物生物学表现外，还必须考察土壤的结构性，这样才能全面真实地评价管理措施的优劣，这也是探求根土关系必不可少的内容。

3. 影响根系功能和土壤供养特性的其他因素

土壤 pH 值、氧化还原电位、土壤养分的吸收能力、微生物群落的结构、线虫发生的低限值等，都是合理发挥肥效创造稳定的根域环境的重要条件，也是维持根系良好功能及根系正常自体调节的重要因素。

土壤 pH 值与成土母质、盐基淋溶及使用化肥有关，土壤有机质也是与 pH 有关的重要因素。pH 值影响土壤和热带园艺植物的生产性能，主要是改变了营养元素的可给态，破坏了元素平衡，引起盐碱和缺素。土壤氧化还原电位受通气的影响，与有机质及微生物有关，与热带园艺植物根系的呼吸代谢也有密切关系。不同热带园艺植物有一个适宜的氧化还原电位范围，超过低限会引起生长发育的中止和根系的死亡，一般 300mV 以下即有危害。土壤具有吸收和保持肥料成分的能力，可用盐基置换容量、盐基饱和度来反应，这对于土壤吸肥保肥和向热带园艺植物供肥有重要意义。土壤微生物群落如硝酸还原菌、固氮菌及与热带园艺植物共生的菌根菌，其代谢生长活动都会影响根系的功能和功能环境；土壤线虫和其他有害小生物的发生数量都对热带园艺植物生长发育有影响，找出产生危害的界限值也是热带园艺植物园地土壤研究的内容。

三、研究土壤改良是热带园艺植物生产持续发展的重要任务

农业生产持续发展的关键之一在于土壤环境和土壤肥力能否得到保护和维持，热带园艺植物生产也不例外。改良土壤从长远看，目标就是热带园艺植物生产持续发展，从眼前看，目标则是因地制宜，为根系生长活动创造最佳环境，即为根系生长节奏、类型组成、密度分布及吸收、合成、再生功能等方面的合理有效性创造最优条件，主要研究项目如下。

1. 土壤供水供肥和环境条件的稳定性

首要的影响因素是有机质含量和黏粒、石砾的合理比例，这直接反映在土壤的结构性上。

2. 层次分布的合理性

这是土壤改良的另一目标，主要通过保护表层，均匀化中层，打破低层并增加有机质以改良结构来完成。这直接关系到根系密度和分布的合理性。

3. 肥力水平及肥水的保持

即通过改良使土壤中的水、肥、气、热四大因素协调，并且具有较大的容量和适宜的肥力强度以及良好的吸附交换特性，这和土壤中营养的含量和平衡及土壤的胶体特性有关。

4. 界面效应的利用

具有相同的化学组成和理化性质的均匀介质为相，相之间为界面，作为两种性质不同的相的交界区，界面不仅具有两相的性质，还具有两相接触后产生的新的性质，如沙壤和黏壤的交界处，既有黏壤所不具备的通气特点，又有沙壤所缺乏的保肥特性。土壤中存在的固、液、气三相结构复杂，功能多变，形成了众多的大小界面，事实上，根就是在界面上生长发育的。土壤管理应当注意增加界面，并充分利用之，对界面的性质、结构特性及与根系的关系也需要深入细致的研究。

5. 克服园艺植物园地重茬问题

种植过热带园艺植物的土壤由于营养成分的缺失、元素平衡的破坏、根系分泌物的影响、微生物群落的改变，以及有害生物如线虫的泛滥等，使后茬热带园艺植物的生长发育受到抑制，常以忌地系数作为衡量标准。克服重茬障碍，使土壤恢复原有生产力，是园艺植物园地土壤改良的重要内容。主要方式有土壤消毒、换土、缺失元素的补充、有益微生物的利用、合理轮作，以及土壤生态环境的调控等手段。

6. 特殊土壤的改良

如何通过园艺植物园地土壤管理改良盐碱地、涝洼地、风沙土、瘠薄山地以及被污染受侵蚀的土壤等均是需要研究的内容。

7. 关于热带园艺植物生产的持续发展

1992年联合国粮农组织和国际农业贸易政策理事会在农业与环境国际会议上提出了"持续农业"的概念，要求必须采取有力措施，保护农业资源，改善生态环境，走农业与环境保护协调发展的道路。作为绿色产业之一的热带园艺植物事业，也面临同样的问题，水土流失、土壤肥力退化、生产环境污染严重等，急待解决，因此很有必要加强"热带园艺植物生产持续发展"的研究，具体到土壤管理就是要保持水土、增施有机肥培肥地力、防止土壤污染、建立最佳农业生态环境、积极开拓促进热带园艺植物生产高产、优质、高

效并能持续发展的新途径。热带园艺植物园地土壤保护及其肥力维持，是热带园艺植物生产持续发展的重大问题，有许多问题急待探索和解决。

四、热带园艺植物根际微域环境研究

根际（Rhizosphere）指根系诱导的微生物数量和活性皆高的根周围土壤微域，这一微域由于受根系生长发育和重量代谢活动的影响，在理化性质和生物特性上与原土体有很大差异，它是"土壤-植物-微生物"相互作用的场所，也是土壤水分、养分进入植物根系的门户、这一微域的环境状况不仅影响到土壤养分向根表的迁移及其吸收，而且对土壤养分的有效性及利用率亦有直接影响，进而影响到植物的生长发育及产量，并与植物的抗逆性和根系病害的防治有密切关系，因此，热带园艺植物根际微域环境是园地土壤研究的重要内容。主要有：

（1）根际范围大小及其结构，指根系生命活动所能影响到的土壤微域大小及其分布变化。

（2）根际理化性质，包括 pH、氧化还原电位、离子平衡等。

（3）养分状况，可用放射自显影技术研究营养元素的盈亏，用电子探针测知营养元素的分布，也可用特定的电极探测某种元素的盈亏和分布等。

（4）根际分泌物，包括分泌物的成分，影响分泌的因素，分泌物对根土的影响及特种分泌物的诱导等。

（5）根际微生物，包括微生物的种类、数量、活性，微生物对根系生长发育和吸收合成的影响，微生物对根际土环境及养分变化的影响等。

（6）根际微域的酶类及其活性。

热带园艺植物园地土壤管理研究的内容非常丰富，进行研究时既要考虑土壤的特点，又要注意热带园艺植物的生物学反应，把土壤和园艺植物统一起来；在具体研究方法上既要根据不同的土壤条件提出相应的试验目标，又要考虑同一试验相同条件一致和不同土类条件选点比较，只有这样才能取得可靠的试验结果和有利的试验效果。

五、土壤管理研究试验设计实例

土壤管理研究的处理项目，要从具体实际出发，长远目标和近期改良相结合。试验小区面积和处理方式要因地制宜，一般山区需 $667m^2$ 左右，滩涂平地小区可适当加大；对照以当地一般生产上的园地土壤管理为准；处理要因地而设，就地取材，当需要研究绿肥和作物的种类、施肥量、施肥时期等精细因子及土壤管理和其他管理措施结合时，可采用裂区设计，一般土壤管理为主区，其他措施为副区；试材的一般管理和处理次数、时间等必须相同。以下果园土壤管理实例供在不同具体情况下灵活参考。

（一）山丘地果园土壤管理

处理：（1）树盘覆草。

（2）树盘覆膜。

（3）树盘地膜覆盖穴贮肥水。

（4）树盘清耕。

（5）对照，常规管理。

（二）一般平原地果园土壤管理

处理：（1）行间起垄：雨季来临前沿树冠缘处在行间起垄，土培在树冠下，使内高外低。

（2）沟肥埋草：冠下挖放射沟，沟内埋草，将混有尿素的有机肥填入，覆土，使沟部成脊状高出树盘。

（3）起垄沟草：行间起垄和沟肥埋草结合，使冠下放射沟与行间垄沟连通。

（4）对照：常规管理。

（三）冲积平原地果园土壤管理

冲积平原区不仅土质瘠薄而且下有黏板层阻隔，造成雨季积水、根系窒息，旱季风沙飞扬、干旱严重。据此进行如下设计：以深翻和打破黏板层为主区，以施有机肥和用肥料处理的杂草为副区，副区内处理随机排列。设置保护行，整个试验重复三次。各处理均在树盘内进行，如图9-1所示。

（四）黏壤园艺植物园地改土试验

处理：（1）树盘内挖放射沟换上沙土。

（2）树盘内挖放射沟换上有机肥。

（3）树盘内均匀掺入砾石。

（4）树盘内均匀掺入混有有机肥的沙土。

（5）对照，常规管理。

（五）间作物种类试验

以行间为单位间作豆类（花生、绿豆、大豆）和茄科蔬菜（辣椒、茄子、番茄），如图9-2所示。

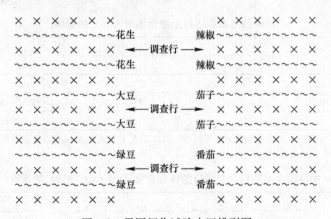

◉ 深翻不打破黏板层
〇 深翻打破黏板层
⦿ 对照，不深翻
A-施有机肥　B-施掺氮杂草
C-施用人粪尿浸过的杂草
D-对照，不施肥

图 9-1　冲积平原果园土壤管理试验
　　　　裂区设计小区排列图

图 9-2　果园间作试验小区排列图

以上设计均需调查园艺植物生物学表现和土壤适应特征（见本节二、三），具体指标依实际条件而定。

六、土壤管理研究试验设计案例分析（柑橘园生草栽培）

题目：生草栽培对柑橘园土壤水分与有效养分及果实产量、品质的影响。

完成单位及主持人：华中农业大学园艺林学学院，李国怀、伊华林。

背景：生草栽培是建设生态柑橘园的重要途径与内容，具有很高的经济、生态效益。果园生草是土壤管理的一种优良、重要模式，为了建设生态柑橘园，需要就柑橘园生草栽培的许多理论问题展开研究。

材料与方法：试验于 2000～2001 年在武汉市华中农业大学试验基地进行，供试土壤为黄棕壤，土壤有机质为 10.3g/kg，pH 值为 5.14。供试柑橘为成龄枳砧龟井温州蜜柑，株行距 3m×4m。供试草种为多年生禾本科植物百喜草和豆科植物白三叶。设种植百喜草、种植白三叶和清耕对照 3 个处理，于 2000 年 3～4 月份全园植草（树盘清耕），植草密度 30cm×30cm，每处理面积约 0.067hm²，重复 3 次，7 月份进入高温干旱期时割草覆盖树盘。3 月中旬施催芽肥，株施尿素 0.25kg；7 月中旬（土壤取样后）施壮果肥，株施氮、磷、钾复合肥 0.5kg。每月上、中、下旬各 1 次取树冠外缘根际土壤（约 20cm 深）用烘干法测定土壤含水率。分别于柑橘根系第 1 次生长高峰（5 月份）、第 2 次生长高峰（7 月份）、第 3 次生长高峰（9 月份）和相对休眠期（12 月份）用对角线法取树冠外缘 0～20cm 土层土壤制备待测样品。用 1.0mol/L 的氢氧化钠浸提、碱解扩散法测定水解氮；用 0.5mol/L 的碳酸氢钠浸提、钼蓝比色法测定有效磷；用 1mol/L 的中性醋酸铵＋0.01mol/的乙二胺四乙酸（EDTA）浸提，以原子吸收分光光度法测定有效钾、钙、镁、铁、锰和铜、锌含量。果实成熟时每处理调查 10 株单株产量并折算单位面积产量，每处理随机取 20 个果实测定其品质。

结果记录见表 9-3～表 9-5（已经统计分析）。

讨论：

1. 试验设计是否合理？说明原因。

2. 就给定信息，写一篇科研总结报告。

3. 果园生草法栽培在热带果园上有何意义？

柑橘园生草栽培对土壤含水率（%）的影响　　　　　　　　　　表 9-3

处　理	月份											
	1	2	3	4	5	6	7	8	9	10	11	12
百喜草	22.5	21.2	23.4	24.6	20.9	22.4	20.6a	17.4a	20.2a	19.2a	21.4a	24.3
白三叶	22.8	20.9	22.9	24.0	20.4	22.1	20.1a	16.0b	18.4b	18.6ab	20.3a	23.2
对照	22.7	21.2	21.2	24.2	20.7	22.1	18.4b	15.3b	18.0b	17.3b	19.7b	23.4

注：以干物质含量计算，为连续 2 年观测值平均值。数字后无字母表示差异不显著，跟不同字母表示差异显著，下同。

柑橘园生草栽培对土壤有效养分含量（mg·kg⁻¹FW）的影响　　　　　　表 9-4

元　素	处　理	年-月							
		2000-05	2000-07	2000-09	2000-12	2001-05	2001-07	2001-09	2001-12
N	百喜草	138.9a	69.6b	62.1b	52.7b	99.6b	113.6a	92.7a	88.5a
	白三叶	111.0b	95.6a	70.2a	65.1a	97.2b	83.6b	73.1b	74.3b
	对照	143.8a	99.4a	69.0a	64.8a	129.1a	72.3c	59.2c	69.1a
P	百喜草	8.29a	8.71b	5.32b	6.80a	14.06a	7.77a	6.57a	6.21a
	白三叶	7.16b	11.69a	7.17a	7.71a	11.47b	7.82a	5.14a	5.74a
	对照	8.58a	12.58a	6.30ab	6.88a	12.16ab	5.27b	5.22b	5.88a
K	百喜草	164.0a	167.7a	146.0b	136.6a	148.2b	187.1a	154.9b	126.4a
	白三叶	148.0b	165.8a	176.6a	123.9a	174.6a	186.5a	193.8a	132.4a
	对照	166.2a	150.2a	153.6b	124.3a	164.1ab	175.2a	125.4c	98.0b

元素	处理	年-月							
		2000-05	2000-07	2000-09	2000-12	2001-05	2001-07	2001-09	2001-12
Ca	百喜草	928.3a	886.3c	557.8b	474.5b	617.3a	517.3b	504.1c	648.5c
	白三叶	811.0b	1022.1b	632.4ab	816.2a	402.7b	614.7b	1166.0a	919.6b
	对照	919.2a	1164.2a	721.1a	946.1a	616.0a	901.7a	1262.3a	1127.9a
Mg	百喜草	181.3a	155.2c	117.8b	94.6c	115.7b	140.2b	129.5b	136.4b
	白三叶	164.6b	175.8b	134.1b	133.1b	121.3b	183.5a	184.7a	182.2a
	对照	195.1a	225.2a	154.0a	156.3a	172.9a	200.2a	186.6a	185.4a
Fe	百喜草	28.6a	42.8a	27.4a	17.6a	63.9a	42.6a	25.8a	20.1a
	白三叶	25.6b	45.6a	26.7a	15.1b	49.2b	26.7b	17.7b	15.6b
	对照	28.6a	45.5a	23.5b	12.2c	44.5b	26.2b	13.0c	10.4c
Mn	百喜草	30.9a	10.5c	20.4b	11.9b	18.0b	14.4c	10.0c	10.9b
	白三叶	25.4b	15.4b	18.1c	12.8b	17.6b	18.2b	13.9b	11.5b
	对照	32.1a	21.0a	23.2a	15.4a	26.6a	28.5a	17.3a	15.8a
Cu	百喜草	1.95a	1.59b	1.67a	1.08a	1.99a	1.41a	1.91a	1.18a
	白三叶	1.61b	1.63b	1.39b	1.00ab	1.68b	1.17b	1.38c	1.08a
	对照	2.10a	1.85a	1.34b	0.91b	1.70a	1.09b	1.59b	1.19a
Zn	百喜草	1.57a	0.92b	1.43b	1.03a	1.07a	1.14a	1.28b	1.25a
	白三叶	1.37b	0.86b	1.68a	1.00a	0.86b	1.10a	1.55a	1.12b
	对照	1.68a	1.51a	1.73a	0.89b	1.11a	1.16a	1.27b	1.14b

柑橘园生草栽培对果实产量及品质的影响（2 年结果均值）　　　　表 9-5

处理	坐果率	产量（kg·hm^{-2})	单果重（g）	果皮厚（mm）	可食率	TSS	TA（g·kg^{-1})
百喜草	1.81%a	22.4a	167	0.31	78.0%	10.87%a	10.5b
白三叶	1.74%ab	21.7ab	171	0.32	78.4%	10.43%ab	10.8ab
对照	1.58%b	19.8b	165	0.31	78.2%	10.11%b	11.4a

第二节　热带园艺植物水分管理研究

水分代谢是热带园艺植物一项重要的生理活动，在园艺植物的生命周期里对其合理调节水分供应，可以提高产量和改善品质。水分是土壤肥力的四大因素之一，合理调节土壤水分同时可以改善土壤肥力。园艺植物主要通过根群从土壤中吸收水分，多数热带园艺植物要求的最适土壤水分为田间持水量的 60%～80%。近年我国热带园艺植物栽培区因降水不均匀，常见旱、涝害。海南热区因淡水不足，研究节约用水具有现实意义。

一、土壤水分研究的主要内容和方法

1. 热带园艺植物需水规律及土壤水分变化

热带园艺植物在不同的生育期内对水分的需求量及对缺水的敏感反应明显不同。香蕉需水量大，广东在 5～8 月水分供应充足则每月可抽叶 4～5 片，提高产量和使果实提早成熟；干旱则每月不足 1 片叶，明显抑制生长，产量低，且晚熟。温州蜜柑在生长周期内分期进行断水试验，以梅雨过后的盛夏，对土壤作干燥处理，明显地妨碍果实肥大，减少果汁中可溶性固形物的含量，提高含酸量，有损果实质量。通过断水和灌水试验搞清园艺植物的需水规律，对确定适宜的灌水期有重要意义。应注意热带园艺植物普遍对干旱敏感，一般需水量都较大，在我国热带园艺植物栽培区降水分布不均，应注意抗旱。

土壤水分含量直接受到降雨和灌溉的影响，我国热带南亚热带地区冬季常干旱少雨，早春和暮秋降水量也常不足，经常需要灌溉；而在春夏则降水量大，需要注意排涝。海南省则每年11月至翌年4月为旱季，此期注意灌溉；其余季节则常发生热带风暴或台风，降水量大，此期应注意排涝和蓄水。土壤水分变化也和土壤自身的特性有关。如沙壤土水分来得快去得也快。同时，植物对水分的吸收和蒸腾及大气的水分含量和温度变化都是影响土壤水分的因素。"土壤-热带园艺植物-大气"是相连的整体，摸清热带园艺植物的需水规律和土壤水分的变化规律，有利于根据天气变化确定适宜的灌水量和灌水期。灌水量计算公式有二：

$$灌水量 = \frac{灌水面积 \times 土壤容重 \times 根系分布深度 \times (田间容水量 - 灌前土壤湿度)}{100}$$

$$灌水量 = 蒸发量 + 蒸腾量 + 径流量 + 渗透量 - 降水量$$

2. 热带园艺植物的抗旱栽培

热带园艺植物中，热带果树上山下滩，缺水干旱是经常发生的事情，近年水资源匮乏也使热带果树的抗旱性研究及抗旱栽培显得日益重要，其核心问题是提高水分利用效率，它属于从基础到应用的一个重要中间环节。水分利用效率的研究既包括区域水平衡、果园水分再分配、热带果树本身用水等方面，也包括果树群体、个体、单叶、细胞等不同层次，以及自然降水、灌溉水等不同范畴。就自然降水而言，提高其利用率的一般目标，应当是最大限度地提高下述比率，即：耗水量/降水量、蒸腾量/耗水量、生物量/蒸腾量、经济产量/生物量。为提高灌溉水利用率，还应当考虑水的调配、引水工程建设、管道防渗、灌溉技术改进以及建立合理的灌溉制度等方面的问题。但不论是自然降水还是灌溉水，提高其利用效率的最大潜力和最终难点，在于提高热带果树本身的水分利用效率（WUE），主要指标是光合强度/蒸腾强度，即蒸腾掉单位质量的水而同化的二氧化碳的量、光合强度的测定可利用专门的光合测定仪也可采用改良半叶法，蒸腾强度常用称重法测定，而红外线分析器测蒸腾精度高，它主要利用了不同密度的水蒸气对红外线的吸收差异的原理。先进的光合测定仪均配有红外线分析装置，光合强度和蒸腾强度两个参数可同时读出。

抗旱栽培首先需研究果树自身的抗旱性，这涉及水分生理指标的测定气孔开张度、蒸腾强度、水势、根/冠比、细胞的渗透调节和弹性调节能力等。气孔开张度可用专门的气孔计或比较简单的印迹法；水热测定现常用压力室法，即将叶片或枝条封闭在钢压力室内，而叶柄或枝切割端伸出封闭的压力室，然后向压力室充以氮气或压缩空气，记录气压，当气压增加到使叶柄或切割面出现小液滴时为止，此时的气压即为叶片或枝条的水势。在测定水势的同时，再测定材料的相对含水量用这两种参数，可绘制 P-V 曲线（压力容—积曲线）。从中能求得许多有用的水分状况参数和细胞弹性参数。细胞的渗透势可用冰点渗透计、或质壁分离法、或折射仪法测定。树体内水分的流动状况可用同位素示踪如氚水法或热脉冲法进行研究。热脉冲法即在木质部中插入加热导线，在加热点上方一定距离内插入一个热电偶，记录从加热到热电偶感知的时间，根据记录的时间和距离即可求得水分沿木质部导管上运的速度。

抗旱栽培研究的另一项内容就是抗旱技术的研究。如应用抗蒸剂通过降低蒸腾来减少水分散失，这须考虑在保水的同时提高水分利用效率，但在以保证园艺植物渡过干旱而存活下来为目标的研究中也可以不考虑水分利用效率而以存活率为指标。通过喷施化学物质来改善细胞的渗透调节和弹性调节能力，也是很有潜力的抗旱技术，但生产中应用普遍的还是土壤水分管理技术，如覆膜、覆草、地膜覆盖、穴贮肥水、土壤应用吸水剂、土壤打孔蓄水以及建造梯田、挖沟修渠等工程措施。土壤水分管理需测定土壤含水量和土壤水势等指标。土壤含水量常用重量法测定，即在105℃下干燥到恒重，干燥前后的重量差即为含水量；若土壤中有机质含量高则须在60℃的真空中干燥。土水势测定采用干湿球湿度计法精度最高。在恒温条件下，样品的水势差异会引起水蒸气的变化，水蒸气在接头表面凝结而引起温度变化，与接头相连的热电偶能感知这一变化，干湿球湿度计法即根据这一原理设计而成，用这一方法也可测定植物材料的水势，其可靠性高于压力室法。

干旱模拟在大田条件下可通过长期不浇水，并测定不同阶段的土壤含水量来研究园艺植物对特定土壤含水量的适应性。盆栽试验可通过称重和测定土壤含水量而确定浇水量来模拟干旱，水培试验中通过向营养液内加入惰性溶质（渗透剂）如聚乙二醇（PEG）来模拟干旱。

3. 灌溉方式和测试仪器的研究

灌溉方式直接影响到节约用水、合理用水的效果，生产中常用的沟灌、漫灌、树盘灌、穴灌等有利也有弊，喷灌、滴灌以及结合当地条件的灌溉方式如皿灌、引水上山自流灌溉等均需研究发展。

灌水时期和灌水量多数根据测试根系活动层的土壤水分状况来确定，测试方法有土壤水分张力计、电阻法和中子法，这些仪器可根据各地情况加以研究试验。热带园艺植物自身的一些参数如蒸腾量、某些生化指标等也是灌水的重要参考指标。近年欧美一些国家将计算机和测试仪器连用，进行了自动化灌溉的研究，如法国研究用植物器官体积测微仪指导灌溉，乌克兰将果树水流电阻输入微机，实现了自动灌溉。

4. 热带园艺植物耐涝与园艺植物园地排水研究

地下水位过高，降水过急，降雨量过大，造成田间积水，引起根系窒息，叶片黄化脱落，甚至植株死亡，因此热带园艺植物耐涝性和园艺植物园的排水也是土壤水分管理研究的重要课题。耐涝性除与树种和品种有关外，与水中的含氧量和水质关系最大，也与气温和土温有关。园地排水除通过挖排水沟、降低地下水位等工程措施外，研究土壤特性，改良土壤结构也很有必要。

二、水分管理试验方法

进行水分管理研究要根据当地的气候条件、地势条件和农户的经济承受能力。降水过多、土壤黏重的热带园艺植物园地，则园艺植物耐涝性和园地排水是研究的中心。山地果园保水防旱则是水分管理研究的主要内容。滴灌和喷灌等先进的灌溉方式难以实施的地方，则需要研究适合当地条件的"土法"灌溉，如皿灌、土滴灌、穴灌等。以下是几个热带果园的试验方案实例，供果园水分管理试验设计参考。关于菜园和花园水分管理试验，可以比照此实例，结合菜园和花园的立地条件、蔬菜和花卉植物的水分代谢规律加以考虑，灵活变化。

（一）春季穴灌保水效益

处理：（1）挖穴，穴中灌水后填土。

（2）挖穴，穴中填满杂草后灌水。

（3）挖穴，穴中灌水填土后盖农膜。

（4）挖穴，穴中填满杂草灌水后盖农膜。

（5）不挖穴，集中小区域灌水。

（6）不挖穴，集中小区域灌水后盖膜。

10 天后调查各处理穴内穴外土壤含水量及水分湿润范围。

（二）灌水时期对果实产量和品质的影响

处理：（1）萌芽前后灌透水。

（2）春梢生长期灌透水。

（3）果实迅速生长期灌透水。

（4）上一年采果后封冻前灌透水。

（5）不灌水，以当地自然降雨为对照。

调查株产、单果重、果实可溶性固形物含量、着色情况等指标。

（三）不同灌水方式的效果

处理：（1）管道灌溉（对照）。

（2）树上微喷灌。

（3）树下微喷灌。

（4）树上微滴灌。

（5）树下微滴灌。

（6）固定大喷灌。

调查单产、结果率、单果重等质量指标。

三、热带园艺植物的水分控制及研究方法

水资源紧缺已成为严重制约我国国民经济可持续发展的瓶颈。农业是我国的用水大户，用水总量 4000 亿 m³，占全国总用水量的 70%，其中农田灌溉用水量 3600～3800 亿 m³，占农业用水量的 90%～95%。农业节水对保障国家水安全、粮食安全和生态安全，推动农业和农村经济可持续发展，具有重要的战略地位和作用。我国农业缺水的问题在很大程度上要依靠节水予以解决，加强对我国节水农业技术的研究，以科技创新促进生产力发展，建立与完善适合我国国情的现代节水农业技术体系，将成为促进我国节水农业可持续发展的重大战略举措之一。园艺产业作为农业中的重要领域，对水分控制技术也必须展开研究。

1. 现代节水农业技术研究进展

随着全球性水资源供需矛盾的日益加剧，世界各国，特别是发达国家都把发展节水高效农业作为现代农业可持续发展的重要措施。发达国家在农业生产实践中，把提高灌溉（降）水的利用率、单方水的利用效率、水资源再生利用率作为研究重点和主要目标。在研究节水农业基础理论的基础上将生物、信息、计算机、高分子材料等高新技术与传统的农业节水技术相结合，提升节水农业技术的高科技含量，建立适合国情的节水农业技术体系，加快由传统的粗放农业向现代化的精准农业转型的进程。节水农业技术通常可归纳为工程节水技术、农艺节水技术、生物（生理）节水技术和水管理节水技术等四类。节水农

业技术的应用可大致分布在四个基本环节中：①减少灌溉渠系（管道）输水过程中的水量蒸发与渗漏损失，提高农田灌溉水的利用率；②减少田间灌溉过程中的水分深层渗漏和地表流失，在改善灌水质量的同时减少单位灌溉面积的用水量；③减少农田土壤的水分蒸发损失，有效地利用天然降水和灌溉水资源；④提高作物水分生产效率，减少作物的水分奢侈性蒸腾消耗，获得较高的作物产量和用水效益。

1）工程节水技术

主要包括渠道防渗技术、管道输水技术、喷灌和微喷技术等。渠道输水是大多数国家的主要输水手段，渠道的防渗效果在很大程度上取决于衬砌材料，目前各国普遍采用的材料为刚性材料、土料和膜料三类。其中刚性材料主要是混凝土占主导地位；随着化学工业的发展，国外已开发出许多防渗性能好、抗穿刺能力强的高性能、低成本新型土壤固化剂和固化土复合材料，使高分子膜料等衬砌的比重日益增加。管道输水技术采用低压管道输水，效率高、占地少、易管理，灌溉渠道管道化已成为各国的共同发展趋势；今后的方向是开发性能更好、价格低的新型管材和各种先进量水设备与放水设备。喷灌与微灌技术与地面灌溉相比节水，受到各国的重视；目前，国际上的发展动向是注重对微灌系统的配套性、可靠性和先进性的研究，将计算机模拟技术、自控技术、先进的制造成膜工艺技术相结合，开发出了具有高性能的微喷灌系列新产品，如微灌系统施肥装置和过滤器等。

2）农艺节水技术

利用耕作覆盖措施和化学制剂调控农田水分状况、蓄水保墒是提高农田水利用率和作物水分生产效率的有效途径。国内外已提出许多行之有效的技术和方法，如保护性耕作技术、田间覆盖技术、节水生化制剂（保水剂、吸水剂、种衣剂）和旱地专用肥等技术和产品正得到广泛的应用。通过合理的覆盖和施肥技术来实现节水一般结合土壤管理和施肥管理研究进行。

3）生物（生理）节水技术

生物（生理）节水技术将作物水分生理调控机制与作物高效用水技术紧密结合开发出诸如调亏灌溉（RDI）、分根区交替灌溉（ARDI）和部分根干燥（PRD）等作物生理节水技术，可明显地提高作物和果树的水分利用效率。其中，部分根干燥和分根区交替灌溉技术在果树上应用具有极大的发展潜力，目前在北方落叶果树如苹果、梨和葡萄等上已经开展研究，经济效果喜人；在热带果树上鲜有研究，在南岛无核荔枝上研究表明部分根干燥技术是有效的节水灌溉技术。与传统灌水方法追求田间作物根系活动层的充分和均匀湿润的想法不同，分根区交替灌溉和部分根干燥技术强调在土壤垂直剖面或水平面的某个区域保持土壤干燥，仅让一部分土壤区域灌水湿润，交替控制部分根系区域干燥、部分根系区域湿润，以利于使不同区域的根系交替经受一定程度的水分胁迫锻炼，刺激根系的吸收补偿功能，使根源信号脱落酸（ABA）向上传输至叶片，调节气孔保持在适宜的开度，达到不牺牲作物光合物质积累而又大量减少其奢侈地蒸腾耗水的目的，与此同时，还可减少作物棵间的土壤湿润面积，降低棵间蒸发损失和因水分从湿润区向干燥区侧向运动带来的深层渗漏损失。调亏灌溉是基于作物生理生化过程受遗传特性或生长激素的影响，在作物生长发育的某些阶段主动施加一定的水分胁迫（即人为地让作物经受适度的缺水锻炼）来影响其光合产物向不同组织器官的分配，进而提高其经济产量而舍弃营养器官的生长量及有机合成物的总量。

4）水管理节水技术

为实现灌溉用水管理手段的现代化与自动化，满足对灌溉系统管理的灵活、准确和快捷的要求，发达国家的灌溉水管理技术正朝着信息化、自动化、智能化的方向发展。在减少灌溉输水调蓄工程的数量、降低工程造价费用的同时，既满足用户的需求，又有效地减少弃水，提高灌溉系统的运行性能与效率。建立灌区用水决策支持系统来模拟作物产量和作物需水过程，预测农田土壤盐分及水分胁迫对产量的影响，基于 Internet 技术和遥感技术（RS）、地理信息技术（GIS）、全球定位系统（GPS）等技术完成信息的采集交换与传输，根据实时灌溉预报模型，为用户提供不同类型灌区的动态配水计划，达到优化配置灌溉用水的目标。为适应灌区用水灵活多变的特点，做到适时、适量地供水，需对灌溉输配水系统的运行模式和相应的自控技术开展研究。目前，国外多采用基于下游控制模式的自控运行方式，利用中央自动监控（即遥测、遥讯、遥调）系统对大型供水渠道进行自动化管理，开展灌区输配水系统的自控技术研究。在明渠自控系统运行软件方面，着重开展对供水系统的优化调度计划的研究，采用明渠非恒定流计算机模拟方法结合闸门运行规律编制系统运行的实时控制软件。

2. 现代节水农业技术的研究趋势

现代节水农业技术在传统的节水农业技术中融入了生物、计算机模拟、电子信息、高分子材料等一系列高新技术，具有多学科相互交叉、各种单项技术互相渗透的明显特征。现代节水农业技术涉及的既不是简单的工程节水和水管理节水问题，也不是简单的农艺节水和生物节水问题。从支撑现代节水农业技术的基础理论而言，需将水利工程学、土壤学、园艺学（作物学）、生物学、遗传学、材料学、数学和化学等学科有机地结合在一起，以降水（灌溉）—土壤水—作物水—光合作用—干物质量—经济产量的转化循环过程作为研究主线，从水分调控、水肥耦合、作物生理与遗传改良等方面出发，探索提高各个环节中水的转化效率与生产效率的机理。另一方面，现代节水农业技术又需要生物、水利、农艺、材料、信息、计算机、化工等多方面的技术支持，来建立适合国情的技术体系。

3. 我国现代节水农业技术的研究重点与内容

1）现代节水农业前沿技术

围绕作物生理需水与用水、精量控制灌溉等领域，对现代节水农业前沿技术开展原创性研究。通过对水—土—植物关系、干旱条件下植物根信号传输和气孔反应的机制、干旱胁迫锻炼对植物超补偿功能的刺激等问题的研究，带来农业节水原理与技术的创新，促进节水农业新思路的问世和源头高技术的产生，为我国现代节水农业的发展提供基础理论和技术储备。采用作物高效用水与生理调控技术；作物需水信息采集与精量控制灌溉技术；农田水肥调控利用与节水高效作物栽培技术。

2）现代节水农业关键技术

以田间节水灌溉、灌溉用水管理、农艺与化控节水等为重点，适当考虑干旱缺水地区特殊水源的开发与高效利用，研究现代节水农业关键技术，创制一批新型的农业节水新产品与新材料，促进节水农业技术水平的提升，为我国农业节水提供适合国情的实用性应用技术。采用田间节水灌溉技术；灌溉系统输配水监控与调配技术；农艺节水技术；新型农业节水材料与产品；水源开发与高效利用技术。

4. 根系局部交替灌溉技术（partial rootzone drought）研究

在园艺植物中，落叶果树的根系局部交替灌溉技术研究与应用处于现代农业节水技术研究的前列和前沿，但热带果树及其他热带园艺植物则在这方面研究较少，今后应加强研究。

根系局部交替灌溉技术基本原理为：通过控制灌水，人为地协调通过气孔的水分蒸腾和二氧化碳吸收的矛盾。即脱落酸（ABA）和叶片水势共同参与调节气孔的开闭，从而影响植物的水分利用效率；植物在干旱胁迫下，根系会合成脱落酸运输到地上部调节气孔的关闭，使蒸腾减少，以适应不良逆境条件；如果将一部分根系进行适度的干旱胁迫，而另一部分根系充分灌溉，则被干旱胁迫的根系可以合成脱落酸调节气孔开闭，使气孔导度降低，蒸腾减少，达到节水的目的，而这种程度的气孔导度下降对气体交换的影响不大，使净光合速率不降低或者降低很少；但是，另一部分充分供水的根系却能够满足对地上部水分的供应，使叶片维持一定的膨压，而不影响正常的生理活动。

果树栽培中由于有较大的株行距，多实行隔行交替灌溉，使一部分根系分布区土壤始终处于适度干旱状态，达到分根区干旱效果。目前采用根系局部交替灌溉技术灌溉的果园，大多都有完善的监控系统来控制灌溉时期和灌水量。因此，田间试验小区面积较大，每小区包含1至数行。田间试验应多点和多年连续开展。

开展根系局部交替灌溉技术生物学机理研究，可设置单株单盆小区来开展盆栽试验。

至于观测指标，可以对照上述原理来确定。目前在苹果、梨和葡萄上的研究结果表明，根系局部交替灌溉技术处理的叶片气孔导度、蒸腾速率、营养器官和组织（新梢顶部、芽、根系）中玉米素和玉米素核苷的含量、新梢生长速率（特别是侧梢的生长速率）、叶面积等显著低于对照（常规灌溉）；根系局部交替灌溉技术处理的根系和叶片中脱落酸的含量、木质部汁液的pH值、根系在土壤深层的发育、树冠结果部位的透光率、果实的着色度、果实酚类物质的含量、品质和植株的水分利用效率均显著高于对照（常规灌溉）；因此，这些指标能够反映根系局部交替灌溉技术的经济效果和生理变化。在研究根系局部交替灌溉技术的生物学机理时，还需鉴定根系局部交替灌溉技术处理是否发生干旱协变，需要观测器官或组织的丙二醛（MDA）含量、抗氧化酶系活性和非酶保护机制中一些保护性物质的含量。在研究根系局部交替灌溉技术的经济效果时除要观测品质变化外，还需要观测产量和成本，产量指标上重点研究丰产性和稳产性变化。

其他节水技术研究可参照根系局部交替灌溉技术研究作灵活设计。

四、水分管理试验案例分析

题目：幼龄芒果树灌溉和不灌溉情况下土壤水分的消耗。

完成者：印度，K. Purushotham 等。

试验园和材料：沙壤土芒果园，进入结果期第二年的5年生芒果树，共8个品种。

试验方案：以灌溉为处理，不灌溉为对照；单株小区，2次重复。在2～5月间旱季灌溉处理。

取样：在15cm（代表0～30cm土层）、45cm（代表30～60cm土层）、75cm（代表60～90cm土层）土层取样，处理在灌溉前、后一天取样，对照则两周取样1次。

观测指标：水分消耗量、新梢生长量、单株果数、单位面积产量、花量、坐果率等。

结果见表9-6～表9-8（已作统计）。

8 个芒果品种 2-5 月间在灌溉和不灌溉的 3 种土层中土壤水份的消耗量（cm）　　表 9-6

品　　种	处理（土层）			总耗量	对照（土层）			总耗量
	0～30	30～60	60～90		0～30	30～60	60～90	
Neelum	18.58	17.49	13.71	49.75	0.61	0.68	0.28	1.57
Bangalora	19.62	19.50	13.47	32.59	0.63	0.90	0.34	1.87
Peter	18.90	17.30	14.48	50.68	0.15	0.13	0.24	0.52
Rumani	19.00	18.59	13.93	51.52	0.67	0.75	0.26	1.68
Chinnasuvarnarekha	19.14	19.26	14.04	52.44	0.43	0.47	0.32	1.22
Baneshan	18.85	17.94	13.68	50.47	0.62	0.60	0.36	1.59
Cherukurasam	18.55	13.04	15.41	47.00	0.64	0.44	0.21	1.29
Au-Rumani	19.35	18.78	14.02	52.75	0.69	0.66	0.28	1.63
平均	19.00	17.74	14.17	50.90	0.56	0.58	0.28	1.42

灌溉和不灌溉对芒果枝条的生长（12 个枝条的平均）及单株收获的果实数量和重量的影响　　表 9-7

品　　种	枝条生长量（cm）		果实产量			
			（个·株⁻¹）		（kg·株⁻¹）	
	处理	对照	处理	对照	处理	对照
Neelum	5.5	4.2	11.5	45.0	1.13	4.80
Bangalora	8.1	7.4	72.0	52.5	19.15	13.30
Peter	3.8	4.1	171.5	67.5	25.96	1.62
Rumani	7.8	9.0	—	—	—	—
Chinnasuvarnarekha	5.8	7.3	21.0	27.5	3.98	6.61
Baneshan	4.8	1.4	7.5	21.0	2.10	6.03
Cherukurasam	9.2	1.9	6.0	14.5	1.23	9.64
Au-Rumani	7.6	4.8	8.5	1.5	2.14	0.11
平均	5.8	4.5	42.6	33.5	7.89	6.30

注：Peter 品种未挂果。

灌溉对 Bangalora 品种的开花、坐果和保果的效应　　表 9-8

	处　理	对　照	5％临界差数
花数/花穗	360.58	527.00	50.78
完全花数/花穗	76.42	77.50	0.88
完全花率	21.19％	14.70％	—
坐果数/花穗	22.40	19.00	0.175
坐果率/花穗	23.30％	24.50％	—
保果数/花穗	1.08	0.66	0.005
保果率/花穗	4.82％	3.47％	—

注：表中数据为 6 个花穗的平均数。

讨论：

1. 试验设计是否合理？生物学特性调查实验在本试验中如何应用？

2. 就所给信息，写一篇科研总结报告。

第三节 肥料试验研究

一、热带园艺植物园地肥料试验的特点

热带园艺植物以多年生果树和花卉为主，特异的热带蔬菜种质资源则很少，因此，多年生这一特点决定热带园艺植物肥料试验具有不同于其他热带作物的特点。

1. 园艺植物年龄阶段与植株发育动态的不一致性

园艺植物在童年期、初果期、盛果期和衰老期的各个发育阶段具有不同的特点，对施肥的反应也就有明显的差异。同时，园艺植物生长中心的变化，也不断地改变着肥料在树体的分配去向，影响吸肥能力最大的因素是根系生长发育特性的差异，表现在发根类型、发根数量、分布区域、根系发生的年间变化及不同根的吸收特性上。如以果树为例，幼年期树延长根多，以垂直生长为主，结果期树吸收根多，以水平分布为主；大年树吸收根多，小年树延长根多，根是吸肥的重要器官，根系是影响施肥效果的最重要原因。即使同一片园地，同一年龄阶段的植株，也因植株内部及环境的差异而造成植株对施肥反应不同，因此要特别注意试材的一致性，并选择合适年龄阶段的植株；通常成年植株变异相对较小、肥料试验需多年的试验数据，如果树4~5年才能包括两次大年和两次小年的结果。田间试验的同时需进行盆栽模拟对比。

2. 园艺植物贮藏营养特性与肥效的延续性

园艺植物是多年生作物，肥料对植株的营养作用表现在对树体贮藏营养的改善。施入土壤的肥料，经过一定的转化才能被根系吸收利用，进而改善光合性能，提高碳水化合物的水平，有时叶片大小、叶色和新梢生长速度会有明显变化，但通过施肥能否达到提高单位干物中的营养成分含量和贮藏水平需一个过程，只有产量、质量得到改善，贮藏营养和物质含量达到一定水平，才能肯定施肥效果，应注意到施肥效应和效果的差别，达到预期效累往往需要3~4年的时间。同时，施入土壤的肥料，特别是有机肥、绿肥等要经过一个时期的转化，需通过土壤的分解、吸附和释放过程，另外施肥会影响到土壤结构和根系生长，这些对园艺植物的生长发育均会产生延续效应，因此施肥试验要求较长的时间。在试验结果分析时，连续施肥的累积效应应当认真考虑。

3. 土壤和植株营养对肥效的缓冲性

施肥的目的是改善园艺植物营养，最大限度地利用肥料中的有效成分，解决造成生理缺陷的问题。但施肥的作用要通过土壤并经根系吸收才可利用，有些土壤对施入的肥料具有吸附、固定、缓慢释放的作用，有的土壤则将肥料转化成难溶态或对肥料不予保存，随水流走，因此土壤的特性，直接影响到营养元素的可利用性，为此进行肥料试验，在考虑补充营养元素的同时，必须认真研究肥料与土壤环境的关系，着重考虑土壤缓冲能力的提高以及根系活动条件的改善和根系吸收功能的提高。

植株自身的营养水平也影响到肥料的可用性。营养元素的主动吸收需要能量，而碳水化合物则是主要的能源物质，同时根系旺盛的呼吸代谢有利于根域元素的释放，呼吸消耗的主要是碳水化合物。根外追肥时，将硫酸亚铁和葡萄糖混合则比单施同样浓度的硫酸亚铁效果好得多。可见碳素水平与肥效有直接关系，这也是营养元素在植株体内贮藏运转的必需条件。

二、肥料试验的任务

肥料试验的任务就是探讨园艺植物自身的营养特性和土壤肥力特点，制订合理的施肥技术，提高园艺植物产量，改善产品品质，维持园地土壤肥力，实现持续高产和稳产，保护园地生态环境，免遭人为破坏。

1. 园艺植物需肥规律

研究主要种类、品种的需肥规律，掌握园艺植物吸肥年变化的特点，建立高产、稳产、高效、优质的施肥制度；改善根系吸收功能，提高贮藏营养水平，解决营养生长和生殖生长的矛盾；研究各树种、品种，不同年龄阶段植株的最佳施肥量、施肥期和三要素肥料的最佳配比，建立以有机为主的配方施肥体系。

2. 土壤供肥特性

土壤对肥料的保存和释放，不仅是土壤管理的内容，也是肥料试验的重要研究内容，不同土壤其盐基代换量、保肥力、缓冲性能及所含成分不同，园艺植物园地施肥要因地制宜，如沙壤土保肥保水能力差，施肥宜少量多次，并多施有机肥以改善其保肥性；在片麻岩基岩上发育的土壤，一般磷、钾含量高，应增施氮肥。

3. 施肥技术

肥料是土施还是根外施，是集中点施还是全园撒施，是树干注射还是常规施肥，以及如何使用以上技术，都是肥料试验的重要内容。土壤施肥不论是沟施、穴施还是撒施均要注意利用接口效应。根外追肥则要考虑肥料的种类、浓度，次数、时期，树种品种的敏感性以及与其他技术配合使用；树干注射也需研究注射液的成分、浓度、注射次数和时期以及注射技术。

4. 园艺植物园地肥料

园艺植物园地肥料有化肥、有机肥、绿肥、菌肥，还有各种叶面肥、园艺植物专用肥等。化肥的配方使用，有机肥、绿肥的积攒开发，叶面肥、园艺植物专用肥的配制，各种新型实用肥料的研制开发，及大量涌现的所谓新肥料的效果和适用范围等，均是园艺植物园地肥料试验所要考虑的内容。施入土壤的肥料要研究基质条件，一种新肥料不应对土壤结构造成破坏，最好既能向园艺植物供应所需的营养元素，又能改善土壤环境，这种肥料的基质应是一种水、肥、气、热协调的载体。

5. 营养元素研究

通过盆栽试验和室内分析研究各种营养元素的功能；利用示踪技术研究营养元素的吸收运转和分配特性；以及各种营养机能症的诊断、矫治，营养元素之间的平衡关系等，也属肥料研究的内容。

具体研究方法：除常规的化学分析测定外，原子示踪技术、能谱分析、电子探针、酶学分析、免疫技术等也已用于矿质元素的研究，氮素的吸收、运转、分配特性常通过施用 ^{15}N 测定不同部位的放射比强来研究，^{15}N 的形态主要为 $^{15}NH_4-N$ 和 $^{15}NO_3-N$。硝酸还原酶和亚硝酸还原酶，是由 NO_3-N 向 NH_4-N 转化的重要酶，其活性可反映 NO_3-N 的代谢状况，氨基酸种类及含量的变化、蛋白质含量的消长等是研究有机氮的重要内容。^{32}P 磷酸用于研究磷的吸收和运转；土壤磷位是反映磷肥有效化的很好指标；园艺植物吸收的磷，有许多变成了葡萄糖磷酸、高能磷化物和磷脂，因此 ATP 和膜磷脂的测定有重要的生理意义。钾的流动性较强，但可通过 X 线扫描测定钾离子的集散情况，用火焰光度法测钾离子的含量；园艺植物上钾的盈亏常有许多生化表现，如腐胺和鲱精胺的积累，常是缺钾或钾过剩的反应；$^{45}CaCl_2$ 可作为研究钙离子吸收、运转的工具，果实浸 4% 的氯化钙或减压渗钙是重要的果实调钙技术；钙不仅是重要的营养元素，也是一种第二信使，它与钙调素（CaM）结合可完成信息传递的功能。钙调素的测定则可通过免疫技术进行。锌是一种微量元素，缺乏呈现小叶症状，同时碳酸酐酶、RNA 酶的活性以及生长素也相应变化，可通过缺素模拟和复原试验研究之，也可利用电子探针研究锌的超微分布。利用同位素 ^{60}Zn 研究其吸收运转特性。铁在生物体内均以铁蛋白形式存在，细胞色素、过氧化氢酶、过氧化物酶、铁氧还蛋白均富含铁，通过测定它们的活性和含量可知含铁的情况，对于园艺植物缺铁黄叶症，将硫酸亚铁和葡萄糖结合注射或喷布可明显地克服之。硼在细胞壁和酚代谢中起关键作用，苹果缺之呈现缩果病，过多会产生中毒，可通过盆栽模拟和田间调查来研究，其吸收分配特性研究可借助同位素 ^{10}B。

三、肥料试验的方法

园艺植物常用肥料试验有田间试验、盆栽试验和实验室试验方法。

（一）田间试验法

田间试验法，是在田间条件下，以作物生长发育的各种性状、产量和品质作为指标，对直接或间接影响作物生长发育的诸因素进行试验研究的方法。田间试验的基本任务，是在一定的自然条件和耕作栽培条件下，研究土壤、作物和肥料三者的关系及其调节措施，为不断培肥土壤、合理施肥、提高产量、改进品质提供科学依据。

田间试验是应用差异法来进行的，即根据不同处理的小区间的差异，来确定处理的作用或效果。可是由于土壤等条件差异的存在，同一处理的小区产量也不一定相同。所以，小区间的差异，既可能反映处理间存在真正差异，也可能是土壤等条件差异的反映，严格地说，任何试验中处理间的差异都包含着两种不同原因所引起的差异，即处理间真正的差异和试验误差，只是在田间试验的情况下，由于土壤等差异的缘故，试验误差更大，影响更突出而已。只有知道误差的大小，才能对处理间是否存在真正的差异作出正确的推断。因此，科学地设置田间试验时，必须创造条件，使试验误差得到正确的估计，并尽可能降低试验误差，才能根据试验结果得出可靠的结论。

正确地设计田间试验方法，对正确地估计试验误差、降低试验误差起到十分重要的作用。田间试验方法设计的内容主要包括：试验小区的面积与形状、重复的次数、小区的排列方式等，它们对试验误差均有影响，其影响的大小，因地段土壤误差的性质不同而有差别，它们之间又是相互联系的。

田间试验与生产条件最为接近，研究结果可以立即用于生产。但影响因子复杂，为了减少误差，必须根据园艺植物的特点慎重设计（详见第二章）。

（1）需要底肥：为了更好地发挥肥效必须先施底肥，如氮肥肥效试验应以磷钾为底肥，化肥肥效试验应以有机肥为底肥等。但底肥直接影响试验效果，必须正确规划。

（2）由于肥料有渗透影响，小区与小区之间必须设置保护行。

（3）由于园艺植物是多年生作物，肥料试验一般需经 5 年以上，各种肥料因子才能在树体上表现出来，因此肥料试验必须按多快好省的原则设计。

（二）盆栽试验

主要在控制条件下培养园艺植物，各项试验因子要求设法控制，以便于分析试验结果。为防止阳光直晒提高盆温，须在外面装制木板盖。盆栽试验的结果一般不能直接用于大田生产，但对大田生产试验有指导作用。盆栽试验常用于一些基础研究，如园艺植物生理生化特性和部分生物学特性；也用于一些模拟试验，如干旱、缺素模拟。盆栽试验按基质分为三种：土培、沙培、水培。

1. 土培试验

盆土可根据试验要求将沙土、壤土、有机肥按一定比例混合均匀，不要有杂物，需经3mm孔筛过滤，盆土也可直接取自耕作层。盆的口径要一致，直径和高度都应在30cm以上，盆底要留有排水孔，装盆前，先用瓦片盖住排水孔，或者在盆底铺一层洗净的石砾。铺成的斜面约与盆底成30°角，石砾应盖住盆底的2/3。装土应分层进行，松实得宜。盆土成分可根据试验要求自行设计，所用盆具须经蒸汽消毒，盆土是否消毒要因试验而定，因为杀死有害生物的同时也杀死了有益生物，但菌肥试验必须消毒。盆土可根据情况添加营养元素，通常每5kg土壤加氮（N）0.75g、磷（P_2O_5）0.5g、钾（K_2O）；微量元素一般不加，但在施用石灰的情况下可加少量钼、锌、铁等。试验期一般要求保持土壤最大持水量的60%左右，黏质土壤则在70%左右。

2. 沙培试验

以石英砂作为固定园艺植物根系的基质，进行栽培试验。沙培试验的性质介于土培和水培之间，石英砂不能供给养分，需用配好的营养液定期浇灌。由于沙的吸附性能弱，营养液流动性大，其营养成分的分布比土壤更均匀一致。可以避免土壤因素对试验的影响。但沙培与水培相比，由于沙的存在，当园艺植物吸收水分、养分后，也会引起养分、湿度的分布不均。但沙培不需打气，也不需定期施铁和微量元素。一般装盆时一次施入即可。为使pH值在整个生长期不变，可在盆中施入不少于沙重2%的经盐酸洗过的泥炭。

沙培时一般用水洗净、干燥，通过0.5～0.7mm孔径的石英砂。如作微量元素试验时，沙须经盐酸处理，浸渍4～5天，除去杂质，然后洗净、干燥。装盆同土培。营养液一般用微量元素，使用时每次取原液1mL稀释成1000mL水溶液。

3. 水培试验

水培，即将园艺植物培育在水中，可以随意配成不同成分的培养液，也可以随时变更培养液的组成，而且还可以随时观察园艺植物根系的活动情况，因此在园艺植物营养生理和肥料研究中具有独特的意义。水培容器要求：①不漏水，不吸水；②不会溶出对作物有害的物质；③溶出物对作物虽然无害，但能影响试验结果的也不许有（如进行钙试验时，不能溶出钙）；④尽量要造价低。用金属、木材、水泥做的容器，应在内部涂上蜡、沥青等，也可以用塑料薄膜衬里，盆大小依树龄而定，一般深30～60cm，内径40～80cm；盆下部要留一排水孔和一插水位表的孔；盆盖分两半，一半用水泥制成，上有固定树干的粗钢丝，另一半用木板制成，以便于随时开盖观察。整个盆最好埋在土中，或者盆外绑上木板，木板外涂白漆，以保持水环境的稳定。水培常用Hoagland营养液（表9-9），液面与盖要有15～30cm的空隙。水培试验还必须配备通气系统，每天需有1/4马力空气压缩机以每秒2～3个气泡的速度打气，小型水培可用1～2个鱼泵通气。移入水培的园艺植物要有一定量的幼根，幼龄树较易发新根；刚入水时，要有一部分根群露出水面，否则根会腐败枯死，水培失败。

<table>
<tr><th colspan="3">主要元素（g·L⁻¹）</th><th colspan="2" rowspan="2">微量元素（g·L⁻¹）</th></tr>
</table>

表 9-9 **Hoagland 培养液配方**

主要元素（g·L^{-1}）			微量元素（g·L^{-1}）	
	配方（1）	配方（2）		
$Ca(NO_3)_2 \cdot 4H_2O$	1.18	0.95	H_3BO_3	2.86
KNO_3	0.51	0.61	$MnCl_2 \cdot 4H_2O$	1.81
$MgSO_4$	0.49	0.49	$ZnSO_4 \cdot 7H_2O$	0.22
KH_2PO_3	0.14	—	$CuSO_4 \cdot 5H_2O$	0.08
$NH_4H_2PO_3$	—	0.12	H_2MoO_4	0.02
$Fe(C_4H_4O_6) \cdot 2H_2O$	0.005	0.005		
蔗糖	0.5%			

结合水培可进行分隔试验，即在水培容器中间加一不透水的隔板，隔板两边溶液成分不同，这样一株树的根可同时分布在两种溶液中培养。

渗透试验也是盆栽试验的一种，即在盆或栽培池底部安上溶液收集管，将通过土壤渗漏下来的溶液收集在容器里，测定其成分变化，研究土壤对肥料的吸附和渗透特性。

（三）肥料试验测定指标

肥料试验的效果主要通过园艺植物的生物反应来判断，包括地上部的生长发育、产量和质量情况，以及根系生长发育、吸收合成等的变化（详见本章第一节），同时土壤和植株的营养分析也是不可少的指标，主要包括施肥前后土壤值、盐基代换量、水溶性氮、磷、钾含量、全氮、有机质、土壤物理性能（水溶性团粒含量、密度、孔隙度）、土壤中微生物数量等的变化，以及根枝叶果中淀粉、可溶性氮、磷、钾、糖、氨基酸量与种类的变化等。

四、肥料试验的实例

题目：不同施肥水平对漳州香蕉产量和品质的影响。

完成单位及完成人：福建省农业科学院土壤肥料研究所；颜明娟、章明清、林晾、李娟、陈子聪。

材料与方法如下。

1. 氮肥试验与钾肥试验

1999 年在漳州萝城区农业局试验场进行氮肥试验，供试土壤为灰赤沙土；试验分别设 4 个处理（表 9-10），4 次重复，随机区组排列，小区面积 25m²。选择长势基本一致的 2 年生宿根香蕉作为供试材料，每小区 6 株。2000 年分别在萝城区农业局试验场和平和县小溪镇溪州村进行 2 个钾肥试验（表 9-10），供试土壤则分别为灰赤沙土（试验一）和灰沙泥田（试验二）。选择 1 年生试管苗作为供试材料，每小区 6 株，小区面积 25m²。氮肥用尿素，磷肥用普钙，钾肥用氯化钾，不施有机肥。氮、磷、钾肥分配：营养生长期（16 片大叶前）占 30%；花芽分化期（16～20 片大叶）占 40%；抽蕾期和幼果期占 15%。施肥方法是距蕉杆 25cm 处开半环状浅沟或开穴，深度为 3～5cm，肥料施入后覆土。常规施肥量是萝城区农业局试验场和平和县小溪镇溪州村蕉农常年香蕉施肥量调查结果的平均值（下同）。

氮处理	N	P₂O₅	K₂O	钾处理	N	P₂O₅	K₂O (1)	K₂O (2)
常规	1050	270	1350	常规	1050	270	1350	1350
N1	450	120	1050	K1	675	120	975	600
N2	675	120	1050	K2	675	120	1305	900
N3	900	120	1050	K3	675	120	645	1200

2. 磷肥试验与硫、镁肥试验

2001 年在平和县小溪镇溪州村的蕉园设置磷肥与硫、镁肥试验，供试土壤均为灰泥沙田，两试验分别设 5 个处理（表 9-11）。磷肥试验点在磷（P_2O_5）水平上增加一个不施硫肥的处理，4 次重复，随机区组排列，试验选择 1 年生试管苗作为供试材料，每小区 6 株，小区面积 $25m^2$。硫、镁试验的磷肥用磷酸二铁，硫肥用硫磺，镁肥用碳酸镁。硫肥和镁肥在营养生长期的 16 片大叶前一次全部施入，氮磷钾分配比例与氮肥、钾肥试验相同。

磷、硫、镁试验（kg·hm²）表 9-11

磷处理	N	P₂O₅	K₂O	S	硫、镁处理	N	P₂O₅	K₂O	S	MgCO₃
常规	1050	270	1350	0	Mg1、S0	675	120	1050	0	75
P1	675	60	1050	90	Mg1、S1	675	120	1050	90	75
P2	675	120	1050	90	Mg1、S2	675	120	1050	90	75
P3	675	180	1050	90	Mg0、S1	675	120	1050	90	0
S0	675	120	1050	0	Mg2、S1	1675	120	1050	0	112.5

3. 平衡施肥与常规施肥对比试验 2002 年在平和县香蕉主产区的小溪镇设置对比试验，试验设平衡施肥和常规施肥 2 个处理，小区面积 $66.6m^2$，不设重复。根据加拿大钾磷研究所推荐的 ASI 方法图的养分临界指标，在每公顷 45t 的目标产量下，氮磷钾推荐施用量分别为每公顷氮（N）675kg、磷（P_2O_5）60～120kg 和钾（K_2O）1050kg，在土壤沙性较强的蕉园补施 90kg 的硫肥和 75kg 的碳酸镁。常规施肥量采用萝城区农业局试验场和平和县小溪镇溪州村当地蕉农的常年习惯施肥量的平均值，即：每公顷施用氮（N）1050kg、磷（P_2O_5）270kg、钾（K_2O）1350kg。

4. 土壤养分及果实品质分析方法

用 ASI 法测定各试验地土壤的主要农化性状，结果见表 9-12。香蕉果实品质分析采用常规分析法，可溶性固形物含量采用折射仪法，维生素 C 含量采用 2,6-二氯靛酚滴定法，总糖含量用盐酸水解铜还原滴定法，还原糖含量用铜还原直接滴定法。

香蕉施肥试验地土壤养分状况 表 9-12

试验	有机质 (g·kg⁻¹)	pH	N (mg·L⁻¹)	P (mg·L⁻¹)	K (mg·L⁻¹)	Ca (mg·L⁻¹)	Mg (mg·L⁻¹)	S (mg·L⁻¹)
N	21.3	4.1	34.5	259.1	101.7	180.4	63.2	215.0
P	20.1	4.4	152.0	25.8	109.5	280.6	69.3	42.4
K (1)	15.2	4.5	25.1	171.2	105.5	581.2	72.9	16.0
K (2)	21.4	4.3	107.6	148.6	89.9	300.6	70.5	47.6
MgS	20.6	4.2	185.4	235.8	109.5	200.4	48.6	61.5

结果记录见表 9-13～表 9-18（已作统计分析）。

讨论：

1. 试验设计是否合理？说明理由。

2. 就现有信息，写出本试验的科研总结报告。

氮、磷、钾肥不同用量对香蕉产量的影响　　　　表 9-13

试验类别	施肥量 (kg·hm^{-2})	产量 (kg·hm^{-2})	F
氮肥试验	450	41315	
	675	43098*	6.827*
	900	42189	
磷肥试验	60	42095	
	120	42627	6.645*
	180	40821	
钾肥试验一 （灰赤沙土）	645	40892	
	975	43292*	8.043*
	1305	41789	
钾肥试验二 （灰沙泥田）	600	40040	
	900	42942*	11.544*
	1200	43347*	

注："*"表示该处理产量与 N_1 或 P_1 或 K_1 处理产量的 5% 差异显著性。

不同硫、镁肥施用水平对香蕉产量的影响　　　　表 9-14

处理号	施肥量 (kg·hm^{-2})		产量 (kg·hm^{-2})
	S	MgCO$_3$	
Mg_1S_0	0	75	39897
Mg_1S_1	90	75	44109
Mg_1S_2	135	75	42218
Mg_0S_1	90	0	39585
Mg_2S_1	90	112.5	41360

磷、钾肥不同施用水平对香蕉品质的影响　　　　表 9-15

试　验	施肥量 (kg·hm^{-2})		可溶性固形物含量	Vc (mg·kg^{-1})	总糖含量	还原糖	可食率
磷肥试验	P$_2$O$_5$	60	18.5%	155	11.60%	4.05%	64.1%
		120	21.5%	147	17.69%	9.34%	65.8%
		80	21.5%	153	20.30%	6.23%	66.2%
钾肥试验二 （灰沙泥田）	K$_2$O	600	20.5%	158	15.16%	7.27%	66.1%
		900	23.5%	194	18.34%	8.85%	63.1%
		1200	23.0%	141	18.79%	11.97%	66.1%

施硫对香蕉品质的影响　　　　表 9-16

试验处理	可溶性固形物含量	Vc (mg·kg^{-1})	总糖含量	还原糖	可食率
S_0	24.0%	10.6	18.44%	7.66%	65.5%
P_2	21.5%	14.7	17.69%	9.34%	65.8%

平衡施肥对香蕉品质的影响   表 9-17

试 验	施肥量	可溶性固形物含量	Vc (mg·100g^{-1})	总糖含量	还原糖	可食率
磷肥试验	常规施肥	21.0%	13.6	17.79%	6.38%	65.4%
	平衡施肥 P_2	21.5%	14.7	17.69%	9.34%	65.8%
钾肥试验	常规施肥	21.5%	17.9	17.60%	7.32%	64.6%
	平衡施肥 K_2	23.5%	19.4	18.34%	8.85%	63.1%
氮肥试验	常规施肥	22.0%	14.26	22.45%	10.20%	—
	平衡施肥 N_2	24.0%	15.75	22.67%	10.32%	—

香蕉平衡施肥增产效果   表 9-18

试 验	产量（kg·hm^{-2}）		增产（kg·hm^{-2}）	增产率
	平衡施肥	常规施肥		
氮肥试验	43098	40253	2845	7.1%
磷肥试验	42627	39846	2781	7.0%
钾肥试验（灰赤沙土）	43292	40560	2732	6.7%
钾肥试验（灰沙泥土）	42942	40329	2613	6.5%
对比试验	45923	41145	4778	11.6%

第四节　植物营养诊断

　　园艺植物营养是指园艺植物从外界吸收各种营养物质，加以同化利用，成为组成植株个体的原料，或供应生命活动所需的能量的机能。营养诊断就是从长相、物质种类、数量、形态来判断在各种条件下正常生长发育和创造高产、稳产、优质所需物质的程度和反应。是实现园艺植物管理现代化和科学化的重要手段。近 50 年来主要是探讨各种营养元素在土壤、植物体内的数量和形态，元素之间、土壤与植物之间的关系，以及营养元素对生长发育、结实的作用。建立了较系统而完备的"叶分析"方法（不仅是叶片，有的指叶柄和叶鞘），水培、沙培技术。从中找出了代表部位，稳定时间，植物生长发育各元素的适量、过量和不足的界限，并研究了元素间的拮抗、相辅关系，以及土壤和植物中的测定指标。在手段上已经发展到了分析方法快速自动化。根据分析数据，借助电子计算机提出整理和管理方案，建立了分析诊断中心。目前，借助示踪元素、气相、色谱、层析、紫外光谱、原子吸收分光光度计等手段对有机营养的生产、分配、转化的诊断正在逐步深入。

　　进行园艺植物营养诊断，要注意园艺植物多年生的特点，重点分析贮藏营养，以及在一定的生态（特别是土壤）条件下，园艺植物营养类型适应性的差别，要着重研究不同营养基础向丰产营养水平转化的条件和途径。

一、园艺植物营养诊断的任务

　　（1）研究主要园艺植物种类在各种条件下，不同植株类型、年龄的特点及年周期变化规律，与产量形成的关系，并探明各营养因素的数量限度、相关指标。

　　（2）研究各种营养因素的作用和相互关系，以及栽培措施对改变营养水平的途径。

　　（3）研究各营养元素在器官发生过程中的作用，以各转折时期物质分配的矛盾为重点，找出不同器官不同时期，元素功能的最大值与正常值。

（4）从结构上研究园艺植物整体营养水平与局部器官营养状况的关系。

（5）研究由于营养原因，引起各种不正常生长发育、病症的诊断和解决方法。

（6）研究营养诊断的手段，物质分析与形态指标相结合的方法，以及各种生理生化诊断指标。

（7）计算机在营养诊断与施肥中的应用，及相应专家系统的建立。

二、诊断方法

（一）器官分析

即通过测定园艺植物特定器官（叶片、细根、果实、枝条等）中的元素含量及其变化来进行营养诊断，其依据是园艺植物营养元素含量的遗传稳定性，如苹果叶片元素含量的正常值：氮在 $1.8\% \sim 2.6\%$，磷在 $0.15\% \sim 0.23\%$，钾在 $0.8\% \sim 2.0\%$ 范围内。器官分析的关键是正确取样。

（1）取样应在植株生长相对稳定，器官中营养元素变动最小的时期。

（2）注意寻找"靶子器官"，靶子器官指某种元素含量高而稳定并对缺素敏感的器官或部位，如钙的靶子器官为果实，氮的靶子器官是细根。

（3）以长期高产优质、稳产、高效树的元素含量为标准。

（4）对于落叶果树，样品应采自 $25 \sim 50$ 株树，分东南西北四个方位，叶分析时共需 $100 \sim 200$ 片叶，若分析微量元素，则需 $200 \sim 400$ 片叶。对于热带园艺植物则尚无统一规定，亟待建立营养诊断方法的技术标准。

（二）树相诊断

包括树体结构分析，植株营养类型和叶片特征分析等。

（三）土壤分析

矿质元素主要来源于土壤元素的有效性，与园艺植物园地有效土层的深度、理化性状、施肥制度等有关。因此，进行植株营养诊断时，还必须进行土壤诊断，主要测定项目为：有效土层厚度、机械组分比例、土壤腐殖质含量、土壤 pH 值、代换性盐基量、土壤持水量、可吸收态营养要素的含量和微生物含量等。

（四）复原诊断

对呈现缺素症的植株进行浸泡、涂抹、注射、喷施某种元素，观察数日内病症是否减少恢复正常。当苹果叶片呈现失绿时，可将病叶分别浸泡在 0.1% 的硫酸亚铁、尿素、硫酸镁、硫酸锌等的葡萄糖水溶液内 $1 \sim 2h$，观察几天后叶片黄化是否减轻，在某溶液中减轻则表明植株缺少该元素。

三、营养诊断指标与施肥量的确定

（一）植株营养诊断指标

关于营养诊断指标曾有"临界值"、"丰富水平"、"亏缺范围"、"亏缺"、"标准值"等多种提法，但都缺乏明确的定义，Kenworthy（1937）建议用几个没有病症的叶子元素含量的平均值作为诊断指标，把它称作"标准值"。在应用标准值作指标时，还要求研究找出各种园子对标准值的影响，算出变异系数，以标准值加上平均变异系数，即为该区域的诊断指标。

国内曾用以下方法和途径确定诊断指标。

1. 通过田间试验来确定营养诊断指标

1) 对生长正常的植株进行施肥试验,找出产量最高、质量最优的处理方法,该处理此时的树体营养水平即为最适含量。

2) 对于发生明显缺素症状的植株进行田间试验,比较健康的植株、缺素植株经过处理以后恢复正常的树的营养水平,也可以找到营养诊断指标。

2. 通过调查研究来确定营养诊断指标

1) 在各地区广泛地进行连年丰产植株、连年低产植株与不同类型植株的营养含量的比较,借以找出适宜指标。

2) 调查各地区、各植株种类缺素生理失调,并与其邻近地块无症状植株进行比较。正常植株叶的矿质元素含量即为该地块该矿质营养元素的临界含量。

(二) 营养诊断与施肥量的确定

营养诊断之后还不能给出具体的施肥量,为此 G. Hudska 提出在叶分析基础上结合果实产量的施肥公式:

$$W = K \cdot U \cdot N/S$$

W:需施入某种元素的量;K:系数;U:预计产量;N:叶分析时该元素的标准值;S:叶分析时该元素的实际值。

B. Plisek 提出根据土壤分析结果施入磷、钾、钙、镁的施肥公式:

$$W = K \cdot L \cdot CEC \cdot (X_{目标} - X_{实际})$$

W:需施入某种元素的量,单位 $kg \cdot hm^{-1}$;K:系数;L:耕作层厚度(cm);CEC:阳离子代换量;$X_{实际}$:该元素在土壤中的实际含量;$X_{目标}$:该元素在土壤中的目标含量。

施肥量的确定是个比较复杂的问题,具体应用时还要考虑园艺植物的潜在产量、收获物带走元素的量、植株对该元素的吸收系数、该元素在植株和收获物间的分配系数以及土壤中原有元素量和肥料利用系数等。同时,还要考虑营养类型和长相分析结果。

附录 A 果树营养诊断方法

A.1 样品采集

A.1.1 根样采集:萌芽期和养分回流期,从用于树相诊断的植株树树冠外围。于根系集中分布层(20~40cm 深土层)采取直径小于 2mm 的细根 20g,供分析之用。

A.1.2 叶样采集:在营养转换期(5 月底至 6 月上旬)和养分稳定期(7 月上旬),或根据需要按主要物候期,从植株四周目测高度,选取 10~20 个营养枝的中部叶片(成年树从基部起 7~9 节,幼树 5~7 节),以及从 2~3 年生枝上一类短枝采集大叶片,每 50~100 张叶片为 1 个样本。

样品采集后,连同填写好的标签,立即放入塑料袋内。若不能及时处理,须放在 2~5℃的冰箱内冷藏。

A.2 样品处理

A.2.1 洗涤:自田间采集的样品,立即放在 0.1% 的洗涤液中洗涤 30s(若喷过农药或肥料,而需先用 0.1mol/L 的盐酸溶液洗涤)。然后,按自来水冲洗—无离子水冲洗 2 次的顺序洗涤。整个洗涤过程不超过 1 分钟。洗涤后,用滤纸吸干细根或叶片上的水分。

A.2.2 烘干:洗涤后的样品,先在 105℃鼓风烘干箱中烘 20 分钟,然后转入 70~

80℃的鼓风烘干箱中烘干。

A.2.3　粉碎：进行大量元素测定的样品，用植物粉碎机粉碎。进行微量元素测定的样品，用玛瑙研钵亦或不锈钢研磨机研细。粉碎后的样品，过60目尼龙筛，贮存于贴上标签的塑料瓶中备用。

A.3　主要元素的测定方法

A.3.1　氮：全氮用半微量凯氏定氮法，氨基态氮用水合茚三酮比色法。硝态氮用硝酸试粉比色法。铵态氮用钠氏试剂比色法。

A.3.2　磷：全磷和可溶性磷，采用钼蓝比色法。

A.3.3　钾：用火焰光度计测定，可溶性钾用四苯硼钠比浊法，或亚硝酸钴钠比浊法测定。

A.3.4　钙、镁：用火焰光度计测定。

A.3.5　硼：用姜黄素或甲亚胺比色法。

A.3.6　其他元素：用4mol/L的盐酸煮沸浸提法，用等离子体光谱仪测定。或采用联合消煮法，用原子吸收分光光度计测定。

A.4　碳水化合物总量的测定

A.4.1　可溶性糖含量测定采用蒽酮比色法。

A.4.2　枝条中贮藏淀粉的测定

A.4.2.1　高氨酸提取比色法。

A.4.2.2　碘—碘化钾染色镜检法：取一年生枝或当年生枝7～10节处的枝段，横向徒手切片，用0.5%碘—碘化钾溶液染色，镜检重复5次，每次5个细胞，采用5级记分法，判断贮藏淀粉的含量。

a. 0分：细胞内无淀粉粒。

b. 1分：细胞内有零星淀粉粒。

c. 2分：细胞内淀粉粒占整个细胞的1/2。

d. 3分：细胞内淀粉粒占整个细胞的2/3。

e. 4分：细胞内淀粉粒密布。

附录B　果园土壤营养诊断方法

B.1　样品采集

萌芽前（3月下旬）或采收后（10月下旬），由树冠周围根系集中分布层采集土样，放入洗净的袋内。

B.2　样品处理

将土样在通风处风干，用塑料棍轻轻碾碎，除去草根等杂物，过10目尼龙筛。作全量分析时，土样须用玛瑙砚磨，过100目尼龙筛后，贮于塑料瓶或磨口玻璃瓶中备用。

B.3　主要元素的测定方法

B.3.1　全磷、全氮、全锌：同A.3.1、A.3.2、A.3.3。

B.3.2　水解氮：用碱性扩散法（康惠皿法）。

B.3.3　铵态氮：用10%的氯化钠溶液提取土样，用扩散法（康惠皿法）测定。

B.3.4　硝态氮：用酚二磺酸比色法。

B.3.5 速效磷：酸性土用 0.03mol/L 的 NH_4F—0.025mol/L 的盐酸法；0.05mol/L 的盐酸—0.0125mol/L 的硫酸法。中性土和石灰性土壤，用 0.5mol/L 的碳酸氢钠法。

B.3.6 速效钾：1mol/L 的醋酸铵浸提，火焰光度测定；或 1mol/L 的硫酸钠浸提，用四苯硼钠比浊法测定。

B.3.7 缓效钾：1mol/L 的硝酸浸提，火焰光度计测定。

B.4 土壤有机质的测定方法，用重铬酸氧化法，以试亚铁灵作指示剂。

B.5 土壤有机质的测定

B.5.1 pH 指示剂田间快速测定法：用骨匙取少量土壤，放在白磁比色盘的穴中，加蒸馏水 1 滴，加万用指示剂 3～5 滴，用玻棒搅拌，澄清，倾斜磁盘，将上清液与标准色卡比色读数。

B.5.2 pHS-2 型酸度计或雷磁 25 型酸度计测定：称取土样 25g，放在 50mL 小烧杯中，加入蒸馏水 25mL，用磁力搅拌 1 分钟，放置平衡 0.5～1.0h，澄清后测定。

习题

1. 设计一个利用界面效应进行改土施肥的试验方案。
2. 如何把土壤-园艺植物-大气作为一个整体来进行园艺植物园地灌溉研究。
3. 如何根据园艺植物园地肥料试验的特点来考察某一新型肥料的效应和效果。
4. 试述园艺植物营养诊断时采用哪些方法才能较客观地反映树体的营养状况。

参考文献

[1] 束怀瑞主编. 园艺植物栽培生理学 [M]. 北京：中国农业出版社，1993.
[2] 束怀瑞主编. 苹果综合标准 [M]. 青岛：青岛出版社，1993.
[3] 孙云蔚，王永蕙. 园艺植物园地土壤管理 [M]. 上海：上海科学技术出版社，1982.
[4] 华中农业大学主编. 园艺植物研究法 [M]（第三版），北京：中国农业出版社，1995.
[5] 王宏伟. 现代农业节水技术研究进展与发展趋势 [J]. 黑龙江水利科技，2006，34（2）：115-117.
[6] 赵军延，孔媛，吴秉礼. 果实分根区灌溉技术原理及其发展前景 [J]. 世界农业，2006，（3）：44-46.
[7] 杨培岭，张铁军. 国外节水农业发展动态 [J]. 农机科技推广，2004，（2）：40-41.
[8] 周开兵，陈小亮，符方杰，洪世阳，吴开茂. 根际交替灌溉技术在南岛无核荔枝上的应用效果分析 [J]. 广西农业科技，2008，39（5）：644-649.
[9] 周开兵，陈小亮，符方杰，洪世阳，吴开茂. 根际交替灌溉技术在荔枝上的应用效果初探 [J]. 山地农业生物学报，2008，27（6）：498-502.

（编者：周开兵、贾文君）

第十章　整形修剪的研究

园艺植物整形修剪是栽培管理中的关键环节之一，合理的整形修剪能充分发挥土、肥、水管理和病虫防治的技术效果，因此，整形修剪研究是园艺植物研究的重要内容。对果树和瓜果菜类通过整形修剪，可以培养合理牢固的丰产植株骨架，能改善通风透光条件而提高产量和改善品质，能防治病虫，具有施肥作用，能调节生长与结果矛盾而防止大小年，能延长园艺植物的经济寿命；对花卉通过整形修剪除具有上述功能外，还是人工造型和造景的必须技术。因此，园艺植物合理的整形修剪技术具有显著的经济效益和重要意义。

第一节　整形修剪试验设计方法

园艺植物整形修剪是一项田间栽培技术，能够影响栽培的经济效益和园艺植物的经济寿命，为了开展整形技术创新研究，必须开展田间调查或试验。果树树形的培养常需数年，培养成形后，必须对其结果前期、盛果期和结果后期等全部年龄时期进行生长与结果观测，才能准确评价其技术效果。果树修剪的影响也是长期的，其效应会影响到修剪后果树的生长发育。因此，开展果树等园艺植物整形修剪研究是一个需要多年研究的漫长过程。

一、小区的确定

无论是田间调查，还是田间试验，适合园艺植物整形修剪技术研究的小区可以有三种：单株或多株小区、单位地块的小区和单枝小区。小区确定后，再设置重复和区组。

对于果树，单株小区应用较多，尤其在田间试验中一般应用这种小区；在田间调查中，有时按地块划分小区，以一定面积的果园开展不同整形修剪技术的效果调查与评价，在瓜果菜类的整形修剪研究中常用这种小区；在修剪试验中，有时应用单枝小区，以一个主枝、枝组或枝条为小区，常见于修剪反应的研究中。

在田间调查和田间试验中，常对小区作完全随机区组排列。在环境条件较为均匀时也可以作完全随机排列。

薛进军等（2006）研究纺锤形、开心形、自然圆头形（CK）等3种树形对龙眼幼树生长及果实品质影响的试验中，采用单株小区，5次重复。即每种树形5株树，每株树为1个试验小区，采取完全随机区组试验设计。李桂利等（2009）研究采果前、后两个修剪时期对晚熟芒果果实成熟期调节的试验中，采用单枝小区，采果前修剪按修剪程度分为重、中、轻剪，各30小区，采果后修剪50小区，完全随机试验设计；研究3种不同修剪量对晚熟芒果果实成熟期调节的试验中，采用2株树构成1个试验小区，3次重复，完全随机区组试验设计；研究不同摘花时期对晚熟芒果果实成熟期调节的试验中，3个不同摘花时期处理和不摘花对照，采用单株小区，3次重复，共12个小区，完全随机试验设计。

黄才城等（1988）在腰果成龄树修剪试验中，采用单位地块为试验小区，每小区种植腰果树 30 株（部分小区缺株少量），3 次重复，具有重度、中度和轻度修剪 3 个处理水平，全部试验小区 9 个，采用完全随机区组试验设计。

二、田间调查

需要选择仅树形不同的试验材料，即品种和砧木、树龄、栽培管理措施和立地条件应基本一致，供试植株无任何不良表现如机械伤和病虫害等，供试植株必须经完全随机选取。只有满足这些条件，结果才是较准确和可靠的。要满足这些条件，在实际应用中基本上是不可能的，所以调查的结果只能作为进一步田间试验的参考，作为预备试验结果用于初步了解情况。

以采用单株小区为宜，依据果园立地条件，选材时常按照完全随机区组或完全随机试验设计要求布点。也可以以果园或一定面积的园片为小区，开展较大范围的田间调查，由于小区面积较大，相互间环境差异能尽量减小，能取得可靠的结果，但任务繁重。

丁永电等（2003）研究紧凑矮化开心形对椪柑树体生长、产量和果实品质影响的调查中，先设立开心形处理区和自然圆头形对照区，两区除整形修剪不一样外，其余栽培管理均一致；然后在处理区和对照区分别随机取样树各 10 株，各构成 10 个小区，调查其生长、产量；最后对样树果实再随机取果样 50 个，构成单果小区，调查果实品质情况。可见，田间调查注意两个关键点：一是取样完全随机，确保调查结果的代表性和可靠性；二是调查对象除处理不一样外，其余各方面条件尽量做到一致。

三、田间试验

对于果树，整形修剪田间试验周期长，试验设计需要长期规划，因此，在误差控制上一定要严格。根据地形、土壤肥力特点划分区组；准备试验材料、定植时应选择生长势均匀、砧穗组合完全一样的苗木；可以设计单株小区，依据实际条件，小区株数可以适当增加；设置 3~5 次重复，小区按照完全随机区组排列。在定植后的各年龄时期，除整形修剪和按照特定整形修剪技术所需配套栽培措施不一样以外，其余生产管理是一致的。

戚行江等（2006）研究粗放管理、进入盛果期的高大晚稻杨梅矮化修剪技术的试验中，在同一坡地果园中，设立春、夏、秋三个时期采取大枝疏删修剪，以不修剪为对照，5 次重复。试验实施时，首先随机选择树势基本一致的样树单株，然后随机采取不同修剪处理，除修剪时期不一致外，修剪技术和剪后管理均一致，力求试验条件均匀一致，尽量减小田间试验误差。

第二节　整形修剪技术效果指标观测与评价方法

评价整形修剪技术效果指标可以分为六类：生长、产量、品质、病虫防治、生态和生理等。其中矮化是常见的评价指标，但该指标属于生长指标。六大类指标从不同角度综合评价整形修剪技术效果，前四者属于栽培效应，直接关系到经济效益，尤其是前三项，在整形修剪技术效果评价中是必须观测项目。生理、生态指标则偏向于理论研究，深入研究整形修剪技术效果成因时为必须观测项目。

在试验方案设计中，合理选择观测指标可以确保试验结果的完整性、说服力和可靠性，因此，必须了解其观测方法和如何作综合评价。观测方法首先必须正确，综合评价体系必须合理，才能正确评价整形修剪技术效果。

一、生长

整形修剪试验中，经常观测的生长指标包括株高、干粗或干周、冠径、新梢生长量、节间长、枝条粗度、萌芽率、成枝率、叶片大小、叶片粗度等。

丁永电等（2003）研究紧凑矮化开心形对椪柑树体生长、产量和果实品质影响的调查中，观测生长指标包括树高、冠径、叶片厚，并对树冠形状和叶片颜色进行描述（表10-1）。

椪柑紧凑矮化开心形整形对树体生长的影响（丁永电等，2003）　　表10-1

处　理	树高（m）	冠径（m）	树　冠　状	叶　色	叶片厚（mm）
处理区	2.2	2.9×2.6	紧凑	浓绿	0.32
对照区	3.5	3.0×2.7	松散	绿	0.30

根据表中结果可以评价紧凑矮化开心整形对树体生长的影响，即树体明显矮化，树冠紧凑，叶片叶绿素含量高，叶片变厚而增强同化能力。因此，椪柑紧凑矮化开心形整形成功使树体矮化，并具有丰产特征。

戚行江等（2006）研究粗放管理、进入盛果期高大晚稻杨梅矮化修剪技术的试验中，连续3年观测生长指标，包括树高、冠径、新梢抽生量、节间长度（表10-2、表10-3）。

大枝修剪对杨梅树高和冠幅生长的影响（戚行江等，2006）　　表10-2

处　理	树高（m）			冠径（m）		
	2003年	2004年	2005年	2003年	2004年	2005年
Ⅰ（CK）	4.97a	5.71a	6.58a	2.77a	3.48a	4.53b
Ⅱ	3.50b	3.87b	3.99b	2.76a	3.47a	4.57b
Ⅲ	3.44b	3.56d	3.72d	2.73a	3.58a	4.66a
Ⅳ	3.46b	3.74c	3.87c	2.75a	3.49a	4.60ab

注：不同英文字母表示差异显著（$p=0.05$）。以下各表与此相同。

大枝修剪对杨梅新梢及内膛枝生长的影响（戚行江等，2006）　　表10-3

处理	新梢						内膛枝					
	抽生量（个）			节间长（cm）			抽生量（个）			节间长（cm）		
	2003年	2004年	2005年	2003年	2004年	2005年	2003年	2004年	2005年	2003年	2004年	2005年
Ⅰ	3257b	4190d	5643d	0.41b	0.50b	0.59a	0	0	11d	0	0	0.69a
Ⅱ	3681a	6503b	8269c	0.64a	0.56a	0.52bc	327	734	952b	0.89	0.69	0.60b
Ⅲ	3359a	6715a	10287a	0.66a	0.61a	0.50c	464	906	1248a	0.75	0.67	0.63b
Ⅳ	3354b	6229c	8726b	0.45b	0.62a	0.55ab	0	595	861c	0	0.91	0.68a

从表10-2可见，大枝修剪明显矮化杨梅树体，逐渐扩大冠幅，能明显改善树冠内的通风透光条件。并且不同处理的矮化效应有差异，以处理Ⅲ的矮化效果最佳。从表10-3可见，与对照相比，各处理新梢抽生量均增加，以处理Ⅲ和Ⅳ较多，剪后新梢增加明显，

以第二年效果最好；大枝修剪改善内膛光照，合理时期的修剪可以增加内膛枝的抽生量如处理Ⅱ和Ⅲ，且剪后第一年效果最明显；处理Ⅳ因为修剪过迟，第一年内膛枝抽生量较少，但此后连续两年则也抽生较多。在剪后第一年，各处理的新梢和内膛枝节间长与对照的差异显著，第二、三年则处理与对照无显著性差异。总之，大枝修剪可以改善树冠光照，能促进新梢和内膛枝抽生。

必须指出，在冠径或冠幅观测中，必须测量相互垂直的两个方向上的最大冠径或冠幅。在干周或干粗观测中，必须在距嫁接口一定距离（如5cm处）进行测量，其中干粗也必须在该平面上测定相互垂直的两个方向上的值，再求均值；观测干周则可以避免树干截面形状的干扰。新梢和内膛枝节间长度的观测必须随机取枝条样在指定节位测量节间长。

二、产量与果实品质

整形修剪技术是否成功，产量是重要的评价依据和考核指标。产量的观测依据实际情况，可以观测单位土地面积的产量、单株产量和产量效率，其中产量效率可以用单位树冠体积产量和单位干粗产量加以表示。单位土地面积产量＝单株产量×单位土地面积株数＝单位树冠体积产量效率×单位面积土地总树冠体积＝单位干粗产量×单位土地面积总干粗，因此，实质上产量最终可落脚到单位土地面积产量。由于田间调查和田间试验里很难做到单株树体一致，统计单株产量误差大，为了尽量消除树体大小差异，采用产量效率作为观测指标在一定程度上予以消除。干粗与产量有良好的相关性，因此，干粗产量效率的准确性较高，而树冠体积常用近似公式估算，计算误差较大。在实际的研究工作中，株产和产量效率是常用的整形修剪技术效果评价指标。

整形修剪技术是否成功的另一个重要评价依据是其对果实品质的影响。果实的常规品质因素包括单果重、果径（纵、横径）、果形指数、色泽（描述或色度角）、可溶性固形物含量或可溶性糖含量、总酸（TA）、固酸比或糖酸比、Vc含量，有些果实还包括出汁率、可食率和皮厚等。由于果实品质的因素很多，在评价整形修剪技术效果时常突出主要指标，主要指标的确定建议依据研究目的、品种特色、消费者最关心的因素和惯例等加以确定，因果树种类和品种而异。

丁永电等（2003）研究紧凑矮化开心形对椪柑树体生长、产量和果实品质影响的调查中，观测产量和果实品质的指标包括单位面积果园产量、单果重、果径和可溶性固形物含量（表10-4），另对色泽、果汁量、口感和风味加以描述：果实大小均匀、着色好、质脆、汁多、味甜、有香气。

椪柑紧凑矮化开心形整形对产量和果实品质的影响（丁永电等，2003）　　表10-4

处　理	产量（kg·hm⁻¹）	单果重（g）	果径（cm×cm）	可溶性固形物含量
处理区	82.68	125.5	6.63×5.67	13.0%
对照区	46.86	120.1	6.53×5.51	11.0%

可见，对椪柑作紧凑矮化开心形整形可以大幅度提高产量，果实增大，可溶性固形物含量较高，综合风味品质更佳，因此，这种树形有利于改善椪柑果实的品质。

戚行江等（2006）研究粗放管理、进入盛果期高大晚稻杨梅矮化修剪技术的试验中，观测成熟期、单株产量、站立采摘量、单果重、果径、可溶性固形物含量、总酸（表10-5、表10-6），对修剪技术进行评价。

处　理	成熟期（月/日）	株产（kg·株$^{-1}$）		株站立采摘产量	
		平均	采摘率	平均	采摘率
Ⅰ（CK）	6 月 28 日～7 月 1 日	66.5c	—	17.4c	26.17%
Ⅱ	6 月 27 日～6 月 30 日	72.9b	9.62%	51.3b	70.37%
Ⅲ	6 月 26 日～6 月 29 日	86.2a	29.62%	75.9a	88.05%
Ⅳ	6 月 27 日～6 月 30 日	71.9b	7.97%	53.5b	74.01%

大枝修剪对杨梅产量的影响（二）（戚行江等，2006）　　表 10-6

处　理	单果重（g）	纵横径（cm）	可食率	可溶性固形物含量	总　酸
Ⅰ（CK）	10.98c	2.46×2.65	95.65%a	11.70%b	0.9%a
Ⅱ	11.92b	2.58×2.70	95.87%a	12.49%a	0.87%b
Ⅲ	12.66a	2.61×2.76	96.35%a	13.01%a	0.83%c
Ⅳ	12.15ab	2.59×2.74	96.17%a	12.68%a	0.88%ab
平均	12.24	2.59×2.73	96.14%	12.73%	0.86%

　　可见，处理产量和各品质因素均比对照表现好，其中尤以处理Ⅲ增产和改善品质效果最佳，而且绝大部分果实可站立采果，采果的劳动效率显著提高。

　　本例立足于杨梅树体高大，采果较难，设立体现特色的观测指标：站立采果量。将其作为评价整形修剪技术效果的重要指标，在实际应用中可比照本例单列一些特色观测指标。

三、病虫防治

　　合理的整形修剪使树体通风透光，减少郁闭内膛弱枝，维持合理的内膛温度与湿度，从而增强抗病虫能力和改善抗病虫微环境。另外，郁闭和肥厚的树冠在化学防治时常导致农药不能喷洒到树冠内层，从而引起病虫防治困难。因此，整形修剪也是病虫农业防治的有效措施。依据研究目的，很多学者在研究整形修剪技术效果时常观测病虫为害情况，为合理评价整形修剪技术效果提供重要依据。

　　黄才城等（1988）在腰果成龄树修剪试验中，对重（A）、中（B）和轻（C）度修剪技术在病虫防治上的效果进行对比（表 10-7），从而得知，对腰果进行修剪可以有效防治病虫害，从而可提高产量。

剪口（直径≥3cm）流胶病发病率（%）及天牛危害率（%）比较（黄才城等，1988）　　表 10-7

项　目	处理 A	处理 B	处理 C
流胶病	2.60b	1.28b	4.55a
天牛	1.95a	1.28a	1.01a

　　可见，修剪可以有效防治流胶病，且中度修剪发病率最低，防治病害效果最佳。而修剪对于天牛危害的防治则效果不明显。

　　本例是基于传统"腰果不宜修剪"而开展研究的，结果表明修剪能防治病虫害，结合生长、产量和果实品质指标观测结果进行综合分析，表明腰果栽培也是需要作整形修剪的。

四、生理生化指标

为了探讨整形修剪技术对园艺植物生长、产量和品质影响的生理生化基础，需要观测影响产量和品质的主要生理生化指标，比较不同整形修剪技术对这些指标的影响，从而分析出整形修剪技术对园艺植物植株的生理生化影响。同时也为制订与整形修剪技术相配套的合理土、肥、水管理措施等提供理论依据。

黄才城等（1988）在腰果成龄树修剪试验中，对重（A）、中（B）和轻（C）度修剪技术对叶片5种矿质营养含量的影响进行研究（表10-8），从而可以解释不同修剪技术对生长、产量和品质产生影响的营养基础，也为不同修剪技术所配套的施肥技术制订提供参考。

不同修剪技术对腰果叶片矿质营养含量的影响（干重百分比）（黄才城等，1988） 表 10-8

处理	结果前（12月）					结果期（4月）					结果后（7月）				
	N	P	K	Ca	Mg	N	P	K	Ca	Mg	N	P	K	Ca	Mg
A	1.80	0.08	0.87	0.26	0.20	1.17	0.06	0.98	0.28	0.21	1.60	0.09	0.88	0.26	0.20
B	1.88	0.07	0.90	0.23	0.14	1.29	0.06	0.90	0.29	0.19	1.48	0.09	0.93	0.20	0.19
C	1.85	0.07	0.90	0.24	0.18	1.19	0.06	0.81	0.28	0.18	1.39	0.10	0.85	0.25	0.17

可见，修剪影响叶片不同矿质营养在不同生长发育时期的含量，开花期叶片的含氮量最高，结果期叶片含氮量最低，这可能是由于代谢产物累积后，叶片中的氮又转移到生长着的果实中去的结果；叶片含磷量在收获期最高，在结果期最低；结果期钙镁的含量最高，钾的变化不明显，这可能是因为钙、镁元素再利用率低的缘故。这项研究结果对不同生长发育时期腰果树施肥也有参考意义。

由于整形修剪主要影响园艺植物的生长与结果，因此，有关生理生化指标主要围绕光合作用、矿质代谢和水分代谢选择合理的生理指标，直接反映整形修剪技术影响生长与结果的生理基础。

五、生态指标

不同树形，树冠开放程度和通风透光性能不一样。常常依据园艺植物对环境光照和风的需要来确定树形，说明不同整形修剪技术可以影响树冠内外的微环境。因此，为了深入揭示不同整形修剪技术效果的成因，可以从微环境因子上作比较分析，为阐明不同整形修剪技术效果提供进一步参考。常常测定的生态指标主要有树冠不同层次的光照强度、大气湿度、大气温度、二氧化碳浓度和气流速度等，与生理指标中的光合速率、呼吸速率、蒸腾系数和水分蒸腾速率等相结合，从生理生态上阐述不同整形修剪技术效果的成因。

第三节 整形修剪研究案例分析

以下是广西大学农学院薛进军等（2006）研究龙眼幼树整形的资料。

研究目的：探讨不同树形对龙眼生长发育的影响。

试验材料：2002年定植的龙眼幼树。

研究期限：2002～2005 年。

试验点：广西大学农学院教学科研基地，园土肥沃，管理技术水平较高。

试验方案：设置开心形、纺锤形、自然圆头形三种树形为不同处理水平，重复 5 次，单株小区，随机区组排列。

观测指标：

生长：冠径、干径、树高、夏梢生长量、夏梢数量、秋梢数量；

结果：花穗数、果穗数、果粒/穗、株产；

品质：单果重、可溶性固形物含量；

生理：树冠外围、中部和内腔叶片净光合速率。

测定方法：常规方法观测生长、产量和品质，用 TPS-1 光合测定系统观测净光合速率。

统计分析：邓肯新复极差法作处理差异显著性分析。

主要结果见表 10-9～表 10-12。

讨论：

1. 试验设计的合理性怎样？

2. 就试验结果写一篇科研总结报告。

龙眼不同树形对树体生长的影响（薛进军等，2006）　　　表 10-9

处理（树形）	2003 年				2004 年		
	夏梢长度（cm）	夏梢数量（根）8 月 12 日～9 月 4 日	秋梢数量（根）9 月 15 日～10 月 5 日	11 月 3 日～11 月 4 日	冠径（cm）	干径（cm）	树高（m）
开心形	16.3a	26a	21a	11a	269a	5.47a	211a
纺锤形	15.6a	20b	14b	10a	256b	4.71b	126b
自然圆头形	12.1b	11c	3c	5b	257b	5.29a	187a

龙眼不同树形对花穗和果穗数量的影响（薛进军等，2006）　　　表 10-10

树　形	2004 年		2005 年
	花穗数（个）	果穗数（个）	果穗数（个）
开心形	21.3a	20a	33.3a
纺锤形	20.3a	16ab	21.7b
自然圆头形	16.7b	13b	18.3b

龙眼不同树形对产量和果实品质的影响（薛进军等，2006）　　　表 10-11

树　形	2004 年				2005 年			
	果粒（穗）	单果重（g）	株产（kg/株）	可溶性固形物含量	果粒（穗）	单果重（g）	株产（kg/株）	可溶性固形物含量
开心形	30a	8.5a	5.10a	20.5%a	35a	8.8a	10.3a	20.3%a
纺锤形	31a	8.2a	4.56b	20.6%a	32b	8.5a	5.9b	20.6%a
自然圆头形	11b	7.8b	1.10c	18.8%b	13c	7.5b	1.8c	19.2%b

龙眼不同树形对不同树冠部位叶片净光合速率（mg CO$_2$/cm^2·min）的影响（薛进军等，2006）

表 10-12

部 位	树 形	时间					
		1月	3月	5月	7月	9月	11月
外围	开心形	2.94a	3.99a	5.2a	8.28a	9.63a	6.04a
	纺锤形	2.63a	3.56a	5.3a	9.28a	10.49a	6.90a
	自然圆头形	2.20a	3.70a	5.0a	6.90b	7.80b	6.24a
中部	开心形	2.44a	3.48a	4.5a	5.62a	6.90b	5.06b
	纺锤形	1.93a	3.44a	4.8a	7.17a	8.46a	6.20a
	自然圆头形	1.09b	2.99b	4.0b	4.90c	5.90c	2.28c
内膛	开心形	2.01b	3.44b	3.5b	3.56b	3.03b	1.21b
	纺锤形	2.88a	4.29a	5.0a	4.96a	7.80a	2.65a
	自然圆头形	0.25c	1.39c	1.8c	1.79c	1.67c	0.54c

习题

1. 设计坡地等高栽植妃子笑荔枝园三种树形开心形、纺锤形和自然圆头形合理性比较试验，5 次重复。写出试验设计计划书。

2. 将第三节案例分析的研究结果写成学术论文。

参考文献

[1] 薛进军，周咏梅，罗玫. 龙眼幼树整形研究 [J]. 果树学报，2006，23（6）：884-887.

[2] 李桂利，杜邦，李桂珍. 攀西地区晚熟芒果控时成熟技术研究初报 [J]. 2009，38（2）：22-23.

[3] 黄才城. 成龄腰果树的修剪试验 [J]. 热带农业科学，1989，（1）：44-47.

[4] 丁永电. 椪柑紧凑矮化开心整形对生长结果的影响 [J]. 浙江农业科学，2003，（2）：112-113.

[5] 戚行江，梁森苗，郑锡良等. 大枝修剪矮化杨梅树体技术的研究 [J]. 浙江农业学报，2006，18（6）：417-420.

（编者：周开兵、黄仁华）

第十一章　砧木的研究

园艺植物区别于其他作物的重要特征之一就是在栽培中广泛应用砧木，如果树、花卉、蔬菜和茶上均不同程度地采用砧木。应用砧木对于园艺作物生产具有重要意义，体现在：增强单株对土壤和气候条件的适应性，从而推广栽培；增强单株抗病虫能力；应用成年接穗嫁接可提前开花和结果，提高产量和改善品质；通过嫁接营养器官接穗而维持品种遗传的稳定性；扩大苗木繁殖系数等。因此，砧木的研究一直受国内外学者关注，人们对砧木的研究均集中于砧木资源的调查、抗逆性、丰产性、矮化性、嫁接亲和性和砧穗互作机制等。随着基因工程和细胞工程技术的发展，砧木种质资源创新和遗传改良也开展了一些研究。

英国东茂林果树试验站从事砧木研究长达 80 余年，筛选大量的苹果砧木和中间砧。我国对砧木的研究起步晚，大约从 20 世纪 60 年代开始。我国拥有丰富的园艺植物种质资源，但是由于我国人多地少，而砧木是一个占地面积极其庞大的研究领域，客观上制约着对砧木展开深入和广泛的研究。

第一节　砧木选择

依据砧木的基本条件，对砧木资源进行考察，选择出可利用为砧木的资源，为砧木比较试验作准备的研究过程，就是砧木选择研究。砧木选择研究的主要内容为：砧木资源的分布、物候期和利用调查；种苗繁殖难易；生长势；对土壤和气候的适应性；对病虫害的抗性；对不良环境的抗性；与品种的嫁接亲和性；嫁接品种后的丰产性、稳产性和品质表现等。综合考察上述各项内容，选择出适合某些品种的最优类型。

一、砧木资源调查

我国热带地区相对面积不大，但地形复杂，因此植被资源丰富，其中有一些可以用作热带园艺植物乃至于北方园艺植物砧木的种质资源。如云南黑子南瓜（*Cucurbita ficifolia*）广泛用作葫芦科果菜类蔬菜如黄瓜、西瓜等的抗根结线虫砧木，其应用普及到我国各瓜类蔬菜产区。昌江土芒（*Mangifera sylvatica* Roxb.）是芒果的良好砧木，在海南芒果产区普遍采用。分布于海南岛的酒饼簕（*Atalantia buxifloia*）、枸橼（*Citrus medica*）、株檬（*C. limionia*）等可作柑橘类果树砧木，其中酒饼簕还有希望成为柑橘矮化砧，而枸橼和株檬在热带无寒害柑橘产区也可用作优良砧木。海南韶子（*Nephelium topengii*）可用作荔枝砧木。

砧木资源创新也是当今的一个热点，如柑橘上，目前已报道百余例经体细胞融合而得到柑橘体细胞种间杂种，对这些资源需要开展砧木选择研究，可望选择出具有复合抗性和矮化性的砧木。

在柑橘体细胞杂种和有性杂种砧木资源中存在有希望的柑橘砧木资源如枳＋红橘，盆栽观测数据如表 11-1～表 11-3 所示（周开兵，2005）。

柑橘两类人工杂种砧木资源与枳生长差异比较（周开兵，2005）　　表 11-1

砧木资源	树高（cm）	冠径（cm）	树冠体积（cm³）	干粗（cm）	根系体积（cm³）
枳（CK）	151.55C	65.65B	0.22B	1.50b	987.5a
Troyer 枳橙	211.43A	88.00A	0.43A	1.61b	495.4c
Swingle 枳柚	167.15BC	69.33B	0.22B	1.53b	1200.5a
红橘＋枳	172.73B	93.25A	0.40A	1.99a	533.7bc
红橘＋粗柠檬	112.15D	61.25B	0.15B	1.48b	895.3abc

注：表中数字后跟不同大写英文字母表示差异极显著（$p=0.01$），后跟不同小写字母表示差异显著（$p=0.05$），不跟字母表示差异不显著。以下各表与此相同。

柑橘两类人工杂种砧木资源与枳叶片生化指标差异比较（周开兵，2005）　　表 11-2

砧木资源	可溶性蛋白含量（mg·g⁻¹FW）	SOD 活性（U·g⁻¹FW）	POD 活性（U·分钟⁻¹·g⁻¹FW）	CAT 活性（mgH₂O₂·分钟⁻¹·g⁻¹FW）
枳（CK）	198.65A	673.45A	212，50a	11.42A
Troyer 枳橙	155.56B	523.74BC	111.04b	10.33B
Swingle 枳柚	150.65B	385.66D	208.33a	9.85BC
红橘＋枳	149.91B	408.92CD	163.33ab	9.64C
红橘＋粗柠檬	114.60C	538.76B	106.67b	10.54B

柑橘两类人工杂种砧木资源与枳根系生化指标差异比较（周开兵，2005）　　表 11-3

砧木资源	可溶性蛋白含量（mg·g⁻¹FW）	SOD 活性（U·g⁻¹FW）	POD 活性（U·分钟⁻¹·g⁻¹FW）	CAT 活性（mgH₂O₂·分钟⁻¹·g⁻¹FW）	根系活力（mg·g⁻¹FW·h⁻¹）
枳（CK）	1.55a	0.58c	283.33C	12.75a	8.28B
Troyer 枳橙	1.40ab	0.55c	564.74A	12.93a	9.49B
Swingle 枳柚	1.43a	0.69c	307.35C	11.15b	12.83A
红橘＋枳	1.44a	0.64b	456.41B	11.27b	10.20B
红橘＋粗柠檬	1.24b	0.63b	184.62D	12.08b	5.82C

可见，体细胞杂种红橘＋枳根系体积最小，盆栽下根垫少，根系活力综合表现较强，干粗壮，地上部生长势较强，因此，综合表现强于枳，可能是柑橘的优良砧木。

在生产中调查也是砧木选择的有效方式。生产上立足于各地的生态特点、栽培历史和栽培习惯，应用的砧木丰富多样，根据不同砧木资源在各地的表现，进行整理和类比分析，可以选择出良好的适应当地生态条件、丰产性能好的砧木，其中有些砧木在不同的地方都在采用，则可望选择出普遍通用的优良共砧。在荔枝栽培中，有些品种作另一些品种的砧木仍表现不亲和，因此必须调查某些栽培品种作另一些品种砧木时的栽培表现。在广东观察，淮枝用作糯米糍、桂味（山地）、白蜡、白糖罂等品种的砧木；桂味、甜岩可作糯米糍的砧木；黑叶可作桂味（平地）的砧木；大造可作妃子笑的砧木。另外，菲律宾荔枝是中国荔枝（栽培荔枝）的近缘种，可用作栽培荔枝的砧木；荔枝属的近缘属中也有希望选择出抗性强、适应性广的砧木；这些荔枝砧木资源应加强资源调查和砧木选择研究工作。龙眼栽培则在各产区分别采用不同共砧，表明不同的地方有其优良的砧木，广东常用乌圆、福建和海南常用福眼（大广眼）作共砧。芒果具有多胚现象，且有性胚常败育，因此，芒果实生苗实质是无性系，易于保持遗传稳定性，砧木实生选择是有效的，目前广西常用当地的桃叶芒作砧木，海南用昌江土芒作砧木，生产上还有其他一些砧木，因此，对于芒果需要加强芒果砧木资源调查和选择研究，确定优良砧木。

引种砧木资源并驯化选择也是重要的砧木选择途径。在茄科蔬菜砧木中，国外引进的托鲁巴姆（*Solanum torvum*）是优良的抗性砧木。拉美热带地区的黑子南瓜是葫芦科瓜菜的重要抗根结线虫和抗逆砧木。芒果品种很多，在筛选共砧时，注意引进东南亚芒果野生近缘种和栽培品种，从野生近缘种和抗性强的品种中可望筛选出优良砧木。

可见，热带果树和蔬菜常用栽培品种和野生近缘种作砧木，在砧木筛选中，必须注意不同的种和种内、种间不同品种，通过单株选择，采用合理途径培育各种无性系，可以选择出优良砧木。基本方法如图 11-1 所示。

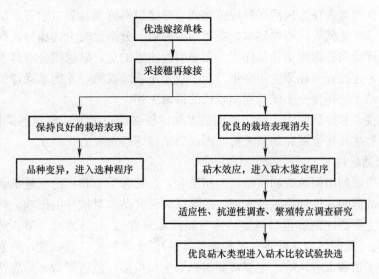

图 11-1 砧木选择研究的基本技术路线

二、砧木资源评价

砧木与品种一样具有区域性，评价砧木应按照应用需要而论，通常涉及通过选用砧木来解决的生产问题，就是评价砧木资源优劣的关键标准。如黄瓜抗病、茄科蔬菜抗根结线虫、海涂果树抗盐碱等，依据特殊需要重点选择砧木的有关性状，当然，选择这些性状时必须满足生长健壮、早产、丰产、稳产、优质和容易繁殖等基本需要。主要评价内容如下。

1. 生长势

砧木生长势主要针对砧木的生长潜力，反映其对嫁接后树体生长势的影响。砧穗组合形成包含两个遗传体系的统一体，其生长势强弱实质是砧穗互作的表现，即砧木吸收肥水而影响枝叶生长，枝叶合成与运输光合产物而影响根系发育，不同砧穗组合具有不同影响而具有不同的生长和结果表现，其中生长是基础。可见，评价砧木对嫁接后植株生长影响应考察品种固有的生长势特点和砧木的生长势两个方面。以矮化砧为例，嫁接短枝型品种则植株极度矮化，嫁接普通型品种则表现矮化，从而针对品种设计建园定植密度。另外，矮化砧以自根砧方式或中间砧方式加以利用，矮化效应不一样，通常中间砧表现较为强烈的矮化效应。

2. 繁殖特点

砧木苗应该容易培育，繁殖系数宜大，其决定该砧木推广应用的可能性。实生砧要求种子数量巨大、生命力强、成苗率高、自交系纯合体或能够无融合生殖而易于保持一致的遗传性。自根砧则需要测验生根的难易和繁殖系数大小，一般自根砧来自扦插、分株（根蘖苗）和压条，评价这些繁殖方式时应统计分析成苗率、单位面积苗圃出圃砧木苗数量，从而比较繁殖系数。

3. 嫁接亲和性

嫁接亲和常表现为成活率和成苗率高、嫁接口愈合良好而牢固、砧穗粗度协调、生长势强健、产量高等，这些指标均可作为亲和性优劣的考核指标，而且以多方面综合考核为宜。亲和性不良则常表现为成活率和成苗率低、嫁接口易劈裂且裂口整齐、砧穗粗度不协调、生长衰弱、产量低等。不同砧木嫁接相同品种后，分别比较上述指标，则可以最后综合整体表现而评价砧穗嫁接亲和性优劣。需要引起注意的是，砧穗组合有时表现为后期不亲和，因此，上述指标的观测应作多年乃至于数十年连续观测，才能准确评价砧穗嫁接亲和性。可见，砧木选择是一个试验周期较长的科研工作。

在砧穗嫁接亲和性研究中，要注意到砧木和接穗必须在无致病病毒感染情况下评测，否则，病毒导致生长势衰弱和幼苗夭折，而误判砧穗嫁接亲和力。

4. 抗性与适应性

抗性评价应做到田间调查和试验研究相结合，在灾害季节和年份里趁机调查，评价砧木对树体抗性的影响，设计盆栽或水培、沙培试验研究砧木对抗性的影响。热带园艺植物砧木抗性评价主要研究内容包括温度胁迫（热害和寒害）、水分胁迫（旱、涝、酸雨和盐碱水）、风胁迫（我国热带地区多台风和热带风暴）、土壤胁迫（盐碱性、缺素等）和生物胁迫（致病微生物和虫害）等。主要观测指标如生长指标、危害指数、形态特征变化、电导率、丙二醛含量和活性氧自由基含量等。若需要研究抗逆机理则需要观测光合指标和酶活性如超氧化物酶（SOD）、过氧化物酶（POD）、过氧化氢酶（CAT）等活性。

5. 砧木对接穗产量和品质的影响

这项评价必须作长期、多个生长季连续观测，才能准确评价砧木的栽培效应。需要观测早实性、丰产性、稳产性、园艺产品质量如果实营养和风味品质等。

第二节　砧木比较

经过砧木选择后，对中选砧木继续嫁接品种，在田间连续多年比较砧穗组合的栽培表现，从而筛选出在当地具有推广利用价值的优良砧木，这个研究过程就是砧木比较研究。园艺植物中，果树单株营养面积大，占地多，在我国人多地少的国情下，砧木比较试验客观上难度较大，因此，尽管我国砧木资源丰富，但砧木更新缓慢。

砧木比较试验中，一次试验以 5～10 个为宜，过多则投入人力、物力过大，分散精力，不能保证结果正确性。过少，则工作效率低下，且很难保证能够筛选得到优良砧木。其中应以当前主导砧木为对照，嫁接品种则应以当前主栽或正在热推的品种为宜，育苗时采用相同的嫁接方法，在相同的苗圃地，采用来源、营养状况相同的接穗和年龄、营养水平相同的砧木培育嫁接苗。依据田间实际条件，开展完全随机区组、完全随机、拉丁方试验设计。苗木准备时的数量是供试样本数量的 1～2 倍。

在观测指标上，必须观测的指标主要分为五大类。

1. 亲和性指标

穗砧粗度比。

2. 生长指标

株高、干粗或干周、冠幅、叶片数、新梢生长量等。

3. 产量指标

单株产量或单位树冠体积产量、单位面积土地产量、投产时间、稳产性。

4. 品质指标

果树和果菜上测定单果重、果径、果形指数、果皮色度角、果实可溶性糖含量或可溶性固形物含量、可滴定酸含量、糖酸比或固酸比、Vc 含量、可食率、出汁率、果皮厚度等。其他园艺产品则针对商品性设定观测项目。

5. 抗性

各种气候灾害抗性、抗土壤胁迫和抗病虫性观测，针对有关抗性设计观测项目，与上述砧木选择基本相同。

周开兵等（2004）观测枳和红橘两种砧木的锦橙树高接华红脐橙后生长与结果表现，数据如表 11-4 和表 11-5 所示。

华红脐橙高接在 2 种砧木锦橙树上的生长表现（周开兵等，2004）　表 11-4

砧　木	树高（m）	冠径（m）	新梢生长量（cm）			中间砧粗（cm）	穗粗（cm）	穗砧比
			春梢	夏梢	秋梢			
枳	2.04B	2.03B	14.03B	18.09B	11.56	3.79b	3.18B	18.33
红橘	2.70A	2.60A	16.35A	27.85A	12.82	4.48a	3.78A	18.51

华红脐橙高接在 2 种砧木锦橙树上的结果表现（周开兵等，2004）　表 11-5

砧　木	枳	红　橘
花量效率（朵·m^{-3}树冠）	231.25A	141.25B
株产（kg·株$^{-1}$）	20.02A	2.12B
单果重（g）	0.2683A	0.2118B
果实纵径（cm）	8.56A	7.83B
果实横径（cm）	7.74A	7.23B
果形指数	1.106	1.082
果皮厚度（mm）	0.71	0.61
出汁率	41.90%b	48.23%a
可食率	61.36%	63.29%
可溶性糖含量	14.57%	16.03%
总酸含量	1.04b	1.34a
糖酸比	14.46a	12.04b
Vc 含量（mg·/kg^{-1}果肉）	459.98b	523.26a
果皮红色度（a）	21.40	21.57
果皮黄色度（b）	67.60	68.15
果皮色度比（a/b）	0.32	0.32
果皮亮度（L）	66.27	67.43

由表 11-4 中数据可见，红橘砧明显促进树体生长，各生长指标均显著或极显著高于枳砧的。

可见，枳砧树更容易成花，单株产量更高。枳砧树果实单果重和果实体积均极显著大于红橘砧，枳砧树果实糖酸比显著高于红橘砧树的，总酸含量、Vc 含量和出汁率则显著低于红橘砧的，其余品质指标差异不显著，表明枳砧有利于华红脐橙果实综合品质的提高。因此，在非碱性土壤上，枳砧也是脐橙的优良砧木。

当前，园艺植物品种更新是热点，对于多年生的果树，为了利用现有果树资源和提高果园经济效益，常进行高接换种。这样就涉及中间砧、中间砧/基砧组合比较问题，这也是当前必须开展的研究工作。

对于中间砧/基砧组合比较，可以把这个组合类同于不同砧木作整体比较，而不拘泥于基砧和中间砧的具体效应，开展综合试验研究。试验设计基本类似于上述砧木比较试验，但要注意，这种试验更多的是田间调查（一般不设计田间试验），选择试验材料时应选择嫁接高度、接芽数和基砧粗度基本一致的样树，注意因地制宜地进行小区排列，从而总结出不同品种适宜的基砧/中间砧组合。周开兵等（2003）研究过不同基砧/中间砧组合对长果形纽荷尔脐橙的影响，在试验设计上相对其他研究较为严密，基本按上述要求开展研究，其数据如表 11-6 和表 11-7 所示。

纽荷尔脐橙生长情况（周开兵等，2003）　　　　　　　表 11-6

处　理	罗伯逊脐橙 36/红橘		锦橙/枳		国庆 1 号/枳	
	2001 年	2002 年	2001 年	2002 年	2001 年	2002 年
树高（m）	2.46a	2.72a	2.60a	2.75a	2.53a	2.72a
冠幅（m）	2.34A	2.66b	2.76A	2.63b	2.49B	2.77a
树冠体积（m³）	7.19B	10.05a	9.80A	9.94a	8.24AB	10.88a
春梢生长量（cm）	15.93A	15.40A	12.48B	11.50B	12.10C	11.40B
夏梢生长量（cm）	19.00a	14.72a	17.50b	14.76a	19.00a	14.37a
秋梢生长量（cm）	11.20A	12.06a	9.30B	11.87A	12.40A	9.56B
穗粗（cm）	2.40b	2.86b	2.61b	2.82b	3.03a	3.26a
中间砧粗（cm）	3.66a	4.10ab	3.48b	3.69b	4.20a	4.48a
穗砧增粗率（%）	54.27a	43.28a	33.67b	30.91a	42.56ab	38.68a

纽荷尔脐橙结果的表现（周开兵等，2003）　　　　　　表 11-7

处　理	罗伯逊脐橙 36/红橘		锦橙/枳		国庆 1 号/枳	
	2001 年	2002 年	2001 年	2002 年	2001 年	2002 年
平均株产（kg/株）	4.20b	2.94C	21.39a	11.74B	19.69a	18.87A
平均单果重（kg）	0.282B	0.250C	0.326AB	0.278B	0.345A	0.385A
皮厚（cm）	0.47b	0.51a	0.50ab	0.55b	0.55a	0.55a
可食率（%）	75.20a	67.69a	77.00a	66.23a	74.60a	67.25a
出汁率（%）	46.60a	53.73A	51.40a	50.11B	49.50a	45.71C
果实纵径（cm）	8.92a	8.37C	9.38a	8.89B	9.46a	10.12A
果实横径（cm）	7.76b	7.63C	8.15a	7.82B	8.41a	8.55A
果形指数	1.150a	1.097b	1.152a	1.137b	1.124a	1.184a

处 理	罗伯逊脐橙36/红橘		锦橙/枳		国庆1号/枳	
	2001年	2002年	2001年	2002年	2001年	2002年
可溶性总糖含量（%）	7.47B	11.31B	11.20A	11.91B	7.91B	16.09A
总酸含量（%）	0.41B	0.75B	0.69A	0.81B	0.51B	0.90A
糖酸比	19.0a	14.9a	16.4a	14.9a	16.1a	17.8a
V_c含量（mg/kgFW）	506.65b	372.83b	548.71a	436.29ab	557.14a	515.96a
红色度 a		14.10b		19.14a		20.66a
黄色度 b		57.47b		67.55a		66.77a
红色度/黄色度（a/b）		0.24b		0.28b		0.31a
亮度（L）		62.46C		71.20A		68.89B

由表11-6、表11-7数据可见，对罗伯逊脐橙36/红橘（TA）、锦橙/枳（TB）和国庆1号温州蜜柑/枳（TC），（3种不同的中间砧/基砧组合）高接纽荷尔脐橙后连续两年的田间试验研究结果表明，TA伸长生长比TB和TC强，加粗生长按TB、TC、TA顺序减弱，TA枝条较直立；TA树冠体积增幅和增长率最大，生长势最旺。TA产量、果实综合品质不及TB和TC；TB与TC的产量差异趋势有年际间的差别，而果实品质各有优缺点。

对于中间砧研究，选择试验材料时应注意高接换种前树龄和树体营养水平、嫁接高度、中间砧枝龄、接芽数等基本一致，注意合理的单株小区排列，开展田间调查。中间砧对接穗品种和基砧具有双重影响，对接穗影响部分的观测指标基本同上述砧木比较试验，对基砧影响部分需要研究新根生长量、单位体积土壤新根密度和粗度、根系活力以及根系营养变化等。目前，人们研究果树在高接换种中的中间砧影响主要关注于接穗品种，常忽略其对基砧的影响，周开兵等（2004）研究脐橙高接换种时，研究过中间砧对接穗和基砧在有机和矿质营养上的双重效应。其中有机营养数据如图11-2和图11-3所示，可见三种

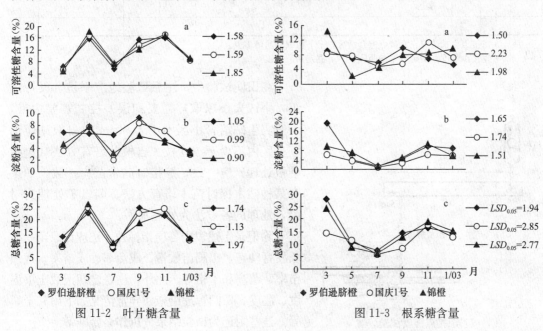

图11-2　叶片糖含量　　　　　图11-3　根系糖含量

注：图例后为 $LSD_{0.05}$ 值。

中间砧在接穗叶片可溶性糖含量、基砧根系淀粉和总糖含量的年动态变化趋势上基本相似，在接穗叶片淀粉含量年动态变化的早期趋势和总糖含量年动态变化的后期趋势、基砧根系可溶性糖含量的年动态变化趋势上有明显的差异；在绝大多数时期里接穗叶片和基砧根系的三种碳水化合物营养含量在不同中间砧之间有明显的差异。说明不同中间砧对接穗和砧木根系存在双重影响。

第三节 繁殖特性研究

能在生产中推广应用的砧木必然是繁殖系数大、来源广、易形成适合嫁接壮苗的砧木资源，因此，某砧木资源是否可以开发利用的基础就是具有良好的繁殖特性。在砧木选择中，专门研究砧木资源繁殖能力的试验一般是田间试验。需要观察的项目如表 11-8 和表 11-9 所示，对取得的观测值作综合分析，评价其繁殖能力。

砧木苗圃记载表（章文才，1995）　　　　　　　　表 11-8

砧木种类	来源	小区号	播种日期	播种量	出苗率（%）	一年生苗（cm）		根系长（cm）	须根多少	一年生苗重（g）		T/R*	生理病害		自然灾害
						苗高	干粗			地上部	地下部		种类	程度	

注：* T/R 即苗木冠/根重量比。

嫁接苗记载表（章文才，1995）　　　　　　　　表 11-9

接穗品种	砧木种类	中间砧		小区号	嫁接日期	嫁接方法	一年生苗（cm）		嫁接点生长*	嫁接点强度*	根系长 cm	一年生苗重（g）		T/R	生理病害		自然灾害
		种类	长度				苗高	干粗				地上部	地下部		种类	程度	

注：* 嫁接点生长情况：嫁接点愈合情况，上下粗细和萌蘖多少。
　　* 嫁接点强度：测定方法参照图 11-4，测定折断强度（kg）。

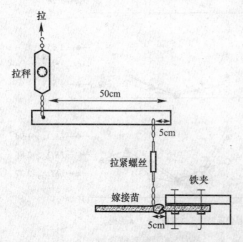

图 11-4　嫁接点强度试验装置
（章文才，1995）

在田间试验中，注意试验地应平坦，设计区组，小区大小以取样需要和误差控制需要为准，一般实生砧培育小区不小于 50cm²，自根砧应保证小区内不少于 100 枝。自根砧培育方法（包括催根处理）应一致，嫁接时砧木苗应一致。如果对某种砧木探讨苗木培育方法，则以不处理为对照，处理的各方法为处理水平。

除记录上述表中各项指标外，还应记录苗木生长发育动态，出圃苗数量、成活率、成苗率、优质苗率、苗高和干粗等。此外，注意定期记载土壤温度、湿度、田间管理措施和异常情况如下雨和干旱等。这些附记为试验结果分析作必要准备。

嫁接强度测定按照图 11-4 所示装置测定。

第四节　砧木生长力鉴定

矮化砧应用于果树和花卉生产有重要意义。前者可提早结实、提高产量和改善品质，增强果园抗灾能力；后者可将乔化高大花卉转型为地被或盆景栽培，扩充花卉用途，提高观赏价值。矮化效果的直接鉴定必须经历多年观测，费时费工，需要建立早期鉴定方法。目前，在苹果矮化砧鉴定上提出了一些方法，但学者们主张应多种方法综合鉴定才较为可靠。对于热带园艺植物矮化砧的鉴定，可参考本文介绍的方法探索构建有效的鉴定方法体系。

一、根皮率测定法

砧木根皮层厚度与其生长势呈负相关，通常用根皮率反映根皮层厚度，于是根皮率越大则植株越矮化。应用根皮率测定法预测矮化砧在苹果上很成功，但在其他果树或木本花卉上则这种相关关系并不稳定，甚至在苹果上也出现一些反常现象，因此，根皮率测定法用于预测矮化砧因树种而异，在不同园艺植物上需要先验证这种生长的相关性是否存在。根皮率计算公式：

$$根皮率 = \left(1 - \frac{a \cdot b}{A \cdot B}\right) \times 100\%$$

（A、B 为根剥皮前垂直方向粗度；a、b 为根剥皮后垂直方向粗度。）

根皮率测定示意图如图 11-5 所示。

测定步骤：

1）挖取一定深度和选择一定粗度的根段；

2）根剥皮前垂直方向粗度；用卡尺在根段中间某截面垂直方向测根粗 A、B；

3）在测根粗截面处剥皮，并在相同截面垂直方向用卡尺测剥皮后粗度 a、b；

4）计算根皮率。

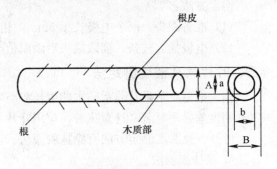

图 11-5　根皮率测定示意图（翁心桐，1964）

注意事项：

1）应用根皮率测定方法预测矮化性，注意根粗应适宜，因植物种类而异，选择根皮率较为稳定的粗度范围内取根段样品。最好在作比较研究时，不同处理（即不同砧木）的根段粗度相同。

2）根皮率测定方法不一定可靠，有时出现反常甚至相反的结果，需要与其他预测方法相结合。

3）用相同方法可测定枝皮率，也可以作矮化砧预测指标。

二、枝条电阻值测定法

前人发现苹果枝条电阻值与生长势正相关，同时与枝皮率极显著负相关，因此，应用枝条电阻值可以预测砧木是否是矮化砧。

采用枝条电阻值测定法预测矮化性，应注意：

（1）枝条粗度与其电阻值呈负相关，因此，在比较研究中，不同砧木处理的枝条粗度应相同。

(2) 枝条电阻值与环境温度有关，因此，在比较研究中，不同砧木处理的枝条应在相同温度条件下测定。

(3) 枝条电阻值还因含水量和季节不同而不同（图 11-6），因此，在比较研究中，不同砧木处理的枝条采样时应在同一时间和树冠相同部位取样。

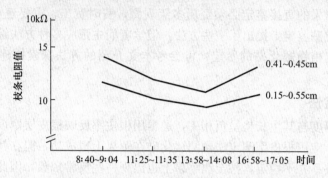

图 11-6　枝条电阻值与取样时间的关系（郑州果树所，1977）

(4) 尽管物理学上电桥测定电阻准确，但是，测定枝条电阻值时因为本方法费时，导致电阻值增大而不稳，反而测定不准确。一般以应用万用电表法测定为宜，本法可读出电阻瞬时值。

测定方法：

(1) 准备测头。两个电极长 1.5mm，相距 15mm。

(2) 电极插入枝条，读取插入后瞬时值。

三、叶片气孔密度测定法

前人报道，苹果营养系砧木的生长势与叶片气孔密度正相关，并且不同年龄植株叶片气孔密度差异不显著。这意味着，应用叶片气孔密度测定方法可以鉴定矮化砧。

叶片气孔密度测定方法有涂抹胶膜法、表皮解离法和蜡叶标本脱皮法。

1. 涂抹胶膜法

按取样要求取叶样；确定叶片取样部位，并在该部位用快干胶涂一层薄膜，1～2 分钟后用镊子去掉干胶膜，则成功去掉叶片茸毛；再次涂抹快干胶薄膜，干燥后带回实验室，取下胶膜，放在干燥载玻片上，盖好盖玻片，低倍镜镜检出密度最大的视野；对高密度视野转换高倍镜检测气孔密度；每样本观察 10 视野，求气孔密度平均值。本法操作简单，但气孔不够清晰。

2. 表皮解离法

按取样要求取叶样；确定叶片取样部位，并在该部位涂抹少许火胶棉，干燥后撕膜以便去掉茸毛；将叶片剪成 1cm×0.8cm 小片，浸入叶片解离液 12～48h，用镊子或拨针轻轻触动叶片，则自行脱落表皮；将表皮移入放有蒸馏水的二重皿中清洗药液；将清洁表皮移到载玻片，用 1% 的番红溶液染色，冲洗后盖好盖玻片，镜检；若事先在载玻片涂少许蛋白胶、脱水，用加拿大树胶封片，则为永久切片。

解离液配方：2% 的铬酸 85mL＋浓硫酸 10mL＋浓硝酸 5mL。

本法气孔观察清晰，既可作临时切片，也可作永久切片保存。

3. 蜡叶标本脱皮法

将砧木叶片压制成蜡叶标本，再用水浸泡标本，很容易就可以剥离表皮，对表皮制片作镜检观察。

气孔密度表示方法：气孔数/视野、气孔数/mm²，由于不同型号显微镜视野面积不一致，换算为单位面积气孔数后，可以打破显微镜限制，因此，建议用气孔数/mm² 表示。

对观测结果影响因子较多，如视野大小差异使气孔密度值有差异，叶脉密度差异影响气孔密度大小；不同采样地点对密度值也有影响。因此，应用气孔密度测定法鉴定矮化砧时，应尽量采用大视野观察，在同一地点采样观察，并用已知生长势的砧木作观测时的参比。

本法在苹果矮化砧鉴定上有一定的实践意义，对于热带园艺植物是否可行，还需进一步验证和完善方法。不管怎样，本法必须与其他鉴定方法相结合。

四、导管面积测定法

前人发现苹果砧木根导管面积与生长势正相关，导管面积比重越大，则越乔化，反之则矮化。导管面积比重的测定方法为：制作根横截面切片；再显微拍照；印像在晒图纸上，然后称图纸重；剪下晒图纸上的气孔像并称重，与图纸总重求比值，即得导管面积比重。

我国学者曾发现苹果砧木根和枝内导管横截面积与砧木树冠体积无相关性；而根和枝内导管密度与砧木树冠体积呈负相关，并且枝导管密度明显大于根。

热带园艺植物砧木的致矮效应是否与导管面积比重或密度有关，作为一种可供参考的思路和方法，值得借鉴、展开研究。

五、叶片栅海比测定法

我国学者在苹果砧木上，发现叶片栅海比与植株树冠体积呈负相关，即叶片栅栏组织越发达，则生长势越弱，矮化性能越好。可以制作叶片断面石蜡切片，显微测量叶片栅栏组织和海绵组织厚度，进行比较研究。在热带园艺植物砧木生长潜力研究中，可以借鉴采用。

第五节　砧穗互作的研究

砧穗在一般情况下是两个不同的遗传体系，二者相互作用不协调，则不能成活或夭折，即不亲和。因此，砧穗亲和是良好互作的基础。不同砧木对相同品种有不同的栽培影响，有一些可以实现高产、优质和高效的栽培目的，而有些则相反，因此，不同砧穗组合之间的互作理论基础和特点是不一样的。在生产中，必须了解砧穗互作机理，才能在正确的理论指导下制订合理的栽培技术。总之，嫁接亲和性和砧穗互作机理是必须展开研究的两大理论问题。值得说明的是，热带园艺植物砧穗嫁接亲和性和互作没有研究，但这个领域的研究工作必须开展，因此，本文将落叶果树和柑橘砧穗互作研究方法加以介绍，为开展热带园艺植物砧穗嫁接亲和性和互作机制研究提供思路和方法上的参考。

一、嫁接亲和力

嫁接亲和力（graft compatibility）指砧穗嫁接能愈合生长和开花结果的能力，其反映砧穗嫁接后相互适应的程度，是嫁接能否成功的基础。嫁接不亲和的基本表现如下：

（1）嫁接不能成活；

（2）嫁接能成活，但不能萌发成苗；

（3）嫁接能萌发成苗，但生长衰弱和早期花芽分化；

（4）嫁接后早期生长发育正常，但几年后生长发育异常而死亡，即后期不亲和；

图 11-7　芒果砧穗
大脚现象

（5）嫁接后，地上部生长异常，叶片畸形、黄化且异常落叶；

（6）嫁接口出现大脚（图 11-7）、小脚、膨大或凹陷等畸形；

（7）嫁接口积累大量木栓化愈伤组织，嫁接口易整齐折断；

（8）砧木发生过多根蘖；

（9）嫁接后形态正常，但引起生理性病害，出现生理不亲和。

可以依据上述嫁接不亲和表现判别嫁接亲和力强弱。由于存在后期不亲和现象，因此，要准确评价砧穗嫁接亲和性需要较长时间，需连续多年田间试验观察。

嫁接亲和力鉴定方法可以直接鉴定，即嫁接后统计成活率，观察生长发育情况，依据上述不良表现的各种可能情况来评价砧穗嫁接亲和力强弱。也可以在生产园圃直接作广泛调查，则可以相对缩短研究时间。还可以走访生产一线的工作人员，利用其经验对嫁接亲和力进行总结。直接法评价嫁接亲和力简单、可靠，但费时长、效率低下。

砧穗嫁接亲和力鉴定可以从嫁接口组织形态解剖结构和生理生化两方面加以研究，当然，最好同时选用以下多种方法作综合鉴定，结果会更可靠和准确。

（1）砧木和接穗形成层细胞分生速度和木栓化细胞积累量可以反映砧穗嫁接亲和力。采用显微观察，作显微测量，在细胞水平上进行鉴定，在萌发生长之前就可以完成鉴定，能缩短研究周期和提高工作效率。

（2）测定砧穗细胞渗透压，若接穗渗透压显著高于砧木则常引起生理障碍，出现嫁接不亲和。

（3）测定嫁接口处淀粉含量，若淀粉含量很高，表明碳水化合物大量积累，反映砧穗在物质运输转移上出现阻滞，引起嫁接不亲和。

（4）测定嫁接口处酚类等有毒物质积累量，若积累量达到毒害水平，则引起植株生长发育异常或死亡，引起嫁接不亲和。

（5）将砧穗外植体进行组织培养，得到愈伤组织后，将砧穗愈伤组织进行融合，制临时切片在光镜下镜检。砧穗愈伤组织能良好融合连接，则说明二者亲和，否则不亲和。

二、砧穗互作

砧木和接穗两大遗传体系相互作用，使得某些砧穗组合嫁接不亲和、某些砧穗组合具有亲和性、某些砧穗组合能够丰产和提高园艺产品品质、某些砧穗组合则产量较低或品质不佳，说明不同的砧穗组合具有不同的互作机制和特点。针对特定的优良品种，有必要选择特定的优良砧木，充分发挥种性，提高经济效益。可见，伴随品种改良，同时必须筛选和改良砧木，因此，砧穗组合互作机制研究是一个长期的研究课题。

砧穗互作机制研究主要从营养物质分配转运和激素代谢协调性上突破。其中前者研究较多，具有成熟的研究方法。核心就是利用同位素示踪技术，观测木质部和韧皮部树液同位素放射性强度，直观反映物质在砧穗中的转运与分配特点，说明砧穗在物质代谢上的协调性。必须是田间试验和盆栽试验相结合，通过田间试验主要研究砧穗在生长和结果上的互作，通过盆栽试验主要研究砧穗在生理上的互作，从而系统、完整地说明砧穗互作机制。

在田间试验条件下，为了避免同位素放射性核污染，以及涉及株数较多和占地面积较大，不宜采用同位素示踪法研究营养物质代谢互作，可以测定营养成分含量展开研究，也能揭示砧穗互作特点。

周开兵等（2005）在柑橘砧穗互作机制研究上，通过观测接穗叶片和砧木根系矿质营养、碳水化合物营养含量，研究砧穗动态变化特点差异，分析年周期内不同生长发育时期变化特点，也能揭示砧穗互作机制中的某些问题。表 11-10 显示砧木根系与接穗叶片氮、磷元素含量的差异，可见不同基砧树的叶片氮、磷含量年变化趋势差异明显；不同基砧根系的氮、磷含量的年变化趋势基本相似；不同基砧的根系与各自叶片的氮、磷含量在年周期内分别不相关；在不同基砧树之间，叶片和根系的氮、磷含量在年周期内的大部分时期里差异明显。即不同遗传特性的两种基砧根系的氮、磷含量的年变化趋势基本相似，但它们使具有相同遗传特性的品种（华红脐橙）/中间砧（锦橙）组合叶片的氮、磷含量年变化趋势产生明显的差异，这个问题需要用砧穗互作机制加以进一步解释，有待研究；另外，本结果对不同砧穗组合树体合理施肥技术的制订有一定的理论指导作用。

两种不同基砧树体叶片与根系 N、P 含量的年变化（mg/g DW）（周开兵等，2005）　　表 11-10

年-月	叶片氮含量		根系氮含量		叶片磷含量		根系磷含量	
	枳	红橘	枳	红橘	枳	红橘	枳	红橘
2002 年 3 月	19.23A	18.37B	11.06B*	6.57B	1.30bc*	1.01C	1.73B**	1.35B
2002 年 5 月	18.65AB*	15.99C	8.81C	12.94A**	2.60a	2.46A	2.72A*	2.13A
2002 年 7 月	16.37B**	13.71D	6.34D*	5.17B	2.36ab	2.13AB	1.83B*	2.26A
2002 年 9 月	18.46AB	20.78A**	14.38A*	12.87A	0.68c	1.03C*	1.26C	1.73B*
2002 年 11 月	12.89C	15.03CD*	15.77A	12.55A	1.70abc	2.79A**	1.86B*	1.55B
2003 年 1 月	16.25B	16.98BC	11.86B	11.65A	1.99ab**	1.47BC	1.67B	1.63B

注：数字后面跟 * 表示两种基砧树体间差异显著（$p < 0.05$）；跟 ** 表示两种基砧树体间差异极显著（$p < 0.01$）；两种基砧树体观测值后都无符号表示差异不显著（$p < 0.05$）。英语字母表示各基砧不同时期间差异情况。

前文已经详述了砧木对接穗生长、结果和抗性影响的研究方法，在此不赘述。前人在苹果上观察到砧木会影响接穗解剖结构，说明在砧穗互作机制研究中比较形态解剖结构也是一个重要的研究内容。接穗对砧木一样产生影响，可以影响根系生长、形态结构和根活力。

周开兵等（2005）研究过柑橘品种对砧木根系生长、根系活力和抗氧化酶系活性的影响，表明不同接穗对砧木影响具有显著差异，结果如表 11-11～表 11-16 所示。可见 Swingle 枳柚和红橘＋粗柠檬的砧粗，易受接穗影响，接穗显著或极显著地影响砧木根系体积；在一般情况下，同一种砧木在不同的接穗处理和未嫁接砧木之间都表现为嫁接后砧木根系活力、超氧化物歧化酶（SOD）和过氧化物酶（POD）活性低于未嫁接砧木或与其差异不显著；存在接穗促进根系过氧化氢酶（CAT）活性升高的现象。

接穗对砧粗的影响（cm）（周开兵等，2005） 表 11-11

	国庆 4 号	耐湿脐橙	不嫁接（对照）
枳	1.53B a	—	1.50B a
Troyer 枳橙	1.79AB a	1.52B a	1.61B a
Swingle 枳柚	1.98A a	1.95A a	1.53B b
红橘＋枳	1.76AB a	1.90A a	1.99A a
红橘＋粗柠檬	1.95A a	1.78AB ab	1.48B b

接穗对砧木根系体积的影响（cm³）（周开兵等，2005） 表 11-12

	国庆 4 号	耐湿脐橙	不嫁接（对照）
枳	930.1B a		987.5A a
Troyer 枳橙	500.1C b	615.6B a	495.4C b
Swingle 枳柚	583.6C b a	619.8B b	1200.5A a
红橘＋枳	903.5B a	791.0A ab	533.7BC b
红橘＋粗柠檬	1826.4A a	656.9B b	895.3ABC b

接穗对砧木根系活力的影响（mg·h^{-1}·g^{-1}FW）（周开兵等，2005） 表 11-13

	国庆 4 号		耐湿脐橙		不嫁接（对照）	
	2002 年	2003 年	2002 年	2003 年	2002 年	2003 年
枳	0.20A a	5.96AB b			0.13C a	8.28B a
Troyer 枳橙	0.20A a	3.55D c	0.14B a	5.58A a	0.17BC a	9.49B a
Swingle 枳柚	0.04C c	4.70C b	0.08C b	2.47C c	0.14C a	12.83A a
红橘＋枳	0.04C b	5.04BC b	0.05D b	3.67B b	0.21B a	10.20B a
红橘＋粗柠檬	0.11B b	6.48A b	0.29A a	1.51D c	0.28A a	5.82C a

接穗对砧木根系超氧化物歧化酶（SOD）活性的影响（×10³U·g^{-1}FW）（周开兵等，2005） 表 11-14

	国庆 4 号		耐湿脐橙		不嫁接（对照）	
	2002 年	2003 年	2002 年	2003 年	2002 年	2003 年
枳	1.52AB a	0.34C b			1.62A a	0.58C a
Troyer 枳橙	1.53A b	0.39B c	2.63A a	0.66A a	1.07C c	0.55C b
Swingle 枳柚	1.45B a	0.42A c	1.95BC a	0.60B b	1.36B a	0.69A a
红橘＋枳	1.59A a	0.40AB c	1.58C a	0.56B b	1.43AB a	0.64B a
红橘＋粗柠檬	1.53A b	0.41AB b	2.21AB a	0.61AB a	1.50AB b	0.63B a

接穗对砧木根系过氧化物酶（POD）活性的影响（U·分钟$^{-1}$·g^{-1}FW）（周开兵等，2005） 表 11-15

	国庆 4 号		耐湿脐橙		不嫁接（对照）	
	2002 年	2003 年	2002 年	2003 年	2002 年	2003 年
枳	337.50B b	216.15BC b			597.23A a	283.33C a
Troyer 枳橙	560.10A a	282.56B c	284.02B b	388.74AB b	295.00B b	564.74A a
Swingle 枳柚	83.33C b	178.39C b	360.47B a	348.22B b	225.00C ab	307.35A a
红橘＋枳	473.61A a	372.83S ab	502.8A a	154.76C b	577.27A a	456.41B a
红橘＋粗柠檬	309.72B ab	264.76B b	231.98C b	419.64A a	355.79B a	184.62D c

接穗对砧木根系过氧化氢酶（CAT）活性的影响（mg·min⁻¹·g⁻¹FW）（周开兵等，2005）

表 11-16

	国庆 4 号		耐湿脐橙		不嫁接（对照）	
	2002 年	2003 年	2002 年	2003 年	2002 年	2003 年
枳	34.78C a	9.04B b			25.93A b	12.75A a
Troyer 枳橙	34.71C a	11.13A b	23.48A b	14.97AB a	11.85C c	12.93A ab
Swingle 枳柚	49.37A a	10.41AB b	11.86C b	15.98A a	14.82B b	11.15B b
红橘＋枳	44.11AB a	7.09C c	11.07C b	13.82B b	14.94B b	11.27B b
红橘＋粗柠檬	10.02BC a	9.30B c	17.42B c	13.91B a	24.84A b	12.08AB b

砧穗互作机制研究主要采用单因素试验。在研究砧木对接穗影响时，以不同砧木为处理水平，以当前主导砧木为对照，盆栽试验采用完全随机试验，田间试验采用完全随机区组试验。研究接穗对砧木的影响，则以不同接穗为处理水平，以已知亲和力良好的接穗为对照，其余试验设计同上述砧木对接穗影响研究。也可以将砧穗互作机制研究设计为双因素试验，田间试验仍采用完全随机区组试验设计，盆栽试验采用完全随机试验设计，借助SAS软件等统计分析软件对数据展开分析，可以分析出砧木对接穗影响、接穗对砧木影响和砧穗互作差异显著性，也能比较特定砧穗组合的差异，值得创新尝试。观测指标主要集中在生长、产量、品质、抗逆性、光合作用、矿质代谢、有机营养运输与分配、激素代谢等诸方面，注意确定合理的具体指标。

三、果树中间砧作用机制

随着品种更新，尤其是果树等多年生植物，为了利用现有果树资源，经常通过高接换种来完成果树品种更新。因此，原品种就变身为中间砧，提出了新的研究课题，即中间砧对树体生长、结果、抗性的影响和中间砧作用机制问题需要研究。当前，人们研究高接换种中的中间砧问题主要集中于中间砧对生长、产量和品质的影响上，可以指导筛选某品种的合理中间砧/基砧组合，但很不深入，有些中间砧/基砧组合通过栽培技术改良还是有希望达到栽培目的的，因此，为了栽培技术改良，必须研究中间砧作用机制。

周开兵等（2004）研究过中间砧对长果形纽荷尔脐橙接穗和枳、红橘基砧的影响，主要观测中间砧对其矿质营养、碳水化合物营养含量和活性氧代谢特点的影响，表明中间砧对接穗和基砧具有双重影响，开启了中间砧作用机制研究的先河，这是一个活跃和有重要意义的研究课题，今后需要加强。

中间砧作用机制研究应采用单因素试验，因为一般这种试验为田间试验，所以采用完全随机区组试验设计为宜。以不同中间砧为处理水平，可以不设对照，直接比较不同中间砧的作用差异。观测指标基本同上述砧穗互作机制。试验材料选择很关键，要求高接换种前树体营养水平基本一致，高接时的高度和接芽数应基本一致。

第六节　案例分析——紫花芒砧木比较试验

以下是原广西农学院黄桂香等开展紫花芒砧木比较试验的基本情况。

研究目的：筛选紫花芒优良砧木。

试验材料：接穗为紫花芒芒果，砧木为海南芒、云南芒和越南芒。

试验方案：以海南芒、云南芒和越南芒为不同处理水平，6 次重复，完全随机区组试验设计，每小区 3 株树，田间试验。

观测指标：

亲和性：嫁接成活率、嫁接口形态描述；

生长：株高、冠径、干周；

产量：单株产量；

品质：单果重、可溶性固形物含量、可食率、风味和色泽描述。

统计分析：（论文中未作介绍）

试验结果见表 11-17、表 11-18。

不同砧木对紫花芒植株生长的影响（黄桂香等，1996）　　　　表 11-17

砧　木	嫁接成活率	砧穗结合情况	株高（cm）	冠径（cm）	干周（cm）
云南芒	89%	大脚	180A	251A	31.0A
越南芒	100%	大脚	159A	232B	26.7B
海南芒	100%	大脚	140A	228B	25.6B

不同砧木对紫花芒产量和果实品质的影响（黄桂香等，1996）　　　　表 11-18

砧　木	株产（kg·株⁻¹）			单果重（g）	可溶性固形物含量	可食率	风　味	色　泽
	1995 年	1996 年	1997 年					
云南芒	24.5	27.4	19.2	215	13.1%	63.3%	酸甜	黄
越南芒	15.0	16.8	19.2	208	13.3%	64.0%	酸甜	黄
海南芒	11.0	14.2	24.6	220	12.9%	63.7%	酸甜	黄

案例分析讨论：

1. 试验设计的合理性怎样？

2. 试验结果如何总结？

习题

1. 设计 5 种砧木的荔枝砧穗亲和性鉴定试验。

2. 设计 5 种砧木龙眼砧穗互作机理试验（田间试验与盆栽试验相结合）。

参考文献

[1] 章文才主编. 果树研究法 [M]. 第三版. 北京：中国农业出版社，1995.

[2] 翁心桐. 渤海湾地区丘陵坡地苹果砧木和育种问题 [M] /山地果树栽培研究. 上海：上海科学技术出版社，1964.

[3] 周开兵，夏仁学，王利芬，王贵元. 3 种中间砧对长果形纽荷尔脐橙树体特性和果实品质的影响 [J]. 华中农业大学学报，2002，21（6）：545-549.

[4] 周开兵，夏仁学，王贵元，吴强盛. 2 种不同中间砧/基砧组合的纽荷尔脐橙树体特征和营养特性

　　　　[J]. 华中农业大学学报，2003，22（3）：260-265.

[5]　周开兵，夏仁学. 纽荷尔脐橙高接在不同基砧/中间砧组合上的栽培效应 [J]. 中国农学通报，
　　　2003，19（5）：67-71.

[6]　周开兵，夏仁学. 红橘基砧/锦橙中间砧/纽荷尔脐橙晚实原因探讨 [J]. 亚热带植物科学，2003，
　　　32（2）：22-25.

[7]　周开兵，夏仁学. 应用多元线形逐步回归分析法研究纽荷尔脐橙高接换种技术初探 [J]. 亚热带植
　　　物科学，2003，32（3）：25-27.

[8]　周开兵，夏仁学，罗中奎. 3种中间砧对纽荷尔脐橙树体生长和部分生理生化指标的影响 [J]. 亚
　　　热带植物科学，2003，32（4）：4-7.

[9]　周开兵，郭文武，夏仁学，胡利明，黄仁华. 两种柑橘体细胞杂种砧木利用价值和砧穗互作生化机
　　　制的探讨 [J]. 园艺学报，2004，31（4）：427-432.

[10]　周开兵，夏仁学，王贵元，吴强盛. 高接在不同基砧的锦橙上的华红脐橙的栽培表现和矿质营养
　　　含量的年变化 [J]. 植物营养与肥料学报，2004，10（2）：182-187.

[11]　周开兵，郭文武，夏仁学，王贵元，沈婷. 不同砧木对脐橙幼树生长和叶片养分含量年变化的影
　　　响 [J]. 植物营养与肥料学报，2004，10（6）：657-662.

[12]　周开兵，郭文武，夏仁学，王贵元，沈婷. 两类柑橘杂种砧木对脐橙（*Citrus sinensis* Osbeck）幼
　　　树生长和叶片糖营养含量年变化的影响 [J]. 武汉植物学研究，2004，22（4）：355-358.

[13]　周开兵，郭文武，夏仁学，黄仁华，胡利明. 柑橘体细胞杂种砧木对脐橙幼树生长和根叶中抗氧
　　　化酶系活性的影响 [J]. 植物生理学通讯，2004，40（5）：540-544.

[14]　周开兵，夏仁学，马钢旗. 两种基砧的锦橙树高接华红脐橙的栽培表现和某些理生化指标的差异
　　　[J]. 华中农业大学学报，2004，23（4）：455-458.

[15]　周开兵，夏仁学，王贵元，吴强盛. 基砧对锦橙高接华红脐橙生长、结实和树体营养的影响 [J].
　　　上海交通大学学报（农业科学版），2004，22（1）：26-30.

[16]　周开兵，夏仁学，王贵元，吴强盛. 3种不同柑橘中间砧在树体矿质营养含量上的双重效应——
　　　Ⅰ不同中间砧对纽荷尔脐橙叶片矿质营养含量年变化的影响 [J]. 中国农学通报，2004，20（1）：
　　　178-181.

[17]　周开兵，夏仁学，王贵元，吴强盛. 3种不同柑橘中间砧在树体矿质营养含量上的双重效应——
　　　Ⅱ不同中间砧对枳基砧根系矿质营养含量年变化的影响 [J]. 中国农学通报，2004，20（2）：
　　　145-148.

[18]　周开兵，夏仁学，王贵元，吴强盛. 不同中间砧对接穗叶片和基砧根系碳水化合物营养含量的影
　　　响 [J]. 亚热带植物科学，2003，33（4）：5-7.

[19]　周开兵，郭文武，夏仁学，王贵元，鲍华兵. 不同中间砧对柑橘幼树生长和叶片糖含量的影响
　　　[J]. 热带亚热带植物学报，2005，13（1）：17-20.

[20]　周开兵，夏仁学. 中国柑橘砧木选择研究进展与展望 [J]. 中国农学通报，2005，21（1）：213-
　　　218.

[21]　周开兵，郭文武，夏仁学，黄仁华，胡利明，刘芙蓉. 5种柑橘砧木某些生理生化特性初报 [J].
　　　华中农业大学学报，2005，24（1）：79-82.

[22]　周开兵，郭文武，夏仁学，王贵元，鲍华兵. 两类杂种砧木资源对柑橘幼树生长和叶片矿质营养
　　　含量的影响 [J]. 西北植物学报，2005，25（2）：293-298.

[23]　周开兵，郭文武，夏仁学，胡利明，黄仁华. 柑橘接穗对砧木生长及若干生理生化特性的影响
　　　[J]. 亚热带植物科学，2005，34（3）：11-14.

[24]　周开兵，郭文武，夏仁学，胡利明，黄仁华，杨荣根. 两类柑橘杂种砧木对脐橙幼树生长及若干
　　　生理生化指标的影响 [J]. 亚热带植物科学，2005，34（4）：25-27.

[25] 周开兵，黄仁杰，夏仁学，黄耀雄. 两类柑橘杂种砧木对国庆四号温州蜜柑幼树的影响 [J]. 贵州科学，2005，23（增刊）：73-76.

[26] 周开兵，夏仁学. 柑橘砧穗生理互作研究进展及展望 [J]. 中国农学通报，2006，22（2）：239-245.

（编者：周开兵、王明元）

第十二章　热带园艺产品贮藏保鲜的研究

我国南方热带、南亚热带地区园艺产品资源丰富,品质优良,深受消费者喜爱。近年来热带园艺产品发展迅速,不仅满足本地消费者的需求,许多产品还北运和出口。但热带园艺产品普遍不耐贮运,在贮运过程中损失腐烂率高达30%。因此,加强热带园艺产品贮运保鲜技术的系统研究对于实现我国热带、南亚热带园艺产业的健康发展和升级具有重要的现实意义。

第一节　热带园艺产品贮藏保鲜研究概述

热带园艺产品主要包括热带水果、冬季蔬菜和热带花卉。主要热带水果如香蕉、芒果、番木瓜、荔枝和龙眼等主要成熟于温暖湿润的季节,呼吸代谢旺盛,易发贮藏期病害;热带水果果皮较薄、果肉软而多汁,形态学上极不耐贮藏。热带蔬菜主要是冬季栽培,时值我国北方大陆地区新鲜蔬菜淡季,在北方市场畅销,因时值寒冬而贮藏保鲜较为容易。热带南亚热带作为鲜切花利用的花卉种类繁多,产量高,国内销售市场广,已形成较为成熟的鲜切花保鲜技术。因此,主要是要加强热带水果的采后生理和贮藏保鲜技术研究。

围绕影响热带园艺产品贮藏保鲜的因素,其采后生理和贮藏保鲜研究的主要内容包括改善园艺产品贮藏性的栽培措施、成熟度的确定、采前预处理、采后预处理、贮藏方法和贮藏期病害控制等技术原理与技术创新。其中,针对特定的热带园艺产品的主要贮藏保鲜问题还需重点开展生理基础和克服措施研究,如荔枝果皮褐变和香蕉果实青皮熟等问题。另外,贮藏保鲜研究成果的转化也需要加强研究,因为许多试验所涉及的贮藏保鲜技术仅限于试验条件下的小规模和特定设备,进入厂房和车间,常存在可行性问题。

除改善园艺产品贮藏性栽培技术研究涉及田间试验外,其余试验均在实验室内完成,因此,前者经常采用完全随机区组试验设计,后者经常采用完全随机试验设计。在建立贮藏技术体系时,常设计多种影响条件,为了提高工作效率和了解诸多条件间的互作关系,可以采用正交试验设计方法。

在贮藏保鲜试验设计中,一般的观测指标主要包括直接衡量贮藏保鲜效果的指标和园艺产品品质指标。以水果为例,主要包括好果率、果实重量损失率、果面变化(褐变指数、冻害指数、病情指数等)等直接衡量贮藏效果的指标,另外包括果实的常规品质因素指标如可溶性糖或可溶性固形物含量、酸含量、糖(固)酸比、维生素C含量等。针对某些特定的园艺产品还要观测特殊的指标如人心果果实单宁含量、荔枝果皮花色素苷含量和红肉型番木瓜果肉番茄红素、类胡萝卜素含量等。在涉及技术原理研究时,常测定各种植物激素和其他生理调节物质(如多胺和乙酰水杨酸)含量、呼吸代谢生理指标、与渗透调节有关的生理指标、生理伤害指标(如丙二醛含量和相对电导率)、有关酶的活性等。常见的酶类包括苯丙氨酸解氨酶、多酚氧化酶、超氧化物酶、过氧化物酶、过氧化氢酶等与活性氧代谢有关的酶，还有影响果实硬度的酶（如果胶酶和纤维素酶）和其他酶类（如与色素代谢、糖代谢等有关的酶）。这些生理指标和酶活性变化常能反映园艺产品化学成分和贮藏品质变化的生化机理，从而解释许多采后生理问题与贮藏保鲜方法的技术原理。在采后生理研究中，有时需要对试材进行形态观察，从器官水平到亚显微水平，常见于贮藏期间生理性病害和非生理性病害、形态畸变等研究，通过观察试材形态结构变化来揭示某些采后生理和贮藏技术原理问题。总之，在试验设计中，围绕研究目的和园艺产品的生物学特性、品质特性等合理选择关键观测指标。

由于热带园艺产品在贮藏过程中，涉及微生物作用引起腐烂，因此，研究热带园艺产品表面微生物群落构成与种类鉴定、接种抑制病原菌的微生物和采用天然无毒的抗菌活性物质处理等也引起研究者的重视。

转基因技术应用于贮藏品质遗传改良是有效的，因此，克隆与改善贮藏性有关的基因及相关基因工程技术研究成为当今的研究热点。克隆的目的基因除用于分子育种达到改善贮藏性的目的外，其还用于采后生理研究，以解释园艺产品贮藏性变化的分子机理。

第二节　热带园艺产品贮藏品质的影响因素试验

影响园艺产品贮藏品质和贮藏效果的因素很多，采前栽培技术、生态环境、产品品质、采收情况、贮藏条件和贮藏方法等都会对园艺产品的贮藏效果和贮藏品质产生显著影响。只有采收成熟度适当、外界环境条件如氧气、二氧化碳气体和温度、湿度条件合理，才能最大程度地保持产品品质，延长贮运寿命。

一、采收成熟度确定试验

园艺产品的外观和内在品质因成熟度的不同而表现不同，产品成熟度是判断采收期的关键因素之一，也是影响贮藏效果和贮藏品质的内因。在研究采收成熟度对果蔬贮藏特性的影响时，采集不同采收成熟度的热带园艺产品材料是进行试验研究的第一步，而要获得不同采收成熟度的热带园艺产品材料，首先要懂得如何判断其成熟度。

（一）采收成熟度的判断方法

1. 主观法

依据不同热带园艺产品成熟时的外观形态特征来鉴定成熟度是一种简便、直观的鉴定方法。

1）外观色泽

对于多数果实，未成熟果实都呈现绿色，这是因为，幼果时果皮中含有较多的叶绿素，随着果实的生长与成熟，果皮中的叶绿素逐渐降解，类胡萝卜素、花青素等色素逐渐合成，果实显现出固有的鲜艳的颜色。如荔枝未熟时显绿色，成熟时显红色；菠萝未熟时显绿色，成熟时显橙黄色；番木瓜果实的成熟度可以根据果面黄色面积的多少来判断，如果面大于2/3黄为9成熟，大于1/4黄为8成熟，大于1/5黄为6成熟等。

2）形态变化

热带果品从幼果到成熟，其外观形态会发生明显的变化。无论是植株还是产品本身在成熟后都会表现出该产品固有的生长状态，根据经验可以作为判别成熟度的标准。如香蕉果实，未成熟时横切后其横切面呈多角形，成熟后，果实逐渐饱满、浑圆，其横切面呈近圆形（图12-1），因此，可以根据其果实棱角的圆润程度来判断香蕉果实是否成熟，其棱角越明显表明成熟度越低，棱角越圆滑表明成熟度越高。

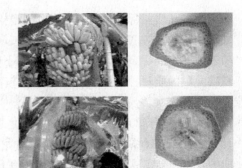

图12-1 不同成熟度的香蕉果实
（上为低成熟度，下为高成熟度）

2. 客观法

1）化学成分分析法

糖和酸的含量是决定果品风味品质的重要因素。园艺产品在成熟发育过程中，其主要的化学物质都会发生巨大的变化。一般情况下，随着园艺产品的成熟，含糖量不断提高，含酸量不断下降。在实际生产中通常测定果实的含糖量（总的可溶性固形物）来作为成熟度判断标准。另外，含糖量与含酸量的比值是决定果实综合风味的重要因素，一般至果实成熟时都可达到其固有的糖酸比值，如巴厘菠萝成熟时的糖酸比值为16.5；鸡心黄皮成熟时的糖酸比值为8.5等。

2）物理性质观测法

通常未成熟的果实坚硬，硬度较大，随着果实成熟，果实逐渐变得柔软多汁。如7成熟日升番木瓜果实的硬度为12N，而9成熟果实的硬度为5N；无刺卡因菠萝9成、8成、7成果实的硬度分别为6N、8N和9N。常用的硬度测定方法是使用果实硬度计测定。

3. 生长周期计算法

每种果树都具有各自的物候期和生长期，每种果品在某个区域从开花到果实成熟的时间相对稳定。不同种类、不同品种的果蔬从开花到成熟有一定的时间。在海南岛，早熟荔枝一般在3月中、下旬成熟，而晚熟荔枝则在7月上中旬成熟；海南地区芒果一般在盛花后120天左右即可成熟等。

4. 其他

根据梗脱离的难易程度、种子颜色和核的硬化程度也可判断某些产品是否成熟。

总之，热带果品的种类繁多，收获的是植物不同的器官，其成熟度的标准难以统一。在生产实践中，应根据产品的特点、采后用途进行全面评价，从而建立其成熟度划分标准。

（二）采收成熟度确定

热带园艺产品采收成熟度的确定，应立足于产品自身的生物学特性、用途和当地环境、技术条件作综合考虑，合理的成熟度应能保证产品具有最佳的食用风味、满足特定用途需要的品质，因此，不同热带园艺产品采收成熟度的确定需要专门研究。一般热带园艺产品需经历跨越时间和空间的贮运，对于香蕉、芒果等需后熟果实和荔枝、龙眼等无后熟果实，可采成熟度要求不一样，需要专门研究其最佳采收期，从而达到长期贮藏、加工和销售的目的。

研究的基本方法为采集不同成熟度样品材料，以不同成熟度为处理，以完熟为对照；采用某种贮藏方法来检测不同处理水平材料的品质变化和贮藏效果差异，并最终选择出品质保持最佳、贮藏效果最好的成熟度。

韩冬梅等（2008）以石硖和古山二号龙眼为试材，研究了果实成熟度与耐贮性之间的关系。根据谢花期（花后85~120天）的长短获得不同成熟度的试验材料。通过对果实成熟期间的品质指标和生理指标的分析测定，得到试验结论：石硖和古山二号龙眼果实最适贮藏的采收成熟度均为完熟前 8.5～9.0 成熟度（10 为完全成熟），约为花后 90～95 天；随着成熟度的提高，果实质量损失率下降，贮藏后好果率也下降；与古山二号龙眼相比，石硖龙眼的质量损失率较低，耐贮性较高，古山二号龙眼耐贮性较低，与其果皮组织结构比石硖疏松有关。

林河通等（2003）以福建省主栽龙眼品种油潭本果实为材料，研究采收期（从 8 月 19 日到 9 月 12 日每隔 4 天采果一次）对龙眼果实品质和耐贮性的影响。结果表明：随着采收期的延迟和果实成熟度的提高（8 月 19 日到 9 月 8 日采收），龙眼果皮颜色由青褐色逐渐变成黄褐色，果实由近长圆球形逐渐变成扁圆球形，果实质量和大小逐渐增加，果皮逐渐变薄而果肉逐渐增厚，果肉可食率、营养品质和食用品质提高。但过熟的龙眼（9 月 12 日采收）果皮变成灰褐色，果实品质下降。可用果皮颜色、果实质量和大小、果皮和果肉厚度、果肉可食率、可溶性固形物、总糖、维生素 C 含量和固酸比值、糖酸比值、食用品质作为确定龙眼果实的采收成熟度参数。供长期贮藏或长距离运输用的龙眼应在 8 月 31 日～9 月 4 日采收，在 30±2℃下贮藏 8 天，好果率为 84.24%～85.07%，失重率为 3.05%～3.20%；在 3±1℃下贮藏 40 天，好果率为 98%～100%，失重率为 0.24%～0.26%。

二、贮藏环境对贮藏品质的影响试验

贮藏环境对园艺产品贮藏品质和贮藏寿命具有重要的影响。这些环境因素主要包括环境温度、环境湿度、氧气和二氧化碳的浓度。在进行贮藏保鲜试验时，对贮藏环境进行科学合理的分析并保持适宜的贮藏环境是搞好贮藏工作的前提。

研究贮藏环境对园艺产品贮藏品质的影响，通常从以下几方面开展研究。

（一）贮藏温度对园艺产品贮藏品质的影响

园艺产品均是植物活器官，采收后在离体状态下并未停止呼吸、水分、激素和物质转运等基本代谢活动。离体条件下园艺产品抗病性减弱，高温多湿环境常诱发各种贮藏期病害。环境温度是影响园艺产品生理活动和病原物活动最重要的生态因子，通过调节环境温度来改变园艺产品的生理代谢强度和方向，达到延长贮藏期的目的。因此，贮藏温度问题是研究的重点。

1. 研究筛选最佳的贮藏温度

根据产品的生态适应性和生理特性，依据文献或预备试验结果，设计一组可能的温度梯度，根据不同温度下产品的品质及生理变化确定最适宜的贮藏温度。热带水果中如香蕉、芒果和菠萝等常需后熟，后熟温度和贮藏温度应合并考虑。例如将 Kensington 芒果贮于 3、7、10 和 13℃下后熟，结果表明：贮于 13℃下的果实在贮藏第一周颜色明显发生变化，贮于 10℃下的果实在贮藏过程中颜色变化缓慢，而贮于 7℃下的果实颜色保持不变，3℃组的果实颜色最差；7～13℃组果实的外部寒害不显著；3℃组存贮 2 周后，果实显示出轻微的寒害症状，在后熟过程中寒害症状更明显，贮藏 3 周后，3℃组的果实后熟前后都受到严重伤害；当降低存贮和后熟温度后，成熟果实中酸含量增加；在 13℃条件下存贮 1 周后果实不能食用；30℃的后熟温度不适于仅贮藏 1 周的果实，因为果实会失去其风味，而 26℃的后熟温度不适于贮藏 3 周的果实；最佳后熟温度是 22℃（对可食性而言）。

2. 冷害等温度逆境的研究

温度是控制生化反应速度的重要因素，在不造成低温伤害的前提下，尽量降低温度，以减弱果实的代谢活动，延缓果实的成熟衰老，这是冷藏的理论基础。生长于热带、南亚热带地区的果蔬产品对低温比较敏感，易发生冷害现象。在进行冷害逆境的研究时，通常进行以下几个方面的研究：①冷害症状表现的研究；②冷害发生温度和持续时间的研究；③冷害发生机理的研究。常设计不同低温处理，观测不同时间里各处理温度的冷害表现和变化（形态畸变和品质劣变），确定低温与时间对冷害程度的影响，通过观测反映冷害伤害的生理指标（见第一节），研究低温冷藏时冷害的机理。

如番木瓜，绿熟果在2℃下贮藏4、8、10或12天，果皮颜色未发生变化，而变形力下降。若贮藏时间增至12天，则冷藏后果皮黄化速率下降，但软化速率无明显变化。从2℃下移出时，只有10天处理组出现冷害症状。2℃下8天处理组移至22℃后第6天出现果皮烫伤状，而2℃下10天处理组在第2天就出现果皮伤害，内部伤害也变得明显；绿熟果的贮藏温度与冷害症状出现的时间呈正相关，临界点（开始出现冷害症状时）天数 y 与冷害低温 x 的线性回归方程为 $y=1.75x+6.85$（$r^2=0.973$），可见，贮藏温度越低，则冷害症状出现的时间越早，表明冷害程度与低温及低温持续时间正相关。

如季作梁等（1998）报道，紫花芒果果实2℃贮藏15天时发生严重的冷害；贮藏前期，还原型谷胱甘肽（GSH）、还原型维生素C（AsA）含量略有上升，说明短期低温胁迫可促使机体提高清除氧自由基能力，以适应不良环境。随冷害时间延长，还原型谷胱甘肽、还原型维生素C含量下降；丙二醛（MDA）、膜透性、氧化型谷胱甘肽（GSSG）和氧化型维生素C（DHA）增加，表明细胞防御能力下降，自由基代谢平衡可能被打破，膜脂过氧化加剧，果实冷害加重；10℃贮藏的芒果，无冷害症状，22天时果实启动成熟，贮藏期间还原型谷胱甘肽、还原型维生素C含量维持较高水平。本试验结果则清晰说明了芒果低温冷害发生时的伤害机理。

（二）环境的相对湿度对果蔬贮藏品质影响的研究

1. 环境的相对湿度对果蔬贮藏品质的影响

新鲜果品的含水量一般在85%～90%，蔬菜含水量在90%～95%，果蔬保鲜的目的从某一个角度来理解，可认为是"保水"，水分散失越多，鲜度降低越快。通常当果蔬的水分散失量大于5%时，就会表现出明显的萎蔫皱缩。因此，多数果蔬贮藏期间要求较高的相对湿度。在贮藏过程中，保持较高而且稳定的贮藏湿度非常重要。

果蔬种类不同，对贮藏相对湿度的要求不同，对于湿度要求较高的果蔬，如叶菜类、果菜类、根菜类的大部分蔬菜，热带水果等可通过薄膜包装、地面洒水、安装加湿装置等措施提高并维持较高的相对湿度。而对要求贮藏湿度低的果蔬，如冬瓜、西瓜、南瓜、洋葱、大蒜、百合等，一是不能采用薄膜包装，二是贮藏场所应经常通风排湿或采取其他除湿措施。

2. 研究方法

在进行相对湿度对果蔬贮藏品质影响的研究时，常从以下几方面进行。

1) 研究包装方法、包装材料对果蔬贮藏品质的影响

产品的包装方法、包装材料对贮藏环境的湿度和产品的水分代谢起着非常重要的调节作用。林诃通等研究了 10 ± 1℃和50%相对湿度贮藏条件下无包装和0.015mm厚的聚乙烯薄膜袋密封包装的福眼龙眼果实果皮失水、果皮褐变和细胞超微结构变化。结果表明，无包装的龙眼果实采后极易失水导致果皮迅速褐变，且褐变随贮藏时间的延长和果皮失水

率的增加而升高，果皮褐变指数与果皮失水率呈极显著正相关（p < 0.01）；在龙眼果皮失水褐变过程中，果皮细胞的细胞器和膜系统的完整性受到严重的破坏；而聚乙烯薄膜袋密封包装则显著减少了果皮失水和抑制果皮褐变，并保持较好的果皮细胞的细胞器和膜系统的完整性。据此认为聚乙烯薄膜袋密封包装抑制龙眼果实失水果皮褐变与其维持细胞器和细胞膜的完整性有联系。

2）涂膜处理对果蔬贮藏品质的影响

涂膜处理通常将蜡（石蜡、蜂蜡、虫蜡）、天然树胶（虫胶）、脂类（棉籽油）、明胶等造膜物质，配成适当浓度的水溶液或乳液，采用浸渍、涂抹、喷布、泡沫和雾化等方法施途于果蔬表面，风干或烘干后会形成一层薄薄的被膜。涂膜处理能够起到延缓衰老、保护组织、美化商品的作用。果蔬涂膜后产品表面形成一层保护膜，可适当阻塞果蔬表皮的气孔和皮孔，减少水分蒸发，调节水分代谢，达到延缓成熟衰老的目的。

在进行涂膜研究时，通常将涂膜剂的种类、涂膜剂的使用浓度、涂膜剂与其他保鲜剂的配合使用等设计为不同处理水平，以不涂膜或某种常规商品化处理为对照，通过观测贮藏品质和贮藏效果差异，比较筛选出合理的涂膜剂、或合理的涂膜剂浓度、或合理的涂膜处理组合。

（三）贮藏环境的通气条件

贮藏环境的通气条件应以能满足园艺产品活器官基本的呼吸活动需要，而最大限度地抑制呼吸损耗为宜。基本上针对不同热带园艺产品的生理活动特点，以确定合理的二氧化碳浓度与氧气浓度比值为基本点，围绕此目的设计不同的气体组成调节技术。气调贮藏法和减压气调贮藏法的基本原理就是调节二氧化碳和氧气浓度比值的贮藏方法。研究通气条件对贮藏效果的影响及其生理影响，通常设计以不同的通气条件（即不同的二氧化碳分压/氧气分压的比值）为处理水平，以正常通气条件或某种传统的通气条件为对照，比较其贮藏品质、贮藏效果、生理状态差异，从而确定不同通气条件的效应，并确定最合理的通气条件及其调节技术。

L. Antonio Lizana（1999）等报道，品种为 Tommy atkins 和 Kent 的两种芒果分别在三种气氛条件下贮藏，气体浓度分别为：0.03％二氧化碳～21％氧气（对照组）、5％二氧化碳～5％氧气（处理组 1）、10％二氧化碳～5％氧气（处理组 2），分别在 0、16、23 天测定果实的有关指标，随后于 20℃下贮存 2～8 天。12℃、10％二氧化碳～5％氧气的气体条件下贮存，可以将品种 Kent 的采后贮存时间提高到 29 天（比对照组多 8 天）；对于品种 Tommy atkins，最好的气调贮存气氛为 5％二氧化碳～5％氧气，其采后贮存时间可达 31 天。

第三节　热带园艺产品贮藏保鲜预处理效果试验

园艺产品采后商品化处理的实质是贮藏保鲜预处理，包括挑选、分级、清洗、预冷、热处理、涂膜、催熟、包装等技术环节。不同种类的园艺产品对采后商品化处理的要求及技术并不相同，只有针对特定的材料，研究和探讨最适宜、最科学的采后商品化处理方法，才能最大限度地保持园艺产品的营养成分、新鲜程度，并能延缓其新陈代谢过程，延长其贮藏寿命，实现优质优价，获得最大的经济效益。园艺产品贮藏预处理也包括采前以改善园艺产品贮藏性为目的的某些处理。因此，这些预处理依据处理时间可以分为采前处理和采后处理；依据处理方法可以分为采前栽培技术处理、物理处理、化学处理、物理化学处理和生物处理等。不同的预处理方法配合不同的贮藏方法，可以进一步延长贮藏保鲜期，是热带园艺产品贮藏保鲜研究的重要内容。

一般研究方法为以预处理为处理水平，以自然状态下的不处理或常见的预处理方法为对照，观测园艺产品品质、贮藏效果和生理状态差异，从而了解各种预处理方法的优点和缺点，确定应用范围和价值。

一、采前处理

采前处理常见的为对园艺产品实施特殊的栽培技术如限制水分供应、调节施肥、套袋等，可以改善园艺产品贮藏性，也可以对果实喷施涂膜剂和某种特殊化学药剂，来延长贮藏保鲜期。

林诃通（2003）等以福建省主栽龙眼品种福眼果实为材料，研究果实采前套袋对龙眼果实品质和采后耐贮性的影响。结果表明：果实采前套袋可明显改善龙眼果实的外观品质；但降低了果肉的可溶性固形物、可滴定酸、维生素C和总糖等营养物质含量，导致龙眼果实甜度下降、风味变淡；果实采前套袋降低了与龙眼果皮褐变密切相关的酚类物质（包括花色素苷、类黄酮和总酚）含量和多酚氧化酶、过氧化物酶的活性，减少了龙眼果实在贮藏期间果皮褐变的发生；同时，果实采前套袋明显减轻由采前病原菌潜伏侵染所致的采后龙眼果实病害，提高果实耐贮性，延长果实贮藏期。

韦剑锋等报道，果园土壤低硼条件下，于龙眼假种皮发育期间，树冠分别喷施1%的氯化钙、0.2%的硼酸、1%的氯化钙＋0.2%的硼酸溶液及清水3次，探讨钙、硼营养对龙眼果实品质及采后耐贮性的影响。结果表明，0.2%的硼酸、1%的氯化钙＋0.2%的硼酸处理显著提高了果实组织硼含量，对增大龙眼果型、提高单果重、增加果实的可食率和果肉糖含量有明显效应，但0.2%的硼酸处理的效果优于1%的氯化钙＋0.2%的硼酸处理，两处理均降低了贮藏期间的果实失重率、提高了好果率，减缓了果肉营养成分的变化；1%的氯化钙处理显著提高了果实组织的钙含量，也改善了龙眼果实的贮藏性，但对果实品质的影响不明显。

二、采后处理

1. 物理处理

园艺产品采后物理处理就是指采用物理方法对园艺产品进行贮藏前的预处理。常见的方法为冷处理、热处理、辐射处理等。近年来，由于热处理具有良好的环保效益，成本较低，而引起业内重视，围绕热处理的研究较多。

热处理是指利用果蔬的热学特性和其他物理化学特性在贮藏前将果蔬置于一定温度的热水、热空气、热蒸汽等热的环境中，处理一定的时间，旨在控制果蔬采后病虫害的发生，降低果实的呼吸作用和乙烯的释放量，延缓果蔬衰老，改善果实品质，达到延长果蔬保鲜期的目的。

目前，国内外通用的热处理方式主要有三种：热水处理、热蒸汽处理和热空气处理。

热水处理：热水浸渍处理是最简单易行的热处理方式。热水处理对于控制水果的真菌性病害相当有效，并且很多果蔬可耐受50~60℃的水温长达10分钟之久。热水喷淋技术是为热处理在商业上的应用而发展起来的，热水喷淋机作为水果分拣线上的一个组成部分，能起到清洗和消毒的双重作用，目前以色列已应用于西瓜等水果的包装。

热蒸汽处理：热蒸汽处理主要用于控制亚热带水果的虫害，其升温速度快慢及时间长短应根据水果的热敏性及负荷密度加以调整，并注意避免热伤害。热蒸汽处理的时间一般比较长，但在现代化的工厂里，往往还配有高速强制通风设备以及精密控温装置，使处理时间得以缩短。在有些国家，热蒸汽处理已经进入商业操作阶段。

热空气处理：热空气处理提出控制温度范围为 38～50℃，处理 5～96 h。热空气处理在改善水果的生理特性，抑制病虫害方面均有潜力。

在确定了热处理的具体方式后，热处理的技术参数则是决定热处理效果的关键因子。热处理的参数主要包括处理温度、处理时间及其两者的合理配合。如贾文君等（2008）研究了采后 50℃热水处理 10 分钟，15 分钟和 20 分钟对红贵妃芒果果实贮藏品质及某些生理性状的影响。结果表明：与对照相比，热水处理能显著抑制贮藏期间红贵妃芒果果实硬度、可滴定酸含量和维生素 C 含量的下降，延缓病情指数、总可溶性固形物含量的上升，维持较高的超氧化物歧化酶活性，抑制丙二醛的积累，改善了红贵妃芒果的贮藏品质，延缓了果实的成熟与衰老。10 分钟和 15 分钟热水处理的效果较好。值得注意的是，不同的产品种类，不同的品种对热处理的敏感性或对热处理的饿反应不同，必须经过多次的实验研究才能确定其最佳的热处理技术参数。

2. 化学处理

园艺产品采后化学处理就是指采用化学物质处理方法对园艺产品进行贮藏前的预处理。常见的方法为生长调节剂处理、消毒剂处理、成膜剂处理和浸钙处理等。近年来，由于化学物质常存在不同程度的毒害，因此，围绕化学处理的技术创新研究较多。如壳聚糖一类的涂膜剂无毒，对环境的危害也基本不存在，这方面的研究较多。

围绕化学处理开展研究，主要研究药剂种类选择、中选药剂合理使用浓度确定、探讨化学药剂安全使用方式和药剂处理后的生理变化等。常以不处理或当前常见药剂处理技术为对照。

苏小军等（2003）报道，香蕉果实先在 6℃下贮藏不同时间后转入常温用 1-甲基环丙烯（1-MCP）处理（处理 1）或先以 1-甲基环丙烯处理后转入 6 ℃下贮藏不同时间，然后在常温下用乙烯利处理（处理 2），结果表明，经 1-甲基环丙烯处理过的果实对乙烯不敏感，后熟过程受抑；而未经 1-甲基环丙烯处理的果实（对照）能够后熟，并有明显的呼吸及乙烯峰出现。

3. 物理化学处理

园艺产品采后物理化学处理就是指采用物理方法和化学物质处理方法相结合，以组合形式对园艺产品进行贮藏前的预处理。如热处理＋防腐保鲜剂处理和热处理＋浸钙处理等。

单独使用热处理的保鲜效果并不理想，国内外诸多研究表明，采后热处理与其他保鲜方法结合，如与乙醇、碳酸钠等安全无毒的保鲜防腐剂结合，与低浓度的钙盐结合，与辐射处理结合，与涂膜技术结合、与乙烯吸收剂及 1-甲基环丙烯等结合起来使用则能达到更好的保鲜效果。彭永宏（1999）研究芒果热处理的保鲜效果表明，52～55℃热水处理 5 分钟结合打蜡处理能降低果实失重 2％～3％，不影响果实可溶性固形物含量，能显著延缓果皮颜色转黄，抑制果皮病斑的发生与发展、降低果实腐烂，其作用比单独热浸处理更显著。再如，胡美娇等（2005）研究了热水和 1-甲基环丙烯处理对芒果贮藏效果的影响，热处理结合 1-甲基环丙烯处理在一定程度上结合了两者的优点，既有效地控制了炭疽病的发生，又延缓了芒果果实的后熟进程，延长了贮藏时间，且对芒果果实的品质无不良影响。

另外，热处理结合化学杀菌剂，热处理后结合乙烯吸收剂包装等产生的保鲜效果都处于热门的研究中。

4. 生物处理

园艺产品采后生物处理就是指采用生物或生物天然产物处理方法对园艺产品进行贮藏前的预处理。如表面接种有益微生物，建立合理的微生物群落，抑制贮藏期病害发生；再如用生物天然产物如中草药醇提取物处理等。一般以不处理或其他常见采后处理为对照。

高兆银等（1999）报道，通过采用 17 种中草药乙醇提取物对芒果炭疽病和蒂腐病的防效研究。结果表明，白芷、砂仁、桂皮、蛇床子、益智 5 种中草药提取物能够明显降低炭疽病的发病率和发病指数，防效均高于扑海因处理（61.67％）；砂仁、大茴香、香附子、蛇床子 4 种中草药提取物处理能抑制蒂腐病的发生，防效均高于扑海因处理（32.62％）。除丁香对芒果果面有轻度灼伤外，其他中草药提取物处理过的芒果的口感、颜色与对照差别不大，果面光洁度和保水性方面都比对照要好，并且贮藏时间也有所延长；砂仁、大茴香对芒果的 2 种采后病害都有较显著的防效，防效稳定，值得进一步研究。

第四节　果蔬产品的催熟试验

果蔬产品的催熟是采后商品化处理的重要环节，是指销售前用人工的方法促使果实成熟的技术。通过催熟处理，可以达到使产品提早成熟上市，产品在销售时成熟度一致，颜色整齐和使果实达到销售标准和最佳商品外观的目的。果实催熟的原理，是利用适宜的温度、湿度或其他条件，以及某些化学催熟物质及气体如酒精、乙烯、乙炔等来刺激果实的成熟作用，以加速其成熟过程。

催熟研究的内容如下。

1. 催熟方法的研究

目前生产上使用的催熟方法有乙烯、丙烯气体催熟，乙烯利溶液催熟，乙炔熏蒸催熟，产品混贮及熏香催熟等。可根据材料特性及试验的具体条件进行催熟方法的比较研究，以筛选出某种材料最适合的催熟方法。

2. 催熟剂使用浓度和催熟条件的研究

在同一种催熟方式下，不同产品种类、不同品种、不同采收成熟度的果蔬，其需要处理的催熟剂浓度、处理的时间差异很大，环境条件不同，特别是环境温度不同，产品催熟的速度和质量也差别甚远，因此必须根据特定的材料进行深入研究后才能给出该产品最佳的催熟技术参数。

3. 催熟试验举例

1）番茄催熟

采摘已显乳白色的绿番茄，经过一系列采后处理后进行贮运，于销售前的 4～5 天进行催熟处理。然后在容器中通入乙烯气体（保持 0.1％浓度），维持温度 20℃。每隔 24h 通风一次，注意番茄色泽的变化。接着在容器底部放水少许，维持约 90％的相对湿度。另取表玻璃一块，上铺纱布并使湿润，然后加入小块电石，随即封闭，维持温度 20℃。每 24h 通风一次，并换电石一块，期间观察番茄色泽的变化。最后将酒精喷于果面，封闭容器并维持 20℃，观察番茄色泽的变化。

  2）香蕉催熟

  采收 7～8 成熟的香蕉，经过一系列采后处理后进行贮运，于销售前的 2～3 天进行催熟处理。然后在密闭的库房中通入乙烯气体，保持 0.1% 浓度，维持温度 20～25℃ 和 90% 以上的相对湿度，经 2～3 天取出。接着取乙烯利溶液或粉剂，配成 500～1000mg/L 的水溶液，把香蕉浸在溶液中约 3～5 分钟，也可把溶液喷淋在果实表面。密闭 2～3 天后取出。以取同样成熟度的香蕉不加处理为对照，放在 20℃ 室温下观察其变化。

  注意：温度不宜太高，保持 20～28℃ 的温度最佳，否则会出现青皮熟现象。湿度不宜太低，否则香蕉难催熟，以 90%～95% 的相对湿度为宜。果实的饱满度越高，对催熟处理越敏感，后熟时间相对较短。但饱满度过高（90% 以上），果实后熟时果皮易爆裂，货架期也较短。

第五节　热带园艺产品贮藏技术试验

  采后的果蔬类产品是活的生命有机体，它的贮藏与保鲜应以维持其生命机体，减弱其呼吸作用，延长贮藏期为主要目标。目前，果品贮藏的技术和方法较多，主要包括常温贮藏、机械冷藏、气调贮藏、减压贮藏、辐射处理贮藏和臭氧处理贮藏等。不同贮藏方式对不同的园艺产品贮藏效果的影响差异较大。选择适宜的贮藏方式直接影响园艺产品的贮藏效果和贮藏寿命。目前，机械冷藏和气调贮藏是使用广泛和贮藏效果较好的两种方法。

一、贮藏方式对园艺产品贮藏效果的影响

  在果蔬贮藏中降低温度、减少氧气含量、提高二氧化碳浓度，可以大幅度降低果蔬的呼吸强度和养分消耗，抑制乙烯的生成，减少病害的发生，延缓果蔬的衰老进程，从而达到长期贮藏保鲜的目的。

  机械冷藏是目前最为普遍的一种贮藏方式。目前欧美等发达国家的果品冷藏量已达到总产量的 80% 以上，而我国部分地区的果品冷藏量还不足 10%。机械冷藏在我国具有很广阔的发展前景。气调贮藏是在冷藏的基础上，把果蔬放在特殊的密封库房内，同时改变贮藏环境的气体成分的一种贮藏方法，与常规贮藏和冷藏相比，气调贮藏的保鲜效果好，贮藏时间长，可以保持果蔬的硬度，减少干耗损失，能抑制叶绿素的分解，有利于长途运输和外销。但气调贮藏也存在成本较高，不能适于所有果蔬，工作人员易发生窒息事故等缺点，因此具有一定的局限性。此外，辐射贮藏、减压贮藏等方式都是国内外研究的热点。

二、贮藏方式对园艺产品贮藏效果的影响试验设计

  在进行贮藏方式对园艺产品贮藏效果的影响试验时，可以进行单一贮藏方式的研究，也可把两种或多种贮藏方式结合起来进行研究，通过分析比较筛选出最好的贮藏方法及其组合。通常有以下设计方法：

  （1）不同贮藏温度试验；

  （2）不同气体配比试验；

  （3）辐射源及辐射剂量试验；

  （4）减压条件及处理时间试验；

（5）机械冷藏、气调贮藏及辐射、减压等贮藏方式综合应用效果试验。

注意选择合理的对照，一般情况下，以自然放置为对照，但是，如果是技术创新，就应当以当前普遍应用的贮藏方式作为对照。

第六节 番木瓜果实贮藏保鲜技术试验案例分析

番木瓜（*Carica papaya* L.）是营养价值和经济价值较高的热带南亚热带水果，深受消费者的喜爱。番木瓜属于呼吸跃变型果实，采后存在明显的果实变黄、软化后熟、发病腐烂等问题。以下是李雯等（2009）研究番木瓜贮藏保鲜的资料。

研究目的：探讨不同的处理方法，包括对照、热水处理、乙烯吸收剂及1-甲基环丙烯等对番木瓜果实采后病害、贮藏品质及保护酶活性的影响。

试验材料：2007～2008年从海口市云龙镇采收番木瓜果实，品种为"日升"（Risheng），成熟度为二～三线黄，单果重300～500g。

试验方案：采收后的果实经过挑选后，分成四份，作四种处理：A为对照（不作任何处理）；B为热处理（50℃热水处理5分钟）；C为乙烯吸收剂（用蛭石吸收饱和的高锰酸钾后晾干）包装处理；D为1-甲基环丙烯处理（$0.5\mu L \cdot L^{-1}$ 的1-甲基环丙烯密闭24h）。处理后将果实放入0.03mm厚的聚乙烯袋中（C处理封口，其余处理不封口），置于室温（平均25℃）下贮藏，每过4天取样分析测定一次。单果为一次重复，每个处理重复三次。由于A、B处理果实贮藏至第16天时已全果溃烂，故取样分析到16天结束。

测定内容与方法：

果实病情指数按照炭疽病斑面积的大小分级并计算；果实硬度使用GY-1型果实硬度计（黑龙江牡丹江机械厂制造）测定，测头直径5mm，长10mm，每个果测3个值，平均值为该果的硬度（$kg \cdot cm^{-2}$）；果实含糖量（%）（TSS，总可溶性固形物）用手持折光仪（日产ATAGO型）测定；超氧化物歧化酶（SOD）活性用氮蓝四唑（NBT）光还原法、过氧化物酶（POD）活性用紫外吸收法、丙二醛（MDA）含量用硫代巴比妥酸（TBA）法进行测定。

统计分析：本试验于2007、2008年连续两年进行，试验结果基本一致，以下结果为2007年的试验数据，并采用Sigmaplot8.02软件对其作统计分析。

主要结果：

（1）不同处理方法对番木瓜果实病情指数的影响如表12-1所示。

不同处理方法对番木瓜果实病情指数（%）的影响　　　　　　　　表12-1

时间（天）	A（CK）	B	C	D
0	0.0	0.0	0.0	0.0
4	30.3a	26.5a	0.0c	16.2b
8	40.5a	38.3a	12.2b	24.3b
12	76.7a	68.6a	15.6c	28.5b
16	92.6a	88.5a	18.5c	32.3b
20			28.8b	46.7a

注：同一行不同字母表示差异显著（$p<0.05$）。

（2）不同处理方法对番木瓜果实硬度的影响如图 12-2 所示。

（3）不同处理方法对番木瓜果实含糖量的影响如图 12-3 所示。

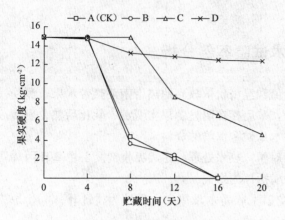

图 12-2　不同处理方法对果实硬度的影响

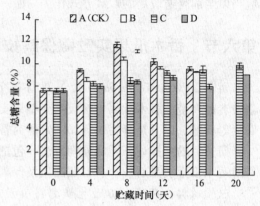

图 12-3　不同处理方法对果实含糖量的影响

（4）不同处理方法对番木瓜果实超氧化物酶活性和过氧化物酶活性的影响如图 12-4 和图 12-5 所示。

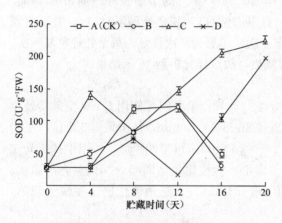

图 12-4　不同处理对果实超氧化物酶活性的影响　　图 12-5　不同处理对果实过氧化物酶活性的影响

讨论：

1. 试验设计的合理性怎样？

2. 就试验结果写一篇科研总结报告。

习题

1. 设计不同采收成熟度（绿熟与黄熟）的芒果果实，经过不同处理方法〔热处理、1-甲基环丙烯（1-MCP）处理等〕，在不同贮藏温度下贮藏效果的比较试验，3 次重复。写出试验设计计划书。

2. 将第五节案例分析的研究结果写成学术论文。

参考文献

[1] 韩冬梅，吴振先，李建光，潘学文，李荣，陈子健. 龙眼果实采收成熟度与耐贮性关系研究〔J〕.

华南农业大学学报，2008，29（4）：12-16.

[2] 贾文君，李雯，邵远志，陈业渊，高爱平. 热处理对红贵妃芒果贮藏品质及保鲜效果的影响 [J].
食品科学，2008，29（12）：722-724.

[3] 胡美娇，高兆银，李敏，杨凤珍，郑服丛. 热水和 1-MCP 处理对芒果贮藏效果的影响 [J]. 果树
学报，2005，22（3）：243-246.

[4] 李雯，谢江辉，邵远志，符青苗，容晓红. 几种处理方法对番木瓜果实贮藏的保鲜效果 [J]. 果树
学报，2009，26（3）：399-402.

[5] 林河通，陈绍军等. 采收期对龙眼果实品质和耐贮性的影响 [J]. 农业工程学报，2003，19（6）：
179-184.

[6] 季作梁，戴红芬，张昭琪. 芒果果实冷害过程中谷胱甘肽和抗坏血酸含量的变化 [J]. 园艺学报，
1998，25（4）：324-328.

[7] L. Antonio Lizana 等. 芒果的气调贮藏 [J]. 热带农业工程，1999，（4）：32-34.

[8] 苏小军，蒋跃明，张昭琪. 1-甲基环丙烯对低温贮藏的香蕉果实后熟的影响 [J]. 植物生理学通
讯，2003，39（5）：437-440.

[9] 彭永红，成文，施和平. 热水结合酸浸处理对荔枝果皮色素含量和酶活性的影响 [J]. 果树科学，
1999，16（2）：92-97.

[10] 高兆银，杨笭，李敏等. 中草药乙醇浸提物对芒果采后病害的防治效果 [J]. 浙江农业科学，
1999，（3）：528-530.

（编者：李　雯、贾文君）

第十三章　热带园艺植物生物技术的研究

21世纪是以生物技术和电脑技术为标志的高新技术时代，生物技术及其基础理论的创新研究是当今生命科学研究的前言和热点。热带园艺植物产业的发展，其品种遗传改良研究是关键，因而，热带园艺植物生物技术研究具有重要的意义。

第一节　热带园艺植物组织培养技术

热带园艺植物组织培养的理论基础是细胞全能性及植物生长调节剂的应用，是园艺植物生物技术最基础的内容之一，发展至今，已在热带园艺植物种质资源保存、培育脱毒苗、提高育种效率、培养转化受体、基础研究和离体快速繁殖方面得到广泛应用，因而必须研究组织培养的相关技术。

一、外植体及消毒试验技术

用于植物组织培养的各种植物材料均可称为外植体，可以是植物的器官如根尖、茎尖、顶芽、腋芽、带芽茎段、叶、叶柄、花（花瓣、花丝、子房壁）、果实、合子胚等，也可以是植物的组织如分生组织、形成层、花药组织、胚乳、皮层等，还可以是植物的细胞如体细胞、生殖细胞或脱去细胞壁的原生质体等。将这些外植体无菌条件下培养在人工配制的培养基上，给予适当的培养条件，使其长成完整植株的过程，就叫植物组织培养或离体培养（Plant culture in vitro）。

不同基因型和部位的外植体、外植体的不同发育阶段和生理状态具有不一样的组培效果，因而一般要选择生长健壮的外植体进行培养。另外，从外界或室内选取的植物外植体，都不同程度地带有各种微生物，这些污染源一旦带入培养基，便会造成培养基污染。因此，植物材料必须经严格的表面灭菌处理，再经无菌操作流程接种到培养基上。植物组织培养常用的消毒液有次氯酸钠、双氧水、75％酒精、84消毒液等，不同类型的消毒剂、浓度和消毒的时间对外植体的消毒效果也不一样。

汤绍虎等（2004）采用3因素、3水平的正交设计（表13-1）研究了雪青梨不同外植体和不同消毒液、消毒时间对成活率的影响。结果表明，参试3因素对梨无菌外植体影响的大小依次为外植体种类、消毒剂种类和消毒时间（表13-2、表13-3，A＞B＞C）。对试验结果进行方差分析和多重比较（表13-4）表明，因素A、B对试验结果的影响达显著水平（$p < 0.05$），经多重比较（LSD法）表明，A1与A2、A3之间差异显著（$p = 0.023$、0.030），因素B水平之间无显著差异，消毒时间长短对试验结果影响不显著。综合各因素水平均值大小和方差分析结果可知，A、B、C因素的最佳水平组合为$A_1B_2C_1$，即以叶片为外植体，用0.1％氯化汞消毒10分钟。

梨正交试验 L_9（3^4）表头设计（汤绍虎，2004）　　　　　表 13-1

水平	因　素		
	外植体（A）	消毒剂（B）	消毒时间（C）/分钟
1	叶片	2%NaClO	10
2	40～50mm 长茎尖	0.1%HgCl$_2$	15
3	带芽节段	2%CaCl$_2$	5

梨正交试验 L_9（3^4）试验结果（汤绍虎，2004）　　　　　表 13-2

处　理	接种外植体数	无菌外植体数	无菌率	$\sin^{-1}\sqrt{x}$ *
1	40	16	40.00%	39.23
2	40	19	47.5%	43.75
3	40	15	37.5%	37.76
4	40	10	25.00%	30.00
5	40	6	15.00%	22.79
6	40	3	7.50%	15.89
7	40	4	10.00%	18.44
8	40	2	5.00%	12.92
9	40	12	30.00%	33.21

注：* 因多数水平的无菌率不在 30%～70% 范围内，为提高显著性检验的精确度，对其进行反正弦转化

L_9（3^4）试验结果的直观分析（汤绍虎，2004）　　　　　表 13-3

因素水平	因　素			
	A	D	B	C
$\overline{k1}$	40.19	29.22	22.68	31.74
$\overline{k2}$	22.89	26.42	35.59	25.96
$\overline{k3}$	21.52	28.95	26.33	26.89
R	18.67	2.80	12.91	5.78

注：因素内水平极差（R）的大小，说明该因素对试验结果的影响程度

L_9（3^4）试验结果的方差分析（汤绍虎，2004）　　　　　表 13-4

变异来源	SS	DF	MS	F	p
A	649.256	2	324.628	45.472 *	0.022
B	265.886	2	132.943	18.622 *	0.050
C	57.751	2	28.876	4.045	0.198
误差	14.278	2	7.139		
总变异	987.171	8			

注：* 显著水平差异

二、培养基选择和组分配比试验

培养基好比土壤，是组织培养中离体材料赖以生存和发展的基础。培养基的基本成分有水、无机营养物、碳源、维生素、生长调节物质和有机附加物等六大物质，目前在有些植物上已试验得到几个基本培养基及配方（表 13-5）。

培养基成分	MS (1962)	White (1963)	N6 (1974)	Miller (1967)	B5 (1968)
NH_4NO_3	1650	—	—	1000	—
KNO_3	1900	80	2830	1000	2500
$(NH_4)_2SO_4$	—	—	463	—	134
KCl	—	65	—	65	—
$CaCl_2 \cdot 2H_2O$	440	—	166	—	150
$Ca(NO_3)_2 \cdot 4H_2O$	—	300	—	347	—
$MgSO_4 \cdot 7H_2O$	370	720	185	35	250
Na_2SO_4	—	200	—	—	—
KH_2PO_4	170	—	400	300	—
$FeSO_4 \cdot 7H_2O$	27.8	—	27.8	—	27.8
$Na_2 \cdot EDTA$	37.3	—	37.3	—	37.3
NaFeEDTA	—	—	—	32	—
$Fe_2(SO_4)_3$	—	2.5	—	—	—
$MnSO_4 \cdot 4H_2O$	22.3	4.5	4.4	4.4	—
$MnSO_4 \cdot H_2O$	—	—	—	—	10
$ZnSO_4 \cdot 7H_2O$	8.6	3	1.5	1.5	2
$CoCl_2 \cdot 6H_2O$	0.025	—	—	—	0.025
$CuSO_4 \cdot 5H_2O$	0.025	0.001	—	—	0.025
$Na_2MoSO_4 \cdot 2H_2O$	0.25	0.0025	—	—	0.25
KI	0.83	0.75	0.8	0.8	0.75
H_3BO_3	6.2	1.5	1.6	1.6	3.0
$NaH_2PO_4 \cdot H_2O$	—	16.5	—	—	150
烟酸	0.5	0.3	0.5	—	1
烟酸吡哆醇	0.5	0.1	0.5	—	1
盐酸硫胺素	0.1	0.1	1	—	10
肌醇	100	100	—	—	100
甘氨酸	2	3	2	—	—
蔗糖	30000	20000	50000	30000	20000
pH 值	5.8	5.8	5.8	6.0	5.5

（一）基本培养基选择试验

不同园艺植物及外植体在基本培养基上的组培效果不同。杜启兰（2006）分别使用 MS、B5、N6、H 等四种培养基附加 6-苄基嘌呤（BA）0.6mg · L^{-1} ＋萘乙酸（NAA）0.01mg · L^{-1} ＋白砂糖 3%＋琼脂 7g · L^{-1}，培养丽佳秋海棠，26 天后调查繁殖系数与株高，结果表见表 13-6，繁殖系数在各处理间差异显著 [$F = 4.01 *$，$F_{0.05(3,12)} = 3.49$]，用 LSD 法多重比较得知：以 MS 效果最好，繁殖系数达 7.2，其余依次是 B5、N6、H，说明较高的无机盐浓度，尤其是氮和钾含量较高，比较适合植物生长。

不同培养基对丽佳秋海棠嫩茎形成的影响（杜启兰，2006） 表 13-6

处 理	繁殖系数	株高（cm）
MS	7.2±1.5a	0.6±0.33
B5	6.8±1.5a	0.73±0.22
N6	6.4±1.2b	0.52±0.20
H	6.4±1.5b	0.73±0.10

（二）不同盐分营养试验

不同盐分营养试验多数在基本培养基上进行。赵鹏等（2009）分别使用 1/4MS、1/2MS、

1MS 和 2MS，附加 6-苄基嘌呤（BA）0.3mg·L^{-1}＋糖 30g·L^{-1}＋琼脂 7g·L^{-1}＋活性炭 0.1g·L^{-1} 培养大花蕙兰原球茎，结果无机盐（尤其是大量元素）增加则不利于分化和生根，只有利于形成更多的原球茎，所以原球茎繁殖量随无机盐用量的增加而增加，其中以采用 1/4MS 基本培养基时的繁殖率最高，达 3.95 个，而分化率和生根率低。采用 1/2MS 基本培养基的大花蕙兰的分化率最高。可见，生根率和分化率随无机盐的减少而增加（表 13-7）。

大量元素对大花蕙兰原球茎增殖、分化、生根的影响（赵鹏等，2009）　　　表 13-7

培养基（盐份）	原球茎繁殖量（个）	分化率	生根率
1/4MS	3.95	12.40%	13.40%
1/2MS	3.55	20.20%	30.00%
1MS	3.10	35.80%	36.40%
2MS	3.02	30.20%	38.21%

但吴淑平等（2006）在研究 MS、1/2MS、1/4MS 等三种无机盐对丰花月季生根培养的影响时发现，三种无机盐培养基中不加生长素或加入低浓度的生长素均可促进苗生根，但 1MS 无机盐的生根率为 35%，1/2MS 无机盐的生根率为 90%，1/4MS 无机盐的生根率为 99%，以 1/4MS 无机盐下的生根为最好。两种相反的结果说明，不同基因型外植体需要的生根培养基浓度不同。

（三）碳源及浓度试验

培养的植物组织或细胞，它们的光合作用较弱。因此，需要在培养基中附加一些碳水化合物以供需要。培养基中的碳水化合物通常是蔗糖，有时用白砂糖或葡萄糖。蔗糖除作为培养基内的碳源和能源外，对维持培养基的渗透压也起重要作用，同时还能促进胚状体的发育。赵鹏等（2009）以 MS 为基本培养基，附加 6-苄基嘌呤（BA）0.3mg·L^{-1}＋萘乙酸（NAA）0.5mg·L^{-1}＋琼脂 7g·L^{-1}＋活性炭 0.1g·L^{-1}，同时加入不同浓度的蔗糖，即 10、20、30、40g·L^{-1} 共 4 个配方，研究不同浓度蔗糖对大花蕙兰原球茎增殖、分化、生根的影响，结果表明，蔗糖浓度的高低，对原球茎的增殖不明显，但对分化和生根则有比较显著的影响。糖的浓度从 10～40g·L^{-1}，分化率随糖用量的增加而减少，而生根率则随糖浓度的增加而增加（表 13-8）。

蔗糖浓度对大花蕙兰原球茎增殖、分化、生根的影响　　　表 13-8

蔗糖浓度（g·L^{-1}）	原球茎增殖量（个）	分化率	生根率
10	3.15	54.40%	34.0%
20	3.21	49.00%	36.6%
30	3.10	40.80%	36.8%
40	3.00	24.60%	39.4%

（四）植物生长调节物质种类及浓度配比试验

植物激素是培养基中的关键物质，对组织培养起关键作用。在植物组织培养中，常用的生长调节物质大致包括以下三类：

（1）植物生长素类。如吲哚乙酸（IAA）、萘乙酸（NAA）、2，4-二氯苯氧乙酸（2，4-D）。

（2）细胞分裂素。如玉米素（ZT）、6-苄基嘌呤（6-BA 或 BAP）和激动素（KT）。

（3）赤霉素。组织培养中使用的赤霉素只有一种，即赤霉酸（GA_3）。

许多研究表明，各激素在发挥作用时并不是孤立的，各激素之间、外源激素与内源激素之间的比例，形成了对植物生理活动的调控。对激素物质的种类和浓度组合进行试验筛选，可采用单因子或多因子试验设计，目前在园艺植物组织培养中用得较多的是正交试验设计。

游恺哲等（2003）在研究成龄番木瓜组织培养中，不同的基本培养基及植物生长调节剂6-苄基嘌呤、吲哚丁酸、萘乙酸和赤霉酸，对不定芽继代培养和诱导生根的影响时，所有培养基均用$6g \cdot L^{-1}$琼脂固化，pH 值为 5.8，用常规方法灭菌；分别设计了 L_9（3^4）和 L_{16}（4^4）正交试验设计，试验中各因素水平选择其常见的剂量水平；每次接种 100 个不定芽（20瓶），重复 2 次；接种 4 周后统计结果。结果见表 13-9、表 13-10，可见：①基本培养基和添加 B 因素（6-苄基嘌呤）对不定芽继代培养的增殖系数影响最显著。在含 6-苄基嘌呤 $1mg \cdot L^{-1}$ 的培养基中丛生芽细小，不利于继代培养。②赤霉酸在试验选择的浓度范围内对增殖效果影响不大。③直观分析结果，正交试验获得的增殖优化培养基配方为 $A_2B_2C_1D_3$，即 $3/2MS+6$-苄基嘌呤 $0.5mg \cdot L^{-1}+$赤霉酸 $0.2mg \cdot L^{-1}+Su4\%$。相似地，最优诱根培养基配方为：$A_2B_4C_3D_3$，即 $MS+$吲哚丁酸 $2mg \cdot L^{-1}+$萘乙酸 $0.2mg \cdot L^{-1}+$醋酸 0.2%，不定芽的出根率达 85%。

L_9（3^4）继代培养试验结果与直观分析（游恺哲等，2003） 表 13-9

试验号	A 基本培养基	B 6-BA（mg·L^{-1}）	C GA$_3$（mg·L^{-1}）	D Su	增殖系数
1	MS	0.25	0.2	2%	1.5
2	MS	0.50	0.5	3%	2.9
3	MS	1.00	1.0	4%	3.4
4	3/2MS	0.25	1.0	3%	1.7
5	3/2MS	0.50	0.2	4%	4.7
6	3/2MS	1.00	0.5	2%	2.2
7	1/2MS	0.25	0.5	4%	1.2
8	1/2MS	0.50	0.2	2%	1.5
9	1/2MS	1.00	0.2	3%	1.6
k1	2.6	1.5	2.6	1.7%	
k2	2.9	3.0	2.1	2.1%	
k3	1.4	1.6	2.3	3.1%	
R	1.5	1.5	0.5	1.4%	
主次顺序	1	1	3	2	

L_{16}（4^4）诱导生根试验结果与直观分析（游恺哲等，2003） 表 13-10

试验编号	A，基本培养基	B，IBA（mg·L^{-1}）	C，NAA（mg·L^{-1}）	D，Ac	出根率
1	1/2MS	0	0	0	0
2	1/2MS	0.5	0.1	0.1%	44.6%
3	1/2MS	1.0	0.2	0.2%	80.3%*
4	1/2MS	2.0	0.5	0.5%	61.5%
5	MS	0	0.1	0.5%	0

试验编号	A，基本培养基	B，IBA (mg·L^{-1})	C，NAA (mg·L^{-1})	D，Ac	出根率
6	MS	0.5	0.2	0	47.2%
7	MS	1.0	0.5	0.1%	71.1% *
8	MS	2.0	0	0.2%	85.9% *
9	H	0	0.2	0.2%	8.5%
10	H	0.5	0.5	0.5%	12.5%
11	H	1.0	0	0	65.7% *
12	H	2.0	0.1	0.1%	68.4% *
13	Miller	0	0.5	0.1%	12.5%
14	Miller	0.5	0	0.2%	27.3%
15	Miller	1.0	0.1	0.5%	45.6%
16	Miller	2	0.2	0	75.1% *
K1	46.6	5.3	44.7	47.0% *	—
K2	51.1	32.9	39.7	49.2%	—
K3	38.8	65.7	52.8	50.5%	—
K4	40.1	72.7	39.4	29.9%	—
R	12.3	67.4	13.4	20.6%	—

注：* 表示根系较粗，呈愈伤化组织

需要说明的是，正交设计试验法是否能发挥较好的效果，关键在于参试因子和试验水平范围的正确选择以及适宜的排列组合。试验结果表明各因素的选择水平覆盖了最适的剂量水平。

此外，组培中有时加入有机附加物，最常用的有酪朊水解物、酵母提取物、椰子汁及各种氨基酸等。

三、植物组织培养方式的试验

按照培养基的性质不同，植物组织培养又可分为：①固体培养，即培养基中加入一定的凝固剂（如琼脂）使培养基固化，然后将外植体直接接种到培养基上培养的技术，一般用于组织块、短枝条、茎尖的培养，具有操作方便、通气性好、有毒物质不易扩散等优点。②液体培养，即在液体培养基中直接接种外植体的培养，一般用于细胞、原生质体、胚状体的培养，该培养有利于培养材料与培养基充分接触，但具通气不良、污染易扩散的缺点。③半固体培养，即在液体培养基中加入少量凝固剂而呈半固体状态的培养技术。在利用不同培养基培养大花蕙兰时发现，大花蕙兰原球茎增殖量、分化率、生根率不同（表13-11）。

培养方式对大花蕙兰原球茎增殖、分化、生根的影响　　　　　　　　　　表 13-11

培养方式	原球茎增殖量（个）.	分化率	生根率
固体	2.83	21.05%	87.05%
半固体	3.76	12.56%	67.43%
液体	4.58	4.28%	21.03%

四、植物组织培养接种方式试验

外植体不同,接种方式应不同,且接种方式影响到组培的效率和褐变率。张瑞越等(2009)研究了叶片正放(叶下表面紧贴培养基)和反放(叶上表面紧贴培养基)两种接种方式对丽格海棠组培快繁的影响。结果表明,反放叶片的褐变率远低于正放的,正放叶片随着培养时间的延长,其褐变率逐渐增加,40天后全部褐变;而反放叶片虽然早期随培养时间增加,褐变率逐渐提高,但培养到20天以后,褐变率基本趋于稳定。反放叶片的膨大率远高于正放叶片,反放叶片随着培养时间的延长,其膨大率逐渐增加;而正放叶片在30天以后其膨大率就没有太大变化(表13-12)。

外植体褐变与膨大情况(张瑞越等,2009) 表13-12

叶片接种方式	外植体总数(块)	褐变率				膨大率				
		10天	20天	30天	40天	20天	25天	30天	35天	40天
正放	36	19.4%	50.0%	58.3%	97.2%	5.6%	5.6%	8.3%	8.3%	8.3%
反放	36	8.3%	25.0%	25.0%	27.8%	5.6%	11.1%	25.0%	27.8%	41.7%

谢泽君等(2003)在研究海蜜2号厚皮甜瓜的组织培养和快速繁殖时发现,外植体的处理方式不同,获取无菌实生苗的数量和污染程度明显不一样。种子不剥壳的开始萌发时间最长,成苗率最低,污染率最高。原因是未经剥壳处理的种子吸水速度慢,且要克服种壳阻力才能萌发,而经过剥壳处理且胚根垂直朝下萌发最快,萌发率最高,污染率最低(表13-13)。

此外,在菠萝组培中发现,外植体不同的接种方式对萌芽率也有影响(表13-14)。

外植体的不同处理方式及对获取实生苗的影响(谢泽君等,2003) 表13-13

处理方式	接入外植体(个)	萌发时间(天)	出苗数(个)	成苗率	污染数(个)	污染率
不剥壳,平放	60	6	21	35.0%	11	18.3%
剥壳,平放	66	4	51	77.3%	9	13.6%
剥壳,胚根垂直向下	63	3	53	84.1%	6	9.5%

台农19号菠萝不同接种方式对外植体萌芽率的影响 表13-14

外植体类型	平放型		直放型	
	接种数(块)	萌芽率	接种数(块)	萌芽率
冠芽	21	0.0	55	84.0%
吸芽	20	5.0%	43	82.5%

五、移栽基质筛选

不同移栽基质影响移栽的成活,王芳等(2009)在移栽红妃番木瓜试管苗时,设计了河沙、蛭石、泥炭、河沙+泥炭(1∶1体积比)、蛭石+泥炭(1∶1体积比)等5种基质,统计移栽后的生根率并观察根系生长情况,结果表明:采用河沙作为移栽基质,番木瓜组培苗的成活率仅有55.0%,且根分支少、短,生长差;其余几种基质的移栽成活率都比较高,均在90%左右,而且根分支多、长,生长良好(表13-15,图13-1)。

不同基质对红妃番木瓜组培苗移栽成活率及根质量的影响（王芳等，2009）　**表 13-15**

基 质	移栽成活率	根质量			
		分支	长短	粗细	生长
河沙	55.0%	少	短	粗	较差
蛭石	92.5%	多	长	粗	良好
泥炭	92.5%	多	长	细	良好
河沙＋泥炭	87.5%	多	长	较细	良好
蛭石＋泥炭	90.0%	多	长	较粗	良好

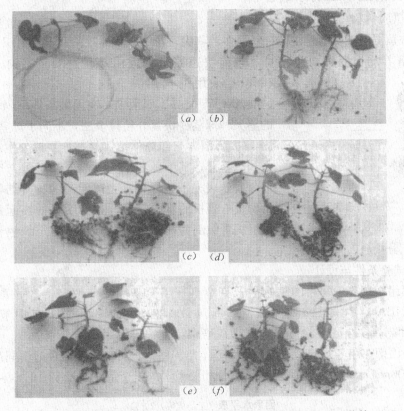

图 13-1　在不同移栽基质中红妃番木瓜组培苗根系生长发育比较（王芳等，2009）
(a) 生根苗（移栽前）；(b) 河沙；(c) 蛭石；(d) 泥炭；(e) 河沙＋泥炭
（体积比为 1∶1）；(f) 蛭石＋泥炭（体积比为 1∶1）

第二节　香蕉试管苗培育技术试验案例分析

"优良无性繁殖系的快速繁殖和试管品种的商品化，是目前植物组织培养和细胞培养在应用上的主流之一。"20 世纪六七十年代以来，国内外组培苗发展很快，建立了多家植物微繁公司，重点繁殖那些经济价值较高的观赏植物，如洋兰、香石竹、月季、安祖花、唐菖蒲、玉簪、蕨类、大花萱草等 30 余种。自 20 世纪 80 年代以来，以商品生产为目的的组培苗年产量以 20%～30% 的速度递增。这些公司年产组培苗在 10 万株以上的约占

50％，大于 50 万株的约占 25％，整个西欧年产试管苗达 20 多亿株。亚洲许多国家组培苗商品化也极为普遍。我国植物组培水平较高，许多单位结合脱毒和微体嫁接进行的微体快繁也初具规模，现已作为一种试验系统广泛应用于科研和生产中。

香蕉试管苗又叫组培苗，在无菌的条件下，取香蕉吸芽苗顶端生长点作为培养材料，在人工控制的环境里，移入有培养基的试管中，经过 3～5 周培养，诱发成苗后，再移入增殖培养基的试管中培养。进行多次的继代增殖后，再把试管芽转入生根壮苗培养基中培养，促试管芽长根、长苗，即长成试管苗。

一、外植体的选取至成芽试验

（一）试验材料

用于香蕉再生植株的外植体材料很多，茎尖、花序、基部叶鞘和根茎组织、假茎薄片等外植体培养均可获得再生植株，当前快速繁殖中应用最普遍的是茎尖。王昌虎等

图 13-2　外植体解剖示意图（王昌虎等，2001）

——顶端分生组
——球茎
——球茎

（2001）采用继代培养 3 次的香蕉（*Musa acuminata* Colla cv. Williams）试管苗，在无菌条件下，剥取试管苗的茎尖和球茎（快繁外植体说法，不同于球茎器官），按图 13-2 解剖为三部分外植体材料：顶端分生组织、球茎Ⅰ和球茎Ⅱ，其中球茎Ⅰ为顶端分生组织与球茎Ⅱ间的部分，外表光滑、绿色，为试管苗的特有结构；球茎Ⅱ指着生有须根的部分球茎，并有明显的突起物；顶端分生组织再纵剖为两部分，暴露出分生组织生长点，使其与培养基充分接触。

（二）试验条件与设计

在香蕉组织培养中常用的植物生长调节剂有苄氨基嘌呤（BAP）、萘乙酸（NAA）、吲哚丁酸（IBA）、2,4-二氯苯氧乙酸（2,4-D）、玉米素（ZT）等，其中苄氨基嘌呤、萘乙酸和吲哚丁酸常见于器官发生途径组培中，且一般使用剂量分别为 5、0.1、1.0～2.0mg/L，因而在培养过程中，配制 MS 基本培养基时，可加入覆盖最适不同剂量水平的激素及各 $300mg \cdot L^{-1}$ 的水解乳蛋白，设计相关激素的正交条件（表 13-16、表 13-17）。

因素水平表（王昌虎等，2001）　　　　　　　　　　　　　表 13-16

水　平	因　素			
	A（BAP）（$mg \cdot L^{-1}$）	B（NAA）（$mg \cdot L^{-1}$）	C（IBA）（$mg \cdot L^{-1}$）	D（外植体）
1	0	0	1.0	球茎Ⅱ
2	3	0.1	1.5	球茎Ⅰ
3	6	0.2	2.0	顶端分生组织

表头设计（王昌虎等，2001）　　　　　　　　　　　　　表 13-17

列号	1	2	3	4	5	6	7	8	9	10	11	12	13
因素	A	B	A×B	A×B	C	A×C	A×C	B×C	C×D	B×D	A×D	A×D	D

按试验的各因素水平数的要求，拟考察的交互作用为 A×B、A×C、A×D、C×D，所需最小试验次数为（3-1）×4＋（3-1）×（3-1）×4+1＝25，故正交表选用三水平的 L_{27}（3^{13}）表，表头设计如表 13-17 所示。在表中列出的其他交互作用列作为参考。

将三种不同的外植体（每个三角瓶 4～5 个）分别接入相应的培养基中，培养室温度设置为 $28\pm2℃$，光照强度约为 $2000lx$，光照周期为每日 $12h$。培养 25 天后，统计每个培养瓶中新诱导出的芽的数目相对于植入外植体的比率，列于正交试验综合试验结果（表 13-18）的最右栏。

正交试验综合试验结果（王昌虎等，2001）　　　　表 13-18

编号	1 A	2 B	3 A×B	4 A×B	5 C	6 A×C	7 A×C	8 B×C	9 C×D	10 B×D	11 A×D	12 A×D	13 D	成苗率
1	1	1	1	1	1	1	1	1	1	1	1	1	1	1/5
2	1	1	1	1	2	2	2	2	2	2	2	2	2	0/5
3	1	1	1	1	3	3	3	3	3	3	3	3	3	4/4
4	1	2	2	2	1	1	1	2	2	2	3	3	3	4/4
5	1	2	2	2	2	2	2	3	3	3	1	1	1	0/5
6	1	2	2	2	3	3	3	1	1	1	2	2	2	0/4
7	1	3	3	3	1	1	1	3	3	3	2	2	2	0/4
8	1	3	3	3	2	2	2	1	1	1	3	3	3	4/4
9	1	3	3	3	3	3	3	2	2	2	1	1	1	0/4
10	2	1	2	3	1	2	3	1	2	3	1	2	3	4/4
11	2	1	2	3	2	3	1	2	3	1	2	3	1	0/4
12	2	1	2	3	3	1	2	3	1	2	3	1	2	0/4
13	2	2	3	1	1	2	3	2	3	1	3	1	2	0/4
14	2	2	3	1	2	3	1	3	1	2	1	2	3	4/4
15	2	2	3	1	3	1	2	1	2	3	2	3	1	0/4
16	2	3	1	2	1	2	3	3	1	2	2	3	1	0/4
17	2	3	1	2	2	3	1	1	2	3	3	1	2	0/4
18	2	3	1	2	3	1	2	2	3	1	1	2	3	4/4
19	3	1	3	2	1	3	2	1	3	2	1	3	2	0/4
20	3	1	3	2	2	1	3	2	1	3	2	1	3	4/4
21	3	1	3	2	3	2	1	3	2	1	3	2	1	0/4
22	3	2	1	3	1	3	2	2	1	3	3	2	1	0/4
23	3	2	1	3	2	1	3	3	2	1	1	3	2	0/4
24	3	2	1	3	3	2	1	1	3	2	2	1	3	2/4
25	3	3	2	1	1	3	2	3	2	1	2	1	3	2/4
26	3	3	2	1	2	1	3	1	3	2	3	2	1	0/4
27	3	3	2	1	3	2	1	2	1	3	1	3	2	0/4
K1	3.2	3.2	2.7	2.7	2.7	3.2	2.7	2.7	3.2	2.7	3.2	2.2	0.2	
K2	3.0	2.5	2.5	3.0	3.0	2.5	2.5	3.0	2.5	2.5	2.0	3.0	0	$T=\Sigma X=8.2$
K3	2.0	2.5	3.0	2.5	2.5	2.5	3.0	2.5	2.5	3.0	3.0	3.0	8.0	$T^2=67.24$
R	1.2	0.7	0.5	0.5	0.5	0.7	0.5	0.5	0.7	0.5	1.2	0.8	7.8	
主次顺序	2	4	5	5	5	4	5	5	4	5	2	3	1	
K_1^2	10.2	10.2	7.29	7.29	7.29	10.2	7.29	7.29	10.2	7.29	10.2	4.84	0.04	
K_2^2	9.00	6.25	6.25	9.00	9.00	6.25	6.25	9.00	6.25	6.25	4.00	9.0	0	
K_3^2	4.00	6.25	9.00	6.25	6.25	6.25	9.00	6.25	6.25	9.00	9.00	9.0	64	$CT=T^2/27=2.49$
ΣK_i^2	23.2	22.7	22.5	22.5	22.5	22.7	22.5	22.5	22.7	22.5	23.2	22.8	64.0	$\mu=\Sigma X/27=0.304$
$K_i^2/9$	2.58	2.52	2.50	2.50	2.50	2.52	2.50	2.50	2.52	2.50	2.58	2.53	7.11	
s	0.092	0.037	0.014	0.014	0.014	0.037	0.014	0.014	0.037	0.014	0.092	0.048	4.626	

（三）结果与分析

正交表 L_{27}（3^{13}）的综合试验结果见表 13-18。为了能直观地判断所研究的四种因素对试验结果的影响程度的相对大小，分别计算出各列的水平之和结果相差的最大值——极差（R 值），得到各因素的主次顺序列。对各考察因素的选择原则是，极差大的因素（包括交互作用）应选择有利于指标的水平；而对于极差小的因素，则可以按照经济方便的原则选取水平。直观上看，D 因素对试验结果的影响程度最大，以下依次是 A、B 和 C。参照表 13-18 的结果，结论为：$A_1B_1C_2D_3$ 为本试验优化获得的直观培养基配方，即在 MS 基本培养基中不附加苄氨基嘌呤和萘乙酸，加吲哚丁酸 $1.5mg \cdot L^{-1}$ 及使用芽的顶端分生组织为外植体，可以获得最高的直接出芽比率。

方差分析的结果见表 13-19，表明因素 A、B、C，交互作用 A×B、A×C、A×D 和 C×D 的效应均达不到显著水平，而只有因素 D 达到极显著水平（$\alpha = 0.01$）。方差分析的结果显示的优化配方为：$A_1B_1C_0D_3$。注意到在表 13-19 中因素 D 和交互作用 A×D 有较大的 F 值，故考虑降低 α 值再进行比较，当取 $\alpha = 0.1$ 的标准时，查 F 表得到 $F_{0.1(2,4)} = 4.32$、$F_{0.1(4,4)} = 4.11$，这样因素 A、D 和交互作用 A×D 均检验出显著性，余者仍不显著。

方差分析表（王昌虎等，2001） 表 13-19

方差来源	离均差平方和	自由度	均方	F 值	显著性
A	$S_A = S1 = 0.092$	2	0.046	6.571	ns
B	$S_B = S2 = 0.037$	2	0.019	2.714	ns
C	$S_C = S5 = 0.014$				
D	$S_D = S13 = 4.626$	2	2.313	330.429	＊＊
A×B	$S_{AB} = S3 + S4 = 0.028$	4	0.007	1.000	ns
A×C	$S_{AC} = S6 + S7 = 0.051$	4	0.013	1.857	ns
A×D	$S_{AC} = S11 + S12 = 0.140$	4	0.035	5.000	ns
C×D	$S_{CD} = S3 + S9 = 0.051$	4	0.013	1.857	ns
e'	$S_{e'} = S10 + S5 = 0.028$	4	0.007		

注：$F_{0.05(2,4)} = 6.94$，$F_{0.05(4,4)} = 6.39$；$F_{0.01(2,4)} = 19.00$，$F_{0.01(4,4)} = 15.98$。＊＊表示极显著性水平，ns 表示无显著性差异。

关于因素 A 和 D 的组合比较的结果显示，A_1D_3 和 A_2D_3 的 K 值最大（等于 1），因此根据经济的原则取 A_1D_3。综合以上结果，最终确定的优化配方为：$A_1B_1C_0D_3$，即在 MS 基本培养基中不附加苄氨基嘌呤、萘乙酸和吲哚丁酸，外植体为芽的顶端分生组织。以此配方为依据，设计试验验证，对照设计为 MS 基本培养基附加香蕉快繁使用的 $5mg \cdot L^{-1}$ 的苄氨基嘌呤，结果处理的成苗率为 100％，对照只有 25.3％。

二、香蕉试管苗的增殖及生根试验

在试管苗的增殖试验中，丰锋等（2007）以巴西香蕉为材料，利用正交试验设计 $L_9(3^4)$ 的方法对植物生长调节剂、蔗糖配比进行优化试验。试验因素水平分别为：6-苄基嘌呤（6-BA）（1.0、3.0、5.0mg·L^{-1}）、腺嘌呤（Ad）（0、5.0、10.0mg·L^{-1}）、萘乙酸（NAA）（0.05、0.1、0.2mg·L^{-1}）、蔗糖（20、40、60g·L^{-1}），每处理接种 15 瓶，每瓶 4~6 块不定芽，2 次重复。20 天后统计 1.0cm 以上、1.5cm 以上不定芽数量及 1.0cm 以上不定芽带叶鞘芽的数量，计算倍增率、叶鞘芽率、有效芽指数。增殖有效芽指数：$I_{b1.0cm} = 1.0cm$ 芽倍增率×（1-带叶鞘芽率），生根有效芽指数：$I_{b1.5cm} = 1.5cm$ 芽倍增率×（1-带叶鞘芽率）。结果见表 13-20，表明蔗糖对 1.0cm 以上和 1.5cm 以上不定芽有效芽指数影响最大，6-苄基嘌呤含量为 1.0mg·L^{-1} 时，增殖有效芽指数（2.08）极显著地高于其他 2 个水平，不加腺嘌呤、萘乙酸 0.05mg・L^{-1}、蔗糖 60g・L^{-1} 的处理增殖及生根有效芽指数均极显著地高于其他 2 个水平。

3 种生长调节剂和蔗糖不同水平增殖、生根有效芽指数分析（丰锋等，2007）　　表 13-20

因素水平	3 种生长调节剂和蔗糖水平							
	增殖有效芽指数				生根有效芽指数			
	6-BA	Ad	NAA	蔗糖	6-BA	Ad	NAA	蔗糖
T1	2.08A	2.06A	2.24A	0.99C	0.92AB	1.18A	1.00A	0.35C
T2	1.77B	1.87B	1.95B	2.17B	0.95A	0.81B	0.95B	1.16B
T3	1.88C	1.79C	1.53C	2.57A	0.90B	0.79B	0.83C	1.26A
极差 (R)	0.32	0.27	0.71	1.58	0.046	0.39	0.17	0.91

参试 4 因子中，不同水平间增殖、生根有效芽指数差异均极显著，而区组间差异不显著。各处理组合间邓肯（Duncan's）多重比较分析表明，组合 6-苄基嘌呤 1.0mg・L^{-1} ＋腺嘌呤 5.0mg・L^{-1} ＋萘乙酸 0.1mg・L^{-1} ＋蔗糖 60g・L^{-1} 对 1cm 以上不定芽增殖效果最好，倍增率为 3.35，增殖有效芽指数为 2.74；而组合 6-苄基嘌呤 3.0mg・L^{-1} ＋萘乙酸 0.1mg・L^{-1} ＋蔗糖 60g・L^{-1} 的 1.5cm 以上不定芽倍增率最高（1.77），生根有效芽指数为 1.56；低浓度的蔗糖（20g・L^{-1}）条件下，不管植物生长调节剂配比如何，有效芽指数均极低，不利于芽的增殖（表 13-21）。

3 种生长调节剂和蔗糖不同组合增殖培养有效芽指数差异检验（丰锋等，2007）　　表 13-21

因素组合				增殖有效芽指数	生根有效芽指数
6-BA (mg・L^{-1})	Ad (mg・L^{-1})	NAA (mg・L^{-1})	蔗糖 (g・L^{-1})		
1.0	5.0	0.1	40	2.7436A	1.0625DE
3.0	10.0	0.05	40	2.6399B	1.1245D
5.0	5.0	0.05	60	2.4398C	1.1967C
5.0	0.0	0.2	40	2.3135D	1.2939B
3.0	0.0	0.1	60	2.2252E	1.5588A
1.0	10.0	0.2	60	1.8450G	1.0226E
1.0	0.0	0.05	20	1.6426H	0.6735F
5.0	10.0	0.1	20	0.8812J	0.2148G
3.0	5.0	0.2	20	0.4389J	0.1602G
CK				2.1790F	1.0957DE

为了优化生根培养基、提高生根率、增强苗的质量，丰锋利用正交试验设计 $L_9(3^4)$ 的方法研究了萘乙酸（NAA）、吲哚丁酸（IBA）、6-苄基嘌呤（6-BA）、激动素 KT（KT）对香蕉不定芽生根及地上部生长的影响（表 13-22）。试验统计植株总数、生根植株数、根数，计算生根率，测量根长、假茎粗（距假茎基部 1cm 处）、假茎高（香蕉假茎基部至第一叶开张处的长度）、苗高（假茎基部至香蕉苗最长叶片之间的距离，并对生根率进行 arcsin$\sqrt{p}$ 代换，然后进行方差分析和多重比较）。结果表明：6-苄基嘌呤对生根率、根长、根数、假茎粗的影响最大（表 13-23、表 13-24）；萘乙酸和激动素 KT 对假茎高、苗高的影响最大（表 13-24）；0.2mg・L^{-1} 的 6-苄基嘌呤有利于提高生根率，增加假茎粗，降低假茎高与苗高，不加 6-苄基嘌呤、激动素 KT 有利于增加根长，但不利于增加根数；

0.2mg·L⁻¹的萘乙酸有利于增加假茎高和苗高，0.4mg·L⁻¹的萘乙酸可增加假茎粗；0.1mg·L⁻¹的激动素 KT 可增加假茎粗，不加激动素 KT 则有利于增加假茎高与苗高。提出生根培养基的理论优化配方萘乙酸 0.2~0.4mg·L⁻¹＋吲哚丁酸 1.5mg·L⁻¹＋6-苄基嘌呤 0.2mg·L⁻¹＋激动素 KT 0.1mg·L⁻¹。

试验因素水平（mg·L⁻¹）（丰锋等，2007）　　　　　　表 13-22

水 平	因　素			
	NAA	IBA	6-BA	KT
1	0.1	0.5	0	0
2	0.2	1.0	0.1	0.1
3	0.4	1.5	0.2	0.2

不同激素水平下生根率、根长与根数的极差分析（丰锋等，2007）　　　表 13-23

激素水平	生根率（%）				根长（cm）				根　数			
	NAA	IBA	6-BA	KT	NAA	IBA	6-BA	KT	NAA	IBA	6-BA	KT
1	99.39A	99.14A	94.88C	99.43A	4.37AB	4.31B	4.74A	4.57A	4.87A	4.80B	4.42C	4.65B
2	97.67B	96.99C	99.21B	98.21B	4.75A	4.21B	4.32B	4.49A	5.04A	4.48C	4.61B	5.02A
3	96.73C	97.67B	99.71A	96.16C	4.25B	4.86A	4.33A	4.32A	4.41B	5.04A	5.29A	4.65B
极差	2.66	2.15	4.83	3.27	0.50	0.65	0.42	0.25	0.63	0.56	0.87	0.38

不同激素配比对生根苗及地上部分生长的影响（丰锋等，2007）　　　表 13-24

激素配比（mg/L）				生根率	根长（cm）	根数	假茎粗（mm）	假茎高（cm）	苗高（cm）
NAA	IBA	6-BA	KT						
0.1	0.5	0	0	99.04%B	4.6B	4.42D	2.57CD	3.64BCDE	6.01AB
0.1	1.0	0.1	0.1	100%A	4.01B	4.66CD	2.51D	3.20F	5.52B
0.1	1.5	0.2	0.2	99.13%B	4.5B	5.53A	2.95B	3.41EF	4.37C
0.2	0.5	0.1	0.2	98.39%C	4.32B	4.79C	2.56D	3.74BCD	5.87B
0.2	1.0	0.2	0	100%A	4.48B	5.14B	2.63CD	3.88B	6.53A
0.2	1.5	0	0.1	94.64%E	5.46A	5.20AB	2.77BC	3.79BC	6.48A
0.4	0.5	0.2	0.1	100%A	4.0B	5.20AB	3.24A	3.57CDE	6.05AB
0.4	1.0	0	0.2	90.96%F	4.15B	3.64F	2.51D	3.50DE	5.80BB
0.4	1.5	0.1	0	99.25%B	4.62B	4.38D	2.86B	4.42A	6.06AB
CK				97.23%D	4.17B	3.98E	3.01B	3.47DE	6.05AB

第三节　原生质体培养及融合技术试验

　　原生质体（protoplast）是去掉细胞壁而裸露的细胞，由于能再生成植株，原生质体在组培快繁、体细胞融合育种和作为遗传转化系统等方面得到广泛应用。

一、原生质体分离与纯化试验

　　1. 不同种类酶及酶的浓度对原生质体分离的影响

　　1960 年，英国人 Cocking 首次采用酶解法从番茄幼苗的根中成功分离原生质体。研究表明，可降解细胞壁、分离原生质体最常用的酶主要有纤维素酶、半纤维素酶、果胶酶等，不同种类、浓度的酶对植物细胞的原生质体分离得率及活力都有影响。

为了研究原生质体最适分离酶的种类及浓度，张学英等（2006）以草莓幼嫩叶片或花药诱导的胚性愈伤组织为材料，使用不同种类和不同浓度的酶组合（表13-25）分离原生质体，分离方法为：各处理酶液均用 CPW 溶液配制，并加入 0.1％的 MES＋0.5％的PVP，以甘露醇作为渗透压调节剂，pH 值为 5.6，经 0.22μm 微孔滤膜过滤灭菌。将酶解材料放入直径 3cm 的平底培养皿中，按材料：酶液为 1：10 的比例加入酶液，用 Parafilm封口；然后置于 25±1℃恒温、静置或低速（30r·分钟$^{-1}$）摇床上进行黑暗酶解；酶解一定时间后，经孔径为 125μm 和 38.5μm 的不锈钢筛网过滤，用 CPW-13％的甘露醇溶液洗涤；将滤液在 10mL 的离心管中离心，吸去上清液，沉淀用 8mL 的 CPW-25％的蔗糖溶液悬浮后，慢慢在蔗糖层上面沿离心管壁加入 2mL 的 CPW-13％甘露醇溶液，离心，小心吸取界面上的原生质体悬浮液于另外一离心管中，加入原生质体培养基离心；沉淀中加入1mL 原生质体培养基悬浮备用，接着用显微镜测定原生质体产量并通过 FDA 染色观察原生质体活力，结果如表 13-25 所示。表明纤维素酶（Cellulase）OnozukaR-10 与混合酶（Macerozyme）R-10 和果胶酶（Pectolyase）Y-23 配合使用的效果优于纤维素酶与果胶酶Pectinase 配合使用的效果；在同一纤维素酶浓度下，随果胶酶浓度的提高，原生质体活力降低，产量先增加而后降低，这可能是由于高浓度的果胶酶对原生质体的毒害和损伤较为严重，从而导致完整的原生质体减少；在同一果胶酶浓度下，纤维素酶浓度在 0.5％～1.0％范围内，原生质体产量和活力随纤维素酶浓度升高而升高。在所试验的酶液组合中，以 1.0％的纤维素酶 OnozukaR-10＋0.5％的混合酶 R-10＋0.05％的果胶酶 Y-23 的酶液组合，原生质体分离效果最好，产量可达 17.02×10^6·g^{-1}·FW，活力达 94.3％。

不同酶液成分对分离草莓悬浮细胞系原生质体效果的影响（张学英等，2006）　　表 13-25

酶代号	纤维素酶	混合酶	果胶酶 Y-23	果胶酶	产量（×10^6·g^{-1}·FW）	活力
1	0.50％	0.25％	0.025％	0	4.57g	95.6％a
2	0.50％	0.50％·	0.050％	0	11.56cd	94.7％ab
3	0.75％	0.75％	0.050％	0	13.71b	91.3％abc
4	0.75％	1.00％	0.050％	0	13.25bc	88.5％bcd
5	1.00％	0.50％	0.050％	0	17.02a	94.3％ab
6	1.00％	0.50％	0.075％	0	15.79a	85.2％cd
7	1.00％	1.00％	0.100％	0	12.38bc	78.2％ef
8	0.50％	0		0.5％	5.69fg	88.7％bcd
9	0.50％	0		1.0％	7.26ef	85.5％cd
10	1.00％	0		0.5％	10.45d	83.4％de
11	1.00％	0.50％		0.5％	7.54e	72.1％f
12	1.00％	0	0.050％	0.5％	8.32e	75.6％f

2. 酶液渗透压对原生质体分离的影响

在分离原生质体的酶溶液内，常加入一定量的渗透稳定剂如甘露醇、山梨醇和氯化钾等，以保持原生质体膜的稳定。但不同浓度的渗透调节剂对原生质体产量和活力有影响。张学英等（2006）在分离草莓原生质体时，使用了不同浓度的甘露醇作稳定剂，表明：当

渗透压为 $0.65\text{mol} \cdot \text{L}^{-1}$（百分比浓度为 12%）和 $0.70\text{mol} \cdot \text{L}^{-1}$（百分比浓度为 13%）时活力和产量分别达最大值，为 94.7% 和 $17.02 \times 10^6 \cdot \text{g}^{-1} \cdot \text{FW}$，随渗透压进一步升高或降低，原生质体产量和活力下降（表 13-26）。

酶液渗透压对分离草莓悬浮细胞系原生质体的影响（张学英等，2006）　　　表 13-26

甘露醇浓度（$\text{mol} \cdot \text{L}^{-1}$）	产量（$\times 10^6 \cdot \text{g}^{-1} \cdot \text{FW}$）	活　力
0.55	9.12d	70.4%c
0.60	13.37bc	19.8%b
0.65	14.95b	94.7%a
0.70	17.26a	93.6%a
0.75	15.18b	78.5%b
0.80	12.39c	36.8%e

注：多重比较采用 SSR 法不同小写字母表示差异达 $\alpha=0.05$ 显著水平。

3. 酶液 pH 值对原生质体的产量和生活力的影响

酶溶液的 pH 值对原生质体的产量和生活力影响很大。用菜豆叶片作培养材料，发现原始 pH 值为 5.0 时，原生质体产生得很快，但损坏较严重，并且培养后大量破裂。当 pH 值提高到 6.0 时，最初原生质体却产生少，但与 pH 值为 5.0 时处理同样时间后相比，原生质体数量显著增加。原始 pH 值提高到 7.0 时生活的原生质体数量进一步增加，损伤的原生质体也少得多。

4. 酶解方式及时间对原生质体产量与活力的影响

不同的酶解方式及酶解时间的长短也影响原生质体的产量和活力（表 13-27）（张学英等，2006）。在本试验所设的浓度范围内，无论是振荡还是静置，原生质体的产量和活力均表现出先增加后降低的趋势。如果酶解时间相同，则缓慢振荡原生质体的产量和活力均比静置酶解高，到达峰值的时间更早。

不同酶解方式和时间对分离草莓悬浮细胞系原生质体的影响（张学英等，2006）　表 13-27

酶解时间（h）	振荡（35～40r/分钟）		静　置	
	产量（$\times 10^6 \cdot \text{g}^{-1} \cdot \text{FW}$）	活力	产量（$\times 10^6 \cdot \text{g}^{-1} \cdot \text{FW}$）	活力
6	2.32g	87.5%bc	0.13h	86.9%c
8	7.43e	89.2%abc	1.26gh	87.1%c
10	13.56b	92.6%ab	2.87g	90.3%abc
12	16.85a	94.2%a	5.38f	93.5%a
14	17.68a	85.7%c	9.45d	84.4%c
16	14.24b	78.9%d	11.57c	76.2%dc
18	10.37cd	72.5%c	10.72cd	71.8%e

注：多重比较采用 SSR 法，不同小写字母表示差异达到 $\alpha=0.05$ 的显著水平。

5. 不同材料来源和继代时间对原生质体产量与活力的影响

起始材料和状态是原生质体分离和培养的重要因素。何业华等（1999）用处于对数生长期的枣树块状愈伤组织及其细切物、细粒状胚性愈伤组织和胚性悬浮培养细胞等四种材料进行原生质体分离，其中悬浮培养细胞、胚性愈伤组织和已细切的块状愈伤组织三者的原生质体分离难易相差不大，均可获得较高的原生质体产量；由悬浮培养细胞所得的原生质体胞质浓厚，液泡化程度较小，原生质体活力最高（表13-28）。

起始材料对枣树原生质体分离的影响（何业华等，2006）　　　　　表 13-28

起始材料	原生质体产量（个·g^{-1}）	原生质体活力
未细切愈伤组织（>3mm）	4.6×10^4	45.3%
已细切愈伤组织（<0.5mm）	3.2×10^6	48.7%
细粒状胚性愈伤组织	3.4×10^6	52.6%
悬浮细胞	3.5×10^6	59.1%

注：酶解时间为16h。

何晓明等（1997）分离了辣椒不同基因型、不同苗龄子叶原生质体结果表明，不同基因型辣椒子叶原生质体的产量与活力无显著差异，而随子叶年龄的增加，原生质体产量与活力呈下降趋势（表13-29）。

不同苗龄辣椒子叶对原生质体分离效果的影响（何晓明等，2006）　　　　　表 13-29

子叶苗龄	原生质体产量（$\times 10^6 \cdot g^{-1} \cdot$ FW）	原生质体活力	具活力原生质体产量（$\times 10^6 \cdot g^{-1} \cdot$ FW）
20	16.44a	57.51%a	9.46a
30	15.70a	53.78%b	8.44b
40	14.02b	52.58%b	7.37c

6. 离心速度和离心时间对原生质体纯化的影响

杨茹等（2010）试验了不同离心速度和离心时间对大蒜胚性悬浮细胞原生质体产量及活力的影响，结果表明，随着离心速度的增加，原生质体产量呈先上升后下降趋势，而活力则呈下降趋势（表13-30）。

离心速度及离心时间对大蒜原生质体纯化的影响（杨茹等，2010）　　　　　表 13-30

离心速度（r/分钟）	离心时间（分钟）	原生质体产量（$\times 10^6 \cdot g^{-1} \cdot$ FW）	原生质体活力
600	3	4.69	82.9%
600	5	9.96	80.3%
600	8	11.57	77.1%
1000	3	16.93	68.3%
1000	5	15.98	78.5%
1000	8	13.77	72.1%
1200	3	14.67	61.9%
1200	5	12.73	55.8%
1200	8	11.02	29.7%

二、原生质体培养试验

将有生活力的原生质体在适当的培养基和培养条件下培养，很快就出现细胞壁再生和细胞分裂的过程。约1～2个月后，通过细胞的持续分裂，在培养基上出现肉眼可见的细胞团。细胞团长到2～4mm左右，即可转移到分化培养基上，诱导芽和根长成完整的植株。

1. 不同培养基和培养方式对原生质体培养的影响

胡家金等将从猕猴桃中分离的原生质体以不同的密度进行液体浅层、固液双层和低熔点琼脂糖包埋三种方法的培养，培养基有 KM_8P、MS 和 MSO（去掉硝酸铵的 MS 培养基）三种，并都附加有 20mL·L⁻¹椰乳、100mg·L⁻¹水解酪蛋白、1mg·L⁻¹的 2,4-二氯苯氧乙酸和 0.025mg·L⁻¹的玉米素，pH 值调至 5.6。结果发现，不同培养基、培养方式原生质体的分裂和生长情况明显不同，采用 KM_8P 培养基和低熔点琼脂糖包埋第一次分裂时间早，分裂频率和植板率高，有利于原生质体的持续分裂和生长（表 13-31）。

3 种培养基的原生质体培养效果（胡家金等，2006）　　　　表 13-31

培养基	第一次分裂的时间（天）	分裂频率	植板率	出现小愈伤组织的时间（天）
KM_8P	6～7	11.3%	2.01%	50～55
MSO	7～8	9.7%	1.42%	60～65
MS	10～12	1.4%	0.13%	75～80

2. 培养密度对原生质体培养的影响

不同培养密度对原生质体的培养具有较大影响。从表 13-32 可看出，平邑甜茶悬浮细胞系分离的原生质体低培养密度时（$0.5\times10^5\cdot mL^{-1}$），分裂频率低，但能形成彼此分开的单个小愈伤组织。当培养密度达 $2\times10^5\cdot mL^{-1}$ 以上时褐化严重，$5\times10^5\cdot mL^{-1}$ 培养密度下观察不到细胞分裂，可能与褐化严重有关（潘增光和邓秀新，2000）。

培养密度对原生质体培养的影响（张学英等，2006）　　　　表 13-32

培养密度（$\times10^6\cdot mL^{-1}$）	分裂频率
0.5	0.08%
1	0.24%
2	0.15%
3	0

3. 不同碳源对原生质体培养的影响

碳源不仅提供原生质体培养需要的能量，且影响培养基的渗透压，对原生质体的分裂具有重要影响。吕长平等（2003）研究表明，高浓度的葡萄糖（$0.5mol\cdot L^{-1}$）或较高浓度的葡萄糖（$0.4mol\cdot L^{-1}$）与低浓度的蔗糖（$0.1mol\cdot L^{-1}$）组合的碳源培养基，有利于草莓原生质体的分裂，植板率达 2% 以上（表 13-33）。

4. 再生步骤对原生质体愈伤芽分化及苗形成的影响

碳源对原生质体培养的影响（吕长平等，2003）　　　　表 13-33

碳源（$mol\cdot L^{-1}$）		分裂频率	植板率
葡萄糖	蔗糖		
0.50	0	11.3%	2.14%
0.45	0.05	11.2%	2.16%
0.35	0.15	9.1%	1.12%
0.25	0.25	8.2%	0.98%
0	0.50	4.7%	0.13%

植物激素影响原生质体来源的愈伤组织的芽的分化及苗的形成，胡家金等将猕猴桃 2～3mm 长的愈伤组织分别采用一步法、二步法进行芽的诱导：

一步法：直接将原生质体来源的 2～3mm 愈伤组织转移到第二分化培养基（MS＋

30mL·L^{-1}椰乳＋400mg·L^{-1}水解酪蛋白＋0.1mg·L^{-1}吲哚乙酸＋1mg·L^{-1}玉米素）上培养。

二步法：先将原生质体来源的 2～3mm 愈伤组织转移到第一分化培养基上（MS＋30mL·L^{-1}椰乳＋200mg·L^{-1}水解酪蛋白＋0.2mg·L^{-1}2,4-二氯苯氧乙酸＋0.1mg·L^{-1}吲哚乙酸＋0.5mg·L^{-1}玉米素）培养 20 天，而后再转移到第二分化培养基上培养。

当原生质体再生的小苗长至 2cm 高时，从茎的基部切下，在 50mg·L^{-1}的吲哚丁酸溶液中浸泡 2～3h，然后接种于 1/2MS＋1％蔗糖＋0.7％琼脂（pH 值为 5.8）的生根培养基中诱导生根。结果表明，采用一步法将原生质体来源的愈伤组织直接转入到高水平细胞分裂素的分化培养基中，愈伤组织在培养过程中多数逐渐变成黑褐色，少数中间变绿、边缘变灰褐色，而通过两步法的培养程序，逐步降低生长素的浓度而相应地提高细胞分裂素的浓度，既保持了愈伤组织有一定的生长，又能使其结构逐渐变得紧密，从而使愈伤组织逐步由生长态转变为分化态，为愈伤组织进行器官分化提供了在激素水平上的一个逐步适应的条件，无论是从不定芽的数目，还是从正常苗的数目上看，两步法都优于一步法（表 13-34）。

再生步骤对原生质体来源的愈伤组织芽分化和苗形成的影响（胡家金等，2006） 表 13-34

再生步骤	愈伤组织数	绿色愈伤组织数	不定芽数	正常苗数
一步法	18	3	4	1
二步法	35	27	31	22

三、原生质体融合技术试验

原生质体融合（protoplast fusion），又叫体细胞杂交（somatic hybridization），指将两种不同的细胞经溶菌酶或青霉素等处理，失去细胞壁成为原生质体后进行相互融合至融合体形成植株的过程。最早在 1970 年，Power 用硝酸钠为诱导剂进行了较大规模的原生质体诱导融合试验，1972 年 Carlson 首次获得粉蓝烟草和郎氏烟草的细胞杂种。在此后的 30 多年里，进行了许多原生质体融合的相关试验，在园艺植物马铃薯、番茄、甘蓝与白菜、澳洲指橘与粗柠檬、脐橙与温州蜜柑、甜橙与枳、油菜与花椰菜、香蕉、荔枝、龙眼、菊科、蔷薇属等上都成功获得了体细胞杂种。下面以电融合法为例，介绍原生质体融合的相关因素试验。

电融合法就是利用低压电流使原生质体极化而排列成串，后利用高频直流脉冲使原生质膜激穿，从而导致两个紧密连接的细胞融合在一起的技术，该法具有无毒害、效率高、操作简便等优点。影响电融合效果的因素有融合液、电融合参数（交流电场强度、作用时间、直流脉冲强度、作用时间、脉冲次数）、原生质体密度及原生质体来源等，因此，在融合试验中必须通过试验获得最佳融合效果的参数。

1. 融合液中不同 Ca^{2+} 浓度及甘露醇浓度对电融合效果的研究

电融合中融合液主要由二水氯化钙（CaCl$_2$·2H$_2$O）、磷酸二氢钾（KH$_2$PO$_4$）、甘露醇或山梨醇组成，孙振久等（2006）在研究甘蓝与萝卜时，使用不同浓度的甘露醇与二水氯化钙配制融合液，电融合结果表明，甘露醇浓度低（0.3mol·L^{-1}），融合率较高，浓度越高，融合率越低；钙离子浓度增加对融合率的影响则呈现先上升后下降趋势，考虑到试验中原生质体的破裂情况，认为 0.5mol·L^{-1}甘露醇浓度和 1mol·L^{-1}钙离子浓度融合效果最好（表 13-35）。

融合液组成对原生质体融合效果的影响（孙振久等，2006）　　表 13-35

甘露醇浓度（mol·L⁻¹）	Ca²⁺浓度（mol·L⁻¹）	融合率
0.3	0	23%
0.3	1.0	36%
0.3	3.0	27%
0.5	0	5%
0.5	1.0	21%
0.5	3.0	12%
0.7	0	3%
0.7	1.0	16%
0.7	3.0	8%

2. 原生质体密度对融合效果的影响

原生质体密度对融合结果有一定的影响，江年琼在进行三白草和鱼腥草融合试验时发现，原生质体密度为 1×10^6 个·mL⁻¹融合液中融合效果最好（图 13-3）。

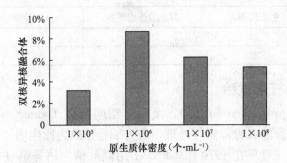

图 13-3　不同原生质体密度下双核异核融合体出现的几率

3. 不同基因型融合对融合效果的影响

原生质体融合效率还与原生质体来源有关，孙振久等使用三个甘蓝品种与两个萝卜品种进行融合，表明在相同融合条件下，不同融合组合的融合率差异不大，但细胞分裂率和杂种愈伤组织获得率有明显不同（表 13-36）。

不同来源原生质体的融合效果（孙振久等，2006）　　表 13-36

代 号	组合（甘蓝×萝卜）	融合率	细胞分裂率	杂种愈伤组织获得率
1	金 100 号×心里美	22%	35%	0.4%
2	金 100 号×宋口大根	19%	23%	0.6%
3	紫甘蓝×心里美	23%	47%	1.2%
4	紫甘蓝×宋口大根	21%	29%	1.0%
5	冬王×心里美	18%	20%	0.2%
6	冬王×宋口大根	20%	8%	0.2%

4. 电融合参数对融合效果影响

原生质体的电融合参数包括交变电场（AC）强度、交变电场作用时间、直流脉冲

（DC）强度、直流脉冲作用时间及脉冲次数，在电融合中为优化这些参数可设计单因子试验。蔡兴奎（2003）对马铃薯原生质体的融合结果表明，在交变电场强度为100V/cm时，原生质体接触紧密，双核融合率达43.3％；交变电场作用时间为20s时，形成的串珠长短适合，双核融合率达场46.2％，加长时间，串珠太长，双核融合率减少，多核融合体明显增加（图13-4a、图13-4b）。直流脉冲强度及脉冲次数对融合频率均有影响（图13-4c、图13-4d），电融合法获得的杂种细胞，经过细胞培养可再生成植株，并对杂种植株进行进一步鉴定。细胞培养各因素试验参考本章第一节，杂种植株可通过形态学、细胞学、分子标记等进行鉴定。

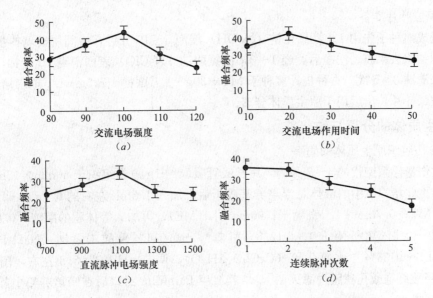

图13-4 交变电场强度（a）、交变电场作用时间（b）、直流脉冲电场强度（c）和
连续直流脉冲次数（d）对马铃薯原生质体双核融合率的影响

第四节 柑橘原生质体培养及融合案例分析

柑橘是我国第一大水果，也是世界上的重要水果，生产上各种生物胁迫和非生物逆境严重制约柑橘的发展，且柑橘具有独特的生殖学特性，如多胚、无融合生殖、雌和（或）雄性败育、童期长、遗传上高度杂合等，导致常规杂交育种方法很难获得柑橘新品种，而细胞融合技术为改良柑橘砧木及接穗品种提供了新思路。

原生质体培养和融合技术在柑橘上的利用最成熟，在Vardi等（1978）首次报道获得沙漠蒂甜橙原生质体再生植株之后，中国、日本和美国学者相继将柑橘原生质体培养成植株。自1985年Ohgawara等采用PEG诱导融合获得首例柑橘属间体细胞/胞质杂种以来，全世界共获得近300例柑橘体细胞杂种。分析发现，这些体细胞杂种有的来自于不同的种属间，如澳洲指橘＋粗柠檬（刘继红等，1999）；有的来自于不同的融合方法，电诱导融合（刘继红等，2000）或化学诱导融合（Vardi et al, 1989）；有的是"愈伤组织原生质体＋叶肉原生质体"的对称融合，有的是"射线＋化学药剂"的非对称融合。本节以金莉（2008）崇义野橘和枳橙融合为例，介绍柑橘的原生质体融合和杂种细胞的培养技术。

一、材料准备

1. 崇义野橘悬浮系的建立

1）将崇义野橘珠心胚用于愈伤组织诱导，诱导培养基为 MT+50g/L 蔗糖+0.7 琼脂；

2）将愈伤组织置于悬浮培养基（MT+0.5g·L^{-1}ME+1.5g·L^{-1}谷氨酰胺+Vc+50g·L^{-1}蔗糖）上培养，继代周期为 8 天，培养条件为光照，28℃左右温度和 115rpm 摇床转速。

2. 枳橙叶片准备

枳橙成熟种子先用 1‰氢氧化钠（NaOH）浸泡 5～10 分钟，中间用玻璃棒搅拌多次以氢氧化钠除去果胶。洗净后，经 1～3% 次氯酸钠（NaClO）表面消毒 10 分钟，再用无菌蒸馏水清洗 3～5 次。去种皮，接种于 MT+30g·L^{-1}蔗糖+7.5g·L^{-1}琼脂培养基上，待新鲜浓绿叶片长出后用于原生质体分离。

二、原生质体的分离与纯化

1. 愈伤组织原生质体的酶解

在愈伤悬浮系继代的 4～7 天内，用长吸管吸取约 1g 愈伤组织于 60mm×15mm 小培养皿中，将此培养皿中的液体悬浮培养基吸干后，加入 1.5mL 左右的 0.7mol·L^{-1}EME 培养基（MT+0.7mol·L^{-1}蔗糖+1500mg·L^{-1}ME），再加入等体积的酶液［0.6%纤维素酶 R-10+0.6%离析酶 R-10+12.8%甘露醇+0.011%磷酸二氢钠（NaH$_2$PO$_4$）+0.12%MES+0.36%二水氯化钙（CaCl$_2$·2H$_2$O），调节 pH 值为 5.8 左右，酶液通过 0.22μm 醋酸纤维微孔滤膜过滤灭菌］，培养皿用 ParaFilm 封口后在暗培养箱中静置酶解 16～20h。

2. 叶肉原生质体的酶解

取 MT 培养基上充分展开且灭过菌的叶片，用无菌手术刀片将叶片切成一 1～2mm 的条状，然后放入预先加入了 1.5mL 左右的 0.6mol·L^{-1}的 EME（MT+0.7mol·L^{-1}蔗糖+1500mg·L^{-1}ME）培养基的 60mm×15mm 培养皿中，最后加入等体积的酶液（0.75%纤维素酶 R-10+0.75%离析酶 R-10+12.8%甘露醇+0.011%磷酸二氢钠+0.12%MES+0.36%二水氯化钙，调节 pH 为 5.8 左右，酶液通过 0.22μm 醋酸纤维微孔滤膜过滤灭菌），培养皿用 PariFilm 封口后在暗培养箱中静置酶解 16～20h。

3. 酶解后原生质体纯化

酶解完成后的原生质体通过孔径为 45μm 的不锈钢筛网过滤，以除去残留材料和大细胞团，然后用 CPW13（配方见表 13-37）洗涤筛网以充分收集原生质体；将滤液倒入 10mL 的离心管中离心 7～8 分钟，弃上清液，将沉淀物与 1.0mL 的 CPW13 混匀，然后将此混合液用吸管轻轻地转移到预先加入了 3mL 的 CPW26（配方见表 13-37）的 10mL 离心管中，经 CPW13/CPW16 界面密度梯度离心纯化 2～3 分钟后，用吸管将两液面间的原生质体带吸出，用电融合液离心洗涤 1～2 次，每次 6～8 分钟。纯化后的原生质体悬浮于电融合液（0.7mol·L^{-1}甘露醇+0.025mol·L^{-1}氯化钙）中，用血球计数板将愈伤组织原生质体密度调整为 1×10^6 个·mL^{-1}左右，叶肉原生质体调整为 2×10^6 个·mL^{-1}左右。

CPW stock I （100mL）	CPW stock II （100mL）	CPW13 （100mL）	CPW26 （100mL）
KH$_2$PO$_4$　0.272g	CaCl$_2$ 1.5g	1mL CPW stock I ＋ 1mL CPWstock II ＋13g 甘露醇	1mL CPW stock I ＋ 1mL CPW stock II ＋26g 蔗糖
KNO$_3$　1.0g			
MgSO$_4$　2.5g			
KI　0.002g			
CuSO$_4$　0.00003g			

4. 原生质体活性测定

采用荧光素双醋酸酯（FDA）染色法。具体操作程序为：取纯化后的原生质体约 0.5mL，加入 12μL 浓度为 5mg·mL^{-1} 的双醋酸酯，静置 5 分钟后在 OlympusIX71 倒置式研究型显微镜（WIB 激发光）下观察，原生质体活性用暗视野中发出的黄绿色荧光悬浮系原生质体或红色荧光叶肉原生质体的原生质体数占同一视野中原生质体总数的比例表示，取 10 个视野的平均值。

原生质体活性（％）＝GFP 激发下发出荧光的原生质体数/同一视野中原生质体总数×100

三、原生质体融合

1. 愈伤与叶肉原生质体融合

采用日本岛津公司的 SSH-2 型融合仪，融合小池为 FTC-04（1.6mL，4mm），融合室为 FTC-04（容积为 1.6mL，电极距离为 0.4cm）。融合前先用无菌吸管吸取一定量的电融合液于融合小池环形槽中，洗涤 1～2 次，以防原生质体集聚于电极两侧的角落里。然后将调整了密度的双亲原生质体等体积混合，用长吸管吸取 1.6mL 的原生质体混合液于环形槽中，轻轻晃动融合小池使混合液均匀分布于环形槽。槽中央加几滴融合液用于保湿，用 ParaFilm 封口后静置 5～10 分钟。待大量原生质体处于同一平面后开始融合，融合参数为：交变电场 100V·cm^{-1}，作用时间 60s；直流脉冲 1250V·cm^{-1}，直流脉冲印加时间为 40～45μs；脉冲间隔 0.5s，脉冲 5 次。融合后静置 15～20 分钟，以利于融合子的圆球化。最后轻轻吸出融合产物于 10mL 离心管，用 MA 液体培养基（MT＋0.15mol·L^{-1}蔗糖＋0.45mol·L^{-1}甘露醇＋80mg·L^{-1}腺嘌呤）离心洗涤 1～2 次，原生质体沉淀用 MA 液体培养基悬浮。

2. 融合产物培养

将悬浮于液体培养基中的原生质体的密度调整到 8～10×10^4 个·mL^{-1}，加入等体积的 35～40℃的 MA 固体培养基（MT＋0.15mol·L^{-1}蔗糖＋0.45mol·L^{-1}甘露醇＋80mg·L^{-1}腺嘌呤＋1.2％低熔点琼脂）混匀，用无菌吸管将混合液转移至 60mm×15mm 的培养皿中，每皿 1.5mL 左右，ParaFilm 膜封口后在培养箱中于 28℃下进行暗培养。当原生质体形成肉眼可见的小细胞团（约 1～2mm）或者胚状体时，用尖头镊子将小细胞团或胚状体挑出，置于 EME500（MT＋50g·L^{-1}蔗糖＋500mg·L^{-1}ME）、甘油固体培养基（MT＋20mL 甘油）或乳糖固体培养基（MT＋50g·L^{-1}乳糖），同时覆盖一薄层 MA 液体培养基，于光下进行固液双层培养；或是待原生质体形成肉眼可见的小细胞团约 1～2mm 时，用无菌吸管向包埋原生质体的培养皿中添加 MA 液体培养基，以补充养分，或为了降低培养皿中的愈伤团密度，将一皿中的愈伤团分装到预先加入 MA 液体培养基和 MA 固体培养基等体积混合培养基的培养皿中，并覆盖一薄层 MA 液体培养基，待原生质体继续增殖到约 5mm 时，用尖头镊子将其挑出，置于 EME500（MT＋50g·L⁻¹蔗糖＋500mg·L⁻¹ME）、甘油固体培养基（MT＋20mL甘油）或乳糖固体培养基（MT＋50g·L⁻¹乳糖），同时覆盖一薄层 MA 液体培养基，于光下进行固液双层培养。发育到子叶期的胚状体转移到生芽培养基（MT＋0.5mg·L⁻¹氯吡脲＋0.5mg·L⁻¹6-苄基嘌呤＋0.1mg·L⁻¹吲哚乙酸＋30g·L⁻¹蔗糖）上诱导生芽，再生的芽长至 1.5～2cm 长时，转移到生根培养基（1/2MT＋0.5mg·L⁻¹萘乙酸＋0.1mg·L⁻¹吲哚丁酸＋0.5g·L⁻¹活性炭＋20g·L⁻¹蔗糖）中。

四、结果分析及杂种鉴定

1. 原生质体融合、培养及再生鉴定

结果表明，倒置显微镜下，原生质体相互接触排列成串，有异源、同源或多个细胞融合状况。融合后的原生质体在培养基上逐步形成小愈伤团，随着愈伤团长大，渐渐形成三类不同状态组织，第一类是体积较大，增殖较快，呈乳白色，结构疏松的愈伤组织（图13-5 中的 A）；第二类是结构致密，颜色偏黄的愈伤组织（图 13-5 中的 B）；另外一类是直接产生，呈淡黄色圆球状的胚状体（图 13-5 中的 C）。将这些愈伤组织和胚状体转移到诱导培养基中发现，第一类愈伤组织增殖较快，状态好，保持乳白色，经乳糖和甘油诱导培养基后无胚状体产生；第二类愈伤组织在胚状体诱导培养基中增殖很慢，逐渐有绿色胚状体产生，但生长较慢；直接产生的胚状体在诱导培养基中约 20 天后，在原来淡黄色胚状体周围开始逐渐萌发出许多绿色小胚状体，且体积和数量开始增加，开始形成各种形状（图 13-5 中的 4）。再大约 20 天后，将胚状体转移到生芽培养基中生长，体积继续增长，形态发生明显改变。1 个月后大部分胚状体形成形态各异的畸形胚状体，但有一个胚状体产生芽（图 13-5 中的 5）。1 个月左右后，随着芽的数目增加、体积增大，将较大的芽移入到生根培养基中，一周左右根就出现明显增长（图 13-5 中的 6）。

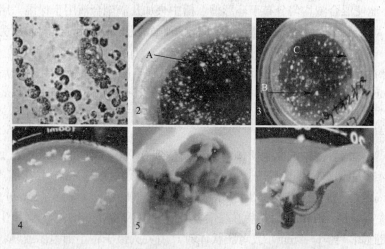

图 13-5　崇义野橘与枳橙细胞融合、培养及植物再生
1—倒置显微镜下原生质体融合；2—松散状再生产物；3—黄色愈伤；4～6—胚状体形成、生芽及生根过程

2. 体细胞杂种鉴定

1）倍性鉴定

倍性分析由德国公司生产的流式细胞仪完成。操作程序为：将新鲜叶片、0.05g 愈伤组织或胚状体置于一个干净的 55mm 的塑料培养皿中，加入 400μL 细胞裂解液，刀片切碎

后放置 30s，接着通过含有 30μm 微孔滤膜的过滤器，将样品过滤到测试管，加入 1.0mL 的 DNA 染色液，染色 30～60s 后，上样于倍性分析仪，测定样品单个细胞核 DNA 的总量。含量的分布曲线由倍性分析仪自动生成。结果如图 13-6 所示，二倍体对照峰值为 51，再生植株的峰值为 56，表明再生的芽为二倍体。

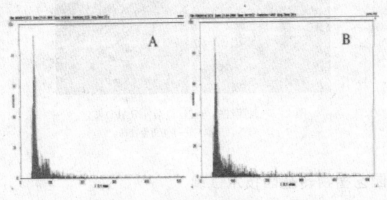

图 13-6　崇义野橘＋枳橙再生杂种的倍性测定
A—二倍体对照；B—再生产物

2）分子标记分析

用于柑橘体细胞杂种鉴定的常用标记有 RAPD、SSR、CAPS 等，一般是先选择引物对两亲本进行扩增，选择具有扩增出特征带谱的引物对杂种植株进行鉴定，如果杂种植株出现了两亲本都具有的特征带，表明体细胞杂交已经成功获得了杂种植株。由于金莉（2008）在使用 SSR 鉴定时发现，引物 TAA41 在再生植株扩增出了不同于两亲本特征带的新带，不能准确确定再生植株是来自于愈伤亲本还是新杂种植株，因而以刘继红等（2002）丹西红橘与红江橙融合杂种鉴定为例介绍 RAPD 标记在杂种鉴定上的应用，具体步骤如下：

（1）使用 CTAB 法提取再生植株、融合亲本的总 DNA；

（2）设计 OPA-07、08、11，OPE-03、05 等引物 9 个，序列如表 13-38 所示；

引物序列（刘继红等，2002）　　　　　　　　　　　　　　　表 13-38

引　物	序列（5′～3′）	引　物	序列（5′～3′）
OPA-11	CAATCGCCGT	OPE-03	CCAGATGCAC
OPA-07	GAAACGGGTG	OPE-05	TCAGGGAGGT
OPA-08	GTGACGTAGG	OPH-11	CTTCCGCAGT
OPAA-17	GAGCCCGACT	OPS-13	GTCGTTCCTG
OPV-07	GAAGCCAGCC		

（3）用引物对红江橙和丹西红橘进行扩增，发现只有引物 OPAA-17、OPV-07 能将两者区分开，因而选为鉴定引物；

（4）选用 OPAA-17、OPV-07 对杂种进行扩增鉴定，结果表明 4 株全是杂种植株（图 13-7）。

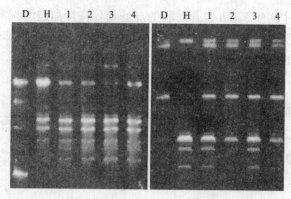

图 13-7　丹西红橘与红江橙杂种 RAPD 鉴定

D、H 为两亲本，1~4 为再生植株。

第五节　园艺植物转基因技术试验

运用科学手段从某种生物中提取所需基因，转入到另一种生物中，培育出能满足人类新要求的新物种的技术称为转基因技术。自 1983 年第一例转基因烟草问世以来，转基因技术已经在园艺植物产量提高、品质改良、抗病性增强、成熟期改变等多方面得到应用。

转基因技术主要包括外源基因的克隆及制备、转基因、转化子的培养与筛选及转基因植株的鉴定等步骤。

一、外源基因的克隆技术

外源基因的克隆，按照所要克隆的序列是否已知分为以下两种。

1. 已知基因的序列

如果已知的是 DNA 序列，包括已知目的基因的全部 DNA 或部分 DNA 序列；已知其他物种的同类基因的 DNA 序列（功能可能已知）；已知目的基因 cDNA 全部或部分序列，可通过已知序列设计引物或根据同源序列设计引物，结合 RACE（末端快速扩增技术）获得全长基因序列。

如果已知目的基因表达产物的蛋白序列，可依据同源序列法或探针分子杂交技术分离目的基因。

2. 未知目的基因序列

（1）寻找差异表达序列，即依据目的基因表达具有组织、器官等时空差异性，分离差异表达基因。可以采用的方法有随机引物多态性扩增技术、定向引物扩增技术、DDRT-PCR、SSH-PCR、RAP-PCR、DNA-RDA、cDNA 捕捉法、基因芯片等技术。

（2）无差异表达的目的基因，可采用文库筛选法、功能蛋白分离法即直接测序法、转座子标签法、T-DNA 插入法等进行，是难度较大、较繁琐的策略。

二、转基因方法

园艺植物的遗传转化方法大体上分为三类：一是通过物理的或化学的方式将外源裸露的基因直接导入植物基因组的方法，包含电穿孔转化法、基因枪法、激光微束穿孔转化法、体内注射法、超声波法、PEG 和脂质体介导转化法等。二是载体介导的转化法，指通过将目的基因装载到农杆菌质粒或病毒 DNA 等载体分子上，随着载体 DNA 的转移而将外源目的基因整合到植物基因组中的方法，主要包括农杆菌介导和病毒介导的转化法。三是种质系统转化法，包括植物原位真空渗入法和花粉管通道法等。下面简单介绍农杆菌介导转化法的原理、步骤及优缺点。

1. 农杆菌介导转化法的原理

农杆菌属细菌，是普遍存在于土壤中的一种革兰氏阴性植物细菌，能在自然条件下趋化性感染大多数双子叶植物的受伤部位，并诱导产生冠瘿瘤或发状根。目前所用到的作为遗传工程载体的农杆菌主要有根癌农杆菌（*Agrobacterium tumerfaciens*）和发根农杆菌（*Agrobacterium rhizogenes*），它们的细胞中分别含有 Ti 和 Ri 质粒，其上有一段可转移的 DNA，称为 T-DNA。农杆菌通过侵染植物伤口进入细胞后，可将 T-DNA 插入到植物基因组中，而 T-DNA 插入外源 DNA 并不影响整合。因此，农杆菌是一天然的植物遗传转化载体，将目的基因插入到经过改造的 T-DNA 区，便可借助农杆菌的感染实现外源基因向植物细胞的转移与整合，然后通过细胞和组织培养技术，再生出转基因植株。

2. 农杆菌介导转化的基本步骤及在园艺植物遗传转化上的应用

现已建立了多种农杆菌 Ti/Ri 质粒介导的植物基因转化方法，如叶盘转化法、原生质体共培养转化法、整株感染法等，这些方法的基本步骤包括：①含重组 Ti/Ri 质粒的工程菌的培养及转化；②选择合适的外植体；③工程菌与外植体共培养；④外植体脱菌及筛选培养；⑤转化植株再生及鉴定。

根癌农杆菌介导的遗传转化法在园艺植物上是应用最早、最多、最成功、效率最高的转化方法，具体应用表现在下列几个方面：

第一是应用的园艺植物种类多，如番茄、辣椒、马铃薯、大白菜、小白菜、花椰菜、甘蓝、豇豆、豌豆、绿豆、鹰嘴豆、诸葛菜、黄瓜、西瓜、甜瓜等蔬菜作物，苹果、梨、桃、葡萄、柑橘、美洲李、枇杷、甜橙、番木瓜、香蕉、悬钩子等果树植物，百合、菊花、结缕草、海棠、兰花、矮牵牛、郁金香、玫瑰、康乃馨、鸢尾等花卉植物。

第二是转化的目的基因类型多，如与抗病毒相关的基因 CP、几丁质酶基因、β-1, 3-葡聚糖酶基因、与病程相关的蛋白基因、溶菌酶基因，与抗虫相关的基因有 Bt 基因、pI 基因，与抗逆相关的基因有肌醇甲基转移酶基因（Imtl）、脯氨酸合成酶（proA）、山菠菜碱脱氢酶（BADH）、磷酸甘露脱氢酶（mtlD）基因、抗冻蛋白基因等，还有与抗除草剂、延迟成熟、提高产量、品质改良、花香、花色等相关的基因。

第三是适用的外植体范围广，可以是整个植株、叶片、茎段、胚轴，也可以是愈伤组织、成熟胚、悬浮培养细胞等。

3. 根癌农杆菌介导转化的优缺点

优点：由于利用天然的载体系统，成功率高，效果好；转移的外源基因常为单拷贝整合，很少发生甲基化和转基因沉默，遗传稳定，而且符合孟德尔遗传定律；费用低，方法简单，易于操作；与基因枪法结合使用，效果更佳；适用寄主范围广，几乎所有的双子叶植物都可采用此法。

缺点：农杆菌介导的转化主要应用于双子叶植物和少数单子叶植物；而大多数单子叶植物，尤其是禾本科作物对农杆菌不敏感，限制了它的应用；另外，农杆菌侵染后的外植体再生阶段脱菌比较困难，需要长期使用抗生素，给试验带来麻烦。

三、遗传转化体系的优化及转化子筛选试验

高效稳定的再生转化体系是成功转基因的前提与保障，是获得高转化率的基础，下面以农杆菌介导的转化为例，介绍遗传转化体系的优化及影响转化效率的相关因素试验。

1. 抗生素和选择压力对外植体再生频率的影响

为了筛选已转入了目的基因并能再生成植株的外植体及转基因株系，抑制农杆菌等杂菌的产生，在植物转基因试验中经常使用抗生素造成选择压力，常用的抗生素有卡那霉素（npt Ⅱ 基因表达产物抗性）、潮霉素（hyg 基因表达产物抗性）、头孢霉素、羧苄青霉素等，在进行转基因之前，需对抗生素的使用浓度进行试验（表 13-39）。

卡那霉素、头孢霉素对地被菊间接体细胞胚发生的影响　　　　表 13-39

卡那霉素			头孢霉素		
浓度 (mg·L^{-1})	胚性愈伤组织分化率（%）	外植体生长情况	浓度 mg·L^{-1}	胚性愈伤组织分化率（%）	外植体生长情况
0 (CK)	92.7±8.1a	生长正常	0 (CK)	92.7±8.1a	生长正常
5	71.8±6.2b	胚性愈伤组织生长受影响，呈黄褐色	100	86.8±6.8b	滋生农杆菌几乎覆盖外植体，短期无影响
10	63.1±5.7b	胚性愈伤组织生长受影响，部分外植体褐化	200	53.6±4.2b	少数农杆菌滋生
15	33.6±2.7c	生长停滞，表面湿润，呈褐色	300	15.3±0.9c	无农杆菌滋生
20	13.8±1.6d	绝大部分呈褐色、水渍状	400	7.5±0.5d	无农杆菌滋生，但体胚发生率严重下降
40	5.8±0.8e	褐色、水渍状，几乎全部褐色死亡	500	5.1±0.3d	外植体褐化严重，难分化成苗
80	4.6±0.7e	不生长，几乎全部褐色死亡			

注：表中数据为平均值；±标准误；同列中不同英文字母表示数据间差异显著（$p=0.01$）

2. 不同外植体类型对转化效率的影响

陈珍等（2008）以不同苗龄的番茄子叶和下胚轴为外植体，优化番茄遗传转化体系，结果表明，随着苗龄增大，子叶外植体转化率急剧下降，再生芽有部分无顶端分生组织，而下胚轴转化率随苗龄的增加转化率增加，再生芽大都为带顶端分生组织的正常芽（表 13-40）。

不同苗龄和外植体类型对番茄转化率的影响　　　　表 13-40

外植体类型	苗龄（天）	外植体总数	转化率（%）
子叶	7	128	9.38±2.90aA
	9	88	2.27±3.34bB
	13	191	0.53±0.81bB
下胚轴	7	60	0.98±1.57bB
	9	191	3.14±1.00bB
	13	160	15.12±2.50aA

3. 不同基因型对转化子抗性芽分化的影响

不同基因型的抗性芽诱导分化率不同，莫喜芳等（2009）将 3 个辣椒品种的子叶和下胚轴分别接种于芽诱导分化培养基（5mg·L^{-1}6-BA＋0.5mg·L^{-1}IAA）上，培养 20 天

后调查芽分化情况。结果表明，不同基因型芽分化率差别较大，天福朝天椒的芽分化率达86.7%，而美冠辣椒307的芽分化率只有53.3%。

4. 不同植物表达载体对外植体转化后再生频率的影响

由表13-41可知，不同表达载体转化后抗性芽分化率和再生芽个数都不同。

不同植物表达载体对番茄子叶转化后抗性芽分化率的影响（陈珍和朱诚，2008）　表 13-41

表达载体	外植体总数（个）	抗性芽分化率（%）	每个外植体上的再生芽（个）
CK（未转化）	60	77.3±4.7aA	1.81±0.245Aa
$P^{13-35CC1N}$	90	3.33±3.3Cc	1.00±0.000bB
P^{121}	90	51.1±1.9bB	1.33±0.019bB
P^{2301}	93	66.7±4.6aA	1.48±0.630bB
$P^{121-CLUN}$	94	45.7±7.6bB	1.30±0.204bB
$P^{23-35SCLUN}$	177	41.2±10.4bB	1.27±0.132bB
$P_2^{32-35SCLN}$	143	44.1±5.4bB	1.25±0.092bB

注：试验以"中蔬4号"番茄的子叶作为转化受体，以 MZ 为转化培养基；同列数字后不同小写字母表示在 $p <$ 0.05 水平下差异显著，不同大写字母表示在 $p <$ 0.01 水平下差异极显著。

5. 农杆菌浓度和侵染时间对转化效果的影响

农杆菌侵染时的浓度过高，筛选时杀菌比较困难，也容易导致愈伤组织的死亡。农杆菌浓度过低，因农杆菌数量过少，使其转化效率也随之降低。为了筛选最佳农杆菌浓度和侵染时间，谭伟在大葱转化体系优化时采用单因素试验设计，结果表明，农杆菌的最佳侵染浓度是 $OD_{260} = 0.6$，最佳时间是30分钟（表13-42）。

农杆菌浓度和侵染时间对转化影响的试验（谭伟，2009）　　　　表 13-42

农杆菌浓度（OD_{260}）	GUS 基因表达率	侵染时间（分钟）	GUS 基因表达率
0.4	37.44%d	10	37.11%c
0.5	41.64%bc	20	40.32%b
0.6	43.99%a	30	42.81%a
0.7	42.79%ab	40	36.03%c
0.8	41.26%c	—	—
0.9	37.31%c	—	—

此外，不同培养基类型、不同转化方法等会影响到转化的效率以及转化子的再生，需进行试验摸索。

四、转基因植株的鉴定方法

为了确定外源基因转入到受体植物中的情况，常需要对再生植株进行进一步鉴定，鉴定方法有报告基因的检测、目的基因直接 PCR 法、Southern 杂交、Northern 杂交等。

第六节　番木瓜农杆菌介导转基因技术试验案例分析

番木瓜（*Carica papaya* L.）原产中美洲，是热带和亚热带地区重要的经济果树，因果实可以食用、富含木瓜蛋白酶和价格低廉而深受人们喜爱。但诸如环斑病毒病（papaya ringspot virus，PRSV）、炭疽病、束顶病、果蝇、蚜虫等病虫害给番木瓜生产造成极大损失，试图通过远缘杂交结合胚挽救方法将野生资源中抗性基因转移到栽培种中仍没有成功（Manshardt 和 Wenslaff，1989），因此人们试图通过转基因方法解决番木瓜的抗病虫问题。

Pang 和 Sanford（1988）最早用叶盘与农杆菌共培养法试图将 NOS 基因转入到番木瓜中，但愈伤组织不能再生成植株而没有成功。Fitch 等（1990）以不成熟胚为外植体，通过基因枪法成功地将 NPTⅡ 和 GUS 基因转入到番木瓜中，但转化的频率太低而未得到广泛采用。此后，未成熟的合子胚（Fitch，1992）、下胚轴形成的胚组织（Fitch，1993）、胚性愈伤组织（Cabrera-Ponce 等，1996）、体外繁殖芽的叶柄（Yang 等，1996）、成熟合子胚（Azad 和 Rabbani，2005）等外植体均被用于番木瓜的转基因试验，而使用的转化方法则有基因枪法（Cabrera-Ponce 等，1996）、发根农杆菌介导转化法（Cabrera-Ponce 等，1996）、农杆菌介导的转化法（Ying 等，1999）、花粉管通道法（蔡群芳等，2009）等，本文选用转化效率最高、转基因植株变异率最少、再生速度最快的转化方法介绍番木瓜的转基因技术试验（Ying 等，1999）。

一、植物材料与组织培养

为了诱导番木瓜体细胞胚的产生，本试验从授粉后 80 天的番木瓜果实种子中提取 10 个未成熟的合子胚，置于愈伤诱导培养基上，29℃、黑暗条件下培养 3 周。然后分别在两种培养基上亚培养不同时间以进行体细胞胚诱导。

培养基一：同愈伤诱导培养基。将 5 个胚性组织继续在相同的培养基上进行亚培养，3 周继代一次。愈伤诱导培养基成分：1/2MS 盐分＋400mg·L^{-1}谷氨酰胺＋50mg·L^{-1}肌醇＋0.5mg·L^{-1}烟酸＋0.5mg·L^{-1}盐酸吡哆醇（V－B$_6$）＋0.1mg·L^{-1}盐酸硫胺素（V－B$_1$）＋60g·L^{-1}蔗糖＋3g·L^{-1}凝胶＋10mg·L^{-1}2,4-D，pH 值为 5.8。

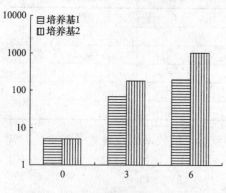

图 13-8　两种不同培养基上培养
产生的体细胞

培养基二：液体培养基。将另外 5 个胚性组织在液体培养基（1/2MS 盐分＋400mg·L^{-1}谷氨酰胺＋50mg·L^{-1}肌醇＋0.5mg·L^{-1}烟酸＋0.5mg·L^{-1}盐酸吡哆醇（V-B$_6$）＋0.1mg·L^{-1}盐酸硫胺素（V-B$_1$）＋60g·L^{-1}蔗糖＋2mg·L^{-1}2,4-D，pH 值为 5.8）上，于 29℃、黑暗条件、150rpm 振荡条件下培养，每 3 周亚培养增殖一次。

在增殖亚培养 0、3、6 周后，采用显微镜观察记载体细胞胚产生的数目，结果表明：体细胞胚在液体培养基上比在半固体培养基上增殖速度更快，且大小更一致（图 13-8）。

二、转化与再生

1. 试验用农杆菌（*Agrobacterium tumefaciens* LBA4404）细胞和双元质粒载体 pBI121 购自生命技术和 Clontech 公司。

2. pBI121 转化农杆菌

1）使用 Cell-Porator E. Coli Pulser 通过电穿孔（Electroporation）法将 pBI121 质粒

转化到农杆菌 LBA4404 中，电压为 2.46kV。黑暗条件 28℃培养 2 天。

2）挑选转化细胞的单克隆接种到 5mL 含有 50mg·L^{-1}卡那霉素和 100mg 链霉素的 YM 培养基上，于 28℃、225rpm 条件下培养 20h。

3）将 5mL 培养基转移到 50mL 新的含有 50mg·L^{-1}卡那霉素、100mg 链霉素和 30μM 乙酰丁香酮的 YM 培养基中，于 28℃、225rpm 条件下培养 20h。

3. 农杆菌与番木瓜体细胞胚的共培养

1）对来自于液体增殖培养基上的大约 1g 体细胞胚进行受伤处理，方法为：在 30mL 的 1/2MS 培养基中，用 0.5g 钨 M-15 涡旋 30 分钟。

2）将受伤体细胞胚与活化的农杆菌溶液共培养在 28℃、225rpm、黑暗条件下振荡 3 天，然后转移到含 600mg·L^{-1}羧苄青霉素的愈伤发生培养基上培养 3 周。

3）再将体细胞胚先后转移到含有 300mg·L^{-1}、150mg·L^{-1}卡那霉素的愈伤发生培养基上分别培养 3 周。从结果可见，只有那些暂定的转基因胚继续生长，非转基因胚停止生长并逐渐死亡。

4）挑选卡那霉素抗性胚转移到半固体成熟培养基（愈伤发生培养基不加 2,4-二氯苯氧乙酸）于 28℃、12h 光照（光强 35μmol·s^{-1}·m^{-2}）条件下培养 1 周，可观察到每丛体细胞胚（大约 100mg）产生 2～8 个卡那霉素抗性系（表 13-43）。

番木瓜体细胞胚农杆菌介导转化法获得的 45 个卡那霉素抗性系的产生与测试　　表 13-43

丛	卡那霉素抗性系数目	生根苗数	X-gluc 阳性	再生植株数
1E	6	6	6	6
2E	6	5	5	5
3E	5	5	4	5
4E	3	3	3	2
5E	2	2	2	2
6E	3	3	3	3
7E	3	3	3	2
8E	8	8	7	8
9E	4	4	4	4
10E	5	5	4	4
合计	45	44 (97.8%)	42 (93.3%)	41 (91.1%)

5）最后将胚转移到发芽培养基上诱导发芽，诱导条件同步骤 4。

发芽培养基成分：MS 盐分＋10mg·L^{-1}肌醇＋0.1mg·L^{-1}盐酸硫胺素＋0.1mg·L^{-1}激动素＋0.4mg·L^{-1}6-苄基嘌呤＋20g·L^{-1}蔗糖＋3g·L^{-1}凝胶。

4. 生根与炼苗、移栽

1）发芽后，剪切 1cm 长的芽转移到生根培养基（1/2 不含激动素和 6-苄基嘌呤的发芽培养基成分）上，于 28℃、12h 光照（光强 35μmol·s^{-1}·m^{-2}）条件下培养 3 周。

2）为了确定哪种基质有利于生根，试验将培养的芽转移到装有蛭石或 Premier Pro-Mix PGX 的洋红色的盒子中，盒子加 1/2MS 盐溶液。盒子放在生长箱内，于光强为 350μmol·s^{-1}·m^{-2}的 12h 光照、55%湿度和 29℃条件下生根培养 2～4 周。

3）当根长到大于 1cm 时，植株被转移到装有 Pro-Mix PGX 的塑料钵中，盖上透明塑料袋，放在另外的培养箱中于光强为 40μmol·s^{-1}·m^{-2}的 12h 光照、85%湿度和 29℃条件下炼苗1周。炼苗方法：通过增加塑料袋开放度使塑料袋中的湿度逐渐降低到环境条件。最后将植株移栽到温室。

统计发现，45个抗性系中绝大多数芽能生根（表13-43），在温室中91.1％的带根抗性系（41株）能再生成苗，且所有再生植株花结构和生长都很正常，无变态植株出现（表13-43）。但使用不同的基质，根的数目和长度不同，Pro-Mix PGX要好于蛭石，其中根数是蛭石产生根数的2倍，根长是蛭石中产生根长的3倍多（表13-44）。

5. PCR分析

分别抽提暂定转化株系及对照株系基因组DNA，设计840bp nptⅡ扩增的两个引物：5′-ATA ATC GGA TCC GGA TCT GGA TCG TTT CGC-3′及5′-ACC CCA GAT CTC CGC TCA GAA GAA CTC-3′，进行PCR扩增检测。PCR反应体系（20μL）：1×Taq酶缓冲液、2.0mM MgCl₂、0.2mM dNTPs、0.2μM引物、1Utaq酶和10ngDNA模板；反应程序：94℃变性2分钟，然后进行35个循环（95℃30s，58℃1分钟，72℃40s），最后72℃10分钟。将扩增产物进行琼脂糖凝胶电泳检测，结果表明，株系4E19、5E17、9E39、3E11是阳性，而1E14、1E54没有条带，可能不是转基因植株。

不同介质对转基因番木瓜根生长与发育的影响　　　　　　　　　　　表13-44

转基因系	Pro-Mix PGX		转基因系	蛭石	
	根数	根长		根数	根长
1E2	10	3.0	1E14	5	1.0
2E5	13	6.0	2E32	3	3.0
3E11	5	7.0	3E13	4	1.5
8E45	9	10.0	8E55	7	2.0
10E54	4	5.0	10E46	1	2.0
平均	8.2	6.2	平均	4.0	1.9

6. GUS活性的检测

为了检测uidA基因的表达，还对暂定转基因株系的叶、根进行组织化学GUS检测，结果表明93.3％的株系呈阳性（表13-43）。

7. 转基因植株的Southern杂交

Southern杂交参考Ying等（1996）的方法，基本步骤为：①提取番木瓜核的DNA；②用Hind Ⅲ和EcoRI进行双酶切；③在0.6％的琼脂糖凝胶上电泳分离酶切片段；④将片段转移到尼龙膜上；⑤扩增uidA基因371bp长的片段，并采用DIG标记；⑥探针与尼龙膜上片段杂交；⑦杂交信号检测。结果表明，暂定转基因株系出现一长3032bp大小的杂交片段，该大小正好相当于整个GUS基因盒（CaMV35S启动子、uidA基因和NOS终止子）的大小，而探针没有与非转基因番木瓜核基因组DNA杂交（图13-9），结合上面的PCR结果和GUS检测说明uidA基因与NPTII已成功整合到番木瓜基因组中。

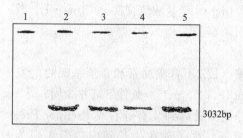

3032bp

图13-9　暂定转基因株系的
Southern杂交分析
1—非转基因株系，2～5—转基因株系
1E2、2E5、3E11、4E12

习题

1. 名词解释：植物组织培养、离体快繁、离体保存、细胞融合。
2. 举例说明组织培养技术在热带园艺植物上的应用。
3. 试以柑橘为例，设计一原生质体培养试验。
4. 使用农杆菌介导植物转化时，怎样优化遗传转化体系？
5. 查阅文献，试以一园艺植物为例，分析其转基因技术。

参考文献

[1] 刘继红，胡春根，邓秀新. 澳洲指橘与柑橘属间原生质体电融合再生二倍体体细胞杂种. 植物学报，1999，41（11）：1177-1182.

[2] 金莉. 野生橘和枳橙与早花柠檬体细胞杂交创造新型砧木 [D]. 武汉：华中农业大学硕士学位论文，2008.

[3] 何晓明，王鸣等. 辣椒子叶原生质体分离条件的研究 [J]. 西北植物学报，1997，17（1）：113-117.

[4] 张学英，葛会波，刘艳萌等. 草莓原生质体分离条件的研究 [J]. 分子植物育种，2006，4（6）：147-152.

[5] 杨茹，刘世琦，张自坤等. 大蒜原生质体游离和纯化的研究 [J]. 中国农学通报，2010，26（4）：195-199.

[6] 潘增光，邓秀新. 苹果原生质体分离培养及植株再生 [J]. 园艺学报，2000，27（2）：95-100.

[7] 何业华，胡芳名，谢碧霞等. 枣树原生质体分离条件的研究 [J]. 中南林学院学报，1999，19（1）：20-23.

[8] 蔡兴奎，柳俊，谢从华. 马铃薯叶肉原生质体电融合参数优化及杂种植株再生 [J]. 华中农业大学学报，2003，22（5）：494-498.

[9] 孙振久，刘莉莉，佟志强. 融合及培养条件对甘蓝和萝卜原生质体融合及细胞分裂的影响 [J]. 天津农业科学，2006，12（2）：5-7.

[10] 王昌虎，马镇荣，刘卫等. 应用正交设计方法优化香蕉外植体直接出芽的条件 [J]. 热带亚热带植物学报，2001，9（1）：69-74.

[11] 赵鹏，杨晖，梁巧玲. 几种因素对大花蕙兰组培的影响 [J]. 浙江农业科学，2009，（2）：285-287.

[12] 游恺哲，陈健，林冠雄等. 正交设计在成龄番木瓜组织培养研究中的应用 [J]. 福建农业科技，2003，（3）：11-13.

[13] 王芳，蔡时可，汤亚飞等. 番木瓜组培苗生根培养基及移栽基质的筛选 [J]. 中国南方果树，2009，38（1）：41-43.

[14] 唐绍虎，孙敏，周启贵等. 采用正交设计快速获得梨无菌外植体的研究 [J]. 西南师范大学学报，2004，29（2）：282-284.

[15] 陈珍，朱诚. 农杆菌介导的番茄遗传转化体系优化研究 [J]. 浙江大学学报（农业与生命科学版），2008，34（6）：615-620.

[16] Ying ZT，Yu X，Davis MJ. New Method for Obtaining Transgenic Papaya Plants by Agrobacterium Mediated Transformation of Somatic Embryos [J]. Proc. Fla. State Hort. Soc. 1999，112：201-205

[17] Fitch M M，Manshardt R M，Gonsalves D et al. Stable Transformation of Papaya via Microprojec-

tile Bombardment [J]. Plant Cell Reports，1990，9：189-194.

[18] Yang J，Yu T A，Cheng Y H et al. Transgenic Papaya Plants from Agrobacterium-mediated Transformation of Petioles of in Vitro Propagated Multishoots [J]. Plant Cell Reports，1996，15：459-464.

[19] Cabrera-Poncex J L，Vegas-Garcia A and Herrera-Estrella L. Herbicide Resistant Transgenic Papaya Plants Produced by an Efficient Particle Bombardment Transformation Method [J]. Plant Cell Reports，1995，15：1-7.

[20] 刘继红，邓秀新. 原生质体融合再生柑橘种间杂种. 农业生物技术学报，2002，10（4）：334-337.

（编者：成善汉、董　涛）

附　　录

实训一　热带园艺植物研究计划书的拟订

一、实训目的

开始一项科学研究之前，需要拟订研究计划书，以明确科学研究的背景、范围、方法、重点、难点、预期进展与结果、预算等，从而指导试验的实施，保证试验任务的顺利完成。本实训的目的是使学生了解和掌握热带园艺植物研究计划书的主要内容和撰写方法。

二、实训方法

了解和掌握研究计划书的主要内容及其撰写要求。

研究计划书的内容主要包括以下几部分：立项依据、研究方案、研究基础、项目预算等。

1. 立项依据

一般要阐述项目的意义和必要性、国内外的研究现状。项目的意义和必要性要阐明本项目的理论价值或实用价值，以及开展本研究的必要性。要对国内外对相关科学研究的现状进行综述，阐述已有的研究方法和手段、取得的成绩和进展、还存在的问题等，并据此提出自己的看法与意见，说明自己研究的思路、将要采取的方法、要解决的问题以及预期达到的目的等。一般文后要附主要参考文献。

2. 研究方案

这一部分对研究的思路、方法和内容进行详细的说明，包括研究目标、研究内容、拟解决的问题、技术路线、特色及创新之处、进度安排等。

（1）研究目标。主要说明本研究预期达到的目标。如实现某一理论方面的突破、建立某一技术体系、培育某种新的品种等。应具体翔实，如新品种应增产多少或具有某方面的抗性等。目标有多项时，应逐条列出。

（2）研究内容。主要说明研究的具体内容。应具体、明确、重点突出、层次分明，要与研究目标紧紧相扣。

（3）拟解决的问题。主要说明研究中可能出现的关键问题。

（4）技术路线。主要说明研究的过程中的基本步骤或基本流程。一般采用流程图来表示。关键环节可以用不同颜色的图形或文字加以强调。

（5）特色及创新之处。主要说明本研究与其他研究的不同之处，改进之处或者创新之处。创新可以包括理论创新、技术创新、材料创新等。

（6）项目进度安排。主要说明项目从文献查阅、到方案确定、到项目实施、结果验收等各项进度的时间安排。应尽量详细并保持一定的弹性。

3. 研究基础

主要说明本课题研究人员或单位进行的与课题相关的前期工作基础是否扎实；试验所需的物质条件如试验设备、场地等是否完备；研究人员的素质和实际研究能力是否满足要求等。

4. 项目预算

课题研究需要一定的经费支持。一般包括科研业务费、实验材料费、仪器设备费、协作费用、劳务费以及其他费用。可根据具体情况进行预算。

三、实训作业

学生在充分检索查阅文献的基础上，就与热带园艺科研相关的课题如生理、组织培养、育种、栽培等，草拟一份研究计划书。

（编者：王　健）

实训二　科研论文编写分析与评价

一、实训目的

通过本实训使学生了解国内外学术期刊的影响因子，对常见园艺学科学术期刊的影响力有较清楚的认识。并通过对典型文章的分析，了解论文撰写的主要特点并对其进行评价。

二、实训方法

1. 学术期刊影响力检索

选择国内、国际主要的园艺学科的学术期刊，要求学生通过网络检索其最近 5 年的影响因子。

2. 学术论文评价

选择核心期刊上的一篇与热带园艺相关的论文，在老师的指导下，对其论文的各部分（包括题目，作者姓名、工作单位名称及所在地名和邮编，提要或摘要，关键词，序言或引言，材料与方法、结果与分析、讨论或结论、致谢、参考文献、英文题目、作者、摘要及关键词等）进行分析、学习和评价，从而了解论文写作的主要内容与特点。

三、实训作业

1. 写出与常见国内外园艺学相关杂志的影响因子。
2. 写出学术论文写作的一般格式和参考文献的写作格式。

（编者：王　健）

实训三　6SQ 软件应用

6SQ 是一个可以代替 SPSS、SAS、MiniTab 等专业统计软件的 Excel 统计插件，直接整合到 Excel 中，提供大多数统计工具的应用。我们需要掌握以下几种功能：描述统计、图表、卡方拟合优度检验（单变量）、卡方检验（双向表）、置信区间计算、平均数和百分数假设检验、方差分析、线性回归分析。

在生物统计中重点应用各种假设检验、方差分析和各种回归分析功能。在应用中，可首先查看每种功能示例，按照示例格式和说明，输入实际数据进行有关统计分析。

基本过程为：

(1) 安装 Excel10 以上版本。

(2) 下载安装 6SQ 插件。

(3) 点击 Excel，可见菜单栏中的 6SQ 插件。

(4) 点击 6SQ，弹出功能选项菜单。

(5) 选定应用功能，浏览相应示例，熟悉操作步骤和了解结果输出内容、特点。

(6) 输入数据并运行。

6SQ 软件具有良好的人机互动会话特点，应用起来很方便。

一、平均数假设的检验

以例题 2-9 为例，操作过程为：先在 Excel 表中输入处理与对照的各重复观测值成两列，然后点击 6SQ 插件，弹出功能选项。依次点击："估计和假设检验"—"双样本 t 检验"。随即弹出双样本 t 检验会话框，依据统计要求填写对话框中显著性水平、平均数差、依据 Excel 表中是否含数据标注决定是否选择"标志位于第一行"，本例依次填写 95%、0、取消选择"标志位于第一行"；选择"样本统计量未知"，再利用透视表导入 Excel 表中数据；本例无效假说为"不等于"，选择"假定样本等方差"，依次选中；确定结果输出区域，可以去掉有关图表输出的选择。点击确定，即输出结果。结果中主要看输出结果表中的添加黄色底纹部分，可以确定差异显著性。

关于其他假设检验应用本软件技巧，基本与此例相同，首先填写会话框各选项，然后点击"确定"，重点阅读输出结果表格中的黄色底纹部分。

二、方差分析

以例题 2-13 为例，操作过程为：打开 Excel，依次点击 6SQ —方差分析—单因素方差分析，弹出会话框后，填写会话框中的"因素水平数"和"试验次数"，本例为 4 和 8，选择目标单元格位置以确定数据范围，点击"设计"，随机弹出数据表，将表中带有有色底纹部分，依次填写水平描述，在数据表中依次填写各处理水平的 8 次重复观测值；再点击 6SQ—方差分析—单因素方差分析，弹出会话框后，填写会话框中的"因素水平数"和"试验次数"，本例为 4 和 8；不可再点击"设计"，点击透视表，选中已经设计好的 Excel 数据表，注意选择范围必须刚好覆盖数据表区域；填写显著性水平，本例为 0.05，点击某单元格以确定输出位置；最后点击"确定"，即输出结果，重点阅读结果中的"方差分析表"和"水平比较"部分。

其他方差分析操作要求与此类似，注意举一反三。

三、线性回归分析

以例题 2-17 为例，操作过程为：打开 Excel，将数据按照 X、Y 输入成两列，X、Y 占据标志行。点击 6SQ，再依次点击"回归分析"—"一元线性回归分析"，点击透视表，确定 X、Y 数据范围，数据范围中包含标志行；分组方选择"逐列"，勾选"标志位于第一行"；"回归系数置信水平"输入 95％，选定结果输出范围；"置信区间置信水平"输入 95％；点击确定，即输出结果。重点阅读回归系数显著性 t 测验和 F 测验表，确定回归系数显著性；读取回归方程、相关系数和置信区间；查看有关图表。

其他回归分析基本操作与此相同。

将本教材第二章所有例题和习题用 6SQ 软件求解。

（编者：周开兵）

实训四　SAS 软件应用

SAS 软件是美国 SAS 研究所于 1976 年研制的统计分析系统软件，不断更新升级，功能日益扩展，成为当前国际上最流行和最权威的统计分析软件。SAS 软件为模块式结构，以 SAS/BASE 为基础，附加统计分析软件 SAS/STAT、绘图软件 SA/GRAPH，可以很好地完成数据统计分析任务。另含有其他 20 种模块如预测、矩阵运算和质量控制等。因其功能齐全，在自然和社会科学研究中用于数据处理和统计分析。

SAS 软件系统的基础是 SAS 语言，为一种高级语言，将统计方法定义为计算过程，统计分析时可以直接调用，具有简单实用的特点；将数据管理和数据分析融为一体。每个 SAS 模块由可执行的文件组成，称为 SAS 过程。

我们需要重点注意的过程为：

MEANS 过程：计算平均数等基本统计量。

FREQ 过程：用于频数统计和卡方测验。

TTEST 过程：用于 t 测验。

ANOVA 过程：用于平衡数据资料的方差分析，单因素和多因素试验均可。

GLM 过程：用于平衡和不平衡资料方差分析、回归分析和协方差分析等，应用范围较广。

CORR 过程：用于简单相关和复相关分析。

REG 过程：用于一般线性回归分析。

应用 SAS 软件作统计分析的基本操作为：

程式录入完毕，点击工具栏中的运行图标（即跑动的人），或者点击菜单栏中的 "run"，选中 "submit" 并点击。点击窗口中的 "output"，即可查阅输出结果。

若要录入下一程式，点击窗口 "editor" 即可；若要在窗口 "editor" 中回忆当前打开 SAS 后所有运行过的程式，点击 "run"，选中 "recall last submit" 并点击即可；也可以对程式作修改。

若程式不运行而在窗口 "output" 中无结果显示，可以点击窗口 "log"，查询程式错误，并在窗口 "editor" 中修改。

主要的 SAS 程式如下。

例题 2-9：

```
data zkb;do a= 1 to 2;do b= 1 to 4;
input x @@;output;end;end;
```

```
cards;
14. 2 13. 5 13. 3 14. 0
13. 1 13. 4 12. 9 13. 5
;
proc ttest;class a;
run;
```

例题 2-14：

```
data zkb;do a= 1 to 3;do b= 1 to 4;
input x@@;output;end;end;
cards;
58   57   54   63
53   47   47   50
48   41   42   52
;
proc anova;class a b;model x= a b;
means a b/lsd;
run;
```

例题 2-17：

```
data zkb;do a= 1 to 4;do i= 1 to 8;
input x@@;output;end;end;
cards;
 55. 5      67. 9      47. 9      47. 3      62. 5      38. 5      96. 6      70. 9
168. 4     265. 7     233. 6     154. 2     189. 2     171. 7     201. 3     189. 4
 49. 7      70. 7      84. 6      50. 4      30. 6      45. 5      32. 7      23. 5
 65. 4      44. 6      60. 0      37. 5      36. 6      30. 7      36. 0      46. 7
;
proc anova;class a;model x= a;
means a/duncan;
run;
```

例题 2-17：

```
data zkb;input x y @@;
cards;
1. 27  0. 086  1. 23  0. 092  1. 09  0. 084  1. 08  0. 072  1. 02  0. 082  1. 02  0. 072
1. 01  0. 084  1. 01  0. 072  0. 99  0. 065  0. 95  0. 050  0. 95  0. 065  0. 94  0. 068
0. 94  0. 068  0. 93  0. 068  0. 93  0. 072  0. 93  0. 066  0. 91  0. 061  0. 90  0. 062
0. 88  0. 069  0. 87  0. 057  0. 83  0. 068  0. 81  0. 054  0. 81  0. 064  0. 75  0. 054
0. 74  0. 059  0. 72  0. 055  0. 66  0. 059  0. 61  0. 049  0. 59  0. 050  0. 49  0. 036
;
proc reg;model y= x/xpx i;
```

```
run;
```

运行上述程式，重点阅读显著性分析的 t 值表和方差分析表、多重比较结果。可以查阅 SAS 软件专著，也可以找到其他分析程式，学会程式套用技巧和判读输出结果。

注意，SAS 程式运行结果中的显著性需要根据 t 或 F 值对应的概率与 0.05 或 0.01 作比较来决定差异显著性，而不需临界值。

运行第二章的所有例题和习题。

（编者：周开兵）